Controlling und Berliner Balanced Scorecard Ansatz

von

Prof. Dr. Wilhelm Schmeisser

und

Dipl. Kffr. (FH) Lydia Clausen

unter Mitarbeit von

Falko Schindler,
Nico Hönighaus

und

Frank Herbrechter

Oldenbourg Verlag München

Bibliografische Information der Deutschen Nationalbibliothek

Die Deutsche Nationalbibliothek verzeichnet diese Publikation in der Deutschen
Nationalbibliografie; detaillierte bibliografische Daten sind im Internet über
<http://dnb.d-nb.de> abrufbar.

© 2009 Oldenbourg Wissenschaftsverlag GmbH
Rosenheimer Straße 145, D-81671 München
Telefon: (089) 45051-0
oldenbourg.de

Lektorat: Wirtschafts- und Sozialwissenschaften, wiso@oldenbourg.de
Herstellung: Anna Grosser
Coverentwurf: Kochan & Partner, München
Gedruckt auf säure- und chlorfreiem Papier
Gesamtherstellung: Grafik + Druck, München

ISBN 978-3-486-59062-3

Vorwort

Die Balance Scorecard (BSC) ist als Implementierungsinstrument von Strategien und als Bridging-Instrument zwischen operativer und strategischer Planung bekannt geworden.

Obwohl sie grundsätzlich kreativ ist und auf ein ergebnisorientiertes Controlling ausgerichtet ist, konnte sie sich in den 90er Jahren und in diesem Jahrzehnt nur begrenzt als neues Instrument in der Wirtschaft durchsetzen. Hintergrund ist und war, dass die Entwickler der BSC, Kaplan und Norton, behaupteten, dass die Balanced Scorecard nur begrenzt quantitativ anwendbar sei.

Doch den Charme, den die BSC ausstrahlte, liegt in der Rechenbarkeit von Strategien, den erst der **Berliner Balanced Scorecard Ansatz** erfüllt. Er zeigt mit klassischen Instrumenten des Rechnungswesens, dass jede Perspektive rechenbar ist und die Perspektiven für einen Controllingansatz auch verknüpft werden können. Darüber hinaus ist die **Berliner Balanced Scorecard** über Unternehmensbewertungsmodelle dynamisierbar.

Damit ist es möglich, Unternehmen mit Visionen für ihre Innovationen ein umfassendes Controllinginstrument in die Hand zu geben. Strategisches Denken stellt generell ein inhaltliches Ziel an den Anfang, also eine Innovation. Die marktorientierte Strategie beantwortet die Frage, wie, mit welchen Schritten und Handlungen auf zufällige und gezielte Einflüsse sowie Maßnahmen von Dritten und von Wettbewerbern das Unternehmen sein Ziel am besten erreicht. Dabei gilt es die Wertschöpfungskette der Strategie auf Phasenspezifizierung und Verträglichkeit der Mittel hin zu überprüfen und zu optimieren. Das erfordert eine zweite, interne oder ressourcenorientierte Strategie.

Die ressourcenorientierte Strategie fragt nach der phasenspezifischen Notwendigkeit der Wertschöpfungskette, um die marktorientierte Strategie in die Gesamtstrategie zu implementieren. Konkret bedeutet dies die Beantwortung der Frage, welche Funktionen im Unternehmen mit welchen Mitarbeitern und Führungskräften einschließlich externer Partner die Umsetzung der Strategie garantieren. Gleichzeitig muss die Phasenverträglichkeit mittels der **Berliner Balanced Scorecard** controllingartig permanent begleitet werden. Dies setzt eine Controllinglogik voraus, die durch die **Finanzorientierte Personalwirtschaft** und das **Berliner Humankapitalbewertungsmodell** als ein ressourcenorientiertes Vorgehen zum einen eingelöst wird. Die **Innovationserfolgsrechnung**, als Controllinginstrument eines marktorientierten Vorgehens, erfüllt die Einlösung des anderen Teils der Gesamtstrategie.

Bei der Umsetzung der Gesamtstrategie mit Hilfe des Berliner Balanced Scorecard Ansatzes kommt das **Finanzielle Denken** mittels eines **Finanzcontrollings** hinzu, das z.B. im Laufe eines Innovationsprojektes peu á peu mittels der **Innovationserfolgsrechnung** die Perspektive der Kapitalmärkte als Richtschnur für externe Kapitalmärkte mit in die unternehmerische Entscheidung einfließen lässt.

Zur Entstehung des Werkes danken wir allen Unterstützern und unseren Familien.

Berlin, Nürnberg   Die Verfasser

Inhalt

Kapitel III

Kapitel V

Abkürzungsverzeichnis

ABC	Activity Based Costing
Abs.	Absatz
AktG	Aktiengesetz
BB	Betriebs-Berater (Zeitschrift)
BCG	Boston Consulting Group
BetrVG	Betriebsverfassungsgesetz
BFuP	Betriebswirtschaftliche Forschung und Praxis (Zeitschrift)
BGBl.	Bundesgesetzblatt
BPR	Business Process Reengineering
BSC	Balanced Scorecard
BBSC	Berliner Balanced Scorecard
bspw.	beispielsweise
BuW	Betrieb und Wirtschaft (Zeitschrift)
bzgl.	bezüglich
b&b	bilanz & buchhaltung (Zeitschrift)
CF	Cash Flow
CFROI	Cash Flow Return on Investment
CM	Controller Magazin (Zeitschrift)
CVA	Cash Value Added
DB	Deckungsbeitrag/ Der Betriebswirt (Zeitschrift)
DCF	Discounted Cash Flow
EBIT	Earnings before Interests and Taxes
EVA	Economic Value Added
FCF	Free Cash Flow
GoB	Grundsätze ordnungsgemäßer Buchführung
GuV	Gewinn- und Verlustrechnung
HR	Human Resources
Hrsg.	Herausgeber
KonTraG	Gesetz zur Kontrolle und Transparenz im Unternehmensbereich
MbO	Management by Objectives
MCE	Manufactoring Cycle Effectiveness
MVA	Market Value Added
n.F.	neue Fassung
NOPAT	Net Operating Profit after Taxes
OTD	On Time Delivery
PIMS	Profit Impact of Market Strategy
PM	Performance Measurement

RL	Rentabilitäts- Liquiditäts- (Kennzahlensystem)
ROA	Return on Assets
ROC	Return on Capital
ROCE	Return on Capital Employed
ROE	Return on Equity
ROI	Return on Investment
ROS	Return on Sales
SGE	Strategische Geschäftseinheit
SWOT	Strengths, Weaknesses, Opportunities, Threats
TQM	Total Quality Management
WC	Working Capital
WHU	Wissenschaftliche Hochschule für Unternehmensführung - Otto-Beisheim-Hochschule, Vallendar
ZfB	Zeitschrift für Betriebswirtschaft
ZfCM	Zeitschrift für Controlling & Management
ZGR	Zeitschrift für Unternehmens- und Gesellschaftsrecht
ZVEI	Zentralverband der Elektronischen Industrie e.V., Frankfurt/ Main
ZWF	Zeitschrift für wirtschaftlichen Fabrikbetrieb

Kapitel I

Vorüberlegungen: Controlling durch die Berliner Balanced Scorecard und als Lösungsansatz eines Performance Measurements in Unternehmen

1   Grundlagen vom Performance Measurement

Performance Measurement ist seit Jahrzehnten ein in Wissenschaft und Praxis viel diskutiertes Thema. Bereits bei einer Analyse von Forschungsschwerpunkten der Veröffentlichungen in sechs führenden amerikanischen Rechnungswesen- und Controllingzeitschriften im Zeitraum 1990 – 1996 belegt Performance Measurement den zweiten Platz.[1] Trotzt der langen Existenz der verschiedenen Performance Measurement- Ansätze gibt es bisher keine eindeutige Definition zum Performance Measurement bzw. fehlt es an einer akzeptierten Controlling-Logik.

Der Ausdruck „Performance" bedeutet in direkter Übersetzung „Leistung". Es gibt eine technische Performance, die im Zusammenhang mit der Analyse und Beschaffenheit von EDV-Systemen und Netzwerken steht. Im Bereich der Finanzwirtschaft und des Wertpapiergeschäftes entspricht Performance dem Anlage-Risiko-Ertrag eines Portfolios oder eines Wertpapiergeschäftes.[2]

Lebas beschreibt den Performance Begriff in Form eines Baumes, durch den die Zusammenhänge der Erfolgsfaktoren und die tatsächlich erzielten Ergebnisse dargestellt werden (vgl. Abbildung 1). "Performance is not just the result of the sale compared to the cost [...] it is

---

[1]   Vgl. Sandt (2005), S. 429.

[2]   Vgl. Hilgers (2008), S. 30.

also the set of consequences of the operation of the business".[1] Während die Wurzeln –
Kompetenzen, Marktkenntnis etc. – Erfolgsgrundlage sind, werden durch effektive und effi-
ziente Prozesse im Baumstamm die Voraussetzungen für die Früchte der Arbeit in der
Baumkrone (Preis, Qualität, Innovation) geschaffen. Die Früchte der Arbeit führen über die
Kausalkette zum finanziellen Erfolg. Die vom Baum geworfene Frucht symbolisiert Kosten,
die durch Performance entstehen.[2]

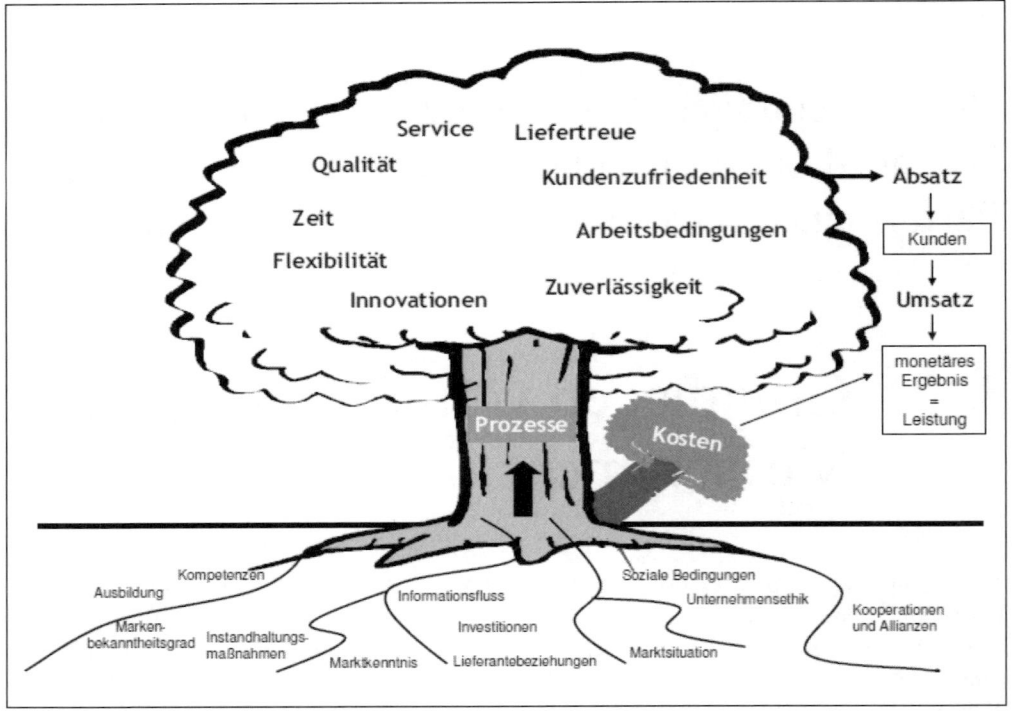

Abbildung 1-1: Performance Baum
Quelle: Lebas (1995), S. 28.

Neben dieser ausdrucksvollen Darstellung des Performance Begriffs existiert eine Vielfalt
anderer Performancedefinitionen. Dabei sind im englisch- und deutschsprachigen Raum
bedeutsame Unterschiede in den Definitionen von Performance Measurement feststellbar.
Um die Begriffsvielfalt zu verdeutlichen, hat Krause einige Definitionen zusammengefasst,
die in der untenstehenden Abbildung 2 aufgelistet sind.

---

[1]   Lebas (1995), S. 28.

[2]   Vgl. Hilgers (2008), S. 31.

Definition oder Umschreibung	Forscher
... (is) the action of performing, or something performed ... The carrying out of command , execution, fulfillment, working out of anything ordered ... , action, the capability of a machine, the observable or measurable behaviour of a person...	Oxford 1989
... (is) achievement, accomplishment, execution, doing, work	Urdang 1992
... is about deploying and managing well the components of the causal model(s) that lead to the timely attainment of stated objectives within constraints specific to a firm and to the situation.	Lebas 1995
... (ist) die Wertentwicklung eines Investmentfonds als Ergebnis der Leistung des Managements.	Dietl 1998
... eines Prozesses wird durch die Ausprägungen Zeit, Qualität und Kosten bestimmt.	Gaitanides 1994
... (is) a complex interrelationship between seven criteria: effectiveness, efficiency, quality, productivity, quality of worklife, innovation,	Rolstadas 1998
... is the level to which a goal is attained.	Dwight 1999
... ist der bewertete Beitrag zur Erreichung der Ziele einer Organisation. Dieser Beitrag kann von Individuen und Gruppen von Mitarbeitern innerhalb der Organisation sowie von externen Gruppen (z. B. Lieferanten) erbracht werden.	Hoffmann 2000
...(ist) der Grad der Zufriedenheit der relevanten Anspruchsgruppen.	Wettstein 2002
... has replaced the old productivity and is generally accepted to cover a wide range of aspects of an organization — from the old productivity to the ability to innovate, to attract the best employees, to maintain a sound environmentally outfit, or to conduct business in an ethical manner.	Andersen 2002
„Unter Performance wird der bewertete Beitrag zur Erreichung der Ziele einer Organisation verstanden. Dieser Beitrag kann von Individuen und Gruppen, von Mitarbeiter innerhalb der Organisation sowie von externen Gruppen (z.B. Lieferanten) erbracht werden."	Hoffmann 1999
... is the level of attainment achieved by an individual, team, organisation or process.	EFQM 2003

Abbildung 1-2: Definitionen zum Begriff Performance
Quelle: Krause (2005), S. 18 f.

Aus den Erklärungen leitet Krause folgenden Performancedefinition ab: „Performance bezeichnet den Grad der Zielerreichung oder der potenziell möglichen Leistung bezüglich der für die relevanten Stakeholder wichtigen Merkmale einer Organisation. Performance wird deshalb erst durch ein multidimensionales Set von Kriterien präzisiert. Die Quelle der Performance sind die Handlungen der Akteure in den Geschäftsprozessen".[1] Es werden somit nicht nur Interessen der Eigentümer, sondern auch Interessen der anderen Anspruchsgruppen berücksichtigt.

Hilgers geht von einem pluralistischen Performance-Begriff aus und definiert Performance wie folgt: „Performance ist die Konsequenz effizienter und/oder effektiver Handlungen auf allen Leistungs- und Entscheidungsebenen einer Organisation vor dem Hintergrund der Befriedigung pluraler Interessen bei multidimensionalen Zielen"[2].

Abschließend können einige Eigenschaften aus den o.g. Definitionen deduziert werden, die den Performance-Inhalt bestimmen:[3]
- Performance bezieht sich auf wesentliche Eigenschaften und den Nutzen, den eine Organisation, ein Produkt, eine Maschine etc. stiftet. Performance bei einer Organisation bezieht sich sowohl auf finanzielle als auch nicht-finanzielle Größen, unternehmensinterne und -externe Sachverhalte.
- Performance ist ein mehrdimensionales Konstrukt. Die Mehrdimensionalität drückt sich darin aus, dass Performance Measurement-Systeme nicht nur die finanziellen, sondern auch die nicht-finanziellen Erfolgsgrößen messen.
- Performance ist abhängig von der Situation und den Betrachtungsperspektiven.
- Performance ist zukunftsorientiert.
- Die Quelle von Performance sind die Handlungen von Akteuren.
- Performance kann durch Messung oder Beurteilung bewertet werden.

Performance Measurement ist besonders im angloamerikanischen ein viel diskutiertes Verfahren, dessen Einsatzgebiet und Verwendung so vielfältig und heterogen ist, dass eine konkrete Definition problematisch erscheint.[4] Schreyer hat einige Performance Measurement-Definitionen analysiert, die in der Abbildung (Abb. 3) dargestellt sind. Er stützt sich auf die Definition von Neely und definiert Performance Measurement als „ [...] Prozess der Quantifizierung von Effektivität und Effizienz unternehmerischer Maßnahmen und Handlungen".

---

[1]   Krause (2005), S. 20.

[2]   Hilgers (2008), S. 33.

[3]   Vgl. Krause (2005), S. 19.

[4]   Vgl. Hilgers (2008), S. 35.

Definition oder Umschreibung	Forscher
„Performance Measurement is the key to effective management supervision and control of people in organizations. But it is also an effective tool for guiding the direction of organizational subunits. The aim of performance measures is to minimize losses and to reward quality performance by comparing actual with desired performance".	Anthony, R.N./ Dearden, J./ et al. (1989)
„The objective of any measurement system should be to motivate all managers and employees to implement successfully the business unit's strategy".	Kaplan, R.S./ Nor- ton, D.P. (1996a)
„If there is a unifying theme to performance measurement, then it lies in the genuflection to the tives of economy, efficiency, and effectiveness, and the production of measures of input, output, and outcome"	Carter, N./ Klein, R./ et al. (1995)
„A vital part of the control process, and one with which accounting is particularly concerned, is the measurement of actual performance so that it may be compared with what is desired, expected or hoped for. However, it is important to stress that performance measurement is but one stage in the overall control process; it is also necessary to set standards, and to take appropriate action to ensure that such standards are attained".	Emmanuel, C./ Otley, D./ et al. (1990)
„Performance Measurements, evaluation systems, and reward systems are indispensable management tools. They can help motivate employees to work toward fulfilling the organization's strategic tives. By contrast, poorly designed or poorly implemented performance measurement systems courage dysfunctional and suboptimal behavior throughout an organization".	Dhavale, D.G. (1996)
„Performance measurement can help or hinder an organization's ability to compete, depending on how measurement systems are developed and utilized". „Performance Measurement is relative measurement. In order to interpret performance measurement data, one must have something with which to compare the measures. Commonly used alternatives are standards, goals, or baselines".	Sink, D.S./ Tuttle, T.C. (1989)

Abbildung 1-3: Übersicht über Definitionen von Performance Measurement (Fortsetzung)
Quelle: Schreyer (2007), S. 27.

Es ist unbestritten, dass das oberste Ziel eines Unternehmens im finanziellen Erfolg besteht. Aber der finanzielle Erfolg ist lediglich das Resultat der Entscheidungen und Aktivitäten der Unternehmensakteure. Das heißt, dass eine hohe Rendite das Ergebnis der starken Kundenbindung sein kann. Ausgehend von dieser Überlegung stellt der finanzielle Erfolg eine abhängige Variable dar, während Kundenbindung eine unabhängige Variable ist. Auf dieser Überlegung beruht die moderne Performance Measurement- Denkübung.

Gleich definiert Performance Measurement ähnlich wie Schreyer als „[…] Aufbau und Einsatz meist mehrerer quantifizierbarer Maßgrößen verschiedener Dimensionen (z.B. Kosten, Zeit, Qualität, Innovationsfähigkeit, Kundenzufriedenheit). Diese werden zur Beurteilung der Effektivität und Effizienz der Leistung und Leistungspotentiale unterschiedlicher Objekte im Unternehmen (Organisationseinheiten unterschiedlicher Größer, Mitarbeiter, Prozesse) herangezogen".[1] Aus der Definition folgt, dass neben den finanziellen Kennzahlen auch nicht-finanzielle Messgrößen für die Leistungsmessung generiert werden. Damit die Potenziale der nicht-finanziellen Messgrößen genutzt werden können, müssen diese mit den finanziellen Kennzahlen verknüpft werden. Zusammengefasst hat der Performance Measurement-Ansatz drei Kerncharakteristika: konsequenter Strategiebezug, Generierung nicht-finanzieller Kennzahlen und deren Verknüpfung mit den Finanzkennzahlen.[2]

Aus dem Performance Measurement-Begriff von Gleich kann eine Definition für Performance Measurement-Systeme abgeleitet werden, die dem Ansatz der Berliner Balanced Scorecard entgegen kommt, aber nicht erreicht. Demzufolge ist Performance Measurement-System eine bestimmte Menge an mehrdimensionalen Kennzahlen, die zueinander in einer Beziehung stehen und dazu verwendet werden, um die Effizienz und die Effektivität der unternehmerischen Maßnahmen und Entscheidungen zu messen.[3]

Dabei sind Kennzahlen ein unverzichtbarer Bestandteil jedes Performance Measurement-Systems. Kennzahlen sind jene Zahlen, die quantitativ erfassbare Sachverhalte in konzentrierter Form erfassen.[4]

Im Anschluss an die Definition und Beschreibung von Performance- und Performance Measurement werden Aufgaben und Ziele, die mit der Einführung der Performance Measurement-Systeme verfolgt werden, dargestellt.

Damit dient Performance Measurement der Messung und Lenkung der mehrdimensionalen strategischen und operativen Aspekte des Unternehmenserfolges und seiner Einflussgrößen.[5] Ein Ziel vom Performance Measurement besteht in der erfolgreichen Operationalisierung und Umsetzung der strategischen Ziele. Leistungsmessung soll mittels effektiver Planungs- und Steuerungsabläufe zur Leistungsverbesserung beitragen. Ein weiteres Ziel besteht in der Ausschöpfung der Mitarbeiterpotenziale zur Erreichung der bestmöglichen Leistungen.[6]

---

[1] Vgl. Gleich (1997), S. 115.

[2] Vgl. Berens/ Karlowitsch/ Mertes (2001), S. 280 f.

[3] Vgl. Schreyer (2008), S. 29.

[4] Vgl. Reichmann (2006), S. 19.

[5] Vgl. Baum/ Coenenberg/ Günther (2007), S. 362.

[6] Vgl. Jetter (2004), S. 44.

Bei der Leistungsmessung stehen Planungs-, Koordinations- und Kontrollaufgaben im Vordergrund. Damit können folgende Aufgaben der Leistungsmessung erzielt werden:[1]

- Operationalisierung der Unternehmensstrategie
  Die Unternehmensführung verbindet mit der Einführung vom Performance Measurement in erster Linie die Operationalisierung der Unternehmensstrategie. Performance Measurement dient zur Steuerung der unternehmerischen Aktivitäten.

- Leistungsbeurteilung
  Eine weitere Aufgabe von Performance Measurement ist die Überprüfung von Effektivität und Effizienz der unternehmerischen Leistungen. Damit wird angestrebt, die Leistungspotenziale eines Unternehmens zu beurteilen und die Leistungsbereitschaft der Mitarbeiter zu bewerten. Hierbei wird bezweckt, die Transparenz der Leistungen zu erhöhen und eine Leistungsverbesserung zu erreichen.

- Beschreibung des Ist-Zustandes
  Besonders wichtig beim Performance Measurement-Ansatz ist die Beschreibung des Istzustandes. Damit sind sämtliche Informationen über alle relevanten Sachverhalte, die den Istzustand beschreiben, vorhanden. Daraus lassen sich strategische und operative Maßnahmen ableiten.

- Erfolgsfaktorenidentifikation
  Die Operationalisierung der Unternehmensstrategie mittels der Identifikation von Erfolgsfaktoren stellt eine weitere Aufgabe des Performance Measurements dar. Dabei sind sowohl monetäre als auch nicht-monetäre Ziele der Stakeholder zu berücksichtigen.

- Veranschaulichung potenzieller Ursache-Wirkungs-Beziehungen
  Performance Measurement dient unter anderem zur Veranschaulichung von Ursache-Wirkungs-Beziehungen bestimmter Entscheidungen und Maßnahmen. Außerdem sind einzelne Beziehungsstärken zu quantifizieren und Steuerungsgrößen abzuleiten.

- Ressourcenplanung und -steuerung
  Mit Performance Measurement können die Zielvorgaben definiert und kontrolliert werden. Deswegen kann Performance Measurement als Instrument zur Planung und Steuerung von Ressourcen gesehen werden.

- Motivationssteigerung
  Hierbei geht es um die Motivationssteigerung der Beteiligten als Konsequenz der Implementierung von Performance Measurement- Systemen in Unternehmen. Durch Performance Measurement wird Eigenverantwortlichkeit gesteigert und Selbststeuerung von Abteilungen und Unternehmensbereichen ermöglicht. Das führt zur Steigerung der Mitarbeitermotivation. Die Verknüpfung zwischen Leistungsmessung und Anreizsystem ermöglicht eine leistungsbezogene Gestaltung der Vergütung.

- Kommunikation
  Performance Measurement-Systeme führen zur Stimulation der funktionsübergreifenden, vertikalen und horizontalen Kommunikationsprozesse. Mit Performance Measurement-Systemen können Unternehmensziele und Maßnahmen besser erklärt werden.

---

[1]   Vgl. Piser (2004, S. 117 - 118 und Schreyer (2007), S. 31-34.

- Lernprozesse
  Performance Measurement trägt zu der Unterstützung von Lernprozessen bei Managern und Mitarbeitern bei und fördert dadurch kontinuierliche Verbesserungsprozesse in Unternehmen.

Die Trennung zwischen Performance Measurement und Performance Management ist daher sehr fließend. In der Literatur sind verschiedene Auffassungen bezüglich der Abgrenzung der beiden Begriffe zu finden.

Laut Hoffmann steht Performance Management im unmittelbaren Zusammenhang mit dem Performance Measurement, greift aber weiter als die alleinige Performance Messung und kann mit einer Controller-Logik identifiziert werden. Performance Management beinhaltet Instrumente, mit denen Manager in Abstimmung mit den übergeordneten Unternehmenszielen die Performance ihrer Mitarbeiter planen, lenken und verbessern können.[1]

Nach Gleich tritt Performance Management unmittelbar nach der Analyse der Abweichungsursachen ein. Aufgaben vom Performance Management sind das Aufzeigen von Aktivitäten, Maßnahmen und Wegen zur höheren Effektivitätserzielung.[2]

Es kann konstatiert werden, dass Performance Measurement den Kern des Performance Managements ausmacht. Zur aktiven Beeinflussung der Performance sollen die Maßnahmen zunächst auf die Werttreiber/Erfolgsfaktoren und nicht auf die Ergebnisse ausgerichtet sein. Das Performance Management ist somit ein indikationsgestütztes, zielorientiertes Managementsystem und umfasst folgende Elemente:[3]

- Performance Prüfung/ Messung/ Beurteilung
- Performance Beeinflussung/ Steuerung und Verbesserung
- Performance Planung
- Performance Kommunikation

Das vorgestellte Modell von Hilgers geht über die klassischen Performance Measurement-Konzepte hinaus, da die unternehmerische Performance nicht nur erfasst, sondern aktiv beeinflusst und produziert wird.

Damit steht jedes Performance Measurement-Konzept, d.h. auch der Berliner Balanced Scorecard Ansatz im engen Zusammenhang mit einem logischen Controllingkonzept, wie dies die Finanzorientierte Personalwirtschaft liefert. Das Ziel des logischen Controlling-Konzeptes besteht in der Steuerung und Beeinflussung der Organisationsmitglieder, insbesondere der Manager, so dass die Wahrscheinlichkeit der Zielerreichung des Unternehmens sichergestellt wird bzw. steigt.

Das Performance Measurement-System ist Bestandteil von Controlling-Systemen bzw. das Subsystem vom Controlling mit dem Schwerpunkt der Unterstützung der Strategieumset-

---

[1]   Vgl. Hoffmann (1999), S. 29.

[2]   Vgl. Gleich (2001), S. 24.

[3]   Vgl. Hilgers (2008), S. 52-53.

zung. Performance Measurement, das wie das Controllingsystem eine Schnittstelle zwischen Planungs- und Kontroll- und Informationssystemen darstellt, erweitert das Controlling nicht nur in zeitlicher, sachlicher und interessenbezogener Hinsicht, sondern auch bezüglich des Informationsinhaltes, nämlich weitergehende Überführungen qualitativer Informationen in noch aussagekräftigere quantitative Informationen. Das hat zur Folge, dass sich das Controlling neben den internen kostenrechnungsorientierten Dimensionen verstärkt auch den externen finanziellen Steuerungsgrößen zuwenden muss, wie dies nach IFRS gefordert wird und in wissenschaftlichen Diskussion als Konvergenz des internen und externen Rechnungswesens in Deutschland behandelt wird.

Ein erfolgreiches Performance Measurement-System muss demnach eine Reihe von Voraussetzungen erfüllen. Gleich hat auf der Grundlage der Schwächen der traditionellen Kennzahlensysteme Anforderungen an das Performance Measurement-System erarbeitet (siehe Abb. 4).[1]

Anforderungs-kriterium	Beschreibung
Ausgleich der Stakeholder-interessen	Alle relevanten Stakeholder und deren Zielvorstellungen sind beim Aufbau eines Kennzahlensystems im Performance Measurement zu berücksichtigen.
Ausgeglichen-heit	Die Kennzahlen sollen in Bezug auf folgende Faktoren ausgeglichen sein: finanziell/ nicht finanziell, kurzfristig /langfristig intern /extern, Ergebnis- und Treiberkennzahlen.
Flexibilität	Das System sollte so flexibel sein, dass es sich leicht auf geänderte externe Parameter durch die Veränderungen der Maßgrößen, die Aufnahme neuer oder den Verzicht auf alte Maßgrößen anpassen lässt
Integration in das strategische Kontrollsystem	Die Kennzahlen im Performance Measurement sollten Bestandteil des strategischen Kontrollsystems zur Leistungsmessung und Leistungsbeurteilung sein.
Management-akzeptanz	Die Kennzahlen im Performance Measurement müssen vom Top-Management akzeptiert und sollten selbst aktiv angewendet werden.
Schutz vor Manipulation und Suboptima	Kennzahlen sind im Kennzahlensystem so aufeinander abzustimmen, dass die Verbundeffekte, Manipulationen oder unerwünschte Suboptima ersichtlich werden.

---

[1] Vgl. Jetter (2004), S. 43 und Klingebiel (2001), S. 20.

Konsistenz mit der Organisationsstruktur	Das Performance Measurement-System muss mit der Organisationsstruktur eines Anwendungsbereichs konsistent sein.
Verbindung zur Strategie	Strategische Zielsetzungen sollten mit Hilfe von Kennzahlen abbildbar gemacht werden.
Verbindung zum Anreiz- und Entlohnungssystem	Die Kennzahlen in einem Performance Measurement-Kennzahlensystem sind für die Verantwortlichen der Leistungsebenen die Grundlage für die Zielvereinbarungen. Zur Schaffung leistungsfähiger Anreize ist eine Verbindung zum Anreiz- und Entlohnungssystem zu gestalten.
Wirtschaftlichkeit	Effizienzanforderungen gelten auch für das Performance Measurement. Messaufwand, Datenflut und Komplexität des Systems sind durch Konzentration auf Schlüsselkennzahlen möglichst zu beschränken.
Zuverlässigkeit der Messmethode	Beim Design eines Kennzahlensystems sind bereits auch Überlegungen zu Methoden und deren Zuverlässigkeit anzustellen. Es ist zu beachten, dass ein mehrmaliges Messen eines Sachverhaltens immer zu gleichen Ergebnissen führt.

Abbildung 1-4: Anforderungen an Performance Measurement-Systeme
Quelle: Gleich (2001), S. 226 f.

Um alle oben genannten Anforderungen erfüllen zu können, ist ein integrierter Gesamtansatz, der sämtliche Unternehmensbereiche beinhaltet und sich über den gesamten Leistungserstellungsprozess erstreckt, erforderlich. Allen Anforderungen entspricht der Berliner Balanced Scorecard Ansatz, wie noch zu beweisen ist.

2 Traditionelle Performance Measurement-Konzepte als Vorläufer der Berliner Balanced Scorecard

Die traditionellen Konzepte zur Bewertung der Leistungsentwicklung in Unternehmen sind ebenfalls primär auf monetäre Planungs- und Kontrollrechnungen konzentriert. Im Kern der klassischen Performance Ansätze stehen der monetäre Ausdruck des Unternehmensgeschehens sowie dessen monetäre Wirkung auf das Unternehmensergebnis.[1] Das Ziel der traditionellen Konzepte zum Performance Measurement besteht in der Abbildung der Mengen- und Wertströme innerhalb des Unternehmens, die informationelle Grundlagen zur Unternehmenssteuerung liefern. In den vergangenen Jahrzehnten wurden eine Vielzahl der klassischen Performance Measurement-Systeme, die an sich monetäre Kennzahlensysteme darstellen, entwickelt.[2]

Unter einem Kennzahlensystem wird eine Gesamtheit von quantitativen Variablen verstanden, die die einzelnen Kennzahlen in eine sachlich und zeitlich, sinnvolle betriebswirtschaftliche sowie mathematische Struktur zueinander bringen, einander ergänzen und erklären und insgesamt auf ein gemeinsames, übergeordnetes Ziel ausgerichtet sind.[3] Nach der Art der Verknüpfung können Ordnungssysteme, Rechensysteme und Mischformen unterschieden werden. Ein Ordnungssystem ist ein Kennzahlensystem, in dem die Kennzahlen sachlogisch miteinander verknüpft sind. Beim Rechensystem geht man von einer Spitzenkennzahl aus, die mathematisch und sachlogisch mit den anderen Kennzahlen verknüpft ist. Dabei führt die Änderung einer Kennzahl zur Änderung der Spitzenkennzahl (z.B. Dupont-System). Wenn ein Kennzahlensystem Merkmale von beiden Verknüpfungstypen enthält, dann spricht man von einer Mischform (z.B. ZVEI-Kennzahlensystem).[4]

Ausgewählte Performance Measurement-Systeme bzw. Kennzahlensysteme werden nun exemplarisch dargestellt, um dann auf den Berliner Balanced Scorecard Ansatz vertieft eingehen zu können.

---

[1]   Vgl. Hilgers (2008), S. 61.

[2]   Vgl. ebd., S. 62.

[3]   Vgl. Reichmann (2006), S. 22.

[4]   Vgl. Preißler (2008), S. 17 – 22.

2.1   DuPont-System

DuPont-System gilt als das älteste und bekannteste Kennzahlensystem, das vom amerikanischen Chemiekonzern E.I. DuPont de Nemours and Company 1919 entwickelt wurde. An
der Spitze der Kennzahlenpyramide steht der Erfolg aus dem investierten Kapital (Return on
Investment), der das oberste Ziel des Unternehmens präsentiert (vgl. Abb. 1-5).[1] Das Kennzahlensystem dient zur Beurteilung der Betriebsleistung[2] und ist ein umfangreiches Pla-
nungs- und Kontrollinstrument.

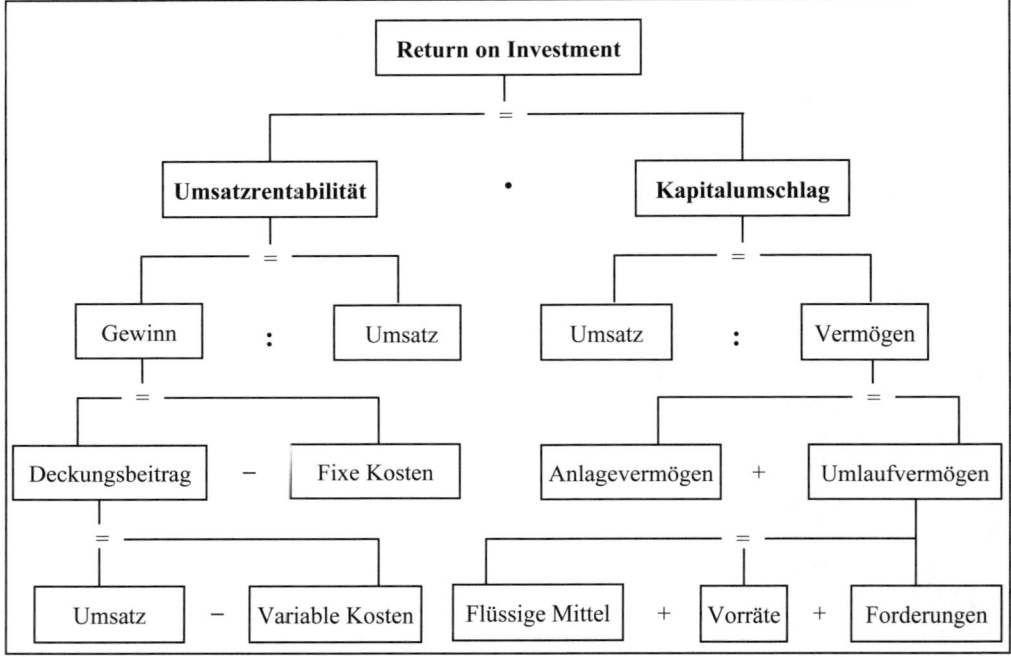

Abbildung 1-5: DuPont-Kennzahlensystem
Quelle: In Anlehnung an Gladen (2008), S. 93.

Die Spitzenkennzahl Return on Investment wird mathematisch und sachlich in ihre Bestandteile analog des Geschäftsberichtsabschlusses in Bilanz und Gewinn- und Verlustrechnung
aufgeschlüsselt. Im ersten Zerlegungsschritt des DuPont-Systems wird der ROI in Umsatzrentabilität analog der Gewinn- und Verlustrechnung und Kapitalumschlag analog der Aktiv-
oder Passivseite der Bilanz getrennt.[3] Die Unterkennzahlen die sich am Jahresabschluss/ an
der Jahresabschlussanalyse orientieren, helfen bei der späteren Ursachenanalyse und zeigen

---

[1]   Vgl. Gladen (2008), S. 82 f.

[2]   Vgl. Sandt (2005), S. 431.

[3]   Vgl. Gladen (2008), S. 93.

Verbesserungsmöglichkeiten für den ROI auf. Die Umsatzrentabilität macht deutlich, ob ein Unternehmen seine Erträge/Leistungen zu guten Preisen verkaufen und aufwands- bzw. kostengünstig herstellen kann. Der Kapitalumschlag gilt als Ausdruck für die Intensität der Nutzung der Vermögensgegenstände, die in der Bilanz zu finden sind. Auf der dritten Ebene werden nur absolute Größen analysiert. Auf dieser Ebene werden die Entstehung von Erlösen und Kosten als wichtige Faktoren des Gewinns und die Höhe sowie die Zusammensetzung des Vermögens untersucht.[1] Mittels der mathematischen Aufspaltung der beiden Verhältniszahlen Umsatzrentabilität und Kapitalumschlag wird eine detaillierte finanz- und erfolgswirtschaftliche Analyse ermöglicht und die Verbesserungspotenziale der Spitzenkennzahl ROI werden, entweder über das externe oder interne Rechnungswesen, identifiziert.[2]

In der Fachliteratur werden mehrere Kritikpunkte gegenüber dem DuPont-Kennzahlensystem diskutiert:[3]

- Bei einer Relativkennzahl wie ROI ist nicht unmittelbar erkennbar, ob sich bei der Veränderung von ROI der Zähler oder Nenner verändert hat.
- Bereichsorientierte ROI können auf der Basis des Gesamtunternehmens zu einem suboptimalen Ergebnis führen.
- Das DuPont-System ist für divisionale Bereiche geeignet, d.h. für Unternehmensbereiche, für die sich ein Gewinn ermitteln lässt. Für die Funktionsbereiche wie Einkauf, Produktion, Verwaltung usw. lässt sich ein ROI nicht ermitteln.
- Es besteht die Gefahr einer kurzfristigen, unternehmerischen Orientierung der Manager am ROI, insbesondere dann, wenn die Erfolgsgrößen des ROI ihre variable Gehaltsfindung mitbestimmen.
- Der DuPont-ROI bildet nur einen Teil der gesamten Wechselbeziehungen im komplexen System und Prozess der Unternehmung ab. Für tiefgründige Analysen ist das Kennzahlensystem nicht geeignet. Analyse der Wirtschaftlichkeit, der Liquidität oder auch die Berücksichtigung anderer qualitativer Faktoren erfolgt nicht.

2.2   ZVEI-Kennzahlensystem

Das Kennzahlensystem wurde vom Zentralverband der elektronischen Industrie 1969 auf der Grundlage von DuPont-Kennzahlensystem entwickelt. Das ZVEI-Kennzahlensystem soll als ein analytisches Ist-Instrument und ein Plan-Instrument für die Unternehmenssteuerung verwendet werden. Das analytische Ist-Instrument analysiert die Lage des Unternehmens durch einen zusätzlichen Zeit- und Betriebsvergleiche.[4]

---

[1]   Vgl. Gladen (2008), S. 82 f.

[2]   Vgl. Engel (2006), S. 73.

[3]   Vgl. Klingebiel (2001), S. 44.

[4]   Vgl. Sandt (2005), S. 432.

Das ZVEI-Kennzahlensystem besteht aus der Wachstumsanalyse (Vergleich wichtiger Kennzahlen aus der Vorperiode) und der Strukturanalyse (Vergleich von Relativkennzahlen für die Effizienzanalyse).[1] Die Wachstumsanalyse untersucht vier Felder – Vertriebstätigkeit, Ergebnis, Kapitalbindung, Wertschöpfung/Beschäftigung – mit neun absoluten Kennzahlen (z.B. Umsatz, umsatzbezogenes Ergebnis, Periodenergebnis, Cash Flow, Vorräte, Sachanlagen). Bei der Wachstumsanalyse stehen die einzelnen Kennzahlen isoliert nebeneinander. Die Strukturanalyse, die den Kern des ZVEI-Kennzahlensystems darstellt, bewertet die Effizienz eines Unternehmens. Die verschiedenen Kennzahlengruppen untersuchen entweder die Ertrags- oder die Risikokomponente. Die Spitzenkennzahl des Kennzahlensystems ist die Eigenkapitalrentabilität. Die Spitzenkennzahl wird in einzelne Bestandteile (Rentabilität, Liquidität, Vermögen, Kapital, Finanzierung/ Investition, Aufwand, Umsatz, Kosten, Beschäftigung, Produktivität), die miteinander verknüpft sind, zerlegt.[2]

Das ZVEI-Kennzahlensystem besteht aus 210 Kennzahlen, von denen meist 88 verwendet werden. Die restlichen Kennzahlen dienen der mathematischen Verknüpfung mit den Hauptkennzahlen. Finanzielle Kennzahlen bilden die Mehrheit, nicht-finanzielle Kennzahlen, z. B. Fluktuation, Personalbestand, sind selten vertreten. Das ZVEI-Kennzahlensystem verwendet vorwiegend die Daten aus dem Jahresabschluss, verzichtet aber nicht völlig auf die Zahlen der Kosten- und Leistungsrechnung. Am meisten wird dieses Kennzahlensystem wegen der Vielzahl von Kennzahlen, die zur eingeschränkten Überschaubarkeit führen, kritisiert.[3] Des Weiteren hat dieses Kennzahlensystem Schwächen hinsichtlich der Beziehung zum strategischen Zielsystem und zur Organisationsstruktur.[4] Wie das DuPont-System eignet sich dieses Kennzahlensystem überwiegend für die divisionale Steuerung von Unternehmen.

2.3   Rentabilitäts-Liquiditäts-Kennzahlensystem

Das Rentabilitäts-Liquiditäts-Kennzahlensystem (RL-Kennzahlensystem) von Reichmann und Lachnit soll im Rahmen des Planungs- und Kontrollprozesses entscheidungsrelevante Informationen liefern. Das RL-Kennzahlensystem geht über das reine Rentabilitätsdenken hinaus und ist damit multidimensional. Das Kennzahlensystem setzt sich aus einem allgemeinen Teil und einem Sonderteil zusammen. Der allgemeine Teil besteht aus einem Liquiditäts- und einem Rentabilitätsteil. Die Spitzenkennzahlen werden weiter unterteilt und sind im Unterschied zum ZVEI-Kennzahlensystem nicht mathematisch, sondern nur sachlogisch miteinander verknüpft. Die Spitzenkennzahl des Rentabilitätsteils ist der Jahresüberschuss/Jahresfehlbetrag. Er setzt sich aus dem ordentlichen Betriebsergebnis und dem außerordentlichen Ergebnis zusammen. Das ordentliche Ergebnis besteht aus dem ordentlichen Betriebs- und Finanzergebnis. Die beiden Teilergebnisse müssen für kurze Zeiträume geplant

---

[1]   Vgl. Preißler (2008), S. 51.

[2]   Vgl. Reichmann (2006), S. 30 f. und Preißler (2008), S. 52.

[3]   Vgl. Sandt (2005), S. 432, Preißler (2008), S. 52 und Gladen (2008), S. 88 f.

[4]   Vgl. Engel (2006), S. 78.

und kontrolliert werden. Da das absolute Ergebnis keine Auskunft über den Erfolg des Unternehmens gibt, muss es über den jeweiligen Kapitaleinsatz relativiert werden. Die weiteren Kennzahlen des Rentabilitätsteils sind Gesamtkapitalrentabilität, Return on Investment, Kapitalumschlagshäufigkeit, Umsatzrentabilität, Materialumschlaghäufigkeit, Forderungsumschlaghäufigkeit etc.[1]

Die zentrale Größe des Liquiditätsteils sind die liquiden Mittel. Der Bestand an liquiden Mittel hat eine Signalfunktion, deren Abweichen zur Analyse von Ursachen führen kann. Weitere Größen im Liquiditätsteil sind Cash Flow, der laufende Einnahmeüberschuss, der disponierte Überschuss, Working Capital.

Im Sonderteil werden die Zahlen erfasst, die firmenindividuell in Abhängigkeit von der Branche zur Ergänzung der Kennzahlen des allgemeinen Teils notwendig sind. Es werden Einflussfaktoren auf Rentabilität und Liquidität untersucht. Die möglichen Kennzahlen sind Umsatzanteil je Produktart, Deckungsbeitrag etc.

Das RL-Kennzahlensystem gibt auch Empfehlungen bezüglich der Berichterstattung. Dabei wird zwischen der jährlichen, vierteljährlichen, monatlichen und wöchentlichen Berichterstattung unterschieden.[2]

Später haben beide Entwickler, Reichmann und Lachnit, das Ursprungsystem in das RL-Bilanzkennzahlensystem und RL-Controlling-Kennzahlensystem erweitert. Das RL-Bilanzkennzahlensystem entspricht dem ursprünglichen Kennzahlensystem. Das RL-Controlling-Kennzahlensystem ist bereichs-spezifisch und besteht vorwiegend aus Finanzkennzahlen zu den Funktionsbereichen: Beschaffung, Produktion, Absatz und Logistik. Im Sonderteil sind organisationsbezogene Kennzahlen (Kennzahlen zu Input, Output, Potenzialen, Prozessen) für vertiefte Rentabilitäts- und Liquiditätssteuerung zu verwenden. .

2.4   Kritische Würdigung der traditionellen Performance Measurement-Konzepte

Die Finanzkennzahlen, die den Kern der klassischen Performance Measurement-Konzepte bilden, weisen trotz ihrer breiten Anwendung zahlreiche Schwachstellen auf. Aufgrund der vergangenheitsbezogenen Daten aus dem Rechnungswesen bewerten die finanziellen Kennzahlen nur den Ist-Zustand und sind vergangenheitsorientiert. Die zukunftsrelevanten Handlungen und Entscheidungen des Managements, die in Innovationen, Qualität und Kundenzufriedenheit reflektiert werden, können nicht mit den Finanzkennzahlen gemessen werden. Damit ist eine Analyse der zukunftsbezogenen Maßnahmen und Ziele aufgrund vergangenheitsbezogener Kenngrößen nur eingeschränkt möglich. Finanzielle Kennzahlen können die

---

[1]   Vgl. Reichmann (2006), S. 32 – 38 und Gladen (2008), S. 90 – 92 Diese Fußnote gilt für die weiteren Absätze.

[2]   Vgl. Sandt (2005), S. 432 – 433. Diese Fußnote gilt auch für den nächsten Absatz.

langfristig ausgerichteten Aktivitäten des Managements nicht widerspiegeln.[1] Wegen der kurzfristigen Ausrichtung auf das kurzfristige Erfolgs- und Liquiditätsziel sind die traditionellen Performance Measurement-Systeme lediglich bedingt für den Aufbau langfristiger Erfolgspotenziale geeignet. Die Quellen der möglichen Erfolge bzw. Misserfolge werden nur mit einer Zeitverzögerung bekannt. Häufig fehlt auch die Verknüpfung zwischen den Kennzahlen, Strategien und den strategischen Zielen.

Die Anforderungen an die Performance Measurement-Systeme werden verstärkt von den Markterfordernissen und Ressourcenerfordernissen geprägt, die aufgrund ihrer erfolgsrelevanten Bedeutung in das System aufgenommen werden müssen.[2] Die Analysen der jüngeren Vergangenheit zeigen, dass sich die Gewichtung in der unternehmerischen Zielsetzung verschoben hat. Während die Untersuchungen aus dem Jahr 1985 ergeben, dass das Gewinnziel eine sehr hohe Priorität bei den Unternehmen erfährt, zeigen die Analysen aus den Jahren 1985 und 1992 die Tendenz zur Relativierung des Gewinnziels. Der Gewinn nicht mehr das allein dominante Unternehmensziel .[3]

Aufgrund der gestiegenen Bedeutung des Kunden im Wettbewerb sind die kundenbezogenen Ziele unverzichtbarer Bestandteil der unternehmerischen Politik. Wegen des zunehmenden Konkurrenzdrucks sind auch prozess- und potenzialbezogene Ziele, der Mitarbeiter und Organisation für die erfolgreiche Ausrichtung von Unternehmen unabdingbar. Das bedeutet, dass infolge der gestiegenen Wettbewerbsdynamik im Sinne der Differenzierungsstrategie nach Porter die Innovations-, Qualitäts- und Zeitziele die Wettbewerbsfelder der zukünftigen unternehmerischen Tätigkeit sind. Es ist zweifelfrei, dass Unternehmen heute nicht nur nach einem monetären Ziel streben können. Es besteht Einigkeit darüber, dass das Streben nach dem finanziellen Erfolg eine wesentliche Rolle spielt, jedoch gehen die Bestrebungen der Unternehmen generell dahin, die Gewinnmaximierungshypothese durch pluralistische Zielsysteme zu ersetzen.[4]

Die traditionellen finanzorientierten Performance Measurement-Instrumente sind nur auf finanzbezogene Ziele beschränkt und genügen damit nicht den Anforderung des aktuellen Marktes. Aufgrund der oben beschriebenen Schwächen der traditionellen Performance Measurement-Systeme sind moderne mehrdimensionale zukunftsorientierte Leistungsmessungsinstrumente, die neben den monetären Zielen auch andere nicht-monetäre,aber quantitative Ziele berücksichtigen, erforderlich.

---

[1]   Vgl. Becher (2007), S. 69.

[2]   Vgl. Klingebiel (2001), S. 46.

[3]   Vgl. Engel (2006), S. 31.

[4]   Vgl. Engel (2006), S. 33 – 36.

3 Berliner Balanced Scorecard – ein ideales und praktikables, modernes Performance Measurement-Konzept

Es gibt eine Vielfalt moderner Performance Measurement-Konzepte. Die Bandbreite reicht von der einfachen, unstrukturierten Verbindung von Kosten-, Zeit- und Qualitätskennzahlen bis hin zu mathematisch hochkomplexen Modellen.[1] Es kann zwischen den Konzepten, die in der Wissenschaft mit der Beratungspraxis entwickelt wurden, und die die von den anwendenden Unternehmen selbst erarbeitet wurden, unterschieden werden.[2] Die folgende Tabelle bietet eine Übersicht über ausgewählte Performance Measurement-Konzepte.

Performance Measurement Konzept	Einschätzung des Konzepts
Balanced Scorecard Kaplan/ Norten	▪ Ableitung strategierelevanter Kennzahlen und Opera-tionalisierung der Strategie (Strategieimplementie-rung) ▪ Ausgewogene Kennzahlendarstellung ▪ 4-Phasen-Prozess als Managementsystem ▪ Kausale Ursache-Wirkungs-Beziehungen unterstüt-zen die strategische Diskussion ▪ Ansätze zum strategischen Feedback und Lernen
Intelectual Capital Sveiby	▪ Innovative Sichtweise zum Ursprung der Performance ▪ Unterstützung des Managements bei der Steigerung des Unternehmenswertes ▪ Ausgewogene Kennzahlendarstellung im Intangible Assets Monitor
Performance Pyramid Lynch/ Cross	▪ Fokussiert auf die Strategieimplementierung durch die hinreichende Ableitung von Performance Indika-torgruppen ▪ Gilt als integriert in die Balanced Scorecard

---

[1] Vgl. Horváth (2006), S. 563.

[2] Vgl. Vorbeck (2007), S. 39.

Quantum Performance Arthur Anderen Consulting	▪ Ableitung von strategiekonformen Kennzahlen ▪ Verknüpfung mit verschiedenen Instrumenten als Enabler ▪ Aufgliederung der Kennzahlen in verschiedenen Dimensionen ▪ Prozessorientierte Leistungsmaße als Frühindikatoren
Tableau de Bord Lauzel/Cibert	▪ Strategierelevante Kennzahlen zur Unterstützung der Strategieimplementierung ▪ Ausgewogene Kennzahlendarstellung in verschiedenen Tableaus ▪ Nutzung von Frühindikatoren möglich ▪ Einbeziehung lokal anfallender Information in das jeweilige Tableau des Verantwortungsbereichs

Abbildung 1-8: Übersicht Performance Measurement-Konzepte
Quelle: Piser (2004), S. 120 f.

Die oben genannten Performance Measurement-Konzepte sind dadurch gekennzeichnet, dass sie die unternehmerische Performance aus verschiedenen Perspektiven und unterschiedlichen Zielstellungen unter besonderer Berücksichtigung nicht-monetärer Kennzahlen abbilden. Kennzeichnend für alle Ansätze ist die besondere Berücksichtigung der strategischen Ausrichtung sowie Abbildung von Ursache-Wirkungs-Beziehungen des unternehmerischen Handels, unter Einbeziehung von Prozessen, Qualitäten und Zeiten. Sie alle sind jedoch nicht fertige Instrumente für die Unternehmenssteuerung, sondern allgemeine Schablonen, die an das jeweilige Unternehmen angepasst werden müssen.[1]

In Deutschland werden seit mehreren Jahren empirische Untersuchungen über die Verbreitung und Anwendbarkeit der Performance Measurement-Ansätze durchgeführt. Piser untersucht die Konzepte nach ihrer Eignung als Konzept des strategischen Managements und der strategischen Kontrolle. Er stellt fest, dass die Balanced Scorecard die größten Potenziale der strategischen Überwachung unter den Performance Measurement-Konzepten aufweist.[2] Gleich hat in seinem Buch mehrere „moderne" Performance Measurement-Konzepte hinsichtlich der Erfüllung der Anforderungen an Performance Messungs-Ansätze mit elf Kriterien (z.B. Strategiebindung, stakeholder-differenzierte Zieldifferenzierung, Berücksichtigung mehrerer Leistungsebenen etc.) beurteilt. Er kam zu dem Ergebnis, dass die Balanced Scorecard am besten die Kriterien erfüllt und damit ein effektives Performance Measurement-Konzept darstellt.[3] Klingebiel vergleicht die von den Beratungsunternehmen entwickelten Performance Ansätze mit 18 Kriterien. Da die Balanced Scorecard in den meisten Fällen als

---

[1] Vgl. Hilgers (2008), S. 66 f.

[2] Vgl. Piser (2004), S. 168

[3] Vgl. Gleich (2001), S. 88 – 91.

Grundlage für die Entwicklung der anderen Konzepte genutzt wurde, verwendet er die Balanced Scorecard als Referenzmodell, mit dem die anderen Konzepte verglichen werden. Er stellt fest, dass keines der Beraterkonzepte eine Alternative für die Balanced Scorecard darstellt.[1] Günther und Grüning haben den praktischen Einsatz der Performance Measurement-Systeme auf der Grundlage von 181 Unternehmen in Deutschland analysiert. Die Untersuchung ergab, dass die Balanced Scorecard am häufigsten in den deutschen Unternehmen eingesetzt wird.

Da die Balanced Scorecard in der Wissenschaft und Praxis besonders hohe Beachtung findet und größte Potenziale als Instrument des strategischen Managements und der strategischen Kontrolle ausweist,[2] stellt dieses Konzept einen Schwerpunkt dieses Buches dar.

---

[1] Vgl. Klingebiel (2000), S. 109 – 121.

[2] Vgl. Schreyer (2008), S. 193.

Kapitel II

Zur Problematik des Einsatzes der Balanced Scorecard als Instrument des Controllings im Rahmen einer wertorientierten Unternehmensführung

1 Ausgangssituation und Problemstellungen zur Balanced Scorecard

Die Ausrichtung und Lenkung von Unternehmen vollzieht sich heute in einem Umfeld, das durch wachsende Dynamik und Komplexität gekennzeichnet ist. Zunehmende globale Aktivitäten der Unternehmen in einem immer intensiveren nationalen und internationalen Wettbewerb, Veränderungen bei Informations-, Forschungs- und Produktionstechnologien, weiterhin kürzer werdende integrierte Produktlebenszyklen sowie geänderte Bedürfnisstrukturen der Kunden sind charakteristisch für die derzeitige Unternehmensumwelt. Den steigenden Kundenanforderungen und wechselnden Rahmenbedingungen müssen Unternehmen mit Innovationskraft und Flexibilität begegnen. Herausforderungen stellen die Herstellung und Pflege von Kundenbeziehungen, die Bereitstellung kundenspezifischer, qualitativ hochwertiger, innovativer Produkte und Dienstleistungen sowie die kontinuierlichen Prozess- und Produktverbesserungen dar. Flexibilisierung der Organisation und Mobilisierung von Mitarbeiterfähigkeiten und Motivation gelten als entscheidende Schlüssel zum Erfolg. Es besteht die Notwendigkeit sowohl die eingesetzten Strategien als auch die internen Strukturen und

Abläufe kontinuierlich controllingorientiert zu überprüfen und ggf. veränderten Rahmenbedingungen möglichst schnell ins szenarioartige Kalkül zu ziehen.

Eine Vielzahl von Managementkonzepten, wie Total Quality Management (TQM), Business
Process Reengineering (BPR), Management by Objectives (MbO), wurden in den letzten
Jahren entwickelt, um Unternehmen erfolgreich durch den verschärften Wettbewerb zu füh-
ren. Ein Schwachpunkt dieser Konzepte ist jedoch häufig die einseitige Fokussierung, d.h.
die ausschließliche Ausrichtung auf die Optimierung einer Erfolgsgröße wie die Qualität, die
Kosten, die Ziele oder die Zeit.

Hier knüpft die Berliner Balanced Scorecard (BBSC) als ein rechenbarer, vielseitiger komplexer und wertorientierter Management- und Controllingsystemansatz an, der einen ganzheitlichen, rechnungsorientierten Ansatz zur Rechenbarkeit einer Strategie, einer Innovationserfolgsrechnung[1] sowie der Berücksichtigung der Einflussfaktoren bzw. der Perspektiven
eines Unternehmens umfasst.

Es wird deshalb das nach Kaplan und Norton Anfang der neunziger Jahre entwickelte Balanced Scorecard Konzept mit den vier ausgewogene Perspektiven: Finanzen, Kunden, Interne
Prozesse sowie Lernen und Entwicklung rekonstruiert. Weiterhin schafft die BSC einen
Rahmen zur Integration von strategischen Maßnahmen, die helfen eine Unternehmensmission und -strategie in ein übersichtliches System zur Leistungsmessung zu übersetzen; um
damit die Probleme der Strategieumsetzung sowie einer adäquaten Performance-Messung
mit einem Performance-Reporting zu bewältigen.

Die Wechselwirkungen zwischen den Perspektiven mit ihren sowohl qualitativen als auch
quantitativen Ziel- und Messgrößen werden in Publikationen von Kaplan und Norton sowie
ihren kritiklosen Nachahmern jedoch selten ausführlicher behandelt. Es wird eine fehlende
Hierarchisierung der einzelnen Perspektiven mit Kennzahlen bzw. Kennzahlensystemen
beklagt, es fehlt eine betriebswirtschaftliche und mathematische Verknüpfung der vier BSC-
Perspektiven, ein unternehmerisches Bridging-Problem zwischen operativer und strategischer Controlling-Ebene zu lösen, wird zwar behauptet aber nicht eingelöst und nicht zuletzt
wird kritisiert, dass eine Dynamisierung der Balanced Scorecard über mehrere Planungsperioden hinweg von Kaplan und Norton ebenfalls nicht gelöst worden ist. Diese kritischen
Probleme werden noch verstärkt, dass eine wissenschaftstheoretische oder grundsätzliche
logische Struktur des Controllings des Rechnungswesens für eine Strategie-Performance-
Messung fehlt. Die Balanced Scorecard kann damit nicht als logisches Controllinginstrument
in die Performance-Messung und in das Performance Measurement Reportings eingebunden
werden. Verschärft wird die Bewertungs- und Messproblematik dadurch, dass derzeit eine
Perspektive der Balanced Scorecard zur Humankapitalbewertung hochstilisiert worden ist,
ohne anhand einer Theorie oder mit einem Beispiel zu belegen und zu beweisen wie Unternehmen hier controllingartig vorzugehen haben. Das vorliegende Buch greift alle die bisher
ungelösten Probleme im Rahmen der Berliner Balanced Scorecard auf und zeigt wie hierzu
z.B. ein Berliner Humankapitalbewertungsmodell zu entwickeln ist. Gleichzeitig wird ein
logisches Controllingkonzept für die IFRS- Rechnungslegung, für den Berliner Balanced

---

[1]   Schmeisser, W. .u.a. (Hrsg.): Innovationserfolgsrechnung. Springer-Verlag, Berlin, 2008.

Scorecard Ansatz sowie für das Humankapital usw. entwickelt, damit für alle Perspektiven Methoden und Instrumente der BBSC eingesetzt werden können. Die Perspektiven sich miteinander verbinden und dynamisieren lassen und für die Strategieimplementierung steuer- und rechenbar sind.

2 Grundlagen zum Controlling mittels Balanced Scorecard

2.1 Überblick zum strategischen Management und Controlling

2.1.1 Ansätze zum Strategischen Management und Controlling

Das Strategische Management[1] hat sich in den achtziger Jahren als eigenständige Disziplin in Praxis und Wissenschaft als Ergebnis eines vierstufigen Entwicklungsprozesses etabliert. Dieser begann in der Nachkriegszeit mit der Orientierung auf die Budgetplanung, woraufhin mit zunehmender Instabilität externer Rahmenbedingungen die Phase der prognoseorientierten Langfristplanung einsetzte. Auftretenden Diskontinuitäten in der Unternehmensumwelt sollte die strategische Planung mittels der Analyse der Chancen und Risiken, der eigenen Stärken und Schwächen sowie der Ableitung von Strategien zur Erreichung nachhaltiger Wettbewerbsvorteile durch Innovationen antizipativ begegnen. Die durch die Globalisierung hervorgerufenen Veränderungen in den Beziehungen zwischen Unternehmen und ihrer Umwelt forderten eine erhöhte Anpassungs- und Innovationsfähigkeit, so dass sich schließlich das Strategische Management mit seiner Berücksichtigung technologischer, sozialer und gesellschaftlicher Aspekte, z.B. der Unternehmenskultur, der Humankapitalbewertung, der

---

[1] Zum institutionellen und funktionalen *Managementbegriff* sowie deren Entstehung vgl. Steinmann/ Schreyögg, Management (2000), S. 3-65, siehe aber auch besonders auch Müller-Stewens/ Lechner: Strategisches Management, 3.Aufl.,(2005), S.3-53

Patentbewertung im Rahmen des IFRS, des Forschungs- und Technologiecontrollings oder der Innovationserfolgsrechnung herausbildete.[1]

Die ursprüngliche Bedeutung des Strategiebegriffs geht auf das Griechische zurück und bezeichnet die Kunst der Heerführung.[2] In den vierziger Jahren wurde der Begriff aus dem Militärwesen in die Wirtschaftswissenschaften übertragen. Ansoff definiert Strategie als Maßnahme zur Sicherung des langfristigen Unternehmenserfolges, Mintzberg unterscheidet zwischen den fünf Verwendungsarten „Plan, Ploy, Pattern, Position, Perspective (P´s of Strategy)".[3] Der Strategische Denkansatz muss weit über den zu führenden Bereich hinaus-gehen und u.a. langfristiges, ganzheitliches, zielorientiertes, realitätsbezogenes, risikosensib-les und wertorientiertes Denken integrieren.[4]

Zentrale Herausforderungen eines Strategischen Managements stellen die nicht Prognosti-zierbarkeit des Unternehmensumfeldes, die Vielfalt der Ereignisse, ihre Widersprüchlich- und Mehrdeutigkeit sowie die mangelnde Zerlegbarkeit dieser komplexen Probleme dar.[5] Die starke Abhängigkeit der Unternehmen von ihrer instabilen und unsicheren Umwelt macht sowohl eine intensive Außenorientierung, um möglichst schnell auf Umweltverände-rungen reagieren zu können, als auch eine entsprechende Binnenorientierung hinsichtlich Flexibilität, Kreativität, Innovationsfähigkeit und -bereitschaft und szenarioartiges Rechnen notwendig.[6]

Die Abstimmung des unternehmerischen Kompetenzprofils mit den Anforderungen aus der Unternehmensumwelt, d.h. der strategische Fit als Überbrückungs- bzw. Bridgingproblem zwischen operativen und strategischen Controlling dar. Aber auch als Problem der Abwä-gung zwischen externen Chancen und Risiken sowie zwischen internen Stärken und Schwä-chen bei der Ziel- und Strategiefindung sind Hauptaufgaben des Strategischen Managements. Mit geeigneten Strategien sollen die externen Chancen, wie die aus Märkten, Kunden, Tech-nologie und Wettbewerb, mit den internen Ressourcen wie Kernkompetenzen, Fähigkeiten und Stärken des Humankapitals in Übereinstimmung gebracht werden.[7] Es wird ein grund-sätzlicher Orientierungsrahmen für zentrale Unternehmensentscheidungen erarbeitet, in dem sich das operative Management mit konkreten Maßnahmen des tagtäglichen Handelns be-wegt.[8]

---

[1]   Vgl. Bea/ Haas, Strategisches Management (2001), S. 11-14 und Becker/ Fallgatter, Unternehmensführung (2002), S. 31-34.

[2]   Strategos = Heerführer.

[3]   Vgl. Ansoff, Managementstrategie (1966), S. 125-143 und Mintzberg, Strategy (1987), S. 11-24.

[4]   Vgl. Gälweiler, Strategische Unternehmensführung (1990), S. 65-69 und Müller, Strategisches Management (2000), S. 16.

[5]   Vgl. Müller-Stewens/ Lechner, Strategisches Management (2001), S. 13 f.

[6]   Vgl. Bea/ Haas, Strategisches Management (2001), S. 9 f.

[7]   Vgl. Bea, strategieorientierte Unternehmensrechnung (1997), S. 397 und Staehle, Management (1999), S. 615 f.

[8]   Vgl. Steinmann/ Schreyögg, Management (2000), S. 149.

Es existiert eine Vielzahl theoretischer Ansätze des Strategischen Managements, so dass hier lediglich eine Charakteristik derjenigen erfolgen kann, die sich signifikant mit der Identifikation strategischer Erfolgsfaktoren beschäftigen. Der **marktorientierte Ansatz** (market-based view), dessen Ursprung aus der Industrieökonomik[1] stammt und das Structure-Conduct-Performance-Paradigma beschreibt, Wettbewerbsvorteile (Performance) mit der Branchenstruktur (Structure) und dem strategischen Verhalten (Conduct) eines Unternehmens erklärt. Dabei erfolgt eine Orientierung am Absatzmarkt (Outside-in-Perspektive), so dass die Anforderungen des Marktes die Erfolgsfaktoren des Unternehmens bestimmen, und daraus adäquate Produkt-Markt-Strategien abgeleitet werden müssen. Die Publikationen von Porter zu Wettbewerbstrategien und Wettbewerbsvorteilen[2] prägen diesen Ansatz in den letzten Jahrzehnten fundamental. Empirische Untersuchungen zur Erfahrungskurve[3] und zum PIMS-Programm[4] untermauern den Porter Ansatz nur noch.[5]

Der **ressourcenorientierte Ansatz (resource-based view),** entwickelt aufgrund der kritisierten Dominanz marktbezogener Betrachtungen, konzentriert sich auf die unternehmensinternen Ressourcen (Inside-out-Perspektive). Die Qualität der Ressourcen[6] wie Technologie, Humankapital, Strukturen und Prozesse der Organisation gelten hier als Quelle des Erreichens eines dauerhaften bzw. nachhaltigen Unternehmenserfolges. Aufbau, Erhalt und Weiterentwicklung spezifischer Ressourcen sowie deren gezielter Einsatz und geeignete Kombination stellen weitere Aufgaben des Strategischen Managements dar. Als Varianten des ressourcenorientierten Ansatzes unterscheiden Bea/ Haas das Konzept der Kernkompetenzen von Prahalad/ Hamel[7] und den wissensorientierten Ansatz (knowledge-based view), der das Wissen (Patente, Know-how) in einer dynamischen Umwelt als entscheidende Quelle für Wettbewerbsvorteile charakterisiert. Der evolutionstheoretische Ansatz sieht das Unternehmen als ein zu komplexes System, um es mittels rationaler Analysen und Strategien in einen gewünschten Zustand zu transformieren. Der Gestaltungsspielraum des Managements ist demnach begrenzt, es kann lediglich günstige Rahmenbedingungen zur Verbesserung des

---

[1] Die *Industrieökonomik* (Industrial Organization) beschäftigt sich mit den Beziehungen zwischen Marktstruktur, Marktverhalten und Marktergebnis. Vgl. dazu Bea/ Haas, Strategisches Management (2001), S. 24 f.

[2] Vgl. Porter, Competitive Strategy (1980) und Competitive Advantage (1985).

[3] Die *Erfahrungskurve* beschreibt den Zusammenhang von langfristigen Stückkosten und Gesamtproduktionsmenge eines Unternehmens. Basisaussage: Mit jeder Verdoppelung der kumulierten Produktionsmenge sinken die inflationsbereinigten Stückkosten potenziell um 20-30 %. Vgl. Henderson, Erfahrungskurve (1984).

[4] Das *PIMS-Programm* befasst sich mit der Identifizierung strategischer Erfolgsfaktoren und deren Wirkungsweise. Fünf Haupteinflussgrößen auf den ROI wurden aus den zahlreichen empirischen Unternehmensdaten ermittelt. Vgl. Buzzell/ Gale, PIMS-Programm (1989).

[5] Vgl. Bea/ Haas, Strategisches Management (2001), S. 23-26 und Becker/ Fallgatter, Unternehmensführung (2002), S. 34-38.

[6] Zur Klassifikation von *Ressourcen* vgl. Staehle, Management (1999), S. 792-794.

[7] Vgl. Prahalad/ Hamel, Core Competence (1990), S. 79-91.

betrieblichen Transformaticnsprozesses schaffen.[1] Der Humankapitalbewertungsansatz des
Berliner Balanced Scorecard Ansatzes ist damit der nächste weitere Entwicklungsschritt.

Eine Wende im strategischen Denken, ausgelöst durch die Globalisierung der Kapitalmärkte,
stellt die wertorientierte Ausrichtung des Strategischen Managements von Rappaport dar.
Damit erfolgt eine verstärkte Aufnahme finanzwirtschaftlicher Aspekte in die strategischen
Betrachtungen. Grundlage bildet hier der 1986 von Rappaport publizierte Shareholder Value-
Gedanke[2], der die Ausrichtung sämtlicher Managementaktivitäten auf eine Erhöhung des
Unternehmenswertes fordert. Vehemente Kritik gilt jedoch der Fokussierung auf die Interessen der Kapitaleigner (Shareholder) zu Lasten der übrigen Anspruchsgruppen des Unterneh-
mens (Stakeholder), der aber bisher nicht vom Social Responsibility Ansatz als Alternativ-
modell logisch eingelöst worden ist.[3]

2.1.2   Zum strategischen Managementprozess

Der in Abbildung 2-1 modellhaft dargestellte und nicht als Norm zu verstehende, beschriebene strategische Managementprozess umfasst die strategische Planung mit der Zielbildung,
Umweltanalyse, Unternehmensanalyse und Strategiewahl sowie die Implementierung und
das strategisches Controlling.

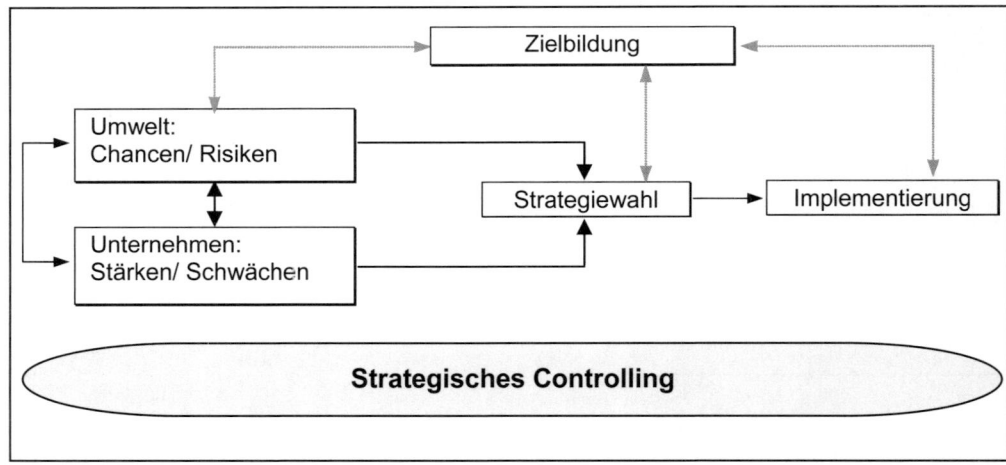

Abb. 2-1: Prozessmodell des Strategischen Management
Quelle: In Anlehnung an Steinmann/ Schreyögg, Management (2000), S. 157 und Bea/ Haas, Strategisches Mana-
*   gement (2001), S. 54*

---

[1]   Vgl. Bea/ Haas, Strategisches Management (2001), S. 26-32 und Becker/ Fallgatter, Unternehmensführung
      (2002), S. 38-40.

[2]   *Shareholder Value* bezeichnet den Wert eines Unternehmens für seine Eigentümer/ Eigentümerwert/ Marktwert
      des Eigenkapitals. Vgl. Rappaport, Shareholder Value (1999).

[3]   Vgl. Wehling, Unternehmensführung und Personalmanagement (2001), S. 149 f. Zum Shareholder Value-
      Ansatz vgl. unten den Exkurs.

Im Rahmen der strategischen Planung gilt es vordergründig, zukünftige Erfolgsträger zur Sicherung bestehender und zum Aufbau neuer Erfolgspotenziale ausfindig zu machen, so dass langfristige Unternehmenserfolge gesichert sind.[1] Als Erfolgspotenzial beschreibt Gälweiler als „…Gefüge aller jeweils produkt- und marktspezifisch erfolgsrelevanten Voraussetzungen".[2] Eine wichtige Aufgabe des Strategischen Managements ist zunächst die Formulierung strategischer Ziele, die u.a. der Koordination, Motivation, Information und Kontrolle von Führungskräften und Mitarbeitern dienen. Sie lassen sich nach dem Präzisionsgrad und Anwendungsbereich in einer Kennzahlenzielhierarchie überführen, die von der Vision über das Unternehmensleitbild zu den Unternehmens-, Geschäfts- und Funktionsbereichszielen führt. Die Zielbildung ist mit den anderen Komponenten des strategischen Managementprozesses in Form von Vor- und Rückkopplungsprozessen mittels Kennzahlen, ausgewählten Instrumenten und Methoden, dargestellt durch die grauen Pfeile in Abb. 2-1, verknüpft.[3]

Als „Grundpfeiler" der Strategieplanung gelten nach Steinmann/ Schreyögg die Analyse der Umweltsituation sowie die Analyse der internen Möglichkeiten und Grenzen mit ihrem Zweck, Aufschluss über Art, Stärke und Zusammenspiel der Einflusskräfte von Unternehmen und Umwelt zu gewinnen. Mittels Umweltanalyse wird das externe Umfeld hinsichtlich Anzeichen für Bedrohungen des gegenwärtigen Geschäftes sowie für neue Chancen und Möglichkeiten z.B. mit Hilfe der Portfoliomethode betrachtet. Sie bezieht sowohl die Wettbewerbsumwelt als auch die weitere Umwelt wie die allgemeine technologische Entwicklung, gesellschaftliche Strömungen und Veränderungen, politisch-rechtliche Bedingungen mit ein.[4] Bei der Branchenanalyse des Marktes als nähere Unternehmensumwelt unterscheidet Porter fünf grundlegende Wettbewerbskräfte, die Einfluss auf die Rentabilität einer Branche und somit auf die Marktattraktivität nehmen.[5]

Die Unternehmensanalyse, gerichtet auf die interne Ressourcensituation, umfasst z.B. die Betrachtung der Mitarbeiter- und Technologiepotenziale des Unternehmens und unterzieht sie einem Vergleich mit den wichtigsten Konkurrenten. Daraus abgeleitete strategische Erfolgsfaktoren definieren das Stärken/ Schwächen- Profil des Unternehmens. Instrumente sind hier bspw. die Lebenszyklusanalyse, Portfolios, die Wertschöpfungskette und -rechnung und die Potenzialanalyse mittels eines Humankapitalbewertungsmodells.[6]

Auf die Chancen und Risiken aus der Umwelt reagiert das Unternehmen mit der Wahl und Implementierung geeigneter Strategien unter Beachtung der identifizierten Stärken und Schwächen. Porter unterscheidet drei Basisstrategien: Kostenführerschaft, Differenzierung

---

[1] Vgl. Gilles, BSC zur strategischen Steuerung (2002), S. 50 f.

[2] Gälweiler, Strategische Unternehmensführung (1990), S. 26.

[3] Vgl. Bea/ Haas, Strategisches Management (2001), S. 67-76.

[4] Vgl. Steinmann/ Schreyögg, Management (2000), S. 157-180.

[5] Zu den *Wettbewerbskräften* Bedrohung durch neue Konkurrenten, Gefahr durch Ersatzprodukte, Verhandlungsmacht der Abnehmer, Verhandlungsstärke der Kunden, Rivalität unter den bestehenden Wettbewerbern vgl. Porter, Wettbewerbsstrategie (1999), S. 33-64.

[6] Vgl. Becker/ Fallgatter, Unternehmensführung (2002), S. 82-108.

und Konzentration auf Schwerpunkte.[1] Ein Strategieparadigma bzgl. grundlegender Erneuerung im Wettbewerb um die Zukunft, die über Umstrukturierung und Prozessverbesserungen hinausgeht, publizieren Hamel/ Prahalad.[2] Auf Grundlage der gewählten Basisstrategie folgt die Ableitung nachgeordneter Geschäftsfeld- und Funktionsbereichstrategien. Mit der Strategiebewertung wird schließlich jeweils die Strategiealternative gewählt, die unter Berücksichtigung von Erfolgsdimensionen, aber auch Aspekten wie Managementphilosophie und gesellschaftlicher Vertretbarkeit den größten Erfolg verspricht. Erarbeitete strategische Programme dienen dann der Orientierung für den operativen Planungs- und Handlungsbereich. Die Strategieimplementierung beinhaltet die Operationalisierung und fortlaufende Aktualisierung der Maßnahmen zur Strategieumsetzung sowie adäquater Ressourcenbereitstellung im Rahmen des Bridging-Problems.[3]

Mit der kontinuierlichen strategischen Kontrolle, differenziert in Prämissen-, Durchführungs- und Wirksamkeitskontrolle, erfolgt die kritische Beobachtung und Messung strategischer Initiativen und ihrer Auswirkungen sowie die fortlaufende Überprüfung zugrunde liegender Planannahmen. Sie dienen der frühzeitigen Aufdeckung von Irrwegen, signalisiert Veränderungsnotwendigkeiten, so dass rechtzeitig Gegenmaßnahmen eingeleitet werden können.[4]

In der Unternehmenspraxis zeigen sich jedoch Probleme mit dem dargestellten Prozessmodell hinsichtlich einer konsequenten Strategieplanung und -umsetzung sowie einer adäquaten Performance-Messung, die später näher analysiert werden.[5]

2.2   Vorangegangene Managementtrends

Um die dynamische Umwelt mit ihren ständig neuen Herausforderungen bewältigen zu können, bedarf es eines ganzheitlichen Denkens mit Flexibilität und Zukunftsorientierung. Aus den neuen Unternehmensanforderungen entwickelten sich in der Vergangenheit Managementkonzepte mit neuen Denkweisen. An dieser Stelle werden drei der Ansätze vorgestellt. Sie sind jedoch vorsichtig zu behandeln und nicht als *die* perfekte Lösung anzusehen, da unternehmensindividuell eine geeignete Kombination und Implementierungsform gefunden werden muss.[6]

---

[1]   Vgl. Porter, Wettbewerbsstrategie (1999), S. 70-85.

[2]   Vgl. Hamel/ Prahalad, Strategien (1995), S. 50-55.

[3]   Vgl. Kreikebaum, Strategische Unternehmensplanung (1997), S. 70-74 und S. 87-91.

[4]   Vgl. Müller-Stewens/ Lechner, Strategisches Management (2001), S. 514-517.

[5]   Vgl. Kapitel 2.3

[6]   Vgl. Kumpf, BSC in Praxis (2001), S. 31 f.

2.2.1   Total Quality Management (TQM)

Total Quality Management bezeichnet ein umfassendes Qualitätsmanagement, d.h. Qualitätsbewusstsein und Qualitätssicherung sind in allen Phasen der Wertschöpfungskette und im Verhalten aller Führungskräfte und Mitarbeiter integriert. Als umfassender Denk- und Handlungsansatz spiegelt sich TQM in der Unternehmensphilosophie sowie im konkreten Führungskonzept eines Unternehmens wider.[1] Dieses neue Verständnis von Qualität entwickelte sich von der Qualitätskontrolle in speziellen Fachabteilungen zu Beginn des 20. Jahrhunderts, über Qualitätssicherungssysteme in den sechziger Jahren und dem Normensystem DIN ISO 9000-9004 in den achtziger Jahren. Die European Foundation for Quality Management (EFQM) erarbeitete ein europäisches TQM-Modell, das sich an der spezifischen interkulturellen Ausgangssituation und dem liberalen Wertesystem Europas orientiert und seit 1992 als Basis für den jährlichen European Quality Award (EQA) dient.[2]

Eine nähere Betrachtung des Total Quality Managements erfolgt mit Hilfe der Analyse seiner drei Begriffsbestandteile:

- *Total* steht hier für die Einbindung aller Interessengruppen in den Qualitätssicherungsprozess (Zulieferer, Funktionsbereiche, Mitarbeiter). Dies ist abgeleitet aus der Notwendigkeit, die Qualitätssicherung und damit Qualitätsverantwortung unmittelbar am Ort der möglichen Fehlerentstehung anzusiedeln.[3]
- *Quality* erweitert in dem Ansatz das eindimensionale Qualitätsverständnis der technischen Produktqualität, die sich auf die Erfüllung aller quantitativen und qualitativen Produktmindestanforderungen bezieht, um die Qualität in allen Phasen des Kundenkontaktes mit dem Ziel der Kundenzufriedenheit. Dabei werden die Spezifikationen für das Produkt aus den Kundenbedürfnissen abgeleitet, so dass alle wesentlichen Anforderungen an die Marktleistung und an die Kommunikation mit dem Kunden erfüllt werden können.
- Total Quality bedingt ein umfassendes und zielgerichtetes *Management* mit der Aufgabe, Qualitätserzeugung als systematischen Prozess im gesamten Unternehmen zu initiieren. Es umfasst die Führung des Unternehmens hinsichtlich ständiger Verbesserung und Optimierung von Produkten und Prozessen sowie hinsichtlich Reorganisation nach den Kriterien Qualität, Zeit und Kosten.[4]

2.2.2   Business Process Reengineering (BPR)

Im Rahmen des Business Process Reengineering erfolgt eine radikale Neudefinition der Abläufe im Unternehmen mit einer Fokussierung auf die Leistungsträger und die Unternehmensprozesse. Dieser neuere Restrukturierungsansatz entstand in den achtziger Jahren in Nordamerika unter dem Konkurrenzdruck der japanischen Industrie, die bereits die Notwen-

---

[1]   Vgl. Töpfer/ Mehdorn, Total Quality Management (1995), S. 8.

[2]   Vgl. Dalluege, Total Quality Management (2001), S. 396 f.

[3]   Vgl. Wonigeit, Total Quality Management (1996), S. 56 f.

[4]   Vgl. Töpfer/ Mehdorn, Total Quality Management (1995), S. 9 f. und Wonigeit, Total Quality Management (1996), S. 57 f.

digkeit eines umfassenden, integrierten und teamorientierten Denkens erkannt hatte. Hammer und Champy entwickelten dann Anfang der neunziger Jahre erstmals ein umfassendes Reengineering-Konzept.[1] Ein einheitlicher Ansatz zum BPR hat sich jedoch nicht herausgebildet, so dass vielfältige unterschiedliche Vorgehensmodelle und angewandte Methoden die Unternehmenspraxis bestimmen.[2]

Drei Grundgedanken charakterisieren dennoch den Ansatz: erstens die prozessorientierte bereichsübergreifende Sichtweise der Unternehmensaktivitäten, zweitens die funktionsübergreifende organisatorische Neukonstruktion der betrieblichen Tätigkeiten mithilfe der modernen Informationstechnologie. Hauptinteresse gilt dem dritten Aspekt, der kundenorientierten Wertschöpfung. Kerngedanke ist somit das Ganzheitliche, d.h. die Betrachtung der gesamten Prozess- und Wertschöpfungskette mit dem Ziel, diese hinsichtlich Zeit, Kosten und Qualität zu optimieren. Initiative und Verantwortung sowie Motivation der Mitarbeiter gelten als entscheidende Erfolgsfaktoren des Ansatzes.[3]

2.2.3   Management by Objectives (MbO)

Management by Objectives stellt eine Methode zielorientierter Unternehmensführung durch Zielvereinbarung dar. Bereits in den sechziger Jahren v.a. durch Odiorne und Humble popularisiert, gilt es als das in der Praxis am besten bewährte Managementmodell der Management-by-Lehren. Eine effiziente Zielerreichung anstrebend ist MbO zukunfts- und ergebnisorientiert. Grundsatz dieses Managementansatzes ist die Mitarbeiterführung durch Zielvereinbarung.[4]

Auslöser für die Fokussierung auf die Mitarbeiterziele sind u.a. ein fehlendes Strategieverständnis der Mitarbeiter, ein unzureichend definierter Beitrag der eigenen Tätigkeit zu den Unternehmenszielen, unklare Leistungserwartungen und eine fehlende Zieldefinition sowie Identifikations- und Motivationsmängel. MbO sieht eine hohe Leistungs- und Ergebnisorientierung im Denken und Handeln der Mitarbeiter als wesentlichen Bestimmungsfaktor für den Unternehmenserfolg.[5]

Zielvereinbarungen bewirken beim MbO die angestrebte Klarheit und Transparenz der Unternehmensstrategie. Der Prozess der Zielvereinbarung beginnt mit der Formulierung von Unterzielen aus der Vision und dem Gesamtziel des Unternehmens als gemeinsamer Vorgang zwischen Führungskraft und Mitarbeiter. Dies soll eine größere Identifikation des Mitarbeiters mit den Zielen und damit einen größeren Anreiz zur Zielerreichung schaffen. Die formulierten Ziele sollten realistisch, aber auch anspruchsvoll, präzise formuliert und damit

---

[1]   Vgl. Kröger, Transforming the Enterprise (1995), S 49 f.; Engelmann, Business Process Reengineering (1995), S. 2-6 und Kumpf, BSC in Praxis (2001), S. 37 f.

[2]   Vgl. Becker/ Kugeler, Business Process Reengineering (2001), S. 490.

[3]   Vgl. Staehle, Management (1999), S. 749 und Becker/ Kugeler, Business Process Reengineering (2001), S. 490.

[4]   Vgl. Stroebe, Führungsstile (2003), S. 9-12 und Staehle, Management (1999), S. 852.

[5]   Vgl. Kumpf, BSC in Praxis (2001), S. 38 f.

messbar sowie widerspruchsfrei sein.[1] Die Mitarbeiter handeln danach eigenverantwortlich und ergebnisorientiert in ihrem jeweiligen Verantwortungsbereich, Teamziele fördern aber auch bereichsübergreifende Zusammenarbeit. Erfolg drückt sich in der Zielerreichung aus, die es regelmäßig zu überprüfen gilt. Soll-Ist-Vergleiche dienen als Grundlage für Mitarbeitergespräche, die bspw. Abweichungen der Ergebnisse von den Zielen diskutieren sowie Verbesserungsmöglichkeiten erarbeiten. Kritiker des Ansatzes bemängeln jedoch u.a. die zu starke Betonung eines reinen Lob-Tadel-Systems sowie die Überbewertung quantifizierbarer Aspekte der Aufgabe gegenüber qualitativen.[2]

Ziel aller vorgestellten Managementkonzepte ist die Existenzsicherung des Unternehmens in den veränderten Umweltbedingungen. Während TQM dabei Qualität als Erfolgsfaktor definiert, sind es beim BPR die Prozesse. Motivierte Mitarbeiter determinieren entscheidend den Erfolg der Konzepte, stehen aber unzureichend im Fokus der Modelle. MbO stellt dagegen die Leistungs- und Ergebnisorientierung der Mitarbeiter in den Mittelpunkt der Betrachtungen. Eine Entscheidung für oder gegen eines der vorgestellten Managementkonzepte fällt somit schwer, da eine einseitige Fokussierung, z.B. auf die Geschäftsprozesse, zur Vernachlässigung anderer wichtiger Einflussfaktoren führt. Qualität ist ebenso wichtig wie optimierte Prozesse und konkrete Zielvereinbarungen für die Mitarbeiter abgeleitet aus einer gut formulierten Unternehmensstrategie. Nur eine Kombination verschiedener Ansätze kann zu dem gewünschten Erfolg führen, dass die Balanced Scorecard leistet.[3]

Laut Weber und Schäffer charakterisieren die vorgestellten Managementansätze lediglich eine Modewelle, die „...dem typischen Lebenszyklus „moderner" Managementkonzepte und -moden folgt – also zunächst viel Aufmerksamkeit erhält, dann nur halbherzig umgesetzt wird, dadurch die großen Versprechungen nicht erfüllen kann und schließlich still und leise wieder in der Versenkung verschwindet."[4]

2.3   Existierende Managementprobleme

Trotz der Versuche, mit neuen Ansätzen im zunehmend komplexen und dynamischen Wettbewerb zu bestehen, existieren die folgenden Managementprobleme, die letztendlich als Auslöser für die Einführung der Balanced Scorecard in Unternehmen gelten.

Ein langwieriger Planungsprozess und eine zu langsame Strategieumsetzung
Eher bürokratische Planungsverhältnisse gekennzeichnet durch zu lange Planungssequenzen sowie langatmige Planungs- und Abstimmungsprozeduren mit erheblichem Ressourceneinsätzen charakterisiert die derzeitige Managementpraxis. Der Planungsprozess bedarf so-

---

[1]   Vgl. Stroebe, Führungsstile (2003), S. 12-14 und S. 26-44.

[2]   Vgl. Staehle, Management (1999), S. 853-854 und S. 968.

[3]   Vgl. Kumpf, BSC in Praxis (2001), S. 45.

[4]   Weber/ Schäffer, Balanced Scorecard (1998), S. 7.

mit einer Vereinfachung und Beschleunigung, so dass eine schnelle Reaktion auf veränderte Wettbewerbssituationen ermöglicht wird.[1] Dies macht auch die rapide reduzierte Gültig-keitsdauer von Strategien im heutigen turbulenten Umfeld notwendig. Als Reaktion auf die kurzen Halbwertzeiten von Strategien ist eine schnelle und wirkungsvolle Strategieumset-zung für den unternehmerischen Erfolg entscheidend.[2] In der Praxis liegen jedoch gerade hier die meisten Probleme innerhalb des Strategieprozesses, die nachfolgend mit der Vorstellung der von Kaplan/ Norton identifizierten vier Hindernisse für die Umsetzung der Strategie näher beleuchtet werden.

1. Vision und Strategie sind nicht umsetzbar

Als erstes Hindernis für die Strategieumsetzung benennen Kaplan und Norton eine fehlende Anwendbarkeit von Vision und Strategien aufgrund einer unzureichenden Konkretisierung. Uneinigkeit über den tatsächlichen Inhalt von Strategien und unklare nicht quantifizierbare Formulierungen von Strategien, ermöglichen es den Handelnden verschiedene Strategieein-terpretationen zu deduzieren und daraus unterschiedliche Zielsetzungen zu erkennen. Somit fehlt eine klar definierte, unternehmensweit einheitliche Gesamtstrategie, deren Umsetzung gemeinsam angestrebt und kontrolliert wird.

2. Fehlende Verknüpfung der Strategie mit den Zielvorgaben

Weiter werden in der Praxis die langfristigen Strategieanforderungen nicht in den Zielvorga-ben der Abteilungen, Teams und Mitarbeiter verankert. Stattdessen bestimmen Budgets die Bereichsziele bzw. kurzfristige taktische Abteilungsziele die Ziele der Teams und einzelnen Mitarbeiter. An die Zielvorgaben gekoppelte Leistungszulagen sind somit von kurzfristigen Finanzzielen determiniert, so dass bei den Mitarbeitern und Managern die Motivation zur Strategieumsetzung fehlt.

3. Fehlende Verknüpfung der Strategie mit der Ressourcenallokation

Ein drittes Hindernis resultiert aus der Trennung der langfristigen strategischen Planung und der kurzfristigen jährlichen Budgetierung. Folglich werden die strategischen Prioritäten auf operativer Ebene häufig nicht integriert, die Ressourcenallokation erfolgt unter Vernachläs-sigung strategischer Aspekte. Die organisatorische Trennung zwischen Strategiestab und Controlling birgt Schnittstellenprobleme z.B. aufgrund unklarer Planungsprämissen. Ein gemeinsames integriertes Vorgehen wäre im Sinne einer effizienten Strategieumsetzung erforderlich.

4. Mangel an strategischem Feedback

Weiter ist das Feedback über den Stand der Strategieumsetzung sowie Ursachen für Fehl-entwicklungen unzureichend. Es existiert häufig ein umfassendes taktisches Feedback mit Vergleichen zwischen Ist-Ergebnissen und Budgets sowie der Erklärung von Abweichungen, allerdings zulasten des strategischen Feedbacks. Die generierten umfangreichen, meist un-

---

[1]   Vgl. Meissner, Strategieplanung und -umsetzung (2000), S. 452.

[2]   Vgl. Horváth & Partner (Hrsg.), Balanced Scorecard umsetzen (2001), S. 3 f. und Müller-Hedrich, Fachkonfe-renz BSC (2001), S. 34.

übersichtlichen Informationen aus dem Rechnungswesen genügen nicht den Anforderungen strategischer Führungsinformationen.[1]

Weitere Auslöser für die Einführung der Balanced Scorecard stellen die drei folgenden Managementprobleme dar:

Dominanz der klassischen finanziellen Mess- und Steuerungsgrößen

Ausgangspunkt für die Entwicklung der Balanced Scorecard war die Kritik an den klassischen Messgrößensystemen mit ihren allein auf finanziellen Daten basierenden Steuerungskennzahlen.[2] Gemäß Kaplan/ Norton sind finanzielle Kennzahlen „...nicht dazu geeignet, den Weg des Unternehmens durch das Wettbewerbsumfeld zu führen und zu bewerten. Sie sind nur schwache Indikatoren für Wertschöpfung oder dafür, was während der vergangenen Berichtsperiode falsch gemacht wurde. Finanzielle Kennzahlen zeigen eine, aber nicht alle Seiten vergangener Aktionen und sagen nichts darüber aus, was jetzt oder in Zukunft für die finanzielle Wertschöpfung getan werden muss."[3] Besonders im deutschen Sprachraum existiert ein stark rechnungswesen-orientiertes Reporting aufgrund vorhandener detaillierter Rechnungswesensysteme und kaum ausgeprägter kundenfokussierter Unternehmensführung. So finden nicht-finanzielle Steuerungsgrößen wie Kunden- und Mitarbeiterzufriedenheit oder Innovationsfähigkeit eher selten Anwendung.[4] Diesen Argumenten stehen Schmeisser und Clausen distanziert gegenüber, da sie betriebswirtschaftlich und strategisch nicht zutreffen, wie später im Berliner BSC Ansatz noch zu zeigen sein wird.

Unzureichende externe Berichterstattung

Ein weiterer Anstoß zur Verwendung nicht-finanzieller Messgrößen stellen die Informationsbedarfe von Anteilseignern und potenziellen Investoren dar. Die ausschließliche Bereitstellung finanzieller Größen ist hier nicht länger ausreichend. Gefragt sind nicht-finanzielle Messgrößen als Indikatoren für die finanzielle Leistungsfähigkeit des Unternehmens, die Transparenz hinsichtlich der strategischen Potenziale ermöglichen.[5] Auch hier ist dagegen einzuwenden, dass Kaplan und Norton nie über eine Berechnung von Strategien nachgedacht haben, da ihr Wissen über das Rechnungswesen begrenzt war und ist. Strategen lehnen es ab sich mit den Niederungen des Controllings und Rechnungswesens zu befassen.

Anforderungen des KonTraG

Das Gesetz zur Kontrolle und Transparenz im Unternehmensbereich[6], das in Deutschland am 1. Mai 1998 in Kraft trat, fordert u.a. die Einrichtung eines Risikomanagementsystems. § 91

---

[1] Vgl. Kaplan/ Norton, BSC-Umsetzung (1997), S. 184-189 und Horváth & Partner (Hrsg.), Balanced Scorecard umsetzen (2001), S. 4 f.

[2] Vgl. Horváth & Partner (Hrsg.), Balanced Scorecard umsetzen (2001), S. 3 und Müller-Hedrich, Fachkonferenz BSC (2001), S. 34.

[3] Kaplan/ Norton, BSC-Umsetzung (1997), S. 22.

[4] Vgl. Müller-Hedrich, Fachkonferenz BSC (2001), S. 34.

[5] Vgl. Horváth & Partner (Hrsg.), Balanced Scorecard umsetzen (2001), S. 4 f.

[6] KonTraG vom 27.April 1998 - BGBl. 1998 I, S. 786-795.

Abs. 2 AktG n.F. verpflichtet den Vorstand, „...geeignete Maßnahmen zu treffen, insbesondere ein Überwachungssystem einzurichten, damit den Fortbestand der Gesellschaft gefährdende Entwicklungen früh erkannt werden." Nachdruck verleiht der Gesetzgeber mit der in § 93 Abs. 2 AktG festgeschriebenen Schadensersatzpflicht der Vorstandsmitglieder als Gesamtschuldner mit Beweislastumkehr bei einer auftretenden Pflichtverletzung.[1] Mithilfe von Frühaufklärungssystemen können, gemäß den gesetzlichen Bestimmungen, eine frühzeitige Ortung von Bedrohungen sowie eine rechtzeitige Einleitung von Gegenmaßnahmen erfolgen. Zusätzlich können und müssen aber auch Chancen identifiziert werden.[2] Eine Überprüfung des vorhandenen Risikomanagementsystems im Unternehmen unter Beachtung des KonTraG kann somit Anstoß zur Einführung der Balanced Scorecard sein.

2.4   Balanced Scorecard als eine Lösung zum Thema Performance Measurement

Robert S. Kaplan und David P. Norton führten 1990 ein einjähriges Forschungsprojekt zum Thema Performance Measurement[3] in zwölf US-amerikanischen Unternehmen durch. Auslöser war die bereits geschilderte Dominanz finanzieller Kennzahlen und die Erkenntnis über die Abhängigkeit des wirtschaftlichen Erfolges von den Einflussfaktoren hinter den finanziellen Zielgrößen. Es erfolgte die Entwicklung der Balanced Scorecard[4], wobei „Balanced" für die angestrebte Ausgewogenheit zwischen kurzfristigen und langfristigen Zielen, finanziellen und nicht-finanziellen Kennzahlen, Spät- und Frühindikatoren sowie externen und internen Performance-Perspektiven steht.[5] Weiterentwicklungen des Ansatzes hinsichtlich der Verknüpfung von BSC-Kennzahlen mit der Unternehmensstrategie führten über das reine Kennzahlensystem zum Performance Measurement hinaus.[6] Ziel war die Schaffung eines Instrumentes, welches die Strategie des Unternehmens in den Mittelpunkt stellt, sie in operative Ziele transformiert und durch Maßnahmen und Kennzahlen die Strategieumsetzung messbar macht.[7] Die Balanced Scorecard entwickelte sich so als ein strategisches Manage-

---

[1]   Vgl. Weber/ Schäffer, BSC und Controlling (2000), S. 72 f.

[2]   Vgl. Krystek/ Müller, Frühaufklärungssysteme (1999), S. 177. und Horváth & Partner (Hrsg.), Früherkennung (2000), S. 9-11.

[3]   Unter *Performance Measurement* wird der Aufbau und Einsatz meist mehrerer Kennzahlen verschiedener Dimensionen (z.B. Kosten, Qualität, Innovationsfähigkeit) verstanden, die der Beurteilung von Effektivität und Effizienz der Leistung und Leistungspotenziale unterschiedlicher Objekte im Unternehmen dienen. Vgl. dazu Gleich, Performance Measurement (2002), S. 447.

[4]   Zu deutsch: ausgewogener Berichtsbogen

[5]   Zu den Ergebnissen der von Kaplan/ Norton durchgeführten Studie vgl. Kaplan/ Norton, Measures (1992), S. 71-79.

[6]   Zu den Erkenntnissen bzgl. strategischer Kennzahlen vgl. Kaplan/ Norton, BSC to Work (1993), S. 134-147.

[7]   Vgl. Kaplan/ Norton, Strategic Management System (1996), S. 75-85.

mentsystem zur langfristigen Strategieverfolgung.[1] Sie unterstützt den strategischen Füh-
rungsprozess und hilft insbesondere, die dargestellten Hindernisse bei der Strategieumsetzung zu überwinden:

- Der Entwicklungsprozess einer Balanced Scorecard im oberen Management führt zur
  Klärung sowie zum Konsens hinsichtlich der strategischen Ziele. So kann die Unternehmensvision in strategische Schlüsselthemen übersetzt werden und die Weitervermittlung
  und Umsetzung im gesamten Unternehmen stattfinden.
- Durch Kommunikations- und Weiterbildungsprogramme und Verknüpfung der BSC mit
  den Zielen für Teams und einzelne Mitarbeiter sowie mit Anreizsystemen wird eine einheitliche Zielausrichtung der Handlungsträger im Unternehmen erreicht. Ein durchge-
  hend strategisches Denken und Handeln löst damit das vielfach vorzufindende kurzfristige Erfolgsdenken ab.
- Mittels BSC wird die Unternehmensstrategie ebenso in der Ressourcenallokation verankert. Nach der Formulierung langfristiger anspruchsvoller Ziele und der Identifizierung
  kritischer unternehmensweiter Strategien erfolgt die Verknüpfung mit der Ressourcenallokation und Budgetierung, so dass das Bridgingproblem zwischen strategischem und o-
  perativem Management gelöst wird.
- Rückkopplung bzgl. der Strategie gewährleistet der integrierte strategische Feedback-
  und Lernprozess. Die hier gesammelten Erfolgsgrößen der Strategie ermöglichen die Ü-
  berprüfung von Hypothesen über die Wechselwirkungen zwischen der strategischen Zielsetzung und durchgeführter Maßnahmen. Daraufhin können Anpassungen an die Entwicklungen und Probleme erfolgen. Das strategische Feedback bietet auch Ausführenden
  die Möglichkeit zur Beobachtung des eigenen Beitrags zur Erreichung der Gesamtstrategie.[2]

Die Berücksichtigung vier verschiedener Perspektiven (Finanzen, Kunden, interne Prozesse,
Lernen und Entwicklung) verhindert die bei den vorgestellten Managementtrends kritisierte
Eindimensionalität.[3] Mit den Perspektiven löst die BSC die Probleme der strategischen Unternehmensführung hinsichtlich einseitiger, isolierter Betrachtungen sowie Vernachlässigung
wichtiger Faktoren und integriert den markt-, ressourcen- und wertorientierten Ansatz.[4]

Die hohe Anzahl der Veröffentlichungen zum Thema Balanced Scorecard sowohl aus dem
wirtschaftswissenschaftlichen Bereich als auch aus der Praxis machen deutlich, dass es sich
nicht um eine Modewelle wie bei den vorgestellten Managementtrends handelt. Nach einer
1999 durchgeführten empirischen Untersuchung der Balanced Scorecard Collaborative Inc.[5]
haben weltweit ca. 300 Unternehmen und andere Organisationen die BSC eingeführt oder

---

[1] Vgl. Kaplan/ Norton, BSC-Umsetzung (1997), S. VII-IX und 7-10.

[2] Vgl. Kaplan/ Norton, BSC-Umsetzung (1997), S. 184-189.

[3] Vgl. dazu Kapitel 2.2.

[4] Vgl. Wehling, Unternehmensführung und Personalmanagement (2001), S. 150 und Kapitel 2.1.

[5] Von Kaplan und Norton 1998 gegründete Vereinigung mit der Aufgabe, die Verbreitung des BSC-Konzeptes zu
     unterstützen sowie die Erfahrungen mit dem Konzept auszuwerten. Für nähere Informationen vgl.
     www.bscol.com.

sind mit der Einführung beschäftigt. Horváth und Gaiser beklagen jedoch fehlende umfassende empirische Untersuchungen über den Implementierungsstand im deutschen Sprachraum.[1] Neuere Untersuchungen geben hier Aufschluss.

Laut der WHU[2]- Studie „Erfolg durch Kennzahlen" im Jahr 2000 verwenden 7% der Unternehmen verschiedener Branchen die Balanced Scorecard. Das Spektrum der Anwender reicht von Großunternehmen über Mittelständler bis hin zu öffentlichen Organisationen. Von den Unternehmen, die die Einführung oder Weiterentwicklung eines Kennzahlensystems beabsichtigen, planen 54 % die BSC-Einführung.[3] Gemäß der empirischen Studie von Brabänder/ Hilcher haben bereits 16 % der befragten Unternehmen die BSC eingeführt, mehr als ein Drittel von ihnen planen eine Überarbeitung des Systems und 58 % aller befragten Unternehmen planen die Einführung.[4] Auch weitere Studien belegen, wie vielfältig das Konzept der BSC eingesetzt werden kann. Die Anwendung ist nicht auf bestimmte Branchen und Unternehmensgrößen beschränkt.[5]

Diese Entwicklungen in der Praxis spiegeln die Effizienz und Praktikabilität des Konzeptes der Balanced Scorecard wider. Aus der Vielzahl der Veröffentlichungen sollen ausgewählte Beispiele im Folgenden bei der Vorstellung des Konzeptes helfen.

3   Balanced Scorecard als Instrument eines strategischen Managementsystems

3.1   Konzeption der Balanced Scorecard

Das von Kaplan/ Norton entwickelte Modell der Balanced Scorecard charakterisiert ein vernetztes mehrdimensionales Managementsystem zur strategischen Unternehmensführung

---

[1] Vgl. Horváth/ Gaiser, Implementierungserfahrungen (2000), S. 18 f.

[2] Wissenschaftliche Hochschule für Unternehmensführung – Otto-Beisheim-Hochschule, Vallendar

[3] Vgl. Weber/ Sandt, Erfolg durch Kennzahlen (2001), S. 22.

[4] Vgl. Brabänder/ Hilcher, Balanced Scorecard (2001), S. 253-260. Zu ähnlichen Ergebnissen gelangen Töpfer/ Lindstädt/ Förster, Nutzen BSC (2002), S. 79 f.

[5] Vgl. Gilles, BSC zur strategischen Steuerung (2002), S. 184 f.; Krey, Wunderwaffe BSC (2003), S. 325-333 und Zdrowomyslaw/ von Eckern/ Meißner, Akzeptanz und Verbreitung der BSC (2003), S. 356-359.

bestehend aus zwei Elementen – einem Kennzahlen- und einem Managementsystem.[1] Die folgende Abbildung 2-2 veranschaulicht die BSC-Konzeption.

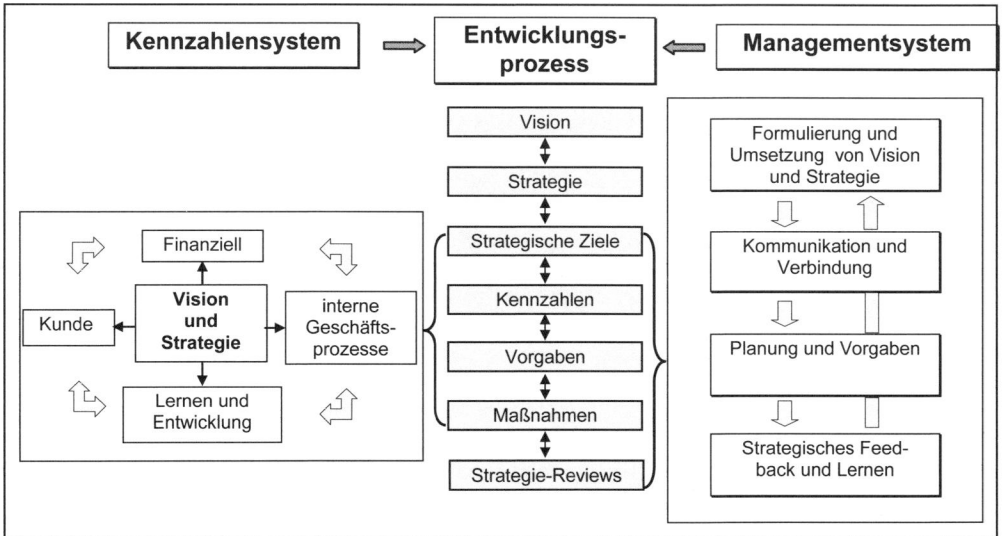

Abb. 2-2: Gesamtmodell der Balanced Scorecard
Quelle: In Anlehnung an Kaplan/ Norton, BSC-Umsetzung (1997), S. 9 f. und Gilles, BSC zur strategischen Steuerung (2002), S. 39.

Im Kennzahlensystem ergänzen eine Kunden-, eine interne Prozess- sowie eine Lern- und Entwicklungsperspektive den kritisierten rein finanziellen Blickwinkel, so dass vorlaufende Indikatoren bzw. Leistungstreiber oder Werttreiber neben den traditionellen Ergebniskennzahlen Berücksichtigung finden.[2] Nähere Ausführungen zur Balanced Scorecard als Kennzahlensystem sind Gegenstand des Abschnitts 5 des Kapitels II.

Als Managementsystem dient die BSC zur Unterstützung des strategischen Führungsprozesses und fungiert als Bindeglied zwischen Entwicklung einer Strategie und ihrer Umsetzung. Mittels Balanced Scorecard gelingt so die Konkretisierung, Darstellung und Verfolgung der Strategien, sie übersetzt die Unternehmensstrategie in konkrete Aktivitäten. Strategische Ziele, abgeleitet aus der Vision und Strategie, bilden die entscheidenden und erfolgskritischen Ziele des Unternehmens und werden für jede der vier Perspektiven definiert. Zur Planung und Verfolgung der Zielerreichung werden den einzelnen Zielen Messgrößen zugeordnet, auf dessen Basis Soll-Ist-Vergleiche vorgenommen werden. Strategische Aktionen, versehen mit entsprechenden Termin- und Budgetvorgaben sowie Verantwortlichkeiten,

---

[1] Vgl. Kaplan/ Norton, BSC-Umsetzung (1997), S. 7-11 und Gilles, BSC zur strategischen Steuerung (2002), S. 25.

[2] Vgl. Kaplan/ Norton, BSC-Umsetzung (1997), S. 8.

dienen der Sicherstellung der Zielerreichung. Erst die Verknüpfung der Ziele bildet die Strategie des Unternehmens vollständig ab.[1]

Nach Kaplan/ Norton beinhaltet die Balanced Scorecard als strategischer Handlungsrahmen vier Komponenten: Konsensfindung und Umsetzung von Vision und Strategie, Kommunikation und Verknüpfung strategischer Ziele und Maßnahmen, Planung und Festlegung von Zielen und Abstimmung strategischer Initiativen sowie Sicherstellung von strategischem Feedback und Lernen.[2] Der Abschnitt 3.3 analysiert die Strategieumsetzung mittels BSC näher. Zunächst erfolgt die Vorstellung der vier klassischen BSC-Perspektiven gemäß Kaplan/ Norton.

3.2   Die vier Grundperspektiven gemäß Kaplan/ Norton

Für Kaplan und Norton bedeutet die Balanced Scorecard „…like the dials in an airplane cockpit: it gives managers complex information at a glance."[3] Erst die Betrachtung verschiedener Perspektiven ermöglicht es, alle relevanten Geschäftsinhalte in ihrer Gesamtheit zu berücksichtigen und komplexe Informationen zur Verfügung zu stellen. Durch das gleichgewichtige Einbeziehen der Perspektiven bei der Ableitung strategischer Ziele entsteht so ein ausgewogenes Zielsystem, was einseitiges Denken verhindert und die grundsätzliche Geschäftslogik des Unternehmens mit seinen Organisationseinheiten abbildet.[4]

Die BSC-Begründer schlagen aufgrund firmen- und branchenfundierter Erfahrungen die vier Perspektiven Finanzen, Kunden, interne Prozesse sowie Lernen und Entwicklung vor, um sie Unternehmen als Schablone anzubieten.[5] Dieser Vorschlag gilt als einfach und umfassend und ist somit als Ausgangshypothese für die Konstruktion einer BSC überzeugend. Er ist jedoch nicht als Zwangsjacke zu verstehen, Anpassungen sind durchaus möglich. Bei der Bestimmung der Perspektivenarten und -anzahl sind sowohl Faktoren wie Unternehmensgröße, Branche, Eigentumsverhältnisse, Organisationsstruktur als auch die Vision bzw. Ge-

---

[1]   Vgl. Weber/ Schäffer, BSC und Controlling (2000), S. 14 f. und Horváth & Partner (Hrsg.), Balanced Scorecard umsetzen (2001), S. 9-13.

[2]   Vgl. Kaplan/ Norton, Strategic Management System (1996), S. 75-85 und Kaplan/ Norton, BSC-Umsetzung (1997), S. 10 f.

[3]   Kaplan/ Norton, Measures (1992), S. 71.

[4]   Vgl. Horváth & Partner (Hrsg.), Balanced Scorecard umsetzen (2001), S. 25 f., 28.

[5]   Vgl. Kaplan/ Norton, BSC-Umsetzung (1997), S. 33 f.

schäftsstrategie des Unternehmens zu bedenken.[1] Mögliche weitere Perspektiven können z.B. eine Lieferanten-, Kreditgeber- oder Umweltperspektive sein.[2]

3.2.1 Finanzwirtschaftliche Perspektive

Als mehrzielorientierter Ansatz des strategischen Managements integriert die Balanced Scorecard mit der finanzwirtschaftlichen Perspektive die wertorientierte Ausrichtung der Unternehmensführung. Die finanziellen Erwartungen der Kapitalgeber bestimmen dabei die Zielsetzungen für das Unternehmen. Im Mittelpunkt steht die Frage, wie die Kapitalgeber das Unternehmen sehen bzw. wie das Unternehmen gegenüber den Shareholdern auftreten soll, um erfolgreich zu sein.[3] Vordergründig gilt es somit, die Ziele der Anteilseigner (Rendite- und Wachstumsziele) zu erfüllen. Alle Strategien, Programme und Initiativen sind auf die Erreichung des langfristigen Unternehmenszieles, der Erwirtschaftung finanzieller Erträge für die Investoren, ausgerichtet. Die Finanzperspektive als Endziel ist daher mit der Kunden-, internen Prozess- sowie Lern- und Entwicklungsperspektive über Ursache-Wirkungs-Beziehungen verbunden. Bei der Definition finanzwirtschaftlicher Ziele werden die Lebenszyklusphasen der Produkte einer Geschäftseinheit: Wachstum, Reife und Ernte berücksichtigt.[4]

Im Rahmen des Strategieprozesses zeigt die finanzwirtschaftliche Perspektive, ob die Implementierung der Strategie zu einer Ergebnisverbesserung beiträgt, sie stellt demnach die Messlatte für Erfolg oder Misserfolg einer Strategie dar. Es wird letztlich dokumentiert, ob das Ziel allen Wirtschaftens – das Erreichen langfristigen wirtschaftlichen Erfolges – realisiert werden konnte.[5]

3.2.2 Kundenperspektive

Die Kundenperspektive umfasst die strategischen Ziele des Unternehmens bzgl. der Kunden- und Marktsegmente, auf denen es konkurrieren möchte.[6] Eine Zufriedenstellung der Kunden mit ihren spezifischen Erwartungen ist Bedingung für die Erreichung der strategischen Finanzziele.[7] Kunden beeinflussen als Abnehmer der Produkte die Unternehmenserlöse, was eine Identifizierung der ihre Kaufentscheidungen positiv determinierenden Unternehmens-

---

[1] Vgl. Eberenz u.a., Meinungsspiegel Balanced Scorecard (2000), S. 79-81 und Horváth & Partner (Hrsg.), Balanced Scorecard umsetzen (2001), S. 28 f.

[2] Vgl. Friedag/ Schmidt, Balanced Scorecard (2002), S. 197-203 und Kumpf, BSC in Praxis (2001), S. 17 f.

[3] Vgl. Wehling, Unternehmensführung und Personalmanagement (2001), S. 152.

[4] Vgl. Kaplan/ Norton, BSC-Umsetzung (1997), S. 47-49, 60; Weber/ Schäffer, BSC und Controlling (2000), S. 3 f. und Kumpf, BSC in Praxis (2001), S. 18 f.

[5] Vgl. Kaplan/ Norton, BSC-Umsetzung (1997), S. 24. und Horváth & Partner (Hrsg.), Balanced Scorecard umsetzen (2001), S. 27.

[6] Vgl. Kaplan/ Norton, BSC-Umsetzung (1997), S. 24 f. und Weber/ Schäffer, BSC und Controlling (2000), S. 4.

[7] Vgl. Maschmeyer, Management by Balanced Scorecard (1998), S. 76.

merkmale notwendig macht. Fragen bzgl. Marktauftritt und Marktpositionierung sind hier zu klären, d.h. welche Kunden sollen hauptsächlich bedient werden, welcher Nutzen soll ihnen angeboten werden und wie sollen die Kunden das Unternehmen wahrnehmen.[1] Die Kundenperspektive muss vom wahrgenommenen Wert aus Kundensicht (relative Erfüllung der Kundenanforderung) und von den Nutzenpotenzialen (z.B. Grad der Problemlösung, Preis-Leistungs-Verhältnis) erschlossen werden.[2]

Mit dieser Perspektive wird der Ansatz der marktorientierten Unternehmensführung in das System der Balanced Scorecard eingeführt. Die Publikationen von Porter zur Analyse von Branchen und Konkurrenten sowie zu den unterschiedlichen Strategietypen zur Erlangung von Wettbewerbsvorteilen sind hier maßgeblich. Als relevante Strategiealternativen bezeichnet er die Kostenführerschaft, Differenzierung und Konzentration auf Schwerpunkte[3]. Die Kundenperspektive widmet sich der Frage, wie man den Kunden wirkungsvoll begegnet, um die generische Strategie am besten erfolgreich umzusetzen.[4] Kenngrößen dieser Perspektive sind bspw. der Marktanteil oder die Kundentreue, aber auch die Produkt- und Serviceeigenschaften sowie die Kundenbeziehung spielen eine Rolle.

3.2.3   Interne Prozessperspektive

Der ressourcenorientierte Ansatz des strategischen Managements spiegelt sich in den Perspektiven Prozesse sowie Lernen und Entwicklung wider. Die Publikationen von Prahalad und Hamel beschreiben, dass die Lösung von Kundenproblemen und damit die Erlangung von Wettbewerbsvorteilen durch die Entwicklung von Kernkompetenzen[5] mittels spezifischer Bündelung vorhandener und zu entwickelnder Ressourcen erfolgen kann.[6] Damit fallen die Betrachtungen auf die internen Potenziale des Unternehmens.

Die interne Prozessperspektive bildet die Geschäftsprozesse ab, die zur Erreichung der Ziele der Finanz- und Kundenperspektive vornehmlich von Bedeutung sind.[7] Aus der Erfüllung der Wertvorgaben von den Kunden der Zielmarktsegmente resultiert Kundentreue, was zur

---

[1]   Vgl. Horváth & Partner (Hrsg.), Balanced Scorecard umsetzen (2001), S. 27 f.

[2]   Vgl. Vgl. Müller-Hedrich, Fachkonferenz BSC (2001), S. 35.

[3]   *Kostenführerschaft*: Erlangen eines umfassenden Kostenvorsprungs durch aggressiven Aufbau von Produktionsanlagen effizienter Größe, Ausnutzen erfahrungsbedingter Kostensenkungen; Optimierung der Kostenstruktur; *Differenzierung*: Schaffung eines Produktes, was in der ganzen Branche einzigartig in Qualität und Service ist; *Konzentration auf Schwerpunkte*: Konzentration auf Marktnischen, d.h. Ausrichtung aus ein bestimmtes, eng abgegrenztes Käufersegment, vgl. dazu Porter, Wettbewerbsstrategie (1999), S. 70-85.

[4]   Vgl. Schmeisser, BSC-Quantifizierung (2002), S. 29.

[5]   Eine *Kernkompetenz* ist ein Bündel von Fähigkeiten, die sich durch schwierige Erzeugbarkeit, Imitierbarkeit und Substituierbarkeit auszeichnen, zu einem wesentlichen Kundennutzen führen, einzigartig und ausbaufähig sind. Zusammen mit anderen Kernkompetenzen bilden sie die Grundlage für Kernprodukte und darauf aufbauende Endprodukte eines Unternehmens. Vgl. dazu Prahalad/ Hamel, Core Competence (1990), S. 79-91 und Hamel/ Prahalad, Strategien (1995), S. 307-314.

[6]   Vgl. Wehling, Unternehmensführung und Personalmanagement (2001), S. 149.

[7]   Vgl. Weber/ Schäffer, BSC und Controlling (2000), S. 4.

Befriedigung der Erwartungen der Anteilseigner bzgl. finanzieller Gewinne führt. Zur Zu-friedenstellung der Kunden bedarf es wettbewerbsfähiger interner Systeme und Leistungs-prozesse. Als Voraussetzung dafür gilt die Fähigkeit, die erfolgskritischen Kernprozesse zu identifizieren.[1] Dabei sollen nicht nur die bestehenden Prozesse, die am erfolgskritischsten für die Unternehmensstrategie sind, Berücksichtigung finden, sondern auch Überlegungen hinsichtlich neuer Prozesse erfolgen.[2]

Somit muss hier die Darstellung und Berücksichtigung der kompletten Wertkette[3] der inter-nen Prozesse erfolgen. Gemäß Kaplan/ Norton gliedert sich die Wertkette der internen Ge-schäftsprozesse in den Innovationsprozess (Schaffung neuer Produkte oder Dienstleistungen zur Erfüllung neuer Wünsche gegenwärtiger und zukünftiger Kunden), den internen Be-triebsprozess (Betrachtung des Produktionsprozesses hinsichtlich Kosten-, Qualitäts-, Zeit-und Leistungseigenschaften) und den Kundendienstprozess (Garantie- und Wartungsarbei-ten, Bearbeitung von Fehlern und Reklamationen sowie Zahlungen).[4]

3.2.4   Lern- und Entwicklungsperspektive

Die Lern- und Entwicklungsperspektive identifiziert die notwendige Infrastruktur zur Errei-chung der Ziele der ersten drei Perspektiven, zur langfristigen Sicherung von Wachstum und Verbesserung. Um im intensiven globalen Wettbewerb zu bestehen, sind Investitionen in die Zukunft bzgl. Qualifizierung der Mitarbeiter, Leistungsfähigkeit des Informationssystems sowie Motivation und Zielausrichtung der Mitarbeiter unabdingbar. Strategien für eine bes-sere Leistung verlangen signifikante Investitionen in Menschen, Systeme und Prozesse, die die Unternehmenspotenziale überhaupt ausmachen.[5]

Die Perspektive definiert Ziele hinsichtlich dieser Potenziale, um sowohl den aktuellen als auch den zukünftigen Herausforderungen gewachsen zu sein. Mitarbeiter, Wissen, Innovati-onskraft und Kreativität, Technologie und Informationssysteme bestimmen als Unterneh-menspotenziale die Umsetzung der aktuellen Strategie, aber auch die Schaffung von Voraus-setzungen für die künftige Wandlungs- und Anpassungsfähigkeit des Unternehmens.[6] Gut und umfangreich ausgebildete, motivierte Mitarbeiter können höhere Leistungen erbringen und mehr zum Erfolg des Unternehmens beitragen. Bedingung hierfür sind zur Verfügung stehende umfassende und termingerechte Informationen. Kenngrößen wie Mitarbeiterzufrie-

---

[1]   Vgl. Maschmeyer, Management by Balanced Scorecard (1998), S. 76.

[2]   Vgl. Kaplan/ Norton, BSC-Umsetzung (1997), S. 25 f.

[3]   Als ein analytisches Instrument gliedert die *Wertkette* die Aktivitäten der unternehmerischen Leistungserstel-lung in jene strategisch relevanten Tätigkeiten (Wertaktivitäten), die Quellen für Kosten- oder Differenzie-rungsvorteile gegenüber den Wettbewerbern sein können. Vgl. dazu Porter, Wettbewerbsvorteile (1999), S. 63-76.

[4]   Vgl. Kaplan/ Norton, BSC-Umsetzung (1997), S. 25 f., 92-103.

[5]   Vgl. Kaplan/ Norton, BSC-Umsetzung (1997), S 27 und Weber/ Schäffer, BSC und Controlling (2000), S. 4.

[6]   Vgl. Horváth & Partner (Hrsg.), Balanced Scorecard umsetzen (2001), S. 27 f.

denheit, Mitarbeitertreue und Mitarbeiterproduktivität werden mit dieser Perspektive in die Konzepte der Strategieumsetzung einbezogen.[1]

3.3   Zur Strategieumsetzung mit der Balanced Scorecard

Mittels Balanced Scorecard als strategisches Managementsystem wird die Strategie einer Geschäftseinheit in einem Kreislaufprozess schrittweise geklärt, in konkrete Ziele und Kennzahlen in den Perspektiven übersetzt, kommuniziert und durch die Planung von Vorgaben und Maßnahmen letztlich umgesetzt. Strategisches Feedback und Lernen ermöglicht eine kontinuierliche Kontrolle der Strategieumsetzung und schließt den Kreis.[2]

3.3.1   Formulierung und Umsetzung von Vision und Strategie

Mission und Vision als Ausgangspunkt
Bei der Umsetzung strategischen Denkens in strategisches Handeln sind konkrete Vorstellungen bzgl. Mission und Vision eines Unternehmens notwendig, denn sie bestimmen das unternehmerische Tun, d.h. die Organisation von zielgerichtetem strategischem Handeln.[3] Strategisches Denken beruht auf den Erfahrungen des Handelns und sollte zugleich die Grundzüge aller Aktionen bestimmen. Es umfasst u.a. die Analyse bisheriger Entwicklungen und Erfahrungen, die Berücksichtigung der Eigeninteressen und Machtstrukturen sowohl innerhalb als auch außerhalb des Unternehmens und nutzt die individuelle und kollektive Lernfähigkeit.[4] Die Abbildung 2-3 stellt den Strategieprozess dar.

---

[1]   Vgl. Kumpf, BSC in Praxis (2001), S. 21 f.

[2]   Vgl. Kaplan/ Norton, Strategic Management System (1996), S. 75-77 und Abb. 2, S. 20.

[3]   Vgl. Friedag/ Schmidt, BSC und Budget (2000), S. 436.

[4]   Vgl. Friedag/ Schmidt, My Balanced Scorecard (2000), S. 30 f.

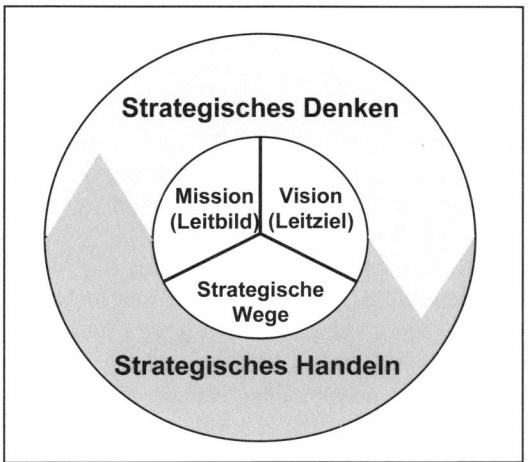

Abb. 2-3: Strategieprozess
Quelle: Friedag/ Schmidt, BSC und Budget (2000), S. 435.

Die langfristige zentrale Zielausrichtung eines Unternehmens zeigt sich in seiner definierten Mission und Vision. Die Mission oder das Unternehmensleitbild drückt aus, wie das Unternehmen am Markt gesehen werden will. Dabei geht es um die Bestimmung der Kompetenz des Unternehmens, des Besonderen für die Kunden.[1] Diese gelten auch als Hauptempfänger der Mission, jedoch sind ebenso weitere Adressaten wie Marktpartner (Lieferanten, Konkurrenten, Kreditinstitute), gesellschaftlich relevante Gruppen (Arbeitgeberverbände, Gewerkschaften), Medien oder Hochschulen von Bedeutung. Auf Mitarbeiter als interne Empfänger hat die Mission eine motivationsfördernde Wirkung. Ein prägnanter Slogan wie bspw. „Ihre schnelle Bank" soll den Adressaten das Unternehmensleitbild vermitteln.[2]

Während die Mission eine Außenwirkung erreichen will, ist die Vision auf das eigene Unternehmen gerichtet. Die Vision oder das Unternehmensleitziel gibt Auskunft über den angestrebten Zustand der Unternehmung, sie bildet das Zukunftsziel der obersten Führung über die angestrebte künftige Entwicklung.[3] Sie beinhaltet eine Aussage darüber, wo das Unternehmen in fünf oder mehr Jahren stehen will, jedoch häufig in Form von vagen obersten Zielen, die erst im Laufe der Zeit konkretisiert werden.[4] Friedag und Schmidt sehen die Entstehung der Vision „...aus der Kombination von praktischen Kenntnissen der eigenen Kompetenzen („im Leben stehen"), vom gesellschaftlichem Überblick („über die Grenzen des

---

[1] Vgl. Kotler u.a., Marketing (1999), S. 110-113; Friedag/ Schmidt, BSC und Budget (2000), S. 435 und Binder/ Sürth, Strategieentwicklung und BSC (2002), S. 360.

[2] Vgl. Friedag/ Schmidt, BSC und Budget (2000), S. 435; Friedag/ Schmidt, Balanced Scorecard (2002), S. 14 und Ehrmann, Balanced Scorecard (2002), S. 23.

[3] Vgl. Horváth & Partner (Hrsg.), Balanced Scorecard umsetzen (2001), S. 424 und Bea/ Haas, Strategisches Management (2001), S. 67.

[4] Vgl. Friedag/ Schmidt, BSC und Budget (2000), S. 435 und Ehrmann, Balanced Scorecard (2002), S. 21 f.

eigenen Alltags hinaus sehen") und von utopischer Inspiration ("ein Bild von der Zukunft entwerfen", "Chancen wittern")."[1]

Ihre zielsetzende und zielorientierende Wirkung als schöpferische Kraft kann eine Vision nur dann entfalten, wenn sie weitreichend und weitblickend sowie erreichbar ist und eine gestalterische Kraft besitzt.[2] Bei der Erarbeitung einer Vision finden zeit-, markt-, kunden-, wettbewerbs- sowie produktbezogene Aspekte Berücksichtigung.[3] Visionsinhalte rein finanzieller Art werden heute zunehmend durch Ziele bzgl. Wachstum in strategischen Märkten, Erhalt des Unternehmens als eigenständige Einheit oder Image ergänzt. Je kürzer eine Vision verbal ist, umso einprägsamer ist sie und umso leichter lässt sie sich in Ziele und Strategien übertragen. "Wir werden die profitabelste Regionalbank" könnte eine Vision lauten. Eine qualitative und quantitative Bestimmung der Vision ist notwendig, da nur ein klar und eindeutig formuliertes Ziel von allen konsequent angestrebt werden kann. Ein frühes Einbinden der Mitarbeiter in den Zielfindungsprozess fördert die Identifikation mit und die Verinnerlichung der Vision.[4] Wie das erarbeitete Leitbild und Leitziel eines Unternehmens verwirklicht werden soll, zeigen die strategischen Wege.

Strategien – Wege zur Zielerreichung
Strategien sollen nun Klarheit darüber verschaffen, wie die definierten Unternehmensziele zu erreichen sind. Sie charakterisieren die grundsätzliche Vorgehensweise des Unternehmens, um sich zur Verwirklichung der langfristigen Ziele von der Konkurrenz abzuheben. Unter Berücksichtigung der Wettbewerbssituation sollen Fragen bzgl. erforderlicher Produkte, Art des Marktzugangs oder Adäquanz des Kundenportfolios beantwortet werden.[5] Aufgabe ist es, die Erfolgspotenziale auf den anvisierten Geschäftsfeldern zu definieren. Bei der Entwicklung der Strategie[6] gilt es somit, die "richtigen Dinge" zur Zielerreichung zu identifizieren. Zur Verwirklichung der oben beispielhaft genannten Mission und Vision einer Bank wurden zwei strategische Hauptwege bestimmt: der Ausbau des privaten Baukreditgeschäfts zur Gewinnung einer neuen Kundengruppe sowie die Intensivierung des Home-Banking zur Kostenreduzierung. Konkret lauteten die strategischen Ziele: "Kreditentscheidungen für Baukredite treffen wir innerhalb von 24 Stunden." und "In vier Jahren wollen wir mit unseren Kunden mindestens 50 % aller Transaktionen über das Electronic Banking abwickeln."[7]

Kaplan/ Norton konstatieren jedoch, dass die Balanced Scorecard nicht als Instrument zur Formulierung von Strategien verstanden werden soll, vielmehr setzt sie eine stimmige Stra-

---

[1]   Friedag/ Schmidt, My Balanced Scorecard (2000), S. 33.

[2]   Vgl. Horváth & Partner (Hrsg.), Balanced Scorecard umsetzen (2001), S. 424.

[3]   Vgl. Binder/ Sürth, Strategieentwicklung und BSC (2002), S. 360 f.

[4]   Vgl. Friedag/ Schmidt, BSC und Budget (2000), S. 435 f.; Friedag/ Schmidt, Balanced Scorecard (2002), S. 14 und Ehrmann, Balanced Scorecard (2002), S. 22.

[5]   Vgl. Horváth & Partner (Hrsg.), Balanced Scorecard umsetzen (2001), S. 19-23.

[6]   Zur Differenzierung der zur Auswahl stehenden Strategien vgl. Ehrmann, Balanced Scorecard (2002), S. 83-86.

[7]   Vgl. Friedag/ Schmidt, Balanced Scorecard (2002), S. 15 und 95-100.

tegie für die Geschäftseinheit bzw. das Unternehmen voraus. Die BSC schafft einen Rahmen zur Strategievermittlung, sie hilft, die Strategie verständlich sowie nachvollziehbar und damit kommunizierbar und umsetzbar zu machen.[1] Mittels BSC wird das Vorhandensein konkreter Strategien überprüft, die strategischen Ziele werden hinsichtlich deren Präzision und Umsetzbarkeit betrachtet und es wird ein Anstoß zur Priorisierung bei zu hoher Komplexität des Zielbündels gegeben.[2]

Horváth & Partner haben einen Strategieklärungsprozess entwickelt (Abb. 4), bei dem das vorhandene Strategieverständnis unter Verwendung entsprechender strategischer Analysen kritisch überdacht wird und sich ein gemeinsames Verständnis über die strategische Positionierung und Stoßrichtungen herausbildet.[3]

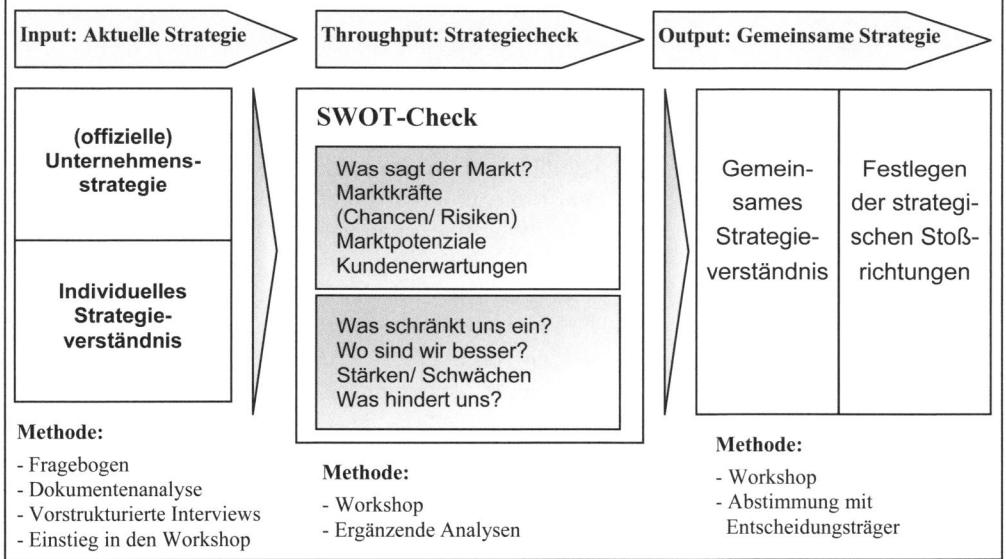

Abb. 2-4: Vorgehensweise bei der strategischen Klärung
Quelle: Horváth & Partner (Hrsg.), Balanced Scorecard umsetzen (2001), S. 107.

Ein Konsens über Vision und Unternehmensstrategie muss in Teamarbeit des Top-Managements gefunden werden, über die unterschiedlichen Arbeitserfahrungen sowie dem funktionalen Expertenwissen der Manager hinweg. Eine von allen Teammitgliedern geteilte Strategie dient dann als ideale Grundlage für den gesamten Management- und Lernprozess. Die verbal formulierte Strategie kann in spezifische mittelfristige strategische Ziele und Kennzahlen übersetzt werden. Ausgehend von der Finanzperspektive werden in jeder Per-

---

[1] Vgl. Kaplan/ Norton, BSC-Umsetzung (1997), S. 23, 36.

[2] Vgl. Weber/ Schäffer, Balanced Scorecard (1998), S. 52.

[3] Vgl. Horváth & Partner (Hrsg.), Balanced Scorecard umsetzen (2001), S. 106-108.

spektive diejenigen strategischen Kernelemente, Kernziele und Leistungstreiber abgebildet, die für eine erfolgreiche Umsetzung der Strategie entscheidend sind.[1]

3.3.2   Kommunizieren und Verknüpfen von strategischen Zielen und Maßnahmen

Erfolgreiche Strategieausrichtung Top down und Bottom up

Die Entwicklung des langfristigen Unternehmensziels in Form von Mission und Vision, der Unternehmensstrategie sowie die Erarbeitung des BSC-Aufbaus sind Aufgabe der obersten Führungsebene. Ausgangspunkt der Balanced Scorecard ist somit eine Top-down-Planung.[2] Bei dieser sog. retrograden Planung gibt die Unternehmensleitung den langfristigen Rahmen für die weitere Planung vor, aus den vorgegebnen Zielen werden Unterziele für Geschäfts- und Funktionsbereiche retrograd abgeleitet.[3] Als Vorteile dieser vertikalen Koordinationsmethode lassen sich u.a. die Eindeutigkeit der Planungsvorgaben, die Zielkongruenz und das Entfallen von Koordinierungsarbeiten anführen. Kritisiert wird hingegen die durch mangelnde Akzeptanz entstehende ungenügende Motivation auf untergeordneten Ebenen aufgrund der fehlenden Beteiligung an der Planung. Intensive Kommunikation der BSC-Inhalte kann dem bspw. entgegenwirken. Eine stärkere Identifikation mit den strategischen Inhalten und eine Motivationsförderung bei den Beteiligten kann mit der Bottom-up-Planung (sog. progressive Planung) erreicht werden. Die Planung beginnt dabei auf den unteren Hierarchieebenen, Ziel- und Maßnahmenpläne werden von Ebene zu Ebene weiter ausgebaut. So werden operative Planung zu strategischer Planung, Abteilungspläne zu Bereichs- und letztlich zu Unternehmensplänen. Es besteht jedoch die Gefahr, dass die Planungsinhalte von den Vorstellungen der Unternehmensleitung abweichen. Die Down-up-Koordination (sog. Gegenstromverfahren) kombiniert Elemente der genannten Verfahren unter Ausnutzen der Vorteile und Vermeiden der angeführten Nachteile. Die Unternehmensleitung gibt Oberziele als Rahmenbedingungen für das Gesamtunternehmen vor, die Geschäftsbereiche haben die Aufgabe der Erarbeitung von Strategien und Zielen innerhalb dieses Rahmens und nutzen Bottom-up-Elemente. Permanente Rückkoppelungen sind charakteristisch für diese Koordinationsmethode.[4]

Bei der Balanced Scorecard richtet sich die Form der Umsetzung der Unternehmensziele nach den Notwendigkeiten der einzelnen Bereiche, d.h. die Strategien werden von der Geschäftsführung und der nächsten Hierarchieebene gemeinsam erarbeitet, das Controlling hilft

---

[1]   Vgl. Kaplan/ Norton, BSC-Umsetzung (1997), S. 11 f und Gilles, BSC zur strategischen Steuerung (2002), S. 33.

[2]   Vgl. Ehrmann, Balanced Scorecard (2002), S. 62 f.

[3]   Vgl. Kreikebaum, Strategische Unternehmensplanung (1997), S. 205.

[4]   Vgl. Kreikebaum, Strategische Unternehmensplanung (1997), S. 205 f.; Bea/ Haas, Strategisches Management (2001), S. 197 und Ehrmann, Balanced Scorecard (2002), S. 61 f.

unterstützend.[1] Denn alle für eine erfolgreiche Strategieumsetzung lokalen Aktionen können nicht auf Führungsebene festgelegt und anschließend vermittelt werden. Das Einbeziehen der Mitarbeiter in diesen Prozess ist notwendig und wirkt motivationsfördernd.[2] Nach der BSC-Einführung Top-down werden durchaus Bottom-up-Elemente integriert.[3] Eine intensive Kommunikation ist sowohl Top down als auch Bottom up zur Unternehmensleitung und den Anteilseignern notwendig.[4]

Kaplan/ Norton sehen drei Methoden zur Vermittlung der Strategie sowie Übertragung und Verankerung in die lokalen Zielsetzungen: Durchführung von Kommunikations- und Weiterbildungsprogrammen, Treffen entsprechender Zielvereinbarungen mit Abteilungen und Mitarbeitern sowie Verknüpfung der Ziele mit dem Anreizsystem.[5]

Kommunikations- und Weiterbildungsprogramme
Um das Denken und Handeln der Mitarbeiter auf die Unternehmensstrategie auszurichten, bedarf es einer umfassenden und fortlaufenden Kommunikation der formulierten strategischen Ziele im gesamten Unternehmen. Es soll ein Strategiebewusstsein geschaffen werden, so dass alle Mitarbeiter die langfristigen Ziele und Strategien der jeweiligen Geschäftseinheit verstehen und somit motiviert strategiekonform handeln können.[6]

Erste Ankündigungen bzgl. Zweck und Inhalt der Balanced Scorecard sowie Erläuterungen der BSC- Perspektiven leiten den Kommunikationsprozess ein. Regelmäßige Berichte über den Entwicklungsstand und bereits vorliegende Ergebnisse der BSC können den Mitarbeitern via Rundschreiben, Firmenzeitschriften, Aushänge oder interne Mailing-Systeme kommuniziert werden. In der Praxis haben sich auch Broschüren bewährt, die die Unternehmensziele, Zielvorgaben und Initiativen aufzeigen und periodisch um Trendangaben und Aussagen über den Leistungsstand aktualisiert werden. Berichte über den Beitrag einer Abteilung zur erreichten Leistung schaffen Identifikationsfiguren und erhöhen die Motivation. Computernetzwerke und Groupware (z.B. Lotus-Notes) bieten u.a. die Möglichkeit der Visualisierung der BSC-Inhalte mittels Video-Clips. Einige Unternehmen vermitteln die Hauptaspekte der BSC ohne konkret von der BSC als neue Managementmethode zu sprechen, um Widerstände der Mitarbeiter zu vermeiden.[7] Zur Vermittlung des Basiswissens sollten ebenso Informationsveranstaltungen und Workshops stattfinden, um die Mitarbeiter zu sensibilisieren und zu schulen.[8] Letztlich gilt es, die zur Verfügung stehenden Mittel zu einem Kommunikations-

---

[1] Vgl. Friedag/ Schmidt, Balanced Scorecard (2002), S. 102.

[2] Vgl. Kaplan/ Norton, BSC-Umsetzung (1997), S. 192 f.

[3] Vgl. Ehrmann, Balanced Scorecard (2002), S. 63.

[4] Vgl. Kaplan/ Norton, BSC-Umsetzung (1997), S. 192 und 201-203.

[5] Vgl. Kaplan/ Norton, BSC-Umsetzung (1997), S. 193.

[6] Vgl. Kaplan/ Norton, BSC-Umsetzung (1997), S. 12 f., 195 und Friedag/ Schmidt, My Balanced Scorecard (2000), S. 195 f.

[7] Vgl. Kaplan/ Norton, BSC-Umsetzung (1997), S. 195-199 und Horváth & Partner (Hrsg.), Balanced Scorecard umsetzen (2001), S. 89.

[8] Vgl. Horváth & Partner (Hrsg.), Balanced Scorecard umsetzen (2001), S. 86-90.

und Weiterbildungsprogramm zu kombinieren, welches die Informationsbedürfnisse der einzelnen Zielgruppen berücksichtigt.[1]

Unter dem Aspekt der Geheimhaltung und Diskretion ist abzuwägen, wer wann welche Informationen erhalten soll. Durch breite Kommunikation strategischer Entwicklungen zu einem frühen Zeitpunkt könnten Konkurrenten an vertrauliche Informationen gelangen. Dennoch sind offene Aussagen über strategische Prioritäten eine Voraussetzung für eine erfolgreiche Strategieimplementierung. So sollten z.B. allgemeine Ergebniszahlen und Leistungstreiber veröffentlicht werden, dagegen Bekanntmachungen bzgl. spezifischer Kundensegmente und Konkurrenten lediglich an ausgewählte Mitarbeiter erfolgen.[2]

Die Unternehmensführung muss die Strategie für das Unternehmen und die Geschäftsbereiche ebenso bottom up kommunizieren, d.h. an Vorstand und Board of Directors, dessen Aufgabe die aktive Überwachung der Strategie und Unternehmensleistung ist. Die kommunizierte BSC bildet somit die Basis für das Feedback und die Rechenschaftspflicht gegenüber diesem Aufsichtsgremium. Die Vermittlung der BSC-Inhalte an die Anteilseigner ist häufig nicht Teil des Kommunikationsprogramms, die Informationen gehen selten über die gesetzlichen Anforderungen hinaus. Als Gründe hierfür sind nach Kaplan/ Norton Informationsverluste an Konkurrenten, Haftungsprobleme bei auftretenden Zielabweichungen sowie bisher fehlendes Interesse an langfristigen Strategiekennzahlen zu nennen.[3]

Zielbildungsprogramme
Nach der Vermittlung des grundlegenden Strategieverständnisses müssen nun Maßnahmen abgeleitet werden, so dass jedes Mitglied des Unternehmens seinen Beitrag zur erfolgreichen Strategieumsetzung erkennen und entsprechend handeln kann. Mittels Zielbildungsprogrammen soll die übergeordnete strategische Zielsetzung in Ziele für Teams und Einzelpersonen transformiert werden. Es erfolgt die Entwicklung eines integrierten Leistungsmodells der strategischen Geschäfteinheit mit den verknüpften Ursache-Wirkungs-Beziehungen zwischen strategischen Zielen und Kennzahlen; die Antriebskräfte für die strategische Leistung werden damit definiert. Daraus können die Zielvorgaben auf allen Ebenen abgeleitet werden und es entstehen schließlich die Scorecards für Abteilungen, Teams sowie einzelne Mitarbeiter.[4]

Bei der Ableitung von Abteilungs- und Teamscorecards aus der BSC des strategischen Geschäftsbereichs wurden in praxi bspw. zunächst die übergeordneten strategischen Zielsetzungen und Kennzahlen herausgearbeitet, die das Team beeinflussen kann. Anschließend konnten daraus die lokalen Maßnahmen und Kennzahlen abgeleitet werden. Ein weiteres Unter-

---

[1]   Vgl. Kaplan/ Norton, BSC-Umsetzung (1997), S. 199 f und Horváth & Partner (Hrsg.), Balanced Scorecard umsetzen (2001), S. 89 f.

[2]   Vgl. Kaplan/ Norton, BSC-Umsetzung (1997), S. 200 f. und Friedag/ Schmidt, My Balanced Scorecard (2000), S. 196.

[3]   Vgl. Kaplan/ Norton, BSC-Umsetzung (1997), S. 201-203.

[4]   Vgl. Kaplan/ Norton, BSC-Umsetzung (1997), S. 193, 204 f. und Gilles, BSC zur strategischen Steuerung (2002), S. 35.

nehmen hat eine kleine, zusammenfaltbare, persönliche BSC an alle Mitarbeiter vergeben, die die Ziele und Kennzahlen des Unternehmens, die abgeleiteten Ziele der jeweiligen Geschäftseinheit sowie die definierten persönlichen Ziele der Teams und Mitarbeiter einschließlich der nächsten Schritte zu deren Erreichung beinhaltet. Die in den meisten Unternehmen bereits bestehenden MbO[1]-Programme zur Zielbildung für Abteilungen, Teams und Einzelpersonen können und sollten – mit den Zielvorgaben und Kennzahlen der BSC verknüpft – hier genutzt werden.[2]

Koppelung mit dem Anreizsystem

Der Erfolg der Durchsetzung von Strategien und Zielen wird maßgeblich durch das Verhalten und die Motivation der Führungskräfte bestimmt. Dabei ist die intrinsische (primäre, innere) von der extrinsischen Motivation (sekundäre, Motivation von außen) zu unterscheiden.[3] Die derzeitige dynamische Wettbewerbssituation fordert Kreativität und Innovationsfreudigkeit der Mitarbeiter, was intrinsischer Motivation bedarf. Eigenständig, flexibel und vorausschauend handelnde engagierte Mitarbeiter, deren persönliche Ziele und Handlungen mit denen der Geschäftseinheit einhergehen, stellen einen entscheidenden Wettbewerbsfaktor dar, so dass die innere Motivation zunehmend an Bedeutung gewinnt. Die Balanced Scorecard kann durch die Verdeutlichung des Zusammenhangs der Tätigkeit einzelner Mitarbeiter und der Erreichung langfristiger Unternehmensziele intrinsische Motivation fördern. Doch spielt die Motivation von außen bspw. durch Belohnung für die erreichten Ziele weiter eine wichtige Rolle. Um das langfristig angestrebte Unternehmensziel zu erreichen, sollten daher die Anreiz- und Vergütungssysteme mit dem Erfüllen der BSC-Ziele verknüpft werden.[4]

Anreizsysteme unterliegen bestimmten Anforderungen wie z.B. Transparenz, Gerechtigkeit, Wirtschaftlichkeit, Flexibilität und Individualität. Um die gewünschte Motivationswirkung zu erreichen, muss ein Anreizsystem durchschaubar und nachvollziehbar ausgestaltet sein.[5] Hier gilt es, die für die einzelne Führungskraft vergütungsrelevanten Kennzahlen auszuwählen, denn im Falle des Einbeziehens sämtlicher BSC-Kennzahlen würde es eine zu komplexe Gestalt annehmen.[6] Transparenz ist ebenso eine Voraussetzung für die Beurteilung der Gerechtigkeit, einer weiteren Anforderung an Anreizsysteme. Die Beurteilung der Marktgerechtigkeit (Entlohnung entsprechend dem marktüblichen Niveau für vergleichbare Leistung) und

---

[1] Zu Management by Objectives vgl. Kapitel 2.2.3.

[2] Vgl. Kaplan/ Norton, BSC-Umsetzung (1997), S. 206-209 und Wickel-Kirsch, BSC als Instrument im Personalcontrolling (2001), S. 282 f. Zu verschiedenen Varianten der Verknüpfung mit dem MbO vgl. Horváth & Partner (Hrsg.), Balanced Scorecard umsetzen (2001), S. 305-310.

[3] Vgl. Kaplan/ Norton, BSC-Umsetzung (1997), S. 213 f.; Steinmann/ Schreyögg, Management (2000), S. 747 f. und Ehrmann, Balanced Scorecard (2002), S. 161.

[4] Vgl. Kaplan/ Norton, BSC-Umsetzung (1997), S. 193, 213 f.; Ehrmann, Balanced Scorecard (2002), S. 161. Zu Beachten sind dabei Verdrängungseffekte extrinsischer Anreize zu Lasten intrinsischer Motivation (sog. Crowding out). Vgl. dazu Steinmann/ Schreyögg, Management (2000), S. 748 f.

[5] Vgl. Winter, Managementanreizsysteme (1996), S. 71-91; Ehrmann, Balanced Scorecard (2002), S. 162 und Schmeisser/ Dittmann, Shareholder Value-Ansatz (2004), S. 38 f.

[6] Vgl. Weber/ Schäffer, BSC und Controlling (2000), S. 62 f.

der Leistungsgerechtigkeit (angemessenes Anreiz-Leistungs-Verhältnis) determinieren das subjektive Gerechtigkeitsempfinden der Beteiligten. Ein Konsens über die vereinbarten Zielgrößen sowie eine klare Kommunikation der Leistungsmaßstäbe bspw. in Zielvereinbarungsgesprächen fördern das Gefühl einer gerechten Entlohnung.[1] Weiter muss die Ausgestaltung des Anreizsystems unter dem Aspekt der Wirtschaftlichkeit erfolgen. Im Rahmen der Verknüpfung mit der BSC stellt sich die Frage, bis auf welche Hierarchieebene Mitarbeiter eingebunden werden sollten. Unternehmensindividuell sollten diejenigen berücksichtigt werden, die in strategischen Dimensionen denken und strategische Grundsatzfragen klären. Während dies bei Anbietern homogener Massenprodukte, z.B. einem Stahlhersteller, nur das Top-Management sein kann, kommen bei einem Unternehmen mit verfolgter Differenzierungsstrategie zielend auf die Steigerung des Kundennutzens alle Mitarbeiter mit Kundenkontakt in Frage.[2] Das deutsche Arbeitsrecht begrenzt jedoch die freie Entscheidung des Unternehmens; gemäß § 87 Abs. 1 Ziffer 10 BetrVG ist die Einführung, Anwendung und Änderung von Entlohnungsformen grundsätzlich durch den Betriebsrat mitbestimmungspflichtig. Ebenso begrenzen tarifvertragliche Regelungen den Entscheidungsbereich der Unternehmen. Die Entgeltpolitik für Führungskräfte als außertarifliche und leitende Angestellte basiert jedoch auf einzelvertraglichen Regelungen, so dass hier den Vertragspartnern selbst die Ausgestaltung obliegt.[3] Weitere Anforderungen an Anreizsysteme stellen Flexibilität, d.h. Anpassungsfähigkeit sowohl an verschiedene als auch an veränderte Ziele, sowie Individualität i.S. der Anpassung des Anreizsystems an die jeweilige Motivstruktur der Führungskräfte dar.[4]

„Soll die betriebliche Entgeltpolitik die strategischen Ziele des Unternehmens wirkungsvoll unterstützen, ist dafür ein facettenreiches Entgeltmenü zu entwerfen..."[5] Als Entgeltkomponenten von Führungskräften gelten dabei nach Cisek der Festlohn, in Form eines Grundgehalts, fixer Sonderzahlungen, garantierter Tantiemen und Teilen der betrieblichen Sozialleistungen, sowie der Risikolohn, welcher andere Teile der betrieblichen Sozialleistungen, persönliche Leistungszulagen oder Boni und einen ergebnisabhängigen Strategiebonus beinhaltet. Die Vergütungsbestandteile haben unterschiedliche zeitliche Anreizwirkungen (kurz-, mittel- und langfristig), die mit verschiedenen Instrumenten implementiert werden. So hat das feste Grundgehalt kurzfristigen Anreizcharakter und wird auf Grundlage von Bandbreiten vereinbart, während die langfristige Anreizwirkung des ergebnisabhängigen Strategiebonus bspw. durch Aktienoptionsprogramme integriert wird. Bei der Ausgestaltung des Entgeltmenüs ist eine ausgewogene Kombination kurz-, mittel- und langfristiger Instrumente sowie eine angemessene prozentuale Gewichtung der Entgeltbestandteile zu beachten. Die

---

[1]   Vgl. Winter, Managementanreizsysteme (1996), S. 75 f. und Weber/ Schäffer, BSC und Controlling (2000), S. 63.

[2]   Vgl. Ehrmann, Balanced Scorecard (2002), S. 161 und Weber/ Schäffer, BSC und Controlling (2000), S. 63.

[3]   Vgl. Gilles, BSC zur strategischen Steuerung (2002), S. 61 und Steinmann/ Schreyögg, Management (2000), S. 745.

[4]   Vgl. Winter, Managementanreizsysteme (1996), S. 78-80 und Weber/ Schäffer, BSC und Controlling (2000), S. 64.

[5]   Cisek, Entgeltmanagement (2000), S. 370.

Relation von Fest- und Risikolohn muss dabei unternehmens-individuell bzw. funktionsspezifisch festgelegt werden. In der Praxis nimmt der Festlohn 50 bis 80 Prozent des Jahresgehalts ein, der Risikolohn 20 bis 50 Prozent. Zur Durchsetzung der langfristigen strategischen Ziele sollte eine Übergewichtung des meist an kurzfristige Ziele gekoppelten Festlohns vermieden werden und ein stärkeres Einbinden von Bestandteilen des Risikolohns erfolgen.[1]

Kaplan/ Norton nennen verschiedene Strategien zur Integration der BSC im Anreizsystem der Manager. So können die finanziellen Interessen des Managements mit der Umsetzung strategischer Geschäftsbereichsziele verknüpft werden, indem der Bonus für das obere Management bspw. jeweils zur Hälfte von der Erreichung wertsteigerungsbezogener Ziele und von Zielen nicht finanzieller Perspektiven abhängt. Ebenso kann die BSC als ausschließliche Berechnungsgrundlage gelten, so dass die Prämien z.B. zu 60 Prozent durch die finanzielle Leistung anhand von verschiedenen Kennzahlen und zu 40 Prozent durch Indikatoren aus den drei weiteren Perspektiven bestimmt werden. Ein weiterer Ansatz ist die Ermittlung der Prämie durch die Unternehmensleitung, die den Schwierigkeitsgrad der durch den Manager selbst festgelegten Zielvorgaben mithilfe externer Vergleiche und subjektiver Beurteilungen betrachtet und daraufhin die Prämie festlegt. Die Vergütung der Manager entsprechend Kompetenz, Einsatz sowie Entscheidungsqualität ist jedoch aufgrund der schwierigen Beobachtung und Messung immer problematisch. Die aktive Anwendung der BSC, d.h. der ständige Dialog zwischen Managern und Vorstand, schafft Transparenz hinsichtlich der Leistungsbeobachtung.[2] Neuere empirische Studien verdeutlichen, dass derzeit die Bewertung der Managementleistungen in Deutschland vorwiegend auf bilanzorientierten Kennzahlen wie Gewinn oder Umsatz basiert und nur teilweise nichtmonetäre Größen wie Produktqualität oder Marktanteil, eher selten wertorientierte Größen und Kennzahlen (CF, Shareholder Value, EVA) einbezogen werden.[3]

Die Koppelung des Entgeltsystems mit der Zielerreichung wird laut Studien in Deutschland erst mittelmäßig umgesetzt. Gemäß der empirischen Untersuchung von Gilles war auf Ebene des Top- und Middle-Managements lediglich bei der Hälfte der Unternehmen eine Verknüpfung vorhanden, beim Lower-Management sowie auf operativer Ebene waren es mit etwa 20 Prozent erheblich weniger.[4] Weber/ Schäffer empfehlen die Verknüpfung nicht am Anfang, sondern ein oder zwei Jahre nach Konzepteinführung, um den BSC-Entwicklungsprozess vor zu starker Einbindung der Eigeninteressen aller Beteiligten zu schützen.[5] Auch Kaplan/ Norton beschreiben die anfangs vorsichtige Nutzung der BSC als Vergütungsbasis, was die Unternehmen mit den Unsicherheiten resultierend aus der erstmaligen Aufstellung von Hypothesen über Ursache-Wirkungs-Beziehungen zwischen den Kennzahlen begründen. Doch ein

---

[1]   Vgl. Cisek, Entgeltmanagement (2000), S. 370-383; Becker/ Fallgatter, Unternehmensführung (2002), S. 182 f. und Schmeisser, Entgeltpolitik (2004), S. 45-54.

[2]   Vgl. Kaplan/ Norton, BSC-Umsetzung (1997), S. 209-214. Für ein weiteres Beispiel vgl. Norton/ Kappler, BSC Best Practices (2000), S. 19 f.

[3]   Vgl. Schmeisser/ Dittmann, Shareholder Value-Ansatz (2004), S. 41 f.

[4]   Vgl. Brabänder/ Hilcher, Balanced Scorecard (2001), S. 256 und Gilles, BSC zur strategischen Steuerung (2002), S. 198.

[5]   Vgl. Weber/ Schäffer, BSC und Controlling (2000), S. 65 f.

Abwenden von den kurzfristigen finanziellen Ergebnissen als Vergütungsbasis muss erfolgen.[1]

3.3.3   Planung, Festlegung von Zielen und Abstimmung strategischer Initiativen

Im dritten Teilprozess eines strategischen Managementsystems erfolgt die Integration der Balanced Scorecard in den strategischen Planungs- und Budgetierungsprozess mit dem Ziel eines strategiekonformen Einsatzes finanzieller sowie materieller Ressourcen. Häufig vernachlässigen Unternehmen die bestehende Strategie bei der Ableitung operativer Planwerte und verteilen die Ressourcen ohne Berücksichtigung der unterjährigen Entwicklung bei den Messgrößen strategischer Ziele. Hier wird die Maßnahmenplanung, Budgetierung und Ressourcenverteilung sowie die Formulierung von Meilensteinen mit der Strategie verbunden. Damit erfolgt der Ressourceneinsatz im Einklang mit der Strategie und eine Verbindung mit der operativen Unternehmenspraxis wird gewährleistet.[2]

Die Integration der Balanced Scorecard beginnt mit der Festlegung hochgesteckter Ziele für die BSC-Kennzahlen, d.h. ehrgeizige finanzielle Ziele (z.B. Verdoppelung des Ertrags aus investiertem Kapital) sowie zu deren Erreichung langfristige Ziele bzgl. Kunden, interne Geschäftsprozesse, Lernen und Entwicklung. Bei der Identifikation der werttreibenden Faktoren für die Erreichung der Finanzziele helfen die Ursache-Wirkungs-Beziehungen[3] der BSC. Die gesetzten Zielvorgaben für die nächsten drei bis fünf Jahre stellen den Plan-oder Sollwert für die Zielerreichung dar, das strategische Ziel wird operationalisiert und durch spätere Ist-Werte mit Abweichungsanalysen kontrolliert.[4]

Es folgt die Identifikation adäquater Initiativen zur Realisierung der herausfordernden langfristigen Ziele, wobei laufende und neue Aktionsprogramme sowie geschäftseinheitsübergreifende Initiativen überprüft, gebündelt und koordiniert werden. Führungskräfte müssen entscheiden, ob die Lücke zwischen der aktuellen Leistung und den ehrgeizigen Zielen mittels kontinuierlicher Verbesserung (TQM-Programm) oder einmaliger radikaler Veränderung (Reengineering) zu schließen ist. Ebenso muss eine Überprüfung aller laufenden Maßnahmen hinsichtlich ihres Beitrags zur Erreichung eines oder mehrerer BSC-Ziele erfolgen. Geschäftseinheitsübergreifend bzw. unternehmensweit sollten Synergiepotenziale wie Know-how-Transfer, Koordinierung von Marketingvorhaben oder eine gemeinsame Nutzung von Produktions- und Distributionsressourcen identifiziert und erschlossen werden.[5]

---

[1]   Vgl. Kaplan/ Norton, BSC-Umsetzung (1997), S. 211 f.

[2]   Vgl. Kaplan/ Norton, Strategic Management System (1996), S. 76 f., 82-84; Kaplan/ Norton, BSC-Umsetzung (1997), S. 13 f., 216-240 und Horváth & Partner (Hrsg.), Balanced Scorecard umsetzen (2001), S. 286-293.

[3]   Zu näheren Ausführungen bzgl. Ursache-Wirkungs-Beziehungen vgl. Abschnitt 5.3.

[4]   Vgl. Kaplan/ Norton, BSC-Umsetzung (1997), S. 216, 218-220.

[5]   Vgl. Kaplan/ Norton, BSC-Umsetzung (1997), S. 216, 224-226, 235 f.; Friedag/ Schmidt, BSC und Budget (2000), S. 437 f. und Horváth & Partner (Hrsg.), Balanced Scorecard umsetzen (2001), S. 288 f.

Weiter wird die Investitions- und kurzfristige Ausgabenplanung an den strategischen Zielen ausgerichtet, so dass die Investitionsentscheidungen nicht – wie häufig in der Praxis vorzufinden – ausschließlich auf Basis von Finanzkennzahlen wie Amortisation oder diskontierter Cash Flow (DCF) beruhen. So können die BSC-Kennzahlen zur Entscheidung über die Vorteilhaftigkeit jeder potenziellen Investition eingesetzt werden. Entsprechend einer Gewichtung mit dem Schwerpunkt auf Finanzkennzahlen, aber auch entsprechender Beachtung der Treiber zukünftiger Finanzleistung, entsteht eine Rangfolge der einzelnen Investitionsvorhaben, so dass unter Berücksichtigung des verfügbaren Investitionsbudgets eine Auswahl erfolgen kann.[1]

Abschließend wird die strategische Planung mit der jährlichen Budgetplanung verknüpft. Im Budgetierungsprozess[2] werden detaillierte kurzfristige Vorgaben für Umsatz, Kosten, Gewinn sowie Ausgaben für Investitionen oder Forschung und Entwicklung erarbeitet, die letztlich in das genehmigte Budget münden. Doch zur erfolgreichen Umwandlung der Vision bedarf es einer Verknüpfung mit der strategischen Planung, da die ausschließliche Verwendung von Rechnungswesenzahlen unzureichend ist. Auch kurzfristige Leistungsvorgaben für die strategischen Ziele der Kennzahlen der weiteren BSC-Perspektiven müssen einbezogen werden. Aus dem Drei- bis Fünf-Jahreszielen für die strategischen Maßnahmen werden spezifische kurzfristige Vorgaben, sog. Meilensteine, für jede Maßnahme im folgenden Geschäftsjahr abgeleitet. So wird das erste Jahr eines Fünf-Jahresplans in operative Budgets für die strategischen Ziele und Kennzahlen umgewandelt; eine Ermittlung kurzfristiger Fortschritte innerhalb des langfristigen Plans wird ermöglicht. Das Resultat der Verknüpfung kennzeichnet eine verstärkte Ziel- und Zukunftsorientierung und damit eine Abkehr von der Fortschreibungsmentalität des operativen Planungsprozesses.[3]

3.3.4   Strategisches Feedback und Lernen

Im letzten Teilprozess des Managementsystems wird die Balanced Scorecard in einen strategischen Lernprozess eingebunden.[4] In den heutigen komplexen und dynamischen Umweltbedingungen sind Wissen und Lernen der Mitarbeiter zu einem strategischen Wettbewerbsfaktor eines Unternehmens geworden. Lernen gilt als unabdingbar für den adäquaten Umgang mit Veränderungen und somit für eine erfolgreiche Strategieumsetzung. Der Strategieprozess selbst muss als dauerhafter Lernprozess organisiert werden, so dass Beobachtungen, Erfahrungen und Entwicklungen in kontinuierliche Anpassungen der Unternehmensstrategie münden können.[5] Die Unternehmung als lernende Organisation generiert über Lernprozesse fortlaufend neues Wissen, was sie zur Restrukturierung ihrer Wissensbasis in Form von

---

[1]   Vgl. Kaplan/ Norton, BSC-Umsetzung (1997), S. 226-234.

[2]   Zum Budget und Budgetierungsprozess vgl. Steinmann/ Schreyögg, Management (2000), S. 356-367.

[3]   Vgl. Kaplan/ Norton, BSC-Umsetzung (1997), S. 238 f.; Friedag/ Schmidt, BSC und Budget (2000), S. 437 f. und Horváth & Partner (Hrsg.), Balanced Scorecard umsetzen (2001), S. 289-293.

[4]   Vgl. Kaplan/ Norton, Strategic Management System (1996), S. 77 und Kaplan/ Norton, BSC-Umsetzung (1997), S. 15-17.

[5]   Vgl. Hilse, Verzahnung Strategie- und Lernprozesse (2003), S. 137 f.

Anpassungs- und Entwicklungsstrategien nutzt. Organisatorisches Lernen ist demnach der kontinuierliche organisationsweite Prozess der Wissenserweiterung um neue Wirkungsweisen und -Zusammenhänge, ausgelöst durch Diskrepanzen zwischen aktueller Wissensbasis und relevanten Umweltveränderungen.[1]

Argyris/ Schön unterscheiden beim feedbackorientierten Lernprozess drei Lernebenen: das „Single-Loop-", „Double-Loop-" und „Deutero-Learning".[2] Beim „Single-Loop-Learning" als einfacher Feedbackprozess erfolgt eine Anpassung der handlungsleitenden Theorie der Organisation („theory-in-use") hinsichtlich bestimmter Verfahrensweisen an die Veränderungen der Unternehmensumwelt. Es existiert ein festgelegter Bezugsrahmen mit verbindlichen Werten, Normen und Grundverhaltensweisen; ein Überdenken dieser Grundannahmen und -orientierungen findet nicht statt. Planungs- und Kontrollsysteme überwachen dabei die Erfüllung der auf Führungsebene festgelegten strategischen Pläne. Abweichungen werden als Umsetzungsfehler deklariert und lösen Korrekturmaßnahmen zur Angleichung des Ist-Zustandes an den Soll-Zustand aus, die ursprüngliche Strategie wird nicht überdacht.[3]

Diese Art des Lernens ist jedoch unzureichend bei der heutigen turbulenten Unternehmensumwelt. Ein kontinuierliches Hinterfragen der Ziele und Werthaltungen ist notwendig, denn in der Vergangenheit geplante Strategien können unter den aktuellen Bedingungen ungeeignet sein. Das „Double-Loop-Learning" geht über das „Single-Loop-Learning" hinaus und integriert zudem die Überprüfung und Änderung der Denkweisen. Somit bietet es zusätzlich die Möglichkeit der Anpassung der Strategie an veränderte Bedingungen aber auch die Möglichkeit elementarer Strategieänderungen. Ein Hinterfragen und ggf. Modifizieren festgefügter Basisorientierungen sowie Handlungsmuster bedarf offener, unvoreingenommener Organisationsmitglieder. Ein „Entlernen" bestehender Orientierungen ist hier unabdingbar. „Deutero-Learning" macht das Lernen selbst zum Gegenstand des Lernens („learning how to learn"). Wissen über vergangene Lernprozesse, -inhalte und -ergebnisse wird dabei gesammelt, kritisch überprüft und thematisiert mit dem Ziel der Sicherstellung einer kontinuierlich lernbereiten Organisation sowie der stetigen Verbesserung des Lernprozesses.[4]

Strategisches Feedback und Lernen sind Grundlage für die erfolgreiche Umsetzung der mittels BSC konkretisierten und kommunizierten Unternehmensstrategie. Kaplan/ Norton beschreiben drei Bestandteile eines effektiven strategischen „Double-Loop"-Lernprozesses. Als Ausgangspunkt sehen sie die gemeinsame Vision, die das Unternehmensziel klar definiert. Die BSC als gemeinsames Leistungsmodell, später als Berliner Humankapitalbewertungsmodell, lässt die Mitarbeiter die Implikationen ihrer Anstrengungen auf die Erreichung des Unternehmensziels erkennen. Der Feedbackprozess als zweites Element ermöglicht die Ü-

---

[1]   Vgl. Steinmann/ Schreyögg, Management (2000), S. 463-466 und Bea/ Haas, Strategisches Management (2001), S. 412-414.

[2]   Vgl. Argyris, How to learn (1991), S. 99f. und Argyris/ Schön, Organizational Learning (1996), S. 20-29.

[3]   Vgl. Argyris/ Schön, Organizational Learning (1996), S. 20 f.; Kaplan/ Norton, BSC-Umsetzung (1997), S. 16, 241 f. und Steinmann/ Schreyögg, Management (2000), S. 467.

[4]   Vgl. Argyris/ Schön, Organizational Learning (1996), S. 21-29; Kaplan/ Norton, BSC-Umsetzung (1997), S. 16 f., 242; Steinmann/ Schreyögg, Management (2000), S. 467 f.; Bea/ Haas, Strategisches Management (2001), S. 414 f. und Horváth & Partner (Hrsg.), Balanced Scorecard umsetzen (2001), S. 278.

berwachung der Strategieumsetzung. Hier erfolgt die Sammlung von Leistungsdaten; in Management Reviews wird anhand dessen die Erreichung der aus den strategischen Zielen definierten Meilensteine überprüft und eine Prognose über die zukünftige Zielerreichung getroffen. Mittels Informationen aus dem Feedbacksystem werden ebenso die Hypothesen für die Strategieentwicklung überprüft, d.h. sind die Annahmen über Ursache-Wirkungs-Beziehungen oder Reaktionszeiten unter den aktuellen Voraussetzungen und Erfahrungen weiterhin relevant. Die kann über die Messung der Korrelation zwischen den Maßgrößen erfolgen. Der dritte Bestandteil ist eine kontinuierliche Strategieentwicklung, ein Überdenken der Strategievoraussetzungen in regelmäßigen Strategiereviews. In funktionsübergreifenden Teams werden die Leistungsdaten analysiert, die Angemessenheit der Strategie bzgl. neuester Entwicklungen diskutiert sowie neue strategische Chancen und Orientierungen generiert. Dies kann in eine Strategieanpassung an die veränderten Umstände, aber auch in eine grundlegende Änderung der Strategie münden.[1]

Zusammenfassend lässt sich feststellen, dass mittels Balanced Scorecard als strategisches Managementsystem die Unternehmensstrategie via strategischer Ziele, Kennzahlen, jährlicher Vorgaben und Maßnahmen operationalisiert und damit messbar gemacht werden. Die strategische Rückkoppelung und der daraus folgende Double-Loop-Lernprozess als „...der innovativste und wichtigste Aspekt des gesamten Scorecard Managements"[2], schließen den Kreis und führen zurück zur Visions- und Strategiefindung, zum ursprünglichen BSC-Einführungsprozess.

3.4 Implementierung der Balanced Scorecard

3.4.1 Vorgehensweise

Die erfolgreiche Wirkung der Balanced Scorecard im Unternehmen wird maßgeblich von der Qualität ihrer Implementierung bestimmt, die einer differenzierten sowie durchdachten Struktur bedarf.[3] In der Literatur existieren zahlreiche Vorschläge und Empfehlungen zur Vorgehensweise bei der BSC-Implementierung; der Differenzierungsgrad reicht von einem

---

[1] Vgl. dazu ausführlicher Kaplan/ Norton, BSC-Umsetzung (1997), S. 15-17, 241-261. Kritisch zu den Ausführungen strategischer Kontrolle anhand der BSC bemerken Weber/ Schäffer die fast ausschließliche Fokussierung auf die Durchführungskontrolle, unzureichende Anmerkungen zur Prämissenkontrolle und strategischen Überwachung. Unternehmen müssen über Vorschläge von Kaplan/ Norton deutlich hinausgehen, um dem Dilemma der seltenen kritischen Hinterfragung der konzeptionellen Gesamtsicht und damit der Blockierung neuer Einsichten und Orientierungen zu entgehen. Vgl. Weber/ Schäffer, Balanced Scorecard (1998), S. 19-22. Zu den Elementen strategischer Kontrolle vgl. Kapitel 2.1.2, S. 9 und Steinmann/ Schreyögg, Management (2000), S. 245-248.

[2] Kaplan/ Norton, BSC-Umsetzung (1997), S. 15.

[3] Vgl. Horváth & Partner (Hrsg.), Balanced Scorecard umsetzen (2001), S. 62.

Zwiebelschalenmodell mit drei Phasen über Vier- bis hin zu Sechsphasenmodellen, die Teil-schritte sind jedoch stets ähnlich.[1]

Kaplan/ Norton schlagen zehn Schritte zur Implementierung vor:

1. Klärung der Vision

2. Kommunikation an das mittlere Management/ Entwicklung der BSC für SGE

3. Abschaffung nicht strategischer Investitionen/ Start von Umstrukturierungsprogrammen

4. Review der BSC der Geschäftseinheiten

5. Präzisierung der Vision

6. Vermittlung der BSC an das gesamte Unternehmen/ Erstellung individueller Leistungs-ziele

7. Überarbeitung langfristiger Pläne und Budgets

8. Durchführung monatlicher und vierteljährlicher Prüfungen

9. Durchführung einer jährlichen Strategieprüfung

10. Verknüpfung der Leistung aller Mitarbeiter mit der BSC [2]

Horváth & Partner haben daraus ein auf die mittelständisch geprägte deutsche Unterneh-menslandschaft zugeschnittenes Modell entwickelt, das sich in ihrer Beratungspraxis bereits bewährt hat.[3] Das relativ fest gefügte, logisch aufgebaute und überzeugende System von Instrumenten und Strukturen bestehend aus fünf Phasen und ist in Abbildung 2-5 dargestellt.

---

[1]   Vgl. Horstmann, Balanced Scorecard-Ansatz (1999), S. 196; Weber/ Schäffer, BSC und Controlling (2000), S. 94-100; Horváth/ Gaiser, Implementierungserfahrungen (2000), S. 21-31; Hoch/ Langenbach/ Meier-Reinhold, Implementierung (2000), S. 57-60; Weber/ Radtke/ Schäffer, Erfahrungen mit der BSC (2001), S. 10-46 und Zdrowomyslaw/ Eckern/ Meißner, Theorie und Praxis der BSC (2003), S. 269-271.

[2]   Vgl. Kaplan/ Norton, BSC-Umsetzung (1997), S. 265-270.

[3]   Vgl. Horváth & Partner (Hrsg.), Balanced Scorecard umsetzen (2001), S. 62.

Organisatorisch-en Rahmen schaffen	Strategische Grundlagen klären	Eine BSC entwickeln	Roll-out managen	Kontinuierli-chen BSC-Einsatz sicherstellen
BSC-Architektur bestimmen	Strategische Voraussetzungen überprüfen	Strategische Ziele ableiten	BSC unternehmens-weit einführen	BSC in Manage-ment- und Steue-rungssysteme sowie Planungs- und Berichtssystem integrieren
Projektorganisation festlegen	Strategische Stoßrichtung festlegen	Ursache- / Wirkungs-beziehungen aufbauen	BSC auf nach-gelagerte Einhei-ten herunterbre-chen	
Projektablauf gestalten				Mitarbeiter mit Hilfe der BSC führen
Information, Kommunikation und Partizipation sicherstellen	BSC in Strategie-entwicklung integrieren	Messgrössen auswählen	BSCs zwischen den Einheiten abstimmen	BSC mit Sharehol-der Value verknüpfen
		Zielwerte festlegen		
Methoden und Inhalte standardi-sieren und kommunizieren		Strategische Aktionen bestimmen	Qualität sichern und Ergebnisse dokumentieren	BSC mit Risiko-Management unterstützen
Kritische Erfolgs-faktoren berück-sichtigen				BSC und Target Costing verbinden
				BSC durch EDV unterstützen

Abb. 2-5: Phasen des Horváth & Partner-Modells zur BSC-Implementierung
Quelle: Horváth & Partner (Hrsg.), Balanced Scorecard umsetzen (2001), S. 62.

Bei der Bestimmung der BSC-Architektur erfolgt in Phase I die Festlegung der Perspektiven, ebenso wird eine Entscheidung darüber getroffen, für welche Organisationseinheiten und Unternehmensebenen Balanced Scorecards entwickelt werden. Weiter sind die im Rahmen des Projektmanagements üblichen Aufgaben der Festlegung der Projektorganisation, des Projektablaufs, des Informations- und Kommunikationskonzeptes, der Methodenstandards sowie der kritischen Erfolgsfaktoren Gegenstand dieser Phase. Es folgt in der Phase II eine strategische Analyse von Chancen/ Risiken und Stärken/ Schwächen, Lebenszyklusphasen und kritischen Erfolgsfaktoren sowie die Festlegung der grundsätzlichen strategischen Stoß-richtung, so dass das Top-Management ein einheitliches Verständnis dadurch erlangt. Den Kern der Implementierung stellt Phase III mit der Entwicklung der BSC dar. Nach dem Roll-out dient Phase V abschließend der konsequenten Ausrichtung von Entscheidungen und Verhaltensweisen auf die aktuelle Strategie.[1]

Derartige Modelle zur BSC-Implementierung sind für den umfassenden wie komplexen Prozess sinnvoll und hilfreich, dennoch ist vor einer unkritischen Übernahme zu warnen, denn die Balanced Scorecard eines Unternehmens- oder einer Geschäftseinheit ist immer im

---

[1]   Vgl. Horváth & Partner (Hrsg.), Balanced Scorecard umsetzen (2001), S. 63-72.

höchsten Maße individuell. Dies impliziert die Notwendigkeit eines an die spezifische Unternehmenssituation angepassten Implementierungsvorgehens, d.h. an die jeweiligen unternehmerischen Zielsetzungen, Unternehmenskulturen sowie unternehmensinternen Voraussetzungen.[1]

3.4.2   Erfolgsfaktoren

Aus der Unternehmenspraxis konnten Erfolgsfaktoren generiert werden, die die Qualität des
Implementierungsprozesses entscheidend beeinflussen. Laut Weber/ Schäffer liegt der wich-
tigste Erfolgsfaktor in einer präzisen Planung des Einführungsprozesses, d.h. einer genauen
Definition von Projektumfang und -zielen. Bei der Einführung der Balanced Scorecard als
Managementsystem können die Kommunikation und Durchsetzung vorhandener Strategien,
die Schaffung eines Rahmens für strategische Aktivitäten und deren Quantifizierung oder die
Unterstützung im Prozess der Strategieentwicklung mögliche Zielsetzungen sein. Planungs-
probleme liegen häufig in zu knappen Zeit- und Kostenbudgets, in der Datengewinnung
sowie EDV-Realisierung.[2]

Weiter ist für eine erfolgreiche Implementierung entsprechende Unterstützung durch das
Top-Management während des gesamten BSC-Prozesses notwendig, um der Balanced Scorecard einen verbindlichen wie dauerhaften Charakter zu verleihen.[3]

Mit der Durchführung eines Pilotprojektes können schnelle erste Erfolge erzielt und kommuniziert werden. Dies führt zu einer schnellen Begeisterung der Beteiligten und motiviert für
die bereichs-/ unternehmensweite BSC-Implementierung. Auswahlkriterien für den „Piloten"
sind u.a. seine Erfolgswahrscheinlichkeit, die Einführungsdringlichkeit der BSC, Verfügbar-
keit/ Commitment der Teammitglieder, aus der Vergleichbarkeit der Einheit mit den restlichen Unternehmensbereichen resultierendes Lernpotenzial sowie Akzeptanz im Unternehmen.[4]

Die Strategieklärung und ggf. die Strategieentwicklung gelten in der Literatur ebenfalls als
wichtiger Erfolgsfaktor. Strategische Ausgangsposition und Ziele müssen klar definiert sein.
In Führungskräfte-Workshops mit Diskussionen über Strategien, als Basis der BSC-
Entwicklung, und über Geschäftsmöglichkeiten muss ein einheitliches gemeinsames Ver-

---

[1]   Vgl. Hoch/ Langenbach/ Meier-Reinhold, Implementierung (2000), S. 63-65 und Weber/ Radtke/ Schäffer,
        Erfahrungen mit der BSC (2001), S. 10.

[2]   Vgl. Weber/ Schäffer, BSC und Controlling (2000), S. 100 f. und Weber/ Radtke/ Schäffer, Erfahrungen mit der
        BSC (2001), S. 11-23.

[3]   Vgl. Norton/ Kappler, BSC Best Practices (2000), S. 16 f.; Dahmen/ Maier/ Kamps, BSC- Erfolgsfaktoren
        (2000), S. 22 und Müller-Hedrich, Fachkonferenz BSC (2001), S. 36.

[4]   Vgl. Bodmer/ Völker, Erfolgsfaktoren bei der Implementierung (2000), S. 481; Weber/ Schäffer, BSC und
        Controlling (2000), S. 102 f. und Weber/ Radtke/ Schäffer, Erfahrungen mit der BSC (2001), S. 47.

ständnis des jeweiligen Geschäfts mit den wesentlichen Wirkungszusammenhängen entstehen.[1]

Für eine erfolgreiche Entwicklung der Balanced Scorecard ist auf Balance zwischen den unternehmensindividuellen Perspektiven, gewissenhafte Auswahl sowohl anspruchsvoller als auch realistischer Ziele, systematische Ermittlung und Gewichtung der Werttreiber, Abstimmung verschiedener Bereichsziele, sorgfältige Kennzahlenauswahl mit Unterstützung des Controllings sowie Erstellung eines klaren Maßnahmenkataloges unter Einbeziehung laufender Aktivitäten und Projekte zu achten. Dabei muss die Kultur und Veränderungsbereitschaft der betroffenen Bereiche berücksichtigt werden.[2]

Ein weiterer Erfolgsfaktor bei der Implementierung ist die Besetzung des BSC-Teams unter Beachtung von Perspektivenvielfalt, adäquater Teamgröße und Konstanz. Ein zu großes Team führt häufig zu erhöhtem Koordinationsbedarf, ständige Wechsel der Verantwortlichkeiten irritieren. Ein effizientes Projektmanagement ist Erfolgsfaktor eines jeden Projektes, d.h. eine straffe Projektplanung sowie ein starker Projektleiter determinieren auch bei dem Projekt „BSC-Einführung" den Erfolg. Die erstmalige Implementierung ist ein Prozess mit einer Dauer von bis zu einem Jahr, an dem Teammitglieder verschiedenster Funktionen beteiligt sind. Dies macht eine detaillierte Planung und Koordination, klare Aufgabenverteilung und Definition von Meilensteinen notwendig.[3]

Ebenso erwiesen sich eine offene und kontinuierliche Kommunikation sowie das Hinzuziehen interner und externer Unterstützung als erfolgsbestimmend. Externe Berater in der Funktion als Moderatoren sollen eine professionelle Durchführung mittels Objektivität und methodischem Fachwissen gewährleisten. Das Maß des Einbeziehens externer Moderation ist abhängig von den Strukturen der Bereiche, dabei müssen Hauptakteure jedoch interne Verantwortliche bleiben.[4]

Letztlich gilt es, die BSC als kontinuierlichen Prozess mit permanenter Leistungskontrolle anzusehen und nicht als einmaliges Projekt, das lediglich von einigen Ausgewählten entwickelt wurde.[5] Für die erfolgreiche unternehmensweite Implementierung ist eine geeignete Softwareanwendung notwendig. Diese sollte u.a. die benötigten Daten leicht zugänglich machen, flexibel für die Anpassung an Veränderungen sowie kompatibel mit bereits existierenden Systemen sein, den Zugang verschiedener Nutzer zum selben Zeitpunkt ermöglichen und sowohl die Integration großer Datenvolumina als auch eine vielfältige Datenanalyse erlauben. In der Praxis ist das Interesse und der Einsatz von BSC-Software beachtlich gestie-

---

[1] Vgl. Dahmen/ Maier/ Kamps, BSC- Erfolgsfaktoren (2000), S. 22; Bodmer/ Völker, Erfolgsfaktoren bei der Implementierung (2000), S. 479 f. und Müller-Hedrich, Fachkonferenz BSC (2001), S. 36.

[2] Vgl. Dahmen/ Maier/ Kamps, BSC- Erfolgsfaktoren (2000), S. 23-25 und Weber/ Schäffer, BSC und Controlling (2000), S. 103 f.

[3] Vgl. Weber/ Schäffer, BSC und Controlling (2000), S. 104-107; Steinle/ Thiem/ Lange, Strategieumsetzung (2001), S. 34, 36 und Zdrowomyslaw/ Eckern/ Meißner, Theorie und Praxis der BSC (2003), S. 271 f.

[4] Vgl. Norton/ Kappler, BSC Best Practices (2000), S. 17 f.; Dahmen/ Maier/ Kamps, BSC- Erfolgsfaktoren (2000), S. 22 f. und Weber/ Schäffer, BSC und Controlling (2000), S. 107 f.

[5] Vgl. Dahmen/ Maier/ Kamps, BSC- Erfolgsfaktoren (2000), S. 25.

gen, aber wegen der fehlenden, kardinalen Rechenbarkeit der einzelnen Perspektiven, der fehlenden quantitativen Verknüpfung der Perspektiven und die Dynamisierung der Balance Scorecard von Kaplan/Norton über mehrere Jahre, konnte keine adäquate Software angeboten werden. Die Voraussetzungen und Lösungen der Problemfelder der Ursprungs-BSC zur Erstellung einer Software erfüllt erst der Berliner Balanced Scorecard Ansatz.[1]

Treffend schließen Weber/ Schäffer ihre Ausführungen mit den Worten: „Die Einführung der Balanced Scorecard ist ebenso planbar wir ihr Erfolg! Die genannten Erfolgsfaktoren im Griff zu haben, lässt den Einführungsprozess gelingen – zumindest meistens..."[2]

3.4.3   Implementierungserfahrungen

Gemäß Studien im deutschen Sprachraum sind bei den meisten BSC-anwendenden Unternehmen 50-75% der Hierarchieebenen mit der BSC abgedeckt, d.h. es werden Scorecards bis auf Abteilungs-/Teamebene erstellt. Die Mehrheit verwendet die vier Standardperspektiven von Kaplan/ Norton, einige wählen die Perspektiven unternehmensindividuell. Durchschnittlich werden 4-6 Kennzahlen pro Perspektive definiert.[3] Schwerpunktmäßig wird die BSC zur strategischen Steuerung eingesetzt. Die Mehrheit der Anwender realisiert im Wesentlichen die mit der BSC-Einführung verbundenen Zielsetzungen und schätzt den Nutzen des Konzeptes als hoch bzw. sehr hoch ein.[4]

Positive Effekte der BSC-Implementierung werden von den Anwenderunternehmen v.a. in der Überführung der Strategie in konkrete Maßnahmen und der Verbesserung des strategischen Denkens und Handelns bei allen Mitarbeitern gesehen. Weiter macht die BSC die strategische Ausrichtung des Unternehmens besser kommunizierbar. Ebenso wird die erhebliche Verbesserung der Transparenz kritischer Erfolgsfaktoren positiv beurteilt, was letztlich Einfluss auf Strategieinhalte und die Optimierung bestehender Geschäftsprozesse hat. Als positiver Effekt wird auch die Verbesserung der Informationslage über den Leistungsstand der Organisation genannt. Einige Unternehmen erkennen auch bereits Veränderungen finanzieller Kenngrößen wie Umsatz oder Shareholder Value.[5] Dennoch wurden oftmals eine stärkere Strategieorientierung des Handels nachgeordneter Ebenen, die schnellere Umset-

---

[1]   Vgl. Norton/ Kappler, BSC Best Practices (2000), S. 22; Morris, Analytic Application Integration (2002), S. 15 f. und Marr/ Neely, BSC Softwareanwendung (2003), S. 237-240. Für ein Beispiel eines softwareunterstützten BSC-Prozesses vgl. Blaudszun/ Pielniok, BSC-Software (2003), S. 178-181.

[2]   Weber/ Schäffer, BSC und Controlling (2000), S. 108.

[3]   Vgl. Brabänder/ Hilcher, Balanced Scorecard (2001), S. 254-256; Steinle/ Thiem/ Lange, Strategieumsetzung (2001), S. 32-34 und Gilles, BSC zur strategischen Steuerung (2002), S. 192.

[4]   Vgl. Zimmermann/ Jöhnk, Unternehmenspraxis mit BSC (2000), S. 602 f.; Töpfer/ Lindstädt/ Förster, Nutzen BSC (2002), S. 83 und Gilles, BSC zur strategischen Steuerung (2002), S. 206 f.

[5]   Vgl. Zimmermann/ Jöhnk, Unternehmenspraxis mit BSC (2000), S. 603; Brabänder/ Hilcher, Balanced Scorecard (2001), S. 259 und Gilles, BSC zur strategischen Steuerung (2002), S. 209.

zung der Strategien in operatives Handeln und ein frühzeitigeres Erkennen von veränderten Handlungsanforderungen erwartet.[1]

Probleme bzw. Hindernisse bei der Implementierung stellen in der Unternehmenspraxis häufig die Wissenslücke bzgl. einer erfolgreichen BSC-Implementierung, die schwierige Quantifizierung strategischer Ziele und Ursache-Wirkungs-Beziehungen[2] und die Ermittlung von Messgrößen sowie deren geringe Datenqualität und -verfügbarkeit dar. Akzeptanzprobleme und resultierende Verhaltenswiderstände bei den Mitarbeitern kommen hinzu, die durch den Aufbau einer Unternehmenskultur, in der Führung und Mitarbeiter gemeinsame Ziele erarbeiten und festlegen, durch Kommunikation und Information, aktives Einbinden der Projektbeteiligten sowie gegenseitiges Vertrauen gemindert werden können. Die Gefahr einer falschen personellen Besetzung des BSC-Teams wird ebenso problematisch gesehen wie die als zu lang empfundene Dauer der Implementierung. Als in der Praxis schwierig gilt weiter die Koppelung der Zielerreichung der BSC mit finanziellen Anreizen.[3] Die Unterstützung der BSC-Implementierung mittels einer integrierten DV-Lösung ist der Mehrheit zu zeit- und ressourcenintensiv, so dass laut der Studie von Gilles nur 10 % der Anwendungsfälle eine automatisierte Steuerung der BSC nutzen. In den meisten Fällen erfolgt teilweise eine DV-Unterstützung, für die Mehrheit ist jedoch eine Automatisierung wünschenswert.[4]

3.4.4   Stärken und Schwächen des Konzeptes

Zusammenfassend lassen sich v.a. folgende Stärken des BSC-Konzeptes erkennen:

- Die BSC ermöglicht eine ganzheitliche Sicht auf das Unternehmen, dennoch ist sie einfach und praktikabel aufgebaut. Ihr Einsatz vermeidet eine einseitige Ausrichtung des Unternehmens und integriert verschiedene Managementkonzepte.[5]
- Als herausragende Stärke gelten die Fähigkeit der Strategieoperationalisierung und -kommunikation. Der BSC-Einsatz provoziert die Frage nach der Strategie selbst einschließlich des Hinterfragens ihrer Prämissen. Die unternehmensweite Kommunikation der strategischen Ziele schafft strategische Transparenz, was letztlich zu einer verbesserten strategischen Fokussierung im täglichen Handeln und zu einer einheitlichen strategischen Ausrichtung der Mitarbeiter beiträgt. Die BSC löst somit das Bridgingproblem zwischen strategischer und operativer Planung, sie dient als geschlossener und praktikab-

---

[1] Vgl. Töpfer/ Lindstädt/ Förster, Nutzen BSC (2002), S. 82.

[2] Für nähere Ausführungen vgl. Kapitel 5.3.2.

[3] Vgl. Zimmermann/ Jöhnk, Unternehmenspraxis mit BSC (2000), S. 604; Brabänder/ Hilcher, Balanced Scorecard (2001), S. 258; Steinle/ Thiem/ Lange, Strategieumsetzung (2001), S. 34 f.; Gilles, BSC zur strategischen Steuerung (2002), S. 200 f.; Töpfer/ Lindstädt/ Förster, Nutzen BSC (2002), S. 82 f.; Jenny, Akzeptanz der BSC (2003), S. 222 f.

[4] Vgl. Gilles, BSC zur strategischen Steuerung (2002), S. 201, 212 und Zdrowomyslaw/ Eckern/ Meißner, Theorie und Praxis der BSC (2003), S. 271.

[5] Vgl. Wickel-Kirsch, BSC als Instrument im Personalcontrolling (2001), S. 285 und Haaßengier, Rechnet sich die BSC (2002), S. 108.

ler Rahmen zur Umsetzung von Strategien in operative und messbare Größen. Sie ermöglicht und fordert geradezu die Messung des Strategieerfolges.[1]

- Eine weitere Stärke liegt in der konsequenten Ausrichtung auf die Erfolgspotenziale der Organisationseinheit. Die wertschöpfenden, kompetenzbildenden Faktoren werden aufgezeigt und mit den Kundenanforderungen abgeglichen; besonderes Augenmerk gilt der Förderung und Nutzung der Mitarbeiterpotenziale.[2]
- Die Verdeutlichung der Zusammenhänge und Abhängigkeiten zwischen den strategischen Zielen via Ursache-Wirkungs-Beziehungen macht das Konzept anschaulich, nachvollziehbar sowie kommunizierbar und fördert letztlich die Motivation der Beteiligten.[3]

Als Schwächen des Konzeptes von Kaplan/ Norton dürfen insbesondere folgende Aspekte nicht unbeachtet bleiben:

- Eine konzeptionelle Lücke, insbesondere für Unternehmen im deutschen Sprachraum, stellt die aus der Fokussierung auf messbare Ziele resultierende Vernachlässigung wichtiger Strategieelemente dar. Strategische Grundsatzentscheidungen, Führungsgrundsätze, Vision und Leitbild müssen laut Kaplan/ Norton bereits vorhanden sein, mittels BSC soll lediglich die Darstellung und Umsetzung der Strategie erfolgen.[4]
- Kaplan/ Norton liefern dürftige Vorschläge zu den Wechselwirkungen zwischen den Perspektiven mit ihren Ziel- und Messgrößen.[5]
- Weiter ist das Konzept weder in der Praxis noch Wissenschaft vollendet, so fehlt ein Vorgehensmodell zur Operationalisierung der Ursache-Wirkungs-Beziehungen und zum Herunterbrechen der Ziele auf nachgelagerte Hierarchieebenen. Ein geeignet ausgestaltetes Anreizsystem zur Verknüpfung mit der BSC-Zielerreichung, die strategische Überwachung und Prämissenkontrolle, die BSC-Einbindung in IT-Systeme sowie die Verbindung mit unternehmenswertorientiertem Management bedürfen noch einer Weiterentwicklung.[6]
- Der hohe zeitliche und personelle Entwicklungs- und Implementierungsaufwand insbesondere für die Erarbeitung von IT-Anwendungen sowie die regelmäßigen Reviews und BSC-Updates ist ebenso problematisch. Aus der Komplexität des Konzeptes resultiert ein hoher Erklärungs- und Kommunikationsaufwand; die Datenbeschaffung erweist sich als aufwendig.[7]

---

[1]   Vgl. Eberenz u.a., Meinungsspiegel Balanced Scorecard (2000), S. 74-77; Weber/ Schäffer, BSC und Controlling (2000), S. 173; Müller, Strategisches Management (2000), S. 127 und Gilles, BSC zur strategischen Steuerung (2002), S. 214, 216.

[2]   Vgl. Müller, Strategisches Management (2000), S. 127.

[3]   Vgl. Müller-Hedrich, Fachkonferenz BSC (2001), S. 35 und Wickel-Kirsch, BSC als Instrument im Personalcontrolling (2001), S. 285.

[4]   Vgl. Greiner/ Tretter, Erfahrungen mit der BSC (2001), S. 498-502.

[5]   Vgl. Müller, Strategisches Management (2000), S. 130.

[6]   Vgl. Eberenz u.a., Meinungsspiegel Balanced Scorecard (2000), S. 75; Steinle/ Thiem/ Lange, Strategieumsetzung (2001), S. 37 und Horváth & Partner (Hrsg.), Balanced Scorecard umsetzen (2001), S. 410.

[7]   Vgl. Gilles, BSC zur strategischen Steuerung (2002), S. 215 f.

Bei Kenntnis sowie Berücksichtigung dieser Schwächen kann die Vielzahl der Vorzüge des BSC-Konzeptes durchaus genutzt werden. Die Herausforderung für Management und Controlling liegt letztlich in der Verbindung der positiven Wirkung von Idee und Rhetorik der BSC mit einer unternehmensindividuellen Gestaltung und Implementierung.[1]

4 Kennzahlen und Kennzahlensysteme als erster notwendiger Schritt zur Quantifizierung der formulierten Strategie(n) und der Ziele

4.1 Terminologische Grundlagen zu den Kennzahlen

Nach intensiven begrifflichen Diskussionen in der Vergangenheit[2] hat sich heute ein allgemein akzeptierter, relativ einheitlicher Kennzahlenbegriff herausgebildet. Kennzahlen sind demnach hochverdichtete Maßgrößen, die einen quantitativ erfassbaren Sachverhalt in konzentrierter Form abbilden. Sie informieren in verdichteter Form entsprechend der Bedürfnisse der Entscheidungsträger über komplizierte betriebswirtschaftliche Sachverhalte, Prozesse sowie Zusammenhänge und erlauben so einen schnellen und umfassenden Überblick.[3]

---

[1]   Vgl. Weber/ Schäffer, BSC und Controlling (2000), S. 173 und Müller, Strategisches Management (2000), S. 130. Zur Beurteilung des BSC-Konzeptes vgl. auch Kapitel 5.5.

[2]   Für einen kurzen Überblick über die Kennzahlendiskussion vgl. Reichmann, Controlling (1997), S. 19.

[3]   Vgl. Reichmann, Controlling (1997), S. 19 f. und Küting/ Weber, Bilanzanalyse (2000), S. 23.

Kennzahlen sind als rechentechnisches Mittel aufzufassen, die der Quantifizierung von Informationen verschiedenster Entscheidungsprobleme dienen. Als Entscheidungshilfe(n) stellen sie zweckorientiertes Wissen für konkrete betriebliche Situationen ex post oder ex ante bereit, geben einen Überblick über die geplanten oder tatsächlich erbrachten Leistungen bzw. die Entwicklung des Gesamtunternehmens und/oder einzelner Unternehmensbereiche. Weiter fungieren sie als Zielvorgabe sowie als Instrument zur Durchsetzung einer wirksamen Kontrolle. Beim Konzept der Balanced Scorecard erfolgt der Einsatz von Kennzahlen zur Präzisierung der formulierten strategischen Ziele, zur Messung der Zielerreichung mittels Kennzahlen bzw. Instrumenten die auf Kennzahlen basieren, wie der RoI, die Berliner Balanced Scorecard, sowie zur Verfolgung des Zielerreichungsprozesses.[1]

4.2   Arten von Kennzahlen

In der Literatur und Praxis existiert eine Vielzahl von Möglichkeiten der Kennzahlenklassifikation.[2] Nachfolgend wird eine Unterscheidung nach der statistischen Form in absolute und relative Zahlen vorgenommen.

4.2.1   Grundzahlen

Absolute Zahlen, sog. Grundzahlen, sind Einzelzahlen, Summen, Differenzen oder Mittelwerte. Sie sind direkt aus dem Jahresabschluss zu entnehmen (z.B. Umsatzerlöse, Bilanzsumme, Working Capital oder Cash Flow). Aufgrund des fehlenden Beurteilungsmaßstabes ist die Aussagekraft absoluter Kennzahlen jedoch begrenzt, wenn nicht internationale, branchen-, unternehmens- und zeitübergreifende Benchmarks erfolgen.[3]

4.2.2   Verhältniszahlen

Für eine betriebswirtschaftlich aussagekräftigere Beurteilung der Unternehmenslage setzt man im Rahmen der Jahresabschlussanalyse zwei absolute Zahlen in Quotientenform zueinander in Beziehung und erhält so relative Zahlen, sog. Verhältniszahlen. Sie zeigen die Bedeutung einzelner Größen in Relation zu anderen Sachverhalten auf und ermöglichen darüber hinaus einen Vergleich ohne Bekanntgabe der absoluten Höhe der Ursprungsdaten.[4]

---

[1]   Vgl. Reichmann, Controlling (1997), S. 20 f.; Baier, Praxishandbuch Controlling (2000), S. 197; Küting/ Weber, Bilanzanalyse (2000), S. 23 und Ehrmann, Balanced Scorecard (2002), S. 48.

[2]   Vgl. Reichmann, Controlling (1997), S. 21 f.; Baetge, Bilanzanalyse (1998), S. 26-30; Küting/ Weber, Bilanzanalyse (2000), S. 24-26 und Ehrmann, Balanced Scorecard (2002), S. 49 f.

[3]   Vgl. Coenenberg, Jahresabschluß (1997), S. 577; Baetge, Bilanzanalyse (1998), S. 26 f. und Küting/ Weber, Bilanzanalyse (2000), S. 24.

[4]   Vgl. Baetge, Bilanzanalyse (1998), S. 26 f. und Küting/ Weber, Bilanzanalyse (2000), S. 25.

Verhältniszahlen können in Gliederungs-, Beziehungs- und Indexzahlen differenziert werden. Betrachtet man eine Teilgröße in Relation zur zugehörigen Gesamtgröße, so spricht man von *Gliederungszahlen*. Die Eigenkapitalquote als Beispiel einer Gliederungszahl setzt das Eigenkapital eines Unternehmens ins Verhältnis zu seinem Gesamtkapital. Um ein Bild von der wirklichen Größenordnung zu erhalten, sollten die absoluten Zahlen dennoch stets in die Betrachtung einfließen. Bei der Bildung von *Beziehungszahlen* werden verschiedenartige Gesamtgrößen kombiniert, zwischen denen ein sachlogischer Zusammenhang im Sinne einer Mittel-Zweck-Relation besteht. So spiegelt z.B. die Eigenkapitalrentabilität das Verhältnis von Jahreserfolg als verursachte Größe zum Eigenkapital als verursachende Größe wider. Die Aussagekraft von Beziehungszahlen wird von dem besonderen inneren Zusammenhängen der Größen determiniert. *Indexzahlen* zeigen die zeitlichen Veränderungen bzw. Entwicklungen einer Größe auf. Dabei wird der Wert eines Basiszeitpunktes gleich 100 gesetzt und alle weiteren Werte verschiedener Zeitpunkte im Verhältnis dazu gemessen. Die Wahl des Basiswertes bestimmt die Aussagekraft der Indexzahlen.[1]

Um betriebswirtschaftlich akzeptabel zu sein, müssen sich die im Zähler und Nenner einbezogenen Größen der Verhältniszahlen zeitlich, sachlich und wertmäßig entsprechen.[2] Die Aussagekraft einzelner Kennzahlen bleibt dennoch beschränkt; die Mehrdeutigkeit in der Interpretation sowie die Betrachtung von Einzelkennzahlen zur Abbildung eines komplexen Sachverhaltes können zu Fehlentscheidungen führen. In praxi finden daher häufig Kennzahlensysteme als Performance Measurement Anwendung. Sie können sowohl Mehrdeutigkeiten und Informationsverluste vermeiden helfen als auch Aufschluss über Veränderungsursachen geben.[3]

4.3   Kennzahlensysteme als Performance Measurement

Ein Kennzahlensystem, in der Literatur auch als Kennzahlenkombination bezeichnet, ist die Gesamtheit geordneter Kennzahlen, die betriebswirtschaftlich sinnvolle Aussagen über das Unternehmen bzw. Unternehmensteile bereitstellen. Dabei werden Einzelkennzahlen zu einem System von gegenseitig abhängigen und einander ergänzenden Kennzahlen mit dem Ziel zusammengefasst, die Qualität der Gesamtaussage zu erhöhen. Als Instrument der Unternehmensführung werden Kennzahlensysteme zur Planung, Steuerung und Kontrolle ein-

---

[1]   Vgl. Coenenberg, Jahresabschluß (1997), S. 577-579; Baetge, Bilanzanalyse (1998), S. 27 f. und Küting/ Weber, Bilanzanalyse (2000), S. 25f.

[2]   Vgl. Baetge, Bilanzanalyse (1998), S. 28-30.

[3]   Vgl. Reichmann, Controlling (1997), S. 22 und Küting/ Weber, Bilanzanalyse (2000), S. 27.

gesetzt. Sie dienen u.a. der Informationsbereitstellung, verdeutlichen wesentliche Zusammenhänge und sind Indikatoren für bestimmte betriebswirtschaftliche Sachverhalte.[1]

Bei der Bildung eines Kennzahlensystems wird eine ausgewählte Spitzenkennzahl (z.B. Eigenkapitalrentabilität oder Kapitalumschlag) Maßnahmen der Strukturierung, d.h. einer Aufgliederung, Substitution oder Erweiterung, unterzogen. Im Rahmen der *Aufgliederung* wird der Zähler und/ oder Nenner in einzelne Bestandteile der Gesamtgröße zerlegt. So erfolgt die Analyse der Haupteinflussfaktoren der Spitzenkennzahl in mehreren Schritten; ein System aus sachlich, miteinander sinnvoll in vertikaler und horizontaler Beziehung stehenden Kennzahlen entsteht. Die Zerlegung macht Ursache-Wirkungs-Zusammenhänge ersichtlich und somit Schwachstellen erkennbar, so dass notwendige Korrekturmaßnahmen eingeleitet werden können. Bei der *Substitution* werden Zähler und/ oder Nenner durch andere Größen ersetzt, ohne eine wertmäßige Veränderung der Kennzahl zu bewirken. Ebenso ist eine *Erweiterung* der Spitzenkennzahl im Zähler und/ oder Nenner durch die gleiche Größe möglich. Erfolgt eine rechentechnische Verknüpfung der genannten Formen entsteht ein Rechensystem. Als klassisches Beispiel hierfür dient das Du Pont-Kennzahlensystem unter Punkt 4.3.1. Bei lediglich sachlogischer Zuordnung der Kennzahlen zu verschiedenen Gruppen (z.B. Aufgabenbereichen) ohne Quantifizierung der Interdependenzen, d.h. bei bloßem Systematisierungszusammenhang, spricht man von einem Ordnungssystem. Das RL-Kennzahlensystem als ein Beispiel ist in Punkt 4.3.3 beschrieben.[2]

4.3.1   Zum Du Pont-Kennzahlensystem

Das in der Literatur auch als Basismodell bezeichnete Du Pont-Kennzahlensystem, konzipiert vom Chemiekonzern Du Pont[3] und dort seit 1919 im Einsatz, ist das allgemein bekannteste Kennzahlensystem. In praxi weit verbreitet und akzeptiert, da es den Jahresabschluss komprimiert, dient es häufig als Grundgerüst für ein umfassendes Planungs- und Kontrollinstrument. Als Rechensystem hat das Du Pont-System die Gestalt einer Kennzahlen-Pyramide, sog. Du Pont-Tree oder ROI-Tree (Abb. 6). Es schafft eine Verbindung von buchhalterischen, kosten- und finanzwirtschaftlichen Aspekten. Der Return on Investment (ROI)[4] dient, als ein relativierter Gewinn aus einem bestimmten Kapitaleinsatz, einen ersten Opportunitätsvergleich mit Sparanlagen bei einer Bank oder alternativen Investitionspotentialen. Durch eine Erweiterung mit dem Umsatz entstehen die eigenständigen Kennzahlen der Umsatzrentabilität (Umsatzgewinnrate) und Umschlagshäufigkeit des Gesamtkapitals

---

[1]   Vgl. Reichmann, Controlling (1997), S. 23-25; Baetge, Bilanzanalyse (1998), S. 518 f. und Küting/ Weber, Bilanzanalyse (2000), S. 27-31.

[2]   Vgl. Küting/ Weber, Bilanzanalyse (2000), S. 27-30 und Baetge, Bilanzanalyse (1998), S. 519 f.

[3]   E.I. Du Pont De Nemours And Company, Wilmington, Delaware

[4]   Zu Deutsch: Kapitalrentabilität oder Ertrag aus investiertem Kapital.

(Kapitalumschlag)[1], die in der Pyramide weiter zerlegt und bis zu ihrem Ursprung zurückverfolgt werden. Unter Verwendung der absoluten Größen können somit Aufwands-/ Kosten-, Ertrags-/ Leistungs-, Vermögens- und Kapitalanalysen erfolgen. Das Kennzahlensystem verdeutlicht, ob eine Änderung der Kapitalrendite aus einer Änderung der Umsatzrendite, des Kapitalumschlages oder beider Faktoren resultiert. Es gibt Aufschluss darüber, ob eine Verbesserung des Kapitalumschlags durch Umsatzerhöhung oder Senkung des investierten Kapitals oder ob eine Verbesserung der Umsatzrentabilität anzustreben ist.[2]

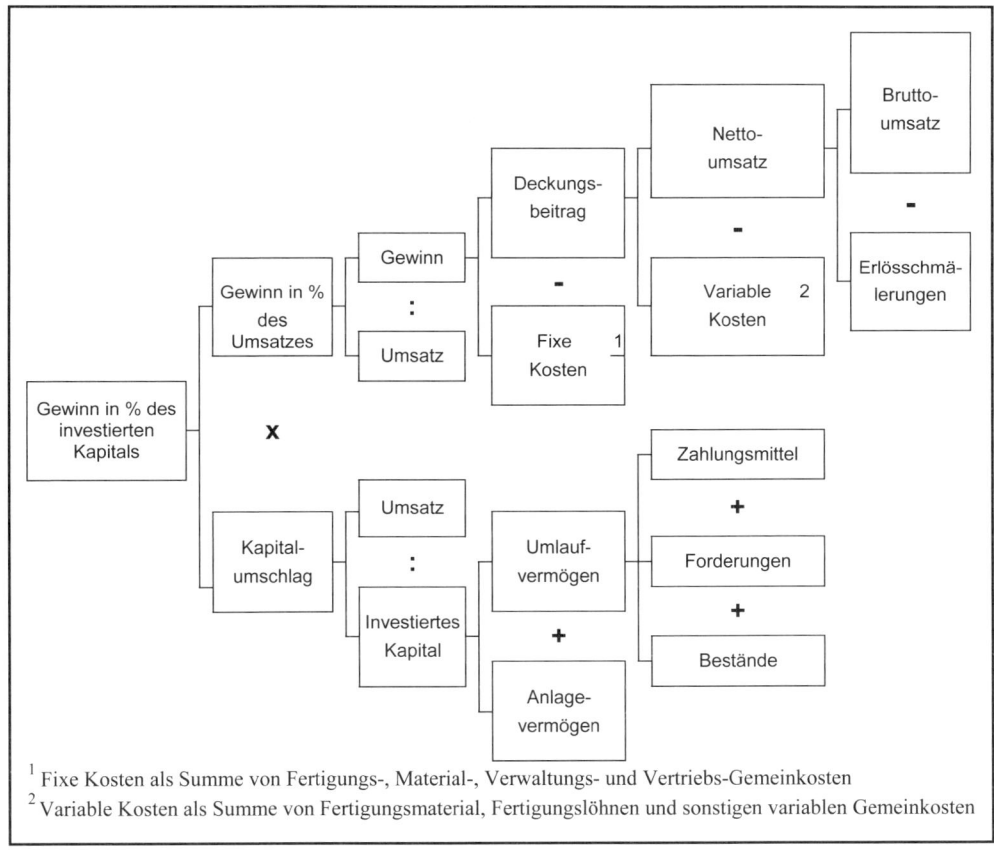

Abb. 2-6: Du Pont-Kennzahlensystem
Quelle: In Anlehnung an Küting/ Weber, Bilanzanalyse (2000), S. 33.

---

[1] *Umsatzrentabilität* als erzielter betriebsbedingter Gewinn je Einheit Umsatz verdeutlicht, wie gut ein Unternehmen seine Leistung am Markt verkauft und wie kostengünstig es in der Leistungserstellung ist. Der *Kapitalumschlag* zeigt, wie oft das investierte Kapital durch den Umsatz umgeschlagen worden ist und verdeutlicht die Intensität der Nutzung der Vermögensgegenstände. Vgl. Reichmann, Controlling (1997), S. 36.

[2] Vgl. Baetge, Bilanzanalyse (1998), S. 521-532; Küting/ Weber, Bilanzanalyse (2000), S. 31-34 und Baier, Praxishandbuch Controlling (2000), S. 199 f.

Der ROI gibt jedoch keinen vollständigen Überblick über den Ursachen-Wirkungs-Zusammenhang, somit sollten zusätzliche Kennzahlen hinsichtlich Wirtschaftlichkeit des Faktoreinsatzes und Liquidität, aber auch qualitativer Art (z.B. Kundenzufriedenheitsanalysen, Mitarbeiterbefragungen) in die Betrachtung einbezogen werden.[1]

4.3.2   Das ZVEI-Kennzahlensystem

Das ZVEI[2]-Kennzahlensystem wurde 1970 erstmalig vom Zentralverband der Elektronischen Industrie vorgestellt, der es mit dem Ziel entwickelte, ein Analyse- und Planungsinstrument zur Unternehmenssteuerung zu generieren. So dient es sowohl der Analyse der Unternehmenslage, als auch der Konkretisierung unternehmerischer Zielsetzungen durch Aufstellen von Plangrößen. In Deutschland hat es sich zu einem bekannten, weit verbreiteten, branchenneutral einsetzbaren Kennzahlensystem entwickelt.[3]

Das gemischte Rechen- und Ordnungssystem – auch als multifunktionales Kennzahlensystem bezeichnet – ist als Kennzahlenpyramide konzipiert, Abbildung 7 verdeutlicht den schematischen Aufbau. Oberstes Ziel des ZVEI-Systems ist die Ermittlung der Unternehmenseffizienz, was via Wachstums- und Strukturanalyse erfolgt. Bei der Wachstumsanalyse werden Vertriebstätigkeit, Ergebnis, Kapitalbindung sowie Wertschöpfung und Beschäftigung betrachtet. Bei der Strukturanalyse als Hauptteil des ZVEI-Systems erfolgt die Analyse von Ertragskraft und Risiko des Unternehmens anhand der Spitzenkennzahl Eigenkapitalrentabilität[4]. Mittels Beziehungs- und Gliederungskennzahlen wird die Effizienz des Unternehmens analysiert; der Analysebereich ist dabei in die vier Untergruppen (Sektoren) Rentabilität, Ergebnisbildung, Kapitalstruktur und Kapitalbindung gegliedert.[5]

Die Systemelemente sind in Haupt- und Hilfskennzahlen unterteilt. Während die Hauptkennzahlen (88) den analytischen Gedankengang kennzeichnen und weiterer Analyse bedürfen, dienen die Hilfskennzahlen (122) der rechentechnischen Erklärung der Hauptkennzahlen. Für jede der sich ergebenen Hauptkennzahlen erfolgt die Erarbeitung eines Definitionsblattes mit der Definition der Hauptkennzahl anhand der mit ihr verbundenen Hilfskennzahlen. Das System enthält Verhältniszahlen und absolute Größen, nutzt Angaben des handelsrechtlichen Jahresabschlusses, aber auch Daten aus der Kosten- und Leistungs- sowie der internen Ergebnisrechnung. Gleichzeitig finden Wert- und Mengengrößen Verwendung. Durch die Berücksichtigung zusätzlicher, entscheidungsrelevanter Sachverhalte erfüllt das ZVEI-System die Informationsbedürfnisse interner wie externer Adressaten. Es ist jedoch die Gefahr der

---

[1]   Vgl. Baier, Praxishandbuch Controlling (2000), S. 200.

[2]   Zentralverband der Elektronischen Industrie e.V., Frankfurt/Main.

[3]   Vgl. Reichmann, Controlling (1997), S. 30 und Küting/ Weber, Bilanzanalyse (2000), S. 34.

[4]   *Eigenkapitalrentabilität* bezeichnet die Relation von Gesamtgewinn und eingesetztem Eigenkapital, zeigt dem Eigentümer, wie erfolgreich mit seinem Kapital gewirtschaftet wurde. Vgl. Reichmann, Controlling (1997), S. 81.

[5]   Vgl. Küting/ Weber, Bilanzanalyse (2000), S. 34-36.

Überfülle von Informationen sowie die leidende Wirtschaftlichkeit der Informationsgewinnung und -verarbeitung zu beachten.[1]

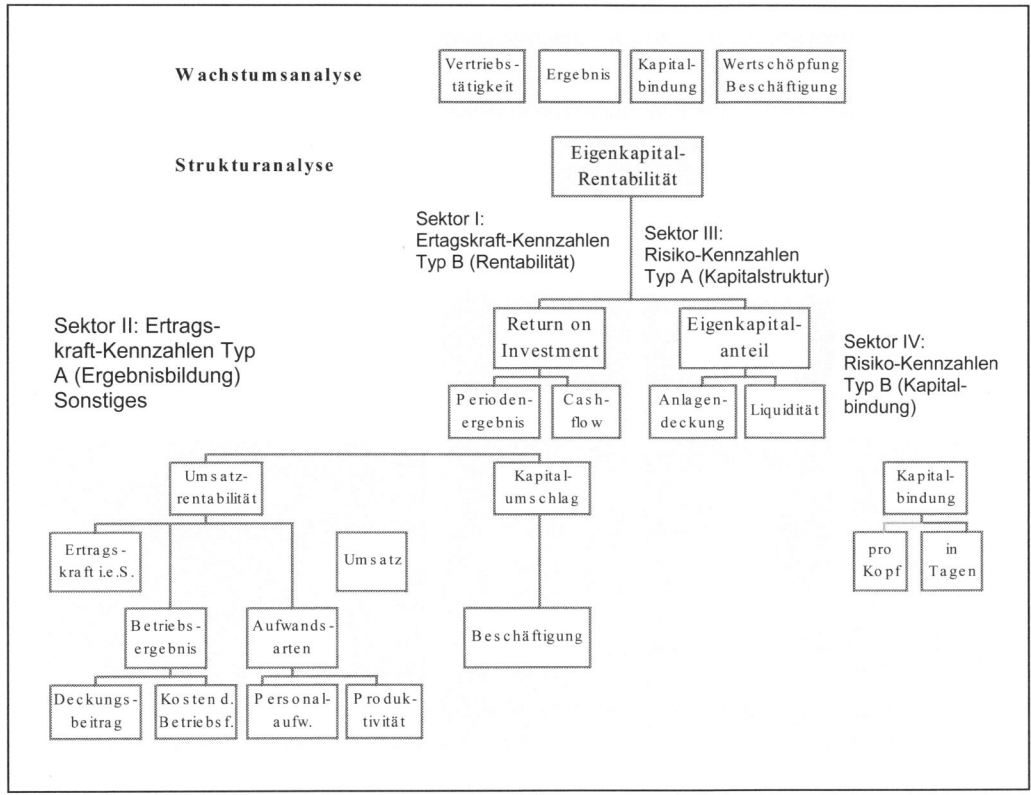

Abb. 2-7: ZVEI-Kennzahlensystem
Quelle: Reichmann, Controlling (1997), S. 31.

4.3.3   Das Rentabilitäts-Liquiditäts-Kennzahlensystem

Vor dem Hintergrund größtenteils ungeeigneter Informationen des betrieblichen Rechnungswesens für die Unternehmensführung, eines unbefriedigenden Niveaus der Rechnung mit Kennzahlen und -systemen sowie entweder unvollständiger oder zu komplexer Kennzahlensysteme haben Reichmann und Lachnit das Rentabilitäts-Liquiditäts-Kennzahlensystem (RL-System) entwickelt. Das Ordnungssystem betrachtet gleichrangig Erfolg und Liquidität, Letztere definiert es als unerlässliche Voraussetzung für den Bestand des Unternehmens. Das RL-System besteht aus zwei Teilen, dem Rentabilitätsteil mit dem ordentlichen Ergebnis als

---

[1]   Vgl. Baier, Praxishandbuch Controlling (2000), S. 201 f. und Küting/ Weber, Bilanzanalyse (2000), S. 35-37.

zentrale Größe sowie dem Liquiditätsteil mit den liquiden Mitteln[1] als Kerngröße. Die Spitzenkennzahlen werden sachlogisch aufgefächert, so gliedert sich das ordentliche Ergebnis in Eigenkapital- und Gesamtkapitalrentabilität[2], Return on Investment, Kapitalumschlaghäufigkeit sowie Umsatzrentabilität und die liquiden Mittel in Cash Flow und Working Capital[3]. Diese werden dann jeweils weiter untergliedert. Verwendet werden Verhältniszahlen und absolute Zahlen aus dem externen und internen Rechnungswesen.[4]

Das RL-Kennzahlensystem findet Einsatz als Planungs- und Kontrollinstrument. Es berichtet konzentriert über die von der Unternehmensführung benötigten Sachverhalte der Rentabilität, Liquidität, Erfolgsquellen und Unternehmensstruktur. Es ermöglicht eine Aussage über die Lage des Unternehmens im Zeit-, Konkurrenten- und Branchenvergleich und nutzt jährliche, vierteljährliche, monatliche oder wöchentliche Analysezeiträume. Ein allgemeiner Teil des Systems dient der laufenden Planung, Steuerung und Kontrolle, ein Sonderteil beinhaltet firmenspezifische Besonderheiten zur vertiefenden Ursachenanalyse und Kontrolle.[5]

4.4   Auswertungsmethoden

Die Auswertung der erhaltenen Daten aus Kennzahlen und Kennzahlensystemen erfolgt mittels statischer und vergleichender Analysen.

4.4.1   Statische Analyse

Bei der statischen Analyse (Einzelanalyse) werden Größen des gleichen Zeitpunkts bzw. der gleichen Zeitperiode ohne Hinzuziehen von Vergleichsmaßstäben betrachtet. Die Analyse der Bilanz ist somit eine Zustands- oder Momentaufnahme, bei der der Zeitablauf unberücksichtigt bleibt. Jedoch erweist sich die Betrachtung eines einzelnen Jahresabschlusses als unzureichend; allein die Bildung von Kennzahlen – selbst bei Verwendung eines Kennzah-

---

[1]   Das *ordentliche Ergebnis* ist eine zentrale Erfolgsgröße, die den tendenziell nachhaltigen Erfolg aus Leistungs- und Finanzaktivitäten aufzeigt. *Liquide Mittel* bezeichnen den Betrag an Geld und geldnahen Beständen, den das Unternehmen gemäß Umsatz- und Aufwandsplanung benötigt. Vgl. Reichmann, Controlling (1997), S. 78 und 85.

[2]   Die *Gesamtkapitalrentabilität* verdeutlicht die Erfolgskraft des Unternehmens losgelöst von der Kapitalstruktur und gibt an, welche Rendite für die Kapitalgeber insgesamt erwirtschaftet wurde. Vgl. Reichmann, Controlling (1997), S. 80 f.

[3]   Der *Cash Flow* zeigt als Finanz- und Erfolgsindikator, in welchem Umfang ein Unternehmen aus eigener Kraft durch betriebliche Umsatztätigkeit finanzielle Mittel erwirtschaftet. *Working Capital* ist die Differenz von Umlaufvermögen und kurzfristiger Verbindlichkeiten. Vgl. Reichmann, Controlling (1997), S. 86-88.

[4]   Vgl. Baetge, Bilanzanalyse (1998), S. 532-534; Reichmann, Controlling (1997), S. 32-38 und Küting/ Weber, Bilanzanalyse (2000), S. 37-42. Für eine Übersicht des RL-Kennzahlensystems vgl. bspw. Küting/ Weber, Bilanzanalyse (2000), S. 40 f.

[5]   Vgl. Küting/ Weber, Bilanzanalyse (2000), S. 38 f.

lensystems – lässt kein Urteil über die wirtschaftliche Lage des Unternehmens zu. Die statische Analyse stellt lediglich die Basis für weitergehende analytische Betrachtungen dar.[1]

4.4.2   Vergleichende Analyse

Die betriebswirtschaftliche Beurteilung der Daten setzt Vergleichsmaßstäbe voraus, um einzelne Bilanzposten der Höhe nach und die Werte der Kennzahlen einordnen zu können. Die vergleichende Analyse nutzt dafür Ist-Werte früherer Perioden und Zeitpunkte, Ist-Werte anderer Unternehmen oder normative Soll-Werte (Goldene Finanzierungs- und Bilanzregel) und stellt sie dem Ist-Kennzahlenwert gegenüber. Es werden gleichartige Größen unterschiedlicher Perioden oder unterschiedlicher Betriebe bzw. betrieblicher Teilbereiche betrachtet. Als Voraussetzungen der vergleichenden Analyse sind die Aufbereitung des verwendeten Datenmaterials vor der Kennzahlenbildung nach den gleichen Prinzipien sowie die inhaltliche Vergleichbarkeit der Daten verschiedener Perioden und Sachverhalte, insbesondere die Bewertung nach gleichen bzw. vergleichbaren Grundsätzen, zu beachten.[2] Kennzahlenvergleiche können in Form von Zeitvergleichen, Soll-Ist-Vergleichen und zwischenbetrieblichen Vergleichen erfolgen.[3]

Im Rahmen eines *Zeitvergleichs* werden Größen unterschiedlicher Zeitpunkte/-räume, ein bestimmtes Objekt betreffend, miteinander verglichen. Als Instrument für die Unternehmensanalyse von eminenter Bedeutung, ermöglicht er eine Beurteilung der bisherigen Unternehmensentwicklung. Ein Vorteil des mehrperiodischen Bilanzvergleichs liegt in der langfristig aufhebenden Wirkung von Bilanzgestaltungen einer bestimmten Periode, die aufgrund unternehmensinterner Ziele vorgenommen wurden. Weiter ermöglicht er eine leichtere Identifikation einmaliger oder zufälliger, sog. außerordentlicher[4] Ereignisse, so dass ihre Auswirkungen durch den Analytiker relativiert werden können. Denn nur der von außerordentlichen Ereignissen bereinigte, regelmäßige Jahreserfolg gilt als zutreffender Indikator des Ergebnisses. Ebenso vorteilhaft fallen Änderungen bilanzpolitischer Maßnahmen nicht so stark ins Gewicht. Jedoch zeigt der Zeitvergleich lediglich die Veränderungen auf, wie sie im Jahresabschluss ersichtlich sind, er trifft keine Aussage zu den Veränderungsursachen. Es besteht die Gefahr, dass unerkannte Manipulationen und die damit vorgetäuschte Entwicklung des Unternehmens zu möglichen Fehlinterpretationen führen.[5]

---

[1]   Vgl. Baetge, Bilanzanalyse (1998), S. 41 f. und Küting/ Weber, Bilanzanalyse (2000), S. 42 f.

[2]   Für den handelsrechtlichen Jahresabschluss ist der *Grundsatz der Stetigkeit in der Bewertung* in § 252 Abs.1 Nr.6 HGB als ein GoB kodifiziert. Demnach sind die Bewertungsmethoden stetig auszuüben, gleiche Sachverhalte sind im Zeitablauf in den Jahresabschlüssen gleich abzubilden.

[3]   Vgl. Coenenberg, Jahresabschluß (1997), S. 576; Baetge, Bilanzanalyse (1998), S. 41 f. und Küting/ Weber, Bilanzanalyse (2000), S. 43.

[4]   Als *außerordentlich* gelten nach dem betriebswirtschaftlichen Erfolgsspaltungskonzept diejenigen Erfolgskomponenten, die auf betriebs- oder periodenfremde Vorgänge zurückzuführen sind. Vgl. Baetge, Bilanzanalyse (1998), S. 45.

[5]   Vgl. Coenenberg, Jahresabschluß (1997), S. 576; Baetge, Bilanzanalyse (1998), S. 44-47 und Küting/ Weber, Bilanzanalyse (2000), S. 43-45.

Der *Soll-Ist-Vergleich* integriert Richt- oder Planwerte mit normativem Charakter in die Analyse, deren Erreichung anhand der Ist-Werte überprüft und Abweichungsanalysen durchgeführt werden können. Als Richtwerte werden i.d.R. Erfahrungswerte aus der Vergangenheit, bspw. Durchschnittswerte verschiedener Perioden, herangezogen. Plandaten als zukunftsorientierte Größen einer analytischen Kostenplanung werden losgelöst von Vergangenheitsdaten generiert, als problematisch erweist sich jedoch das Prognostizieren aussagefähiger Soll-Daten.[1]

Der *zwischenbetriebliche Vergleich* beinhaltet einen (internationalen) Vergleich von Unternehmen gleicher oder verschiedener Branchen, auch von einzelnen Betrieben innerhalb des Unternehmens oder mit Betrieben fremder Unternehmen. Ziel dieses Vergleichs ist die Identifikation der spezifischen Stärken und Schwächen eines Unternehmens/ Betriebes sowie möglicher Ansatzpunkte zur Beseitigung von Schwachstellen. Bei einem Branchenvergleich wird der Kennzahlenwert eines Unternehmens mit dem Durchschnitt von ausgewählten, repräsentativen Unternehmen derselben Branche oder mit dem Branchendurchschnitt verglichen. Im Rahmen eines Benchmarking[2] erfolgt ein Vergleich mit den besten Wettbewerbern als direkte Konkurrenten des Unternehmens. Es besteht jedoch das Problem der mangelnden Vergleichbarkeit[3] der Unternehmen, da sie selten strukturgleich sind. Da absolute Zahlen lediglich bei gleicher Unternehmensgröße vergleichbar sind, finden hier meist Verhältniszahlen Anwendung. Unter den Voraussetzungen des Einbeziehens ausreichender Unternehmen in die Analyse, so dass die gesamte Bandbreite des Möglichen abgedeckt wird, sowie des Aufzeigens vorhandener Unterschiede der zu vergleichenden Unternehmen stellt der zwischenbetriebliche Vergleich ein sinnvolles Analysemittel für den Bilanzanalytiker dar.[4]

Für eine umfassende Beurteilung der Kenzahlen und -systeme kann der Betrachter die genannten Vergleichsmethoden durchaus kombinieren und so einen Unternehmensvergleich auf verschiedenen Zeitbasen oder gleichzeitig mit einem Soll-Ist-Vergleich durchführen.[5]

---

[1]   Vgl. Baetge, Bilanzanalyse (1998), S. 47-49 und Küting/ Weber, Bilanzanalyse (2000), S. 45.

[2]   Als ein Instrument der Konkurrenzanalyse betrachtet ein Unternehmen im Rahmen eines *Benchmarking* Unterschiede und Verbesserungspotenziale im Vergleich zu den „best-practice"-Unternehmen. Vgl. Kotler/ Bliemel, Marketing-Management (1999), S. 406-408 und Bea/ Haas, Strategisches Management (2001), S. 231 f.

[3]   *Vergleichbarkeit* zweier Objekte liegt vor, wenn sich alle Merkmale bis auf eines gleichen (Strukturgleichheit). Vgl. Baetge, Bilanzanalyse (1998), S. 42.

[4]   Vgl. Coenenberg, Jahresabschluß (1997), S. 576; Baetge, Bilanzanalyse (1998), S. 42-44 und Küting/ Weber, Bilanzanalyse (2000), S. 45.

[5]   Vgl. Küting/ Weber, Bilanzanalyse (2000), S. 46 f.

4.5 Grundprobleme bei der Anwendung von Kennzahlen

Die Aussagekraft von Kennzahlen und Kennzahlensystemen wird maßgeblich durch die Qualität der verwandten Basisinformationen determiniert, die unter der ausgeprägten Vergangenheitsorientierung, der Unvollständigkeit sowie der zielorientierten Manipulierbarkeit leiden.[1]

So beziehen sich die genutzten Rechnungslegungsinformationen einerseits auf einen abgeschlossenen vergangenen Zeitraum, andererseits können zwischen Bilanzstichtag und Bilanzveröffentlichung, abhängig von Unternehmensform und -größe, Monate vergehen, so dass *veraltetes Zahlenmaterial* Anwendung findet. Kennzahlen sind damit eventuell überholt und veraltet; die Gefahr einer Fehlorientierung und eine daraufhin basierende Fehlentscheidung und Investition, v.a. bei signifikanten zwischenzeitlichen Veränderungen interner oder externer Bedingungen der betrieblichen Leistungserstellung, droht.[2]

Aufgrund der ausschließlichen Berücksichtigung quantifizierbarer Sachverhalte umfasst das Datenmaterial nicht alle für die finanz- und erfolgswirtschaftliche Unternehmensbeurteilung relevanten Daten. Die immer wichtiger werdenden kunden- und wettbewerberrelevanten Informationen sowie Angaben über unternehmensinterne Prozesse fehlen. Die Daten des Jahresabschlusses sind – resultierend aus seiner primären Erfolgsermittlungsfunktion – auf die tatsächlichen Geschäftstransaktionen beschränkt. Ebenso resultiert der Aspekt der *Unvollständigkeit der Daten* aus dem Grundsatz der vorsichtigen Bilanzierung und Bewertung (§252 Abs. 1 Nr. 4 HGB) und seinen Ausprägungen, dem eine Unterbewertung des Reinvermögens sowie eine Vorverrechnung von Aufwendungen folgt. Dies bewirkt eine eher pessimistische Darstellung der Unternehmenslage und verzerrt die wirkliche Unternehmenssituation. Weiter werden die verwandten Soll-Werte subjektiv festgelegt, ein objektiver Vergleichsmaßstab fehlt.[3]

Eine *zweckorientierte Bewertungspolitik* wird durch die vorhandenen Bilanzierungs- und Bewertungswahlrechte sowie der Auslegung von Ermessensspielräumen möglich.[4] Die Daten der Jahresabschlussanalyse unterliegen damit subjektiven Wertungsprozessen, sind beeinflussbar, was sich letztlich zu Lasten des Informationsgehalts auswirkt, so dass von einer eingeschränkten Zuverlässigkeit hinsichtlich der Abbildung von Sachverhalten ausgegangen

---

[1] Vgl. Reichmann, Controlling (1997), S. 22 und Friedag/ Schmidt, Balanced Scorecard (2002), S. 60-63.

[2] Vgl. Coenenberg, Jahresabschluß (1997), S. 564 f.; Horváth/ Gleich, Balanced Scorecard (1998), S. 562 f.; Küting/ Weber, Bilanzanalyse (2000), S. 48; Weber/ Schäffer, Kennzahlensysteme (2000), S. 1 und Friedag/ Schmidt, Balanced Scorecard (2002), S. 51 f.

[3] Vgl. Coenenberg, Jahresabschluß (1997), S. 565-567; Horváth/ Gleich, Balanced Scorecard (1998), S. 563; Küting/ Weber, Bilanzanalyse (2000), S. 49 f. und Weber/ Schäffer, Kennzahlensysteme (2000), S. 1.

[4] Als Beispiele hierfür seien Spielräume bei der Bemessung der Herstellungskosten von unfertigen und fertigen Erzeugnissen (§ 255 Abs.2 HGB), Wahlrechte zur Aktivierung von Ingangsetzungs- und Erweiterungsaufwendungen (§ 269 HGB) und zur offenen Absetzung erhaltener Anzahlungen von den Vorräten (§ 268 Abs. 5 S.2 HGB) genannt.

werden muss. Übergeordnete Ziele der Unternehmenspolitik bestimmen dabei die Bewertung und Bilanzpolitik des Unternehmens.[1] Die neue IFRS-Rechnungslegung, ab 2005, hilft hier einige Probleme des HGBs zu meiden.

Eine weitere Grenze der Kennzahlenrechnung liegt in ihrer *starken Komprimierung komplexer Zusammenhänge.* Kennzahlen liefern ein vereinfachtes Bild mit der Folge des Verlustes wichtiger Erkenntnisse bezüglich Einzelposten, was in Fehlschlüssen münden kann. Es werden daher zunehmend Kennzahlensysteme gesucht wie die Berliner Balanced Scorecard, die eine größere Transparenz bieten sowie einfachere und genauere Interpretationen ermöglichen. Es besteht jedoch immer die *Gefahr von Fehlinterpretationen* aufgrund von Fehldeutungen, verfälscht interpretierten Zusammenhängen und falscher Schlussfolgerungen.[2]

Auch der *Wirtschaftlichkeits- und Wesentlichkeitsgrundsatz* begrenzt die Kennzahlenrechnung, denn der Informationsgehalt von Kennzahlen muss den Aufwand ihrer Erfassung rechtfertigen. Bei der Kennzahlenbildung, d.h. der Beschaffung und Aufbereitung des Basismaterials, sollten die Kosten der Informationsgewinnung den Informationsnutzen nicht übersteigen. In die Kennzahlenanalyse sollten nur die Sachverhalte einbezogen werden, die der Verbesserung des Einblicks in die Unternehmenslage bzw. der Beeinflussung der Urteilsfindung dienen.[3]

Resümierend lässt sich feststellen, dass die Aussagefähigkeit der Kennzahlen durch wichtige Faktoren eingeschränkt ist. Bei fehlender Sachkenntnis sowie Nichtbeachten der aufgezeigten Grenzen besteht immer die Gefahr folgenschwerer Fehlentscheidungen. Dennoch wird nicht auf die Kennzahlenrechnung verzichtet, vielmehr spielt sie eine Schlüsselrolle bei der Interpretation komplexer Unternehmensinformationen. Sie liefert zweckorientiertes Wissen für konkrete Entscheidungssituationen auf Gesamt- und/ oder Teilebenen des Unternehmens.[4]

Betrachtet man die Kennzahlenrechnung hinsichtlich strategischer Relevanz wird deutlich, dass sich gebräuchliche Kennzahlensysteme an vorhandenen Daten orientieren, ohne auf Führungsengpässe zu fokussieren; entstehende „Zahlenfriedhöfe" mit geringem Informationsnutzen sind die Folge. Die Vielzahl vorhandener Daten und Kennzahlen lenkt oftmals von den wesentlichen Problemen der strategischen Führung des Unternehmens ab.[5] Meist fehlt den Steuerungskonzepten auf Basis bilanzieller Kennzahlen der direkte inhaltliche Bezug zu den Unternehmens- oder Geschäftsfeldstrategien. Weiter fördert die alleinige Anwendung von Finanzkennzahlen die Fokussierung auf kurzfristige Optimierungsüberlegun-

---

[1]   Vgl. Coenenberg, Jahresabschluß (1997), S. 566 f. und Küting/ Weber, Bilanzanalyse (2000), S. 49-51.

[2]   Vgl. Küting/ Weber, Bilanzanalyse (2000), S. 50-53 und Baier, Praxishandbuch Controlling (2000), S. 209.

[3]   Vgl. Küting/ Weber, Bilanzanalyse (2000), S. 53 f. und Friedag/ Schmidt, Balanced Scorecard (2002), S. 62 f.

[4]   Vgl. Baier, Praxishandbuch Controlling (2000), S. 209 und Küting/ Weber, Bilanzanalyse (2000), S. 54.

[5]   Vgl. Weber/ Schäffer, Kennzahlensysteme (2000), S. 1 und Eberenz u.a., Meinungsspiegel Balanced Scorecard (2000), S. 78.

gen unter Vernachlässigung der langfristigen Wertschöpfung, insbesondere immaterieller und intellektueller Vermögenswerte zur Förderung zukünftigen Wachstums.[1]

Der unzureichende rein finanzielle Fokus traditioneller Kennzahlensysteme sollte einer kombinierten Anwendung von quantitativen und qualitativen Informationen weichen. Die BSC als „neuartiges", „modernes" Kennzahlensystem (Performance Measurement-System) fordert eine breite, ausgewogene Kennzahlenbasis. Sie ergänzt die klassischen finanziellen Kennzahlen um Zahlen der Kunden-, internen Prozess- sowie Lern- und Entwicklungsperspektive und versucht so eine „balancierte" Abbildung der kritischen Kenngrößen der Wertschöpfungskette zu erreichen.[2] Durch den Einsatz der BSC kann somit die Transparenz gegenüber herkömmlichen Kennzahlensystemen gesteigert werden.

5 Balanced Scorecard als Kennzahlensystem

Während die vorgestellten traditionellen – monetär und vergangenheitsorientiert ausgerichteten – Kennzahlensysteme primär der Überprüfung des Realisierungsgrades finanzieller Ziele dienen, strebt die Balanced Scorecard eine auf die Kunden und die Zukunft bezogene Strategieberechnung durch den Berliner Balanced Scorecard Ansatz und eine Überprüfung der Strategieumsetzung an; Aspekte zur Verbesserung der Geschäftsprozesse, der Mitarbeiterleistung und letztlich der Leistung des ganzen Unternehmens im Sine eines Performance Measurements werden generiert.[3]

Zur Überwindung der beschriebenen Defizite und Problemfelder traditioneller Kennzahlensysteme bildete sich Ende der achtziger Jahre im angelsächsischen Raum das Performance Measurement[4] als eine neue Art der Kennzahlenaufbereitung heraus. Es steht für integrierte Kennzahlensysteme, die mehrere Kennzahlen verschiedener Dimensionen (z.B. Zeit, Kosten, Qualität, Innovationsfähigkeit, Kundenzufriedenheit) zur Beurteilung von Effektivität und

---

[1]   Vgl. Kaplan/ Norton, BSC-Umsetzung (1997), S. 20-22 und Horváth/ Gleich, Balanced Scorecard (1998), S. 563 und Müller, Strategisches Management (2000), S. 26-28.

[2]   Vgl. Reichmann, Controlling (1997), S. 22 und Weber/ Schäffer, Kennzahlensysteme (2000), S. 1 f. Die Kritik an den traditionellen bilanzorientierten Kennzahlen führte ebenso zur Entwicklung des Shareholder-Value-Ansatzes. Vgl. hierzu Rappaport, Shareholder Value (1999), S. 15-38.

[3]   Vgl. Eberenz u.a., Meinungsspiegel Balanced Scorecard (2000), S. 78.

[4]   Zu deutsch: Leistungsmessung.

Effizienz[1] der Leistungen und Leistungspotenziale im Unternehmen beinhalten. Charakteristisch sind das Einbeziehen der oftmals nicht-finanziellen Vorsteuergrößen, die die zukünftige (finanzielle) Leistung entscheidend beeinflussen sowie die Verknüpfung finanzieller und nicht-finanzieller Kennzahlen auf verschiedenen Leistungsebenen im Unternehmen entsprechend ihrer kausalen Beziehungen. Die mit dem Performance Measurement angestrebte Leistungstransparenz soll zur Leistungsverbesserung auf allen Ebenen durch effektivere Planungs- und Steuerungsabläufe beitragen. Weiter werden leistungsbezogene und -übergreifende Kommunikationsprozesse, Motivation und zusätzliche Lerneffekte gefördert.[2]

Bei der Balanced Scorecard, als der in praxi dominierende Ansatz des Performance Measurements[3], erfolgt eine an der Unternehmensstrategie ausgerichtete Leistungsmessung in vier Perspektiven. Für jede dieser Perspektiven formuliert die BSC als Kennzahlensystem Ziele, Kennzahlen, Vorgaben und Maßnahmen (Abb. 8).[4]

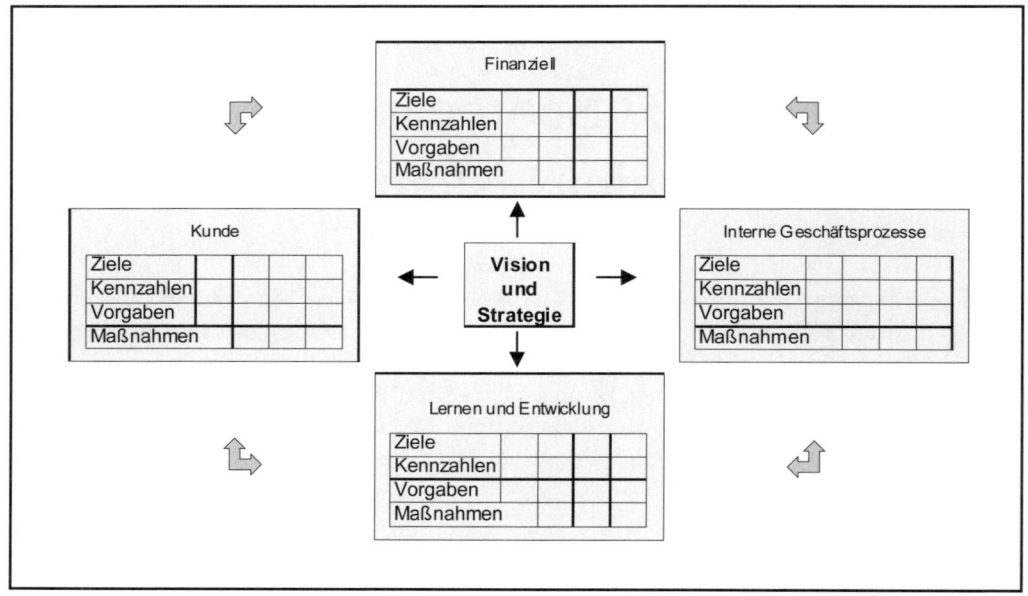

Abb. 2-8: Performance Measurement mittels Balanced Scorecard
Quelle: In Anlehnung an Kaplan/ Norton, BSC-Umsetzung (1997), S. 9.

---

[1]   *Effektivität* als Maß für die Wirksamkeit bestimmter Maßnahmen orientiert sich an einer konkreten Zielsetzung und dem jeweiligen Output. Sie vergleicht den erreichten Nutzen der erbrachten Leistung mit dem geplanten Nutzen („doing the right things"). *Effizienz* als Maß für die Wirtschaftlichkeit des Mitteleinsatzes bezieht sich auf die Relation zwischen wertmäßigem Output und Input („doing the things right"). Vgl. Wogersien, Effektivität – Effizienz (2001), S. 548 f. und Gleich, Performance Measurement (2002), S. 447.

[2]   Vgl. ausführlicher Horváth/ Gleich, Balanced Scorecard (1998), S. 563 f.; Gleich, Performance Measurement (2002), S. 447-454 und Günther/ Grüning, Performance Measurement-Systeme (2002), S. 5-12.

[3]   Zu Ergebnissen verschiedener empirischer Studien vgl. Gleich, Performance Measurement (2002), S. 450 f.

[4]   Vgl. Kaplan/ Norton, BSC-Umsetzung (1997), S. 7-9.

5.1 Verwendung strategischer Kennzahlen

Mittels konkreter Kennzahlen werden allen Beteiligten der Zusammenhang zwischen strategischen Zielen und der Mission/ Vision des Unternehmens sowie deren Realisierung verdeutlicht. An dieser Stelle sind die strategischen Kennzahlen von den diagnostischen Kennzahlen abzugrenzen. *Strategische Kennzahlen* definieren eine Strategie und dienen der Zielerreichung; sie bilden die treibenden Kräfte für den Erfolg im Wettbewerb. Um die Aufmerksamkeit von Management und Mitarbeitern auf die wettbewerbsentscheidenden Faktoren zu lenken, sollten höchstens 15 bis 25 dieser Kennzahlen verwandt werden, wobei Leistungstreiber- und Ergebniskennzahlen ausgewogen zu berücksichtigen sind. Weiter sind strategische Kennzahlen durch ihre Verknüpfung über Ursache-Wirkungs-Beziehungen[1] gekennzeichnet.[2] *Diagnostische Kennzahlen* haben dagegen eine Überwachungsfunktion, sie signalisieren drohende oder ungewöhnliche Ereignisse, woraufhin eingegriffen werden kann. Ergänzend zur Balanced Scorecard können sie in nahezu unbegrenzter Anzahl – unter Beachtung des Wirtschaftlichkeitsaspektes – genutzt werden.[3]

5.2 Bestimmung eines ausgewogenen Kennzahlen-Mix

5.2.1 Ausgewogenes Verhältnis von Früh- und Spätindikatoren

Der Einsatz von Kennzahlen unterschiedlicher zeitlicher Indikation ermöglicht eine Verbindung von Gegenwart und Zukunft – eine Verbindung zwischen operativer Planung bzw. dem Budget und der Balanced Scorecard.[4]

Spätindikatoren (Ergebniskennzahlen/ lagging indicators) charakterisieren im Zeitverlauf angestrebte Endpunkte bzw. Endbereiche. Sie stellen den größten Teil der in den Unternehmen genutzten Kennzahlen dar und stammen aus Positionen der GuV und Bilanz sowie daraus ermittelter Finanzkennzahlen, d.h. sie basieren auf Daten, die am Ende betriebswirtschaftlicher Prozesse gemessen wurden. In der BSC reflektieren sie die Ziele von den Strategien. Kaplan/ Norton liefern generische strategische Kernaspekte für jede Perspektive, die für jedes Unternehmen grundsätzlich relevante strategische Bereiche darstellen, woraus je-

---

[1] Für Ausführungen zu den Ursache-Wirkungs-Beziehungen vgl. Punkt 3 dieses Kapitels.

[2] Vgl. Kaplan/ Norton, BSC-Umsetzung (1997), S. 156 f.; Ehrmann, Balanced Scorecard (2002), S. 93 f.

[3] Vgl. Kaplan/ Norton, BSC-Umsetzung (1997), S. 156-160; Gilles, BSC zur strategischen Steuerung (2002), S. 26 f. und Ehrmann, Balanced Scorecard (2002), S. 93 f.

[4] Vgl. Friedag/ Schmidt, Balanced Scorecard (2002), S. 108.

weils langfristige strategische Ziele und Ergebniskennzahlen aus der Strategie formuliert werden können. Als Beispiele für Spätindikatoren lassen sich Umsatz, ROI, Marktanteil, Kundenzufriedenheit, Mitarbeiterqualifikation nennen.[1]

Zusätzlich zu den objektiv zu quantifizierenden Ergebniskennzahlen werden subjektive Leistungstreiber der Ergebniskennzahlen in die Betrachtung aufgenommen. Frühindikatoren (Leisungstreiber/ leading indicators) sind auf den Beginn oder frühe Phasen eines Prozesses orientiert und konzentrieren sich auf jene Vorgänge, die die Erreichung zukünftiger Ziele zum gegenwärtigen Zeitpunkt sicherstellen sollen. Sie bringen die spezifischen Wettbewerbsvorteile des Unternehmens zum Ausdruck und geben wieder, *wie* die Ergebnisse erreicht werden sollen. Für jede Perspektive werden anhand der spezifischen Strategie der Geschäftseinheit die Aktivitäten und Kenngrößen identifiziert, die auf das Erreichen der strategischen Ziele der Ergebniskennzahlen den größten Einfluss haben, z.B. finanzielle Treiber für die Rentabilität, besondere interne Betriebsprozesse und Zielsetzungen für die Lern- und Entwicklungsperspektive zur Schaffung des Wertangebotes für Zielkunden und Zielmarktsegmente. Beispiele für Frühindikatoren sind Kundenbeziehungen, Image/ Reputation, Mitarbeiterpotenziale, technische Infrastruktur.[2]

„Eine gute Balanced Scorecard sollte eine gesunde Mischung aus Ergebnissen („lagging indicators") und Leistungstreibern („leading indicators") der Geschäftsstrategie aufweisen."[3], so Kaplan/ Norton. Ein Überhang an Ergebniskennzahlen vernachlässigt eine Aussage darüber, wie die Ergebnisse erzielt werden sollen, eine frühe Rückmeldung über die erfolgreiche Umsetzung einer Strategie fehlt. Einem Überhang an Leistungstreibern folgen fehlende Ergebnisse über eine Verbesserung des Gesamtergebnisses.[4]

Früh- und Spätindikatoren bedingen sich; sie bilden ein System logisch und zeitlich verbundener Größen. Die Einstufung einer Kennzahl als Früh- oder Spätindikator ist relativ und hängt davon ab, aus welcher zeitlichen Position ein Prozess betrachtet wird (Abb. 9). Zum Zeitpunkt t_0 gibt eine bestimmte Ursache einen Anstoß für einen Prozess, dem zum Zeitpunkt t_1 eine bestimmte Wirkung folgt, die der Indikator A darstellt. Diese Kennzahl stellt zum Zeitpunkt t_1 einen Spätindikator dar, sie kennzeichnet den Endpunkt bzw. das Ergebnis des abgelaufenen Prozesses. Bei zusätzlicher Betrachtung des Zeitpunktes t_2, wird die erreichte Wirkung ihrerseits zur Ursache eines weiteren Prozesses, der zum Zeitpunkt t_2 durch den Indikator B seine Wirkung zeigt. Der Indikator A ist damit in t_2 nicht mehr Endpunkt eines Prozesses, sondern charakterisiert eine Zwischenstation. Er bleibt das Ergebnis eines Prozes-

---

[1] Vgl. Ehrmann, Balanced Scorecard (2002), S. 100-105 und Friedag/ Schmidt, Balanced Scorecard (2002), S. 110. Für nähere Ausführungen zu Beispielen von Spät- und Frühindikatoren der einzelnen klassischen BSC-Perspektiven vgl. Kapitel 5.4.

[2] Vgl. Ehrmann, Balanced Scorecard (2002), S. 100-105 und Friedag/ Schmidt, Balanced Scorecard (2002), S. 42.

[3] Kaplan/ Norton, BSC-Umsetzung (1997), S. 30.

[4] Vgl. Weber/ Schäffer, BSC und Controlling (2000), S. 5. Die „Balance" der Indikatoren stellt einen Aspekt der Ausgewogenheit der Kennzahlen einer BSC dar. Der Prenzlauer Würfel verdeutlicht ihre Dreidimensionalität (Perspektive, Fristigkeit, Indikator). Vgl. Kaplan/ Norton, BSC-Umsetzung (1997), S. 10 und Friedag/ Schmidt, Balanced Scorecard (2002), S. 42 f.

ses (Spätindikator), ist jedoch bei einem direkten Zusammenhang zwischen dem Indikator A als Ursache und dem Indikator B als Wirkung ein Frühindikator.[1]

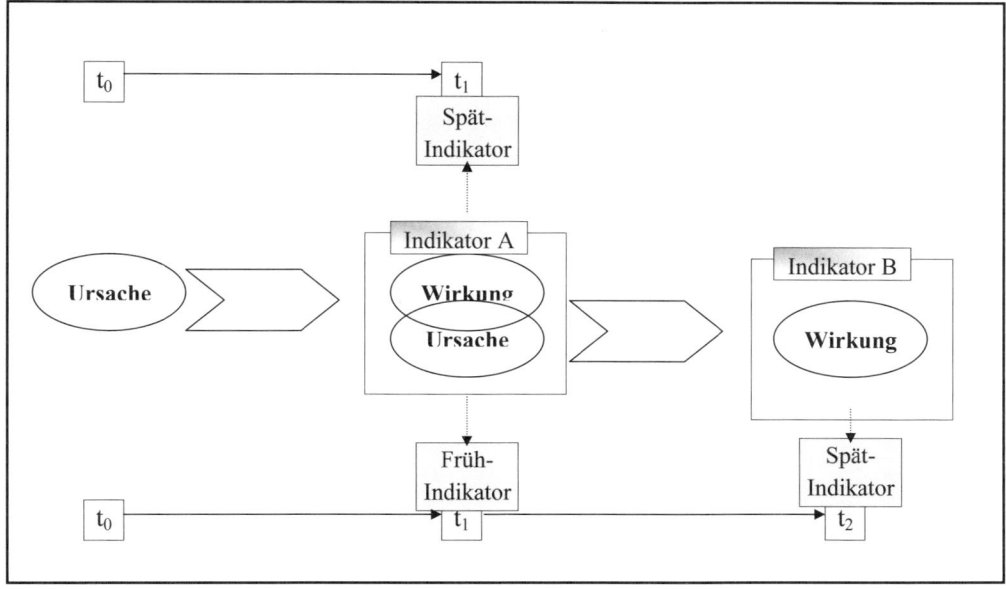

Abb. 2- 9: Relativität von Spät- und Frühindikatoren
Quelle: Friedag/ Schmidt, Balanced Scorecard (2002), S. 112.

5.2.2 Gleichgewicht zwischen finanziellen und nicht-finanziellen Kennzahlen

Traditionelle Kennzahlensysteme unterstellen i.d.R., dass sämtliche wirtschaftliche Tatbestände und Vorgehensweisen durch eine finanzielle Bewertung erfassbar sind. Finanziell messbare Erfolgsfaktoren spielen somit eine tragende Rolle in jedem Unternehmen.[2] Für die langfristige Schaffung von Wettbewerbsvorteilen sind jedoch zunehmend weiche (nicht-finanzielle) Faktoren, insbesondere das intellektuelle Kapital wie Wissen und Fähigkeiten der Mitarbeiter, effektive Prozesse oder eine exzellente Kundenbindung und -orientierung entscheidend. Die Balanced Scorecard impliziert daher, dass der wirtschaftliche Erfolg auf den Einflussfaktoren basiert, die hinter den finanziellen Größen stehen und die Zielerreichung ursächlich bestimmen.[3]

---

[1]   Vgl. Friedag/ Schmidt, Balanced Scorecard (2002), S. 111 f.

[2]   Vgl. Ehrmann, Balanced Scorecard (2002), S. 106.

[3]   Vgl. Kaplan/ Norton, BSC-Umsetzung (1997), S. Kaplan/ Norton, BSC-Umsetzung (1997), S. V und Horváth & Partner (Hrsg.), Balanced Scorecard umsetzen (2001), S. 47 f. Die Forderung nach einer umfassenden Be-

Zum Gesamtergebnis trägt eine Vielzahl nicht-finanzieller Erfolgspotenziale (z.B. Qualität, Kunden- und Mitarbeiterzufriedenheit) bei, sie sind jedoch nicht so leicht einer Messung zugänglich wie die Größen des betrieblichen Rechnungswesens; es erfolgt eine Näherung mit ausschließlich gedanklichen Meßmethoden. Erfolgspotenziale in den Kundenbeziehungen, innovativen Fähigkeiten der Mitarbeiter, Kooperationen mit Lieferanten etc. bilden ein vielfältiges Beziehungsgeflecht. Die Aufnahme und Verarbeitung verfügbarer Informationen darüber sowie Verständnis dafür werden immer wichtiger und ermöglichen erst ein zielgerichtetes Einwirken. Somit müssen nicht-finanzielle Messmethoden identifiziert werden, die der Verarbeitung der empfangenen Informationen zu Kennzahlen dienen. Nicht-finanzielle Methoden wie bspw. Umfragen, Portfolioanalysen und Stärken-Schwächen-Diagramme werden für die Abbildung eingesetzt. Trotz ihrer schwierigen Messung sind nicht-monetäre Größen ebenso sinnvoll und nützlich, aber auch unscharf und fehlerbehaftet wie finanzielle Größen, die eine Exaktheit vorgeben, die sie keineswegs innehaben.[1]

Die BSC kombiniert quantitative, leicht messbare und urteilsbezogene, qualitative Messgrößen zu einem umfassenden Informationssystem für Management und Mitarbeiter, was die Identifizierung des langfristigen Erfolges einschließlich seiner Quellen ermöglicht und somit hierarchieübergreifende Transparenz schafft.[2]

5.3 Verknüpfte Kennzahlen durch Ursache-Wirkungs-Ketten

5.3.1 Ursache-Wirkungs-Beziehungen der BSC

Baier beschreibt den Einsatz rechentechnisch verknüpfter Kennzahlensysteme, die neben dem sachlogischen Zusammenhang auch einen Ursache-Wirkungs-Zusammenhang verdeutlichen, in der heutigen Zeit als Notwendigkeit.[3] Kaplan/ Norton konstatieren hierzu: „Eine Strategie ist ein Bündel von Hypothesen über Ursache und Wirkung. Das Kennzahlensystem sollte die Beziehungen (Hypothesen) zwischen Zielen (und Kennzahlen) aus den verschiedenen Perspektiven deutlich machen, damit sie gesteuert und bewertet werden können. Die

---

rücksichtigung nicht-finanzieller Kennzahlen ist jedoch keineswegs neu. Vgl. hierzu die Ausführungen von Weber/ Schäffer, BSC und Controlling (2000), S. 5 f.

[1] Vgl. Horváth & Partner (Hrsg.), Balanced Scorecard umsetzen (2001), S. 47; Friedag/ Schmidt, Balanced Scorecard (2002), S. 68-70 und Ehrmann, Balanced Scorecard (2002), S. 106.

[2] Vgl. Kaplan/ Norton, BSC-Umsetzung (1997), S. 8-10; 37 f.; Müller, Strategisches Management (2000), S. 29 f. und Ehrmann, Balanced Scorecard (2002), S. 106.

[3] Vgl. Baier, Praxishandbuch Controlling (2000), S. 210.

Kette von Ursache und Wirkung sollte sich durch alle vier Perspektiven auf der Balanced Scorecard ziehen."[1]

Die Balanced Scorecard ist somit keine lose Sammlung von Kennzahlen in vier Perspektiven, sie soll auch die Kohärenz zwischen den Perspektiven sicherstellen. Hierzu sind die Perspektiven logisch über Ursache-Wirkungs-Beziehungen miteinander zu verknüpfen, was letztlich eine bessere Kommunikation der Strategie sowie die Ausrichtung aller Unternehmensressourcen und -aktivitäten auf die Umsetzung der Strategie ermöglicht. Ebenso werden die Scorecards verschiedener Organisationseinheiten via Ursache-Wirkungs-Zusammenhänge verbunden.[2] Die Kausalbeziehungen überführen eine Ansammlung strategischer Ziele in ein Konzept zur Beschreibung der gewünschten Veränderungen und angestrebten Schwerpunkte.[3] Jede für eine BSC ausgewählte Maßgröße sollte ein Element der Kette von Ursache und Wirkungs-Beziehungen sein.[4]

Die Verknüpfung der Kennzahlen erfolgt zunächst durch die bereits beschriebene Definition von Zielen und geeigneten Ergebniskennzahlen und Leistungstreibern in den vier Perspektiven.[5] Dies verdeutlicht, von welchen Einflussfaktoren das Erreichen der Ergebnisgrößen im Wesentlichen abhängt. Diese kausale Verknüpfung von leading und lagging indicators erfolgt nicht nur innerhalb der Perspektiven, sondern durch die Perspektiven hindurch. Die Ursache-Wirkungsketten werden hierarchisch auf die Finanzperspektive ausgerichtet, so dass Ergebniskennzahlen einer tiefergelegenen BSC-Perspektive als treibender Faktor für eine Kennzahl einer übergeordneten Perspektive wirken. Somit werden die finanziellen Kennzahlen durch die vier Perspektiven hindurch mit ihren treibenden Faktoren verbunden.[6] Abb. 2-10 veranschaulicht eine solche Verknüpfung an einem vereinfachten Beispiel.

---

[1]   Kaplan/ Norton, BSC-Umsetzung (1997), S. 28.

[2]   Vgl. Kaplan/ Norton, BSC-Umsetzung (1997), S. 159 f.; Wall, Ursache-Wirkungsbeziehungen (2001), S. 66 f.; Friedag/ Schmidt, Balanced Scorecard (2002), S. 214-219 und Ehrmann, Balanced Scorecard (2002), S. 107-109.

[3]   Vgl. Horváth/ Gaiser, Implementierungserfahrungen (2000), S. 27.

[4]   Vgl. Kaplan/ Norton, BSC-Umsetzung (1997), S. 31 und Weber/ Schäffer, BSC und Controlling (2000), S. 7 f.

[5]   Vgl. Kapitel 5.2.1.

[6]   Vgl. Kaplan/ Norton, BSC-Umsetzung (1997), S. 142-145; Kumpf, BSC in Praxis (2001), S. 27-30 und Wall, Ursache-Wirkungsbeziehungen (2001), S. 65 f. und Horváth & Partner (Hrsg.), Balanced Scorecard umsetzen (2001), S. 29.

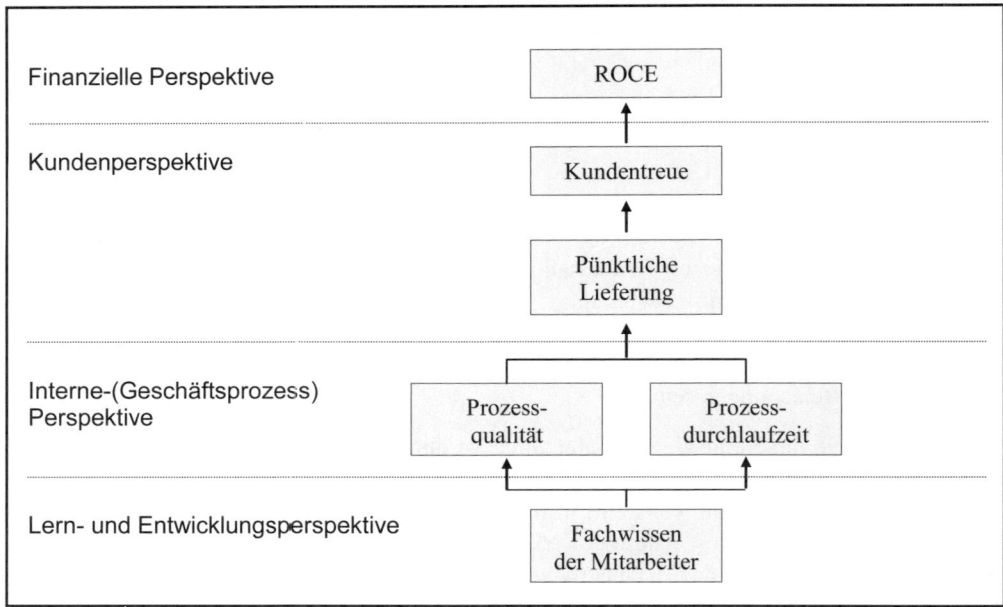

Abb. 2-10: Vereinfachtes Beispiel einer Ursache-Wirkungs-Kette in der BSC
Quelle: Kaplan/ Norton, BSC-Umsetzung (1997), S. 29.

Idealtypisch resultiert aus einem höheren Fachwissen der Mitarbeiter eine verbesserte Prozessqualität, während die erforderliche Prozessdurchlaufzeit sinkt. Somit kann eine pünktliche Lieferung (OTD) erfolgen, was sich tendenziell positiv auf die Kundenbindung auswirkt
und letztlich eine steigende Kapitalrendite (ROCE)[1] zur Folge hat.[2]

Ursache-Wirkungs-Ketten verdeutlichen die kausalen Annahmen der gewählten Strategie.
Dies ermöglicht einerseits die Ausrichtung aller Unternehmensaktivitäten auf die Strategie,
andererseits die frühzeitige Überprüfung der Strategieumsetzung. So wird auch der Beitrag
weicher langfristiger Erfolgsfaktoren transparent und steuerbar.[3]

5.3.2   Zur Generierung der Kausalbeziehungen

Kaplan/ Norton machen wenig Aussagen zur Identifikation der Kausalbeziehungen, sie empfehlen die Generierung von Hypothesen im Managementsystem, die durch Korrelationsana-

---

[1]   Der *Return On Capital Employed* (ROCE) kann als operationalsierter ROI verstanden werden, d.h. nur das für
      die operative Tätigkeit notwendige Kapital (capital employed) wird bei der Berechnung der Kapitalrendite ein-
      bezogen. Vgl. Kumpf, BSC in Praxis (2001), S. 117. Zur Zusammensetzung des ROI vgl. Kapitel 4.3.1.

[2]   Vgl. Kaplan/ Norton, BSC-Umsetzung (1997), S. 28 f.

[3]   Vgl. Wall, Ursache-Wirkungsbeziehungen (2001), S. 66 und Horváth & Partner (Hrsg.), Balanced Scorecard
      umsetzen (2001), S. 179 f.

lysen bestätigt werden sollen.[1] Als „richtige" Ursache-Wirkungs-Beziehungen gelten dabei jene, die den Konsens des Managements abbilden und sich bei der Überprüfung mit der Realität als konsistent mit den jeweiligen Unternehmenszielen erweisen.[2] Die Identifikation von Ursache-Wirkungs-Zusammenhängen gilt in der Literatur einheitlich als große Herausforderung und stellt einen wesentlichen Erfolgsfaktor des BSC-Konzeptes dar.[3]

Gemäß Wall existieren grundsätzlich zwei unterschiedliche Richtungen zur Identifikation solcher Zusammenhänge: die logische und die empirische Herleitung. Bei der *logischen Herleitung* wird die Struktur zwischen den Kennzahlen auf Basis definitionslogischer Beziehungen zwischen Kennzahlen und mittels mathematischer Transformationen festgelegt (Du Pont-Kennzahlensystem). Die relevanten Größen einer Unternehmensstrategie definitionslogisch miteinander zu verknüpfen ist jedoch unrealistisch. Mittels *empirisch-theoretischer Herleitung* werden Hypothesen über Zusammenhänge der Realität auf Basis theoretischer Konzepte formuliert, die einer empirischen Überprüfung unterzogen werden können. Aufgrund der beschränkten Anzahl empirisch bestätigter Hypothesen in der Betriebswirtschaftslehre findet diese Form der Herleitung jedoch kaum Anwendung. Bei der Umsetzung einer neuen Strategie, die Entscheidungen unter Unsicherheit in einem unbekanntem Bereich bedingt, stößt die Extrapolation von Bekanntem in die Zukunft auf Grenzen. Eine *empirisch-induktive Herleitung* beinhaltet das Generieren von Kennzahlen aus Erfahrungswissen mittels statistischer Datenauswertungen, z.B. der Korrelationsanalyse. Zur Aufstellung von Hypothesen könnte eine Faktorenanalyse genutzt werden; bei existierenden Zusammenhangsvermutungen sind strukturprüfende Verfahren wie bspw. die Regressionsanalyse möglich. Laut Wall stellt dies das für die BSC am besten geeignete Verfahren dar; es ermöglicht einerseits das Erfahrungswissen von Managern einzubeziehen, andererseits auf theoretische Erkenntnisse der Wissenschaft zurückzugreifen.[4]

Bei der Generierung von Kennzahlen gilt der Grundsatz der Selektion, statt trügerischer Sicherheit, alles in Berichten erkennen zu können. Die Ermittlung der strategischen Erfolgsfaktoren z.B. mit Unterstützung des PIMS-Programms hilft bei der Auswahl der Perspektiven, die Ableitung der Kenngrößen kann – immer unternehmensindividuell basierend auf der Strategie – via unterstützender Matrizen erfolgen.[5]

---

[1] Horváth & Partner sowie Weber/ Radtke/ Schäffer raten jedoch zu Vorsicht hinsichtlich Korrelationsanalysen. Ursache-Wirkungs-Ketten der BSC unterliegen keiner algorithmischen Logik; sie sollten, wenn ihr Einsatz möglich ist, unterstützend genutzt werden. Vgl. Horváth & Partner (Hrsg.), Balanced Scorecard umsetzen (2001), S. 43 f. und Weber/ Radtke/ Schäffer, Erfahrungen mit der BSC (2001), S. 26.

[2] Vgl. Weber/ Schäffer, BSC und Controlling (2000), S. 8 und Horváth & Partner (Hrsg.), Balanced Scorecard umsetzen (2001), S. 188 f. Weber/ Schäffer stellen auf dieser Basis die analytische Ableitung der „richtigen" Ursache-Wirkungs-Beziehungen jedoch in Frage. Vgl. Weber/ Schäffer, BSC und Controlling (2000), S. 8 f.

[3] Vgl. Bodmer/ Völker, Erfolgsfaktoren bei der Implementierung (2000), S. 480; Wall, Ursache-Wirkungsbeziehungen (2001), S. 65 und Horváth & Partner (Hrsg.), Balanced Scorecard umsetzen (2001), S. 179, 185.

[4] Vgl. Wall, Ursache-Wirkungsbeziehungen (2001), S. 67-69.

[5] Vgl. Weber/ Schäffer, BSC und Controlling (2000), S. 22-27 und Horváth & Partner (Hrsg.), Balanced Scorecard umsetzen (2001), S. 50.

Die Verknüpfung der Perspektiven ist nach dem schematischen Ansatz von Juran über sog. Planungsmatrizen möglich. Weber/ Schäffer kritisieren: „Die Arbeit mit Matrizen suggeriert leicht, die Zusammenhänge seien analytisch genau erfassbar."[1], dem sei jedoch nicht so. Ein in Management-Workshops stattfindender interaktiver Verknüpfungsprozess kann der Erarbeitung der komplexen Zusammenhänge zwischen den Kenngrößen gerecht werden. In der Praxis erfolgt die Visualisierung der erarbeiteten Ursache-Wirkungs-Beziehungen durch vernetzte Kausalmodelle (nach Gomez/ Probst), sog. Strategy Maps, die positive sowie negative Wirkungen und ihre Stärke abbilden. Auch hier ist wieder eine entsprechende Selektion notwendig, denn eine übermäßig komplexe und unübersichtliche Darstellung wird schnell aussagelos. Ebenso kann eine Formulierung im Fließtext erfolgen (sog. Strategy Story).[2]

Eine kritische Überprüfung der generierten Ursache-Wirkungs-Kette, die in ihrer Gesamtheit letztlich die Strategie selbst abbildet, ist in regelmäßigen Abständen notwendig, da kein dauerhaft bestehendes konsistentes Geflecht von Ursache-Wirkungs-Beziehungen existiert.[3]

Letztlich werden basierend auf den generierten Kausalbeziehungen in jeder Perspektive Kennzahlen und Zielwerte sowie Maßnahmen abgeleitet und Verantwortlichkeiten festgelegt, so dass die Umsetzung der strategischen Ziele auf der operativen Ebene gewährleistet wird.[4] In den Unternehmen existiert meist ein hohes Maß an instrumentellen, konzeptionellen wie mentalen Vorarbeiten, so dass statt zahlreicher Neuentwicklungen von Kennzahlen eine Selektion daraus erfolgen sollte. Nach den Beratungserfahrungen von Weber/ Schäffer sind bei einer BSC mit zwanzig Kennzahlen zehn bis zwölf direkt der Organisation zu entnehmen, vier bis sechs sind neu zu erheben und der Rest bedarf weiterer Klärung.[5] Bei der Festlegung der Zielwerte ist u.a. auf ein adäquates Anspruchsniveau unter Berücksichtigung auftretender Zielkonflikte zu achten.[6]

---

[1]   Weber/ Schäffer, BSC und Controlling (2000), S. 28.

[2]   Vgl. Weber/ Schäffer, BSC und Controlling (2000), S. 22-29; Horváth & Partner (Hrsg.), Balanced Scorecard umsetzen (2001), S. 39-41, 180 f., 185; Weber/ Radtke/ Schäffer, Erfahrungen mit der BSC (2001), S. 26-29. Zu möglichen Methoden zur Ableitung der Ursache-Wirkungs-Beziehungen vgl. auch Horváth & Partner (Hrsg.), Balanced Scorecard umsetzen (2001), S. 181-183.

[3]   Vgl. Eberenz u.a., Meinungsspiegel Balanced Scorecard (2000), S. 81 f.

[4]   Vgl. Weber/ Radtke/ Schäffer, Erfahrungen mit der BSC (2001), S. 29-36.

[5]   Vgl. Weber/ Schäffer, BSC und Controlling (2000), S. 29 und Weber/ Radtke/ Schäffer, Erfahrungen mit der BSC (2001), S. 32.

[6]   Vgl. hierzu ausführlich Horváth & Partner (Hrsg.), Balanced Scorecard umsetzen (2001), S. 51 f. und 214 f.

5.4 Kennzahlen der einzelnen Balanced Scorecard Perspektiven

5.4.1 Finanzperspektive

Die Kennzahlen der Finanzperspektive sollen die strategischen Zielsetzungen des Unternehmens/ der Geschäftseinheit in die Sprache der Anteilseigner übersetzen, deren überlassenes Kapital so eingesetzt werden soll, dass die Anlage gegenüber anderen möglichen Alternativen die beste Lösung für sie darstellt.[1] Im Spannungsfeld zwischen Sicherung von Liquidität, Rentabilität und Stabilität (magisches Dreieck der Finanzen) werden die finanzwirtschaftlichen Ziele des Unternehmens definiert.[2] Sie dienen als Fokus für die Ziele und Kennzahlen aller anderen Scorecard-Perspektiven. Einerseits definieren sie die finanzielle Leistung, die von der Strategie erwartet wird und andererseits stellen sie die Endziele für die Ziele und Kennzahlen der anderen drei Perspektiven dar.[3]

Als Spätindikatoren messen die Kennzahlen der Finanzperspektive vergangene Leistungen – den Verlauf und die Zielerreichung strategischer Projekte und Aktionen. Erfolgt eine Definition von Meilensteinen als zeitliche Abfolge von Zielgrößen, sind vorgelagerte Meilensteine Frühindikatoren für nachfolgende. Die Kennzahlen können ebenso Frühindikatoren im Ursache-Wirkungs-Zusammenhang sein, wenn finanzielle Ergebnisse eine Voraussetzung für andere Maßnahmen, z.B. Mitarbeiterschulungen darstellen. Weiter haben Kennzahlen wie der Cash-to-Cash-Zyklus erhebliches Frühwarnpotenzial für die Liquiditätsentwicklung. Die Berücksichtigung von Risiken und Schwankungen der Erlöse via Risikokontrolle und -management kann durch die Integration eines die Risikodimension umfassenden Zieles (z.B. Diversifizierung der Einnahmequellen) mit entsprechender Kennzahl erfolgen. In praxi ist eine Vielzahl finanzieller Kennzahlen existent – Rentabilitäts- und Umsatzkennzahlen sowie stärker liquiditätsbezogene Größen wie der Cash Flow – für die BSC sind diejenigen mit strategischem Gewicht auszuwählen.[4]

---

[1] Zur Charakteristik der einzelnen Perspektiven vgl. Kapitel 3.2.

[2] Zusätzlich kann der Aspekt der Unabhängigkeit einbezogen werden. Vgl. Friedag/ Schmidt, Balanced Scorecard (2002), S. 183 f. Für nähere Ausführungen zu den finanzpolitischen Zielen vgl. Spremann, Investition und Finanzierung (1996), S. 197-199 und Kern, Investitionsmanagement (2002), S. 20-28.

[3] Vgl. Kaplan/ Norton, BSC-Umsetzung (1997), S. 46, 60 und Friedag/ Schmidt, Balanced Scorecard (2002), S. 143 f.

[4] Vgl. Kaplan/ Norton, BSC-Umsetzung (1997), S. 59; Müller, Strategisches Management (2000), S. 105 f.; Friedag/ Schmidt, Balanced Scorecard (2002), S. 183-189 und Friedag/ Schmidt, My Balanced Scorecard (2000), S. 251 f.

Ertrag oder Cash Flow als Basis
Bei der Auswahl von Kennzahlen als strategische Führungsinstrumente stellt sich die Frage, welche finanziellen Ergebnisgrößen am besten geeignet sind, z.B. eher ertrags- oder cash-flow-basierte Kennzahlen.

Traditionelle bilanzorientierte Erfolgskennzahlen
Im Kapitel 4 wurde bereits auf traditionelle Kennzahlen und Kennzahlensysteme sowie deren Unzulänglichkeiten eingegangen.[1] Es sind oftmals verwandte Erfolgskennzahlen, die als Relationen eines definierten Erfolges und einer dieses Ergebnis bestimmenden Einflussgrößen sind[2]:

$$\text{Umsatzrentabilität (ROS)} \quad = \quad \frac{\text{Ordentliches Betriebsergebnis}}{\text{Umsatz}}$$

$$\text{Gesamtkapitalrentabilität (ROC)} = \frac{\text{Gesamtergebnis vor Steuern und Zinsen}}{\text{Gesamtkapital}}$$

$$\text{Return on Assets (ROA)} \quad = \quad \frac{\text{Gewinn}}{\text{Gesamtvermögen}} = \frac{\text{Gewinn}}{\text{Gesamtkapital}}$$

$$\text{Return on Investment (ROI)} \quad = \quad \frac{\text{Gewinn}}{\text{Anlagevermögen} + \text{Working Capital}}$$

$$\text{Eigenkapitalrentabilität (ROE)} \quad = \quad \frac{\text{Gesamtergebnis vor Steuern}}{\text{Eigenkapital}}$$

Die gewinnorientierten Performancemaße sind in der Literatur umfassend kritisiert und als „...unzulängliche Maßstäbe zur Messung des Geschäftserfolges..."[3] charakterisiert worden, insbesondere aufgrund:[4]

- mangelnder Korrelation zwischen jahresabschlussorientierten Kennzahlen und der Wertentwicklung am Kapitalmarkt

---

[1]   Vgl. Kapitel 4 sowie Schmeisser/Clausen/Hannemann, Bankcontrolling mit Kennzahlen, 2009

[2]   Vgl. Coenenberg, Jahresabschluß (1997), S. 706 und Schmeisser/ Dittmann, Shareholder Value-Ansatz (2004), S. 20 f. Mit *ROS* – Return on Sales, *ROE* – Return on Equity, *ROC* – Return on Capital.

[3]   Rappaport, Shareholder Value (1999), S. 15.

[4]   Vgl. Copeland/ Koller/ Murrin, Unternehmenswert (1998), S. 12, 54-57; Rappaport, Shareholder Value (1999), S. 15-38; Günther/ Landrock/ Muche, Performancemaße (2000), S. 70; Schmid-Grotjohann, Wertorientiertes Management (2001), S. 380 f. und Schmeisser/ Dittmann, Shareholder Value-Ansatz (2004), S. 21 f.

- vorhandener Manipulationsspielräume durch gesetzliche Bewertungswahlrechte, Rückstellungsmöglichkeiten und Abschreibungsvarianten
- fehlender Abbildung von Investitionen in Nettoumlauf- und Anlagevermögen zur Finanzierung des Wachstums
- Vernachlässigung des Zeitwertes des Geldes („Zeitpräferenz")
- mangelnder Berücksichtigung von Risiken
- Vernachlässigung ökonomischer Betrachtungen nach dem Betrachtungszeitraum
- Vergangenheitsorientierung.

Cash Flow

Die Aussagekraft des Gewinns und daraus abgeleiteter Kennzahlen als Indikatoren der betrieblichen Leistung ist demnach erheblich eingeschränkt. Sie bilden den tatsächlichen Wertzuwachs unzureichend ab, liefern kein nachhaltiges und in die Zukunft gerichtetes Bild des Unternehmens. Der Cash Flow als Ergebnis der Zahlungsströme unterliegt hingegen diesen Einschränkungen nicht. Aufgrund wesentlich geringerer Manipulationsmöglichkeiten durch bilanzpolitische Maßnahmen – z.B. hat eine Änderung der Bewertungsmethoden keine Auswirkungen auf den Cash Flow eines Unternehmens und auf dessen ökonomischen Wert – eignet er sich besser zur Abbildung der realen finanziellen Ergebnisse und findet auch in Deutschland zunehmend Anwendung.[1] Der Cash Flow berücksichtigt lediglich zahlungswirksame Vorgänge. Als Finanz- und Erfolgsindikator gibt er an, in welchem Umfang das Unternehmen aus eigener Kraft durch die betriebliche Umsatztätigkeit finanzielle Mittel erwirtschaften kann bzw. konnte.[2]

Unternehmenswertorientierte Kennzahlen

Wertorientiertes Management

Der insbesondere durch Rappaport's Publikation „Creating Shareholder Value" (1986) bekannt gewordene Shareholder Value-Ansatz greift die Kritikpunkte der traditionellen bilanzorientierten Größen auf. Im Kern des Ansatzes stehen die Bewertung der Unternehmung als Barwert zukünftiger Cash Flows und die Handlungsmaxime, sämtliche Managementaktivitäten auf die Erhöhung des Shareholder Value (Marktwert des Eigenkapitals) auszurichten. Der ökonomische Wert einer Investition wird durch Diskontierung prognostizierter zukünftiger Cash Flows mit einem Kapitalkostensatz geschätzt (Discounted Cash Flow/ DCF-Verfahren). Somit werden die langfristige Zukunft, der Zeitwert des Geldes sowie die Kapitalkosten einschließlich des Risikos berücksichtigt. Statt bilanzieller Größen finden Markt-

---

[1] Vgl. Rappaport, Shareholder Value (1999), S. 17; Schmid-Grotjohann, Wertorientiertes Management (2001), S. 380 f. und Kumpf, BSC in Praxis (2001), S. 116-118.

[2] Vgl. Küting/ Weber, Bilanzanalyse (2000), S 39, 122-124. Dennoch sind auch hier Einschränkungen in der Aussagefähigkeit zu beachten, vgl. Küting/ Weber, Bilanzanalyse (2000), S. 210 f.

werte Verwendung, was i.d.R. zu einer erheblichen Abweichung des Shareholder Value vom bilanziellen Eigenkapital führt.[1]

Beim Entity Approach, als den am weitesten verbreiteten DCF-Verfahren[2], ergibt sich der Unternehmenswert aus dem Barwert des Free Cash Flows während der Detailprognoseperiode, dem Residualwert als Barwert für den Zeitraum nach der Detailprognoseperiode und dem Barwert des nicht-betriebsnotwendigen Vermögens. Der Shareholder Value resultiert dann aus der Differenz von Unternehmenswert und Marktwert des Fremdkapitals (Abb. 11).[3] Der Free Cash Flow als finanzierungs-neutraler Cash Flow stellt die finanzielle Größe dar, die zur Ausschüttung an die Eigen- und Fremdkapitalgeber zur Verfügung steht. Er kann u.a., wie in Abbildung 2-11 vereinfacht dargestellt, retrograd über die Korrektur des Jahresüberschusses um auszahlungswirksame GuV-Aufwendungen und nicht einzahlungswirksame Erträge ermittelt werden.[4]

Die Erfassung der Kapitalstruktur erfolgt allein über den Diskontierungssatz, den gewichteten Kapitalkosten WACC (Weighted Average Cost of Capital):[5]

$$ \text{WACC} \ = \ r_{EK} \cdot \frac{EK}{EK + FK} \ + \ r_{FK} \ (1\text{-}s) \cdot \frac{FK}{EK + FK} $$

mit r_{EK}:   Eigenkapitalkosten
       EK: Eigenkapital
       s: Steuersatz
       r_{FK}:   Fremdkapitalkosten
       FK: Fremdkapital

---

[1]   Vgl. Spremann, Investition und Finanzierung (1996), S. 459-463; Rappaport, Shareholder Value (1999), S. 39; Loitz, Shareholder Value Ansatz (2000), S. 702 f. und Schmeisser/ Dittmann, Shareholder Value-Ansatz (2004), S. 1.

[2]   Den verschiedenen Methoden der *DCF-Verfahren* (Entity-Approach/ Bruttoverfahren: WACC-Ansatz, Total Cash Flow-Ansatz, APV-Ansatz und Equity Approach/ Nettoverfahren) liegen unterschiedliche Wege der Ermittlung des Sharholder Value (direkt/ indirekt), abweichende Definitionen des bewertungsrelevanten Cash Flows und der anzuwendenden Diskontierungssätze (Kapitalkosten) zugrunde. Vgl. Drukarczyk, Unternehmensbewertung (2001), S. 204-213; Kern, Investitionsmanagement (2002), S. 300-305 und Schmeisser/ Dittmann, Shareholder Value-Ansatz (2004), S. 4-16.

[3]   Vgl. Rappaport, Shareholder Value (1999), S. 39 f.

[4]   Vgl. Copeland/ Koller/ Murrin, Unternehmenswert (1998), S. 160-162, 195-199. Zu den Möglichkeiten der Ermittlung des FCF vgl. Günther/ Landrock/ Muche, Performancemaße (2000), S. 71 und Schmeisser/ Dittmann, Shareholder Value-Ansatz (2004), S. 4-8.

[5]   Sog. WACC-Ansatz der Entity-Methoden, vgl. Drukarczyk, Unternehmensbewertung (2001), S. 273-280; Copeland/ Koller/ Murrin, Unternehmenswert (1998), S. 20, 161 f. und Kern, Investitionsmanagement (2002), S. 303. Gemäß Rappaport ist dies der geeignete Satz, um die CF-Ströme zu diskontieren, vgl. Rappaport, Shareholder Value (1999), S. 44.

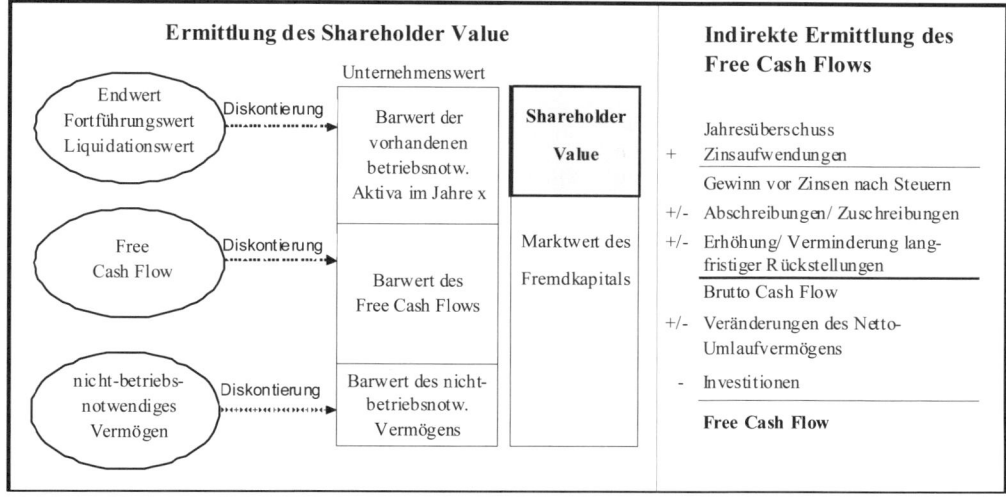

Abb. 2-11: Ermittlung des Shareholder Value mittels Entity Approach
Quelle: In Anlehnung an Müller, Strategisches Management (2000), S. 44; Schmeisser/ Dittmann, Shareholder
Value-Ansatz (2004), S. 6; Kern, Investitionsmanagement (2002), S. 300.

Der Fremdkapitalkostensatz r_{FK} kann dabei als Durchschnitt der an die Fremdkapitalgeber zu leistenden Zinssätze errechnet werden. Die Eigenkapitalkosten r_{EK} werden im Rahmen des Shareholder Value-Konzeptes regelmäßig auf Basis des Capital Asset Pricing Models (CAPM) wie folgt ermittelt:[1]

$$r_{EK} = i + \beta \ (r_M - i)$$

Sie setzen sich demnach aus dem risikofreien Zinssatz i und einem Risikoaufschlag zusammen, welcher sich aus dem unternehmensspezifischen Risikomaß β, multipliziert mit der Kapitalmarktrisikoprämie (als Differenz von erwarteter Kapitalmarktrendite r_M und risikofreiem Zinssatz i) ergibt. Während als risikofreier Zinssatz i die Rendite langfristiger Staatsanleihen zur Anwendung kommt, wird für die Kapitalmarktrendite r_M meist ein langjähriger historischer Durchschnitt eines gut diversifizierten Marktportfolios als Näherungswert verwandt. Das Risikomaß β als unternehmensspezifisches Risiko gibt an, wie sensitiv die Aktie des zu betrachtenden Unternehmens auf Kapitalmarktbewegungen reagiert.[2]

---

[1] Vgl. v. Werder, Shareholder Value-Ansatz (1998), S. 72; Rappaport, Shareholder Value (1999), S. 46-48; Loitz, Shareholder Value Ansatz (2000), S. 704 und Copeland/ Koller/ Murrin, Unternehmenswert (1998), S. 378-380.

[2] Vgl. Bühner, Shareholder Value (1997), S. 167 f.; v. Werder, Shareholder Value-Ansatz (1998), S. 72; Rappaport, Shareholder Value (1999), S. 44-48 und Loitz, Shareholder Value Ansatz (2000), S. 704 f.

Eine Wertschaffung für die Eigner ergibt sich letztlich nur dann, wenn die aus Investitionen erwirtschafteten Renditen über den Kapitalkosten liegen.[1]

Wertorientierte Performancemaße

Unternehmenswertbasierte Erfolgsgrößen finden in Deutschland verstärkt Anwendung.[2] Eine Fortentwicklung der traditionellen Kennzahlen stellt der *Cash Flow Return on Investment (CFROI)* dar. Von der Boston Consulting Group entwickelt, berechnet er sich als interner Zinsfuß des erwarteten Cash Flow-Profils. Respektive wird jener Zinssatz ermittelt, bei dem der Barwert des Brutto Cash Flows (CF vor Zinsen, Mietaufwand) und der nicht abschreibbaren Aktiva den Barwert des getätigten Investment (Bruttoinvestitionsbasis als historische inflationsbereinigte Anschaffungskosten – Anlagevermögen und Working Capital) entspricht.[3] Der CFROI lässt sich wie folgt bestimmen:

$$\text{CFROI} = \frac{\text{Brutto Cash Flow - ökonomische Abschreibung}}{\text{Bruttoinvestitionsbasis}}$$

Eine Wertschaffung ergibt sich dann, wenn der CFROI als interner Zinsfuß über den Kapitalkosten liegt. Der CFROI drückt letztlich den durchschnittlichen Return auf das insgesamt in einem Geschäft investierte Kapital zu einem bestimmten Zeitpunkt aus, es erfolgt keine Projektion von CF für zukünftige Jahre, die Brutto CF sind konstant.[4]

Ebenfalls von der BCG publiziert, basiert der *Cash Value Added (CVA)* auf dem CFROI. Er stellt den absoluten Betrag dar, der nach Zahlung der realen marktabgeleiteten Kapitalkosten auf die Bruttoinvestitionsbasis im Unternehmen verbleibt.

Der CVA zeigt somit den geschaffenen Wert in einer Periode auf, der die Kosten von Eigen- und Fremdkapital übersteigt.[5]

$$\text{CVA} = (\text{CFROI - reale Kapitalkosten}) \cdot \text{Bruttoinvestitionsbasis}$$

---

[1]   Vgl. Copeland/ Koller/ Murrin, Unternehmenswert (1998), S. 17. Kritik am Shareholder Value-Ansatz gilt jedoch u.a. der Prognoseungenauigkeit der FCF sowie der einseitigen Fokussierung auf die Shareholder unter Vernachlässigung anderer Anspruchsgruppen (Stakeholder). Vgl. v. Werder, Shareholder Value-Ansatz (1998), S. 70 f. und Müller, Strategisches Management (2000), S. 45 f.

[2]   Vgl. Günther/ Landrock/ Muche, Performancemaße (2000), S. 69.

[3]   Vgl. Stelter, Wertorientierte Unternehmensführung (1997), S. 144-148 und Schmeisser/ Dittmann, Shareholder Value-Ansatz (2004), S. 22 f. Die über die Nutzungsdauer p.a. konstanten Brutto CF werden um ökonomische Abschreibungen vermindert, d.h. um den mit den Kapitalkosten zu verzinsenden Betrag, der einzuhalten ist, um am Ende der ökonomischen Nutzungsdauer über den ursprünglichen Investmentbetrag verfügen zu können. Vgl. Günther/ Landrock/ Muche, Performancemaße (2000), S. 72.

[4]   Vgl. Günther/ Landrock/ Muche, Performancemaße (2000), S. 72 und Schmeisser/ Dittmann, Shareholder Value-Ansatz (2004), S. 22-24. Kritik gilt den i.d.R. sehr vereinfachenden Prämissen bei der Ermittlung des CFROI, vgl. Copeland/ Koller/ Murrin, Unternehmenswert (1998), S. 12-14.

[5]   Vgl. Günther/ Landrock/ Muche, Performancemaße (2000), S. 72 f. und Schmeisser/ Dittmann, Shareholder Value-Ansatz (2004), S. 24.

Der *Economic Value Added (EVA)* wurde von Stern Stewart & Company entwickelt und stellt wie der CVA ein residualgrößenbasiertes Performancemaß dar, welches die Differenz zwischen einer Cash Flow-Größe und den Kapitalkosten betrachtet. Zunächst erfolgt die Ermittlung des Cash Flow Returns auf das Investment für ein bestimmtes Jahr t (Stewarts R_t):[1]

$$\text{Stewart's } R_t \quad = \quad \frac{\text{operativer Cash Flow nach Steuern, vor Zinsen }_t \text{ (NOPAT}_t)}{\text{Investment }_t}$$

Die jeweilige Größe des Zählers und Nenners ist aus Buchwerten hergeleitet, wobei die Bilanz- und GuV-Positionen Korrekturen (sog. Conversions) unterzogen werden.[2] EVA berechnet dann den Betrag, der die auf das Investment zu errichtenden Kapitalkosten übersteigt:

$$\text{EVA}_t \quad = \quad \text{NOPAT}_t - \text{WACC}_t \ \text{Investment}_t$$

Ein ökonomischer Mehrwert (EVA) wird in einer Periode nur dann geschaffen, wenn der erwirtschaftete NOPAT[3] die Kapitalkosten des eingesetzten Kapitals übersteigt.[4]

Der *Market Value Added (MVA)*, ebenso von Stern Stewart & Company veröffentlicht, gibt als kumuliertes Erfolgsmaß den über die gesamte Laufzeit des Unternehmens geschaffenen oder vernichteten Marktwert, für Eigen- und Fremdkapital zusammen, an. Er resultiert aus der Differenz zwischen dem Unternehmensgesamtwert und dem investierten Kapital zur Erzielung dieses Marktwertes:[5]

$$\text{MVA}_t \quad = \quad \text{Gesamtunternehmenswert}_t - \text{Investment}_t$$

Letztlich ist die Wahl der Kennzahlenbasis – Ertrag oder Cash Flow – unternehmensspezifisch zu entscheiden, wobei es auch die Schwierigkeiten bei der Prognose des Cash Flows, der Ermittlung des Diskontierungsfaktors sowie der Bestimmung der künftigen Kapitalstruktur zu berücksichtigen gilt.[6]

---

[1] Vgl. Günther/ Landrock/ Muche, Performancemaße (2000), S. 72.

[2] Via Operating-, Funding-, Sharholder- und Tax-Conversion werden finanzierungs- und nicht-betriebsbedingte Einflüsse eliminiert und nicht enthaltene betriebsbedingte Bestandteile zusätzlich erfasst. Vgl. Fischer, Economic Value Added (2001), S. 169 f. Die Verwendung der üblichen Größen des externen Rechnungswesens und die damit verbundene Nähe zu den traditionellen Konzepten wird in der Literatur sowohl positiv als auch negativ bewertet. Vgl. Mensch, EVA (1999), S. 444-447.

[3] Net Operating Profit After Taxes (NOPAT) als korrigierter Jahresüberschuss, Erfolgsgröße vor Abzug von Fremdkapitalzinsen.

[4] Vgl. Mensch, EVA (1999), S. 442 f.; Günther/ Landrock/ Muche, Performancemaße (2000), S. 72 und Schmeisser/ Dittmann, Shareholder Value-Ansatz (2004), S. 24-26.

[5] Vgl. Mensch, EVA (1999), S. 441 f. und Schmeisser/ Dittmann, Shareholder Value-Ansatz (2004), S. 26 f. Die genutzten Größen sind wie bei EVA angepasste buchhalterische Größen, d.h. angenähert an zahlungsstromkonforme Werte.

[6] Vgl. Kern, Investitionsmanagement (2002), S. 293-295 und Jockel, EVA (2003), S. 352.

Berücksichtigung der Lebenszyklusphasen

Finanzwirtschaftliche Ziele können in den verschiedenen Phasen des Lebenszyklusses einer Geschäftseinheit differieren, so dass nachfolgend die Lebenszyklusphasen Wachstum, Reife und Ernte berücksichtigt werden. Abbildung 2-12 gibt einen Überblick über die Messung der finanzwirtschaftlich relevanten strategischen Themen in den genannten Lebenszyklusphasen.[1]

		Strategische Themen		
		Ertragswachstum und -mix	Kostensenkung/ Produktivitätsverbesserung	Nutzung von Vermögenswerten
Geschäftseinheitsstrategie	Wachstum	Umsatzwachstum pro Segment Prozent der Erträge aus neuen Produkten, Dienstleistungen und Kunden	Ertrag/ Mitarbeiter	Investition (in % des Umsatzes) F&E (in % des Umsatzes)
	Reife	Anteil an Zielkunden Cross-Selling Erträge in % aus neuen Anwendungen Rentabilität von Kunden und Produktlinie	Kosten des Unternehmens im Vergleich zur Konkurrenz Kostensenkungssätze Indirekte Kosten (Verkauf in %)	Kennzahlen für das Working Capital (Cash-to-cash-cycle) ROCE je Hauptvermögenskategorie Anlagennutzungsrate
	Ernte	Rentabilität von Kunden und Produktlinie unrentable Kunden in %	Einheitskosten (pro Outputeinheit, pro Transaktion)	Amortisation Durchsatz

Abb. 2-12: Messung und Bewertung strategischer finanzwirtschaftlicher Themen
Quelle: Kaplan/ Norton, BSC-Umsetzung (1997), S. 50.

In der *Wachstumsphase* hat eine Geschäftseinheit hohe Entwicklungs- und Kapitalbindungskosten zu tragen. Probleme der tendenziell steigenden Kapitalbindung sowie Entwicklungsprobleme bzgl. Befähigung der Mitarbeiter, Ausweitung der Ablauforganisation, externer Beziehungen zu Kunden, Lieferanten, Kreditinstituten etc. sind Gegenstand dieser Phase. Für eine ausgewogene und langfristige Unternehmensentwicklung wird häufig auf kurzfristige Gewinne verzichtet, ein negativer Cash Flow und eine niedrige Kapitalrendite sind charakteristisch.[2] Ansätze zur Liquiditätssicherung wie der Cash-to-Cash-Zyklus (bspw. als Gegenüberstellung der Ausgabensumme für Entwicklungsprojekte und der Summe der Einnahmen aus Entwicklungsprojekten) oder die Reichweite der Zahlungsfähigkeit sind hier besonders

---

[1]   Vgl. Kaplan/ Norton, BSC-Umsetzung (1997), S. 47, 49 f. Zum Produktlebenszyklus vgl. Kotler/ Bliemel, Marketing-Management (1999), S. 563-603 und Bea/ Haas, Strategisches Management (2001), S. 122-127.

[2]   Vgl. Kaplan/ Norton, BSC-Umsetzung (1997), S. 47 und Friedag/ Schmidt, Balanced Scorecard (2002), S. 189 f.

wichtig. Maßgrößen sind u.a. Umsatzwachstum, Anteil neuer Produkte/ neuer Kunden am Gesamtumsatz, Cash-Flow-Kennzahlen.[1]

Hohe Marktanteile bei sich verringerndem Wachstum und i.d.R. hohen Deckungsbeiträgen kennzeichnen die Situation einer sich in der *Reifephase* befindenden SGE. Ihr finanzwirtschaftliches Ziel ist auf Rentabilität ausgerichtet, d.h. Erwirtschaftung einer exzellenten Rendite aus dem der Unternehmung zur Verfügung stehenden Kapital. Zielstellungen beziehen sich daher auf ergebnisbezogene Daten wie den Deckungsbeitrag oder liquiditätsbezogene Größen wie den Cash Flow jeweils in Relation zum Einsatz an produktiven Stunden, Working Capital[2] oder Anlagevermögen. Deckungsbeiträge je produktive Zeiteinheit (z.B. Stunde), Wertschöpfung[3] je produktive Zeiteinheit, ROI, ROCE, CF je T€ Anlagevermögen und EVA sind beispielhafte Kenngrößen der Reifephase. Auch Benchmarks aus dem Kostenbereich und Kostensenkungsziele können zu entsprechenden Vorgaben in dieser Phase führen.[4]

Geschäftseinheiten in der *Erntephase* (sog. „Cash-Cow-Phase") nutzen die geschaffenen Potenziale, wichtige Investitionen finden nicht mehr statt. Die Erreichung hoher Liquiditätszuflüsse, überdurchschnittlicher Produkt- und Kundenrentabilität sowie Kapitalamortisation sind Ziele dieser Phase. Als Hauptziel gilt somit die Maximierung des Cash-Flow-Rückflusses (Cash Flow in Relation zum eingesetzten Kapital). Finanzwirtschaftliche Gesamtziele sind Operating Cash Flow (vor Abschreibungen) und Senkung des benötigten Nettoumlaufvermögens. Eine Maßzahl für die Effizienz des Working-Capital-Managements stellt der die Lager- und Umschlagsdauer für Verbindlichkeiten betrachtende Cash-to-Cash-Zyklus dar. Er zeigt die benötigte Zeit auf, um Zahlungen an Zulieferer in Bareinnahmen von Kunden umzuwandeln. Eine Differenzierung nach operativer Geschäftstätigkeit, Investitions- und Finanzierungstätigkeit im Sinne einer Kapitalflussrechnung ist hier mitunter sinnvoll.[5]

Letztlich sind für die Wahl der Kennzahlen die spezielle finanzielle Situation und die Ziele der Geschäftseinheit entscheidend. Aufgrund der sich im Zeitablauf ablösenden Phasen des Lebenszyklusses sollte die Ziel- und Kennzahlenwahl kontinuierlich – mindestens jährlich – überprüft und überdacht, ggf. den veränderten Bedingungen einer neuen oder veränderten Zyklusphase angepasst werden.[6]

---

[1] Vgl. Friedag/ Schmidt, My Balanced Scorecard (2000), S. 253-255 und Friedag/ Schmidt, Balanced Scorecard (2002), S. 189 f.

[2] Nettoumlaufvermögen wie Forderungen, Bestände und Verbindlichkeiten.

[3] Umsatz abzgl. Materialeinsatz und Fremdleistungen.

[4] Vgl. Kaplan/ Norton, BSC-Umsetzung (1997), S. 47 f. und Friedag/ Schmidt, Balanced Scorecard (2002), S. 190 f.

[5] Vgl. Kaplan/ Norton, BSC-Umsetzung (1997), S. 48, 56-58; Friedag/ Schmidt, Balanced Scorecard (2002), S. 191 und Ehrmann, Balanced Scorecard (2002), S. 112.

[6] Vgl. Kaplan/ Norton, BSC-Umsetzung (1997), S. 49.

5.4.2   Kundenperspektive

Die Kennzahlen der Kundenperspektive (Abb. 2-13) sollen die Sicht des Kunden auf das Unternehmen darstellen. Mithilfe einer Marktsegmentierung müssen zunächst die verschiedenen Markt- und Kundensegmente mit ihren Erwartungen hinsichtlich Preis, Qualität, Funktionalität, Image und Service identifiziert werden, um dann die Zielkunden- und Marktsegmente des Unternehmens zu definieren.[1]

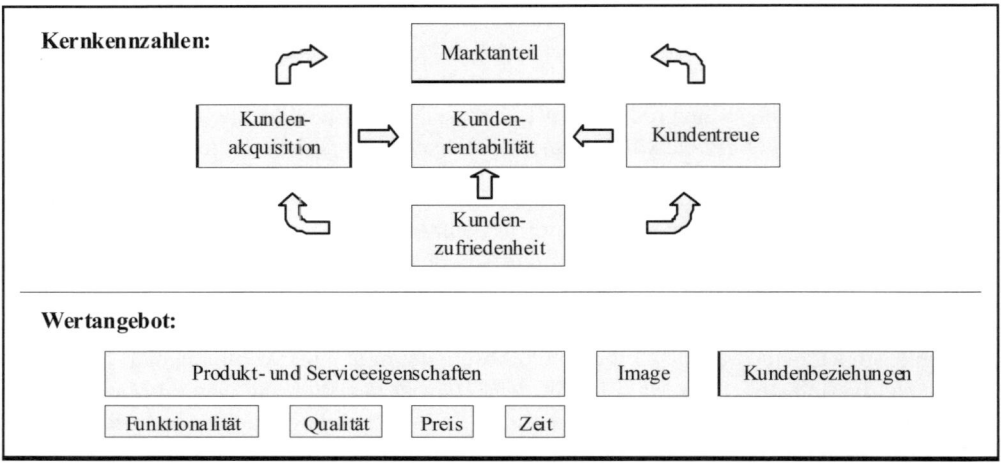

Abb. 2-13: Kernkennzahlen und Leistungstreiber der Kundenperspektive
Quelle: In Anlehnung an Kaplan/ Norton, BSC-Umsetzung (1997), S. 66, 72.

Kernkennzahlen

Die Kernkennzahlen sind eher Spätindikatoren, sie charakterisieren die Marktstellung des Unternehmens.[2] Die bereits in zahlreichen Unternehmen existierenden Kennzahlen Marktanteil, Kundentreue, Neukundenakquisition, Kundenzufriedenheit und Kundenrentabilität sind in ihrer Grundform für alle Unternehmen gültig.[3]

Der *Marktanteil* charakterisiert den Umfang eines Geschäftes (Anzahl der Kunden, Umsatz oder verkaufte Einheiten) in einem gegebenen Markt (Branche, bedienter Markt oder mehrere maßgebliche Konkurrenten). Schätzungen über die Marktgröße sind über Branchenvereinigungen, Handelsorganisationen, Regierungsstatistiken sowie andere öffentliche Quellen erhältlich. Visiert ein Unternehmen bestimmte Zielmarktsegmente an, so kann es auch den *Kundenanteil* (Anteil am „Kundengeldbeutel"), d.h. den Anteil an den Geschäften dieser

---

[1]   Vgl. Kaplan/ Norton, BSC-Umsetzung (1997), S. 62-65 und Friedag/ Schmidt, Balanced Scorecard (2002), S. 113. Zur Marktsegmentierung und Zielmarktbestimmung vgl. Kotler/ Bliemel, Marketing-Management (1999), S. 425-470.

[2]   Spätindikatoren können für Unternehmen auch zu Frühindikatoren werden. Zur Verdeutlichung am Beispiel Marktanteil/ Wachstum des Marktanteils vgl. Friedag/ Schmidt, Balanced Scorecard (2002), S. 116 f.

[3]   Vgl. Friedag/ Schmidt, Balanced Scorecard (2002), S. 113, 116.

Kunden bestimmen. Insbesondere für mittelständische Unternehmen, für die der Marktanteil nur schwer bzw. aufwendig zu ermitteln ist, stellt der via kostengünstige Kundenbefragung generierte Kundenanteil eine wichtige Größe dar.[1]

Zur Aufrechterhaltung oder Steigerung des Marktanteils im Zielkundensegment sollten zunächst existierende Kunden zu treuen Kunden werden, denn Neukunden zu werben ist teuer. Die *Kundentreue* bildet das Ausmaß ab, zu dem eine Geschäftseinheit dauerhafte Beziehungen zu seinen Kunden erhält oder gewinnt. Die Ermittlung der Größe erfolgt relativ einfach und kostengünstig z.B. über den Umsatzanteil an Bestandskunden, das Wachstum des gewährten Wiederkäuferrabatts oder den Anteil am Kaufvolumen der Wiederkäufer. Dem Anteil der Bestandskunden sollte als Kennzahl in der BSC, aufgrund qualitativer Aussagen bspw. über Image und Ruf, Qualität der Produkte und des Kundendienstes, eine hohe Priorität zukommen.[2]

Die *Neukundenakquisition* beinhaltet die Rate der neu gewonnenen oder interessierten Kunden einer Geschäftseinheit, ausgedrückt in absoluten oder relativen Zahlen. Angestrebte überproportionale Umsatzsteigerungen sind über die Gewinnung von Neukunden zu erreichen, denn der zwar überdurchschnittliche Werbeaufwand für Neukunden birgt beachtliche Potenziale. Anzahl an neuen Kunden oder Gesamtumsatz mit neuen Kunden, Wachstum der Neukundenabschlüsse, Anteil der Neukundenumsätze an den Gesamtumsätzen oder auch Erlöse aus neuen Kunden pro in Marketing investierte Geldeinheit sind mögliche Kennzahlen zur Neukundenakquisition.[3]

Die *Kundenzufriedenheit* untersucht den Zufriedenheitsgrad der Kunden eines Unternehmens anhand spezifischer Leistungskriterien innerhalb der Wertvorgaben, sie misst den Erfolg eines Unternehmens. Kundentreue wie Kundenakquisition sind abhängig von den Kundenwünschen. Nur eine höchst zufriedenstellend empfundene Kauferfahrung führt zu wiederholtem Kaufverhalten eines Kunden. Zufriedenheit entsteht als Empfindung des Kunden durch seinen Vergleich von wahrgenommenem Wertgewinn resultierend aus dem Kauf und erwartetem Wertgewinn vor dem Kauf. Unzufriedene Kunden wandern zu Konkurrenten ab und berichten statistisch gesehen fünf bis zehn Mal von ihren Erfahrungen, im Vergleich dazu zufriedene Kunden lediglich ein bis drei Mal. Faktoren wie Ruf und Image des Produktes/ der Marke bestimmen ebenfalls die Kundenzufriedenheit. Eine Messung kann über freiwillige Bewertungen von Kunden oder regelmäßige Umfragen durch die Unternehmen via Fragebögen per Post, Telefoninterviews oder persönlicher Interviews erfolgen. Beispielhafte

---

[1] Vgl. Kaplan/ Norton, BSC-Umsetzung (1997), S. 67; Kotler/ Bliemel, Marketing-Management (1999), S. 1187 f. und Friedag/ Schmidt, My Balanced Scorecard (2000), S. 226-228.

[2] Vgl. Kaplan/ Norton, BSC-Umsetzung (1997), S. 68; Ehrmann, Balanced Scorecard (2002), S. 117 und Friedag/ Schmidt, Balanced Scorecard (2002), S. 119.

[3] Vgl. Kaplan/ Norton, BSC-Umsetzung (1997), S. 68; Friedag/ Schmidt, My Balanced Scorecard (2000), S. 223 f.; Ehrmann, Balanced Scorecard (2002), S. 117 f. und Friedag/ Schmidt, Balanced Scorecard (2002), S. 120.

Kennzahlen stellen das Umfrageergebnis zur allgemeinen Kundenzufriedenheit, der Anteil von Weiterempfehlungen sowie die Anzahl positiver Rückmeldungen dar.[1]

Nicht jeder Kunde kann in einer für das Unternehmen rentablen Art und Weise zufriedenge-stellt werden. Ein Unternehmen sollte daher entscheiden, welchen Kunden es bedienen will und welche Kombination von Nutzen und Preis es ihnen bietet sowie welchen Kunden es dies nicht bieten kann. Langfristig ist es unumgänglich, sich von seinen unrentablen Kunden und Produkten zu trennen. Als Instrumente einer Marktsegmenterfolgsrechnung bieten sich ABC-Analysen, Break-Even-Analysen oder Portfolio-Analysen an. Die *Kundenrentabilität* misst den Nettogewinn eines Kunden oder eines Segments unter Berücksichtigung der für diesen Kunden entstandenen einmaligen Ausgaben. Ein gewinnbringender Kunde ist ein Kunde, der über die Dauer der Beziehung einen Zahlungsstrom erbringt, der den Kosten-strom des Unternehmens für seine Akquisition und Bedienung um ein akzeptables Minimum überschreitet. Die Messung der Kundenrentabilität sollte differenziert nach Kunden, Kun-dengruppen, Produkten erfolgen, z.B. über die Erfassung und Auswertung von Bestelldaten je Kunde/ Kundengruppe (Anzahl aufgenommener Bestellungen zur Anzahl der Bestellun-gen insgesamt, durchschnittlicher Umsatz bestimmter Kundengruppen).[2]

Wertangebote an den Kunden
Ebenso wichtig – wenn nicht sogar wichtiger zur Steuerung des Unternehmens – sind die Leistungstreiber für die Kundenergebniskennzahlen. Sie beantworten die Frage, was ein Unternehmen seinen Kunden der Zielmarktsegmente bieten muss, um einen möglichst hohen Grad an Zufriedenheit, Treue, Akquisition und schließlich Marktanteil zu erreichen. Die Leistungstreiberzahlen stellen die Wertangebote an die Kunden dar. Trotz ihres unterneh-mensspezifischen Charakters lassen sie sich differenzieren in Produkt- und Serviceeigen-schaften, Kundenbeziehungen sowie Image und Reputation.[3]

Die *Produkt- und Serviceeigenschaften* umfassen Funktionalität, Qualität und Preis eines Produktes/ einer Dienstleistung. Kunden erwarten als Selbstverständlichkeit, dass die ver-sprochenen Produkteigenschaften, d.h. Funktionalität und Qualität eines erworbenen Produk-tes, erfüllt sind. Die angebotenen Produkt- und Serviceeigenschaften sind durch die Unter-nehmensstrategie (Qualitäts- oder Billiganbieter am Markt) bestimmt. Kennzahlen der Quali-tät sind u.a. die Fehlerhäufigkeit von Produkten, die Retourenquote, Reklamationen, Inan-spruchnahme von Kundendienst sowie Servicegarantien. Vergleiche des Nettoverkaufsprei-ses mit dem der Konkurrenz oder die Prozentzahl der gewonnenen Ausschreibungsangebote verdeutlichen die Preis-Wettbewerbsfähigkeit einer Geschäftseinheit. Zu den immer wichti-ger werdenden Serviceeigenschaften zählen eine schnelle und zuverlässige Reaktion auf

---

[1] Vgl. Kaplan/ Norton, BSC-Umsetzung (1997), S. 68 f.; Kotler/ Bliemel, Marketing-Management (1999), S. 52-60; Müller, Strategisches Management (2000), S. 82-85 und Friedag/ Schmidt, Balanced Scorecard (2002), S. 117-119.

[2] Vgl. Kaplan/ Norton, BSC-Umsetzung (1997), S. 69-71; Kotler/ Bliemel, Marketing-Management (1999), S. 81-83; Ehrmann, Balanced Scorecard (2002), S. 118; Friedag/ Schmidt, My Balanced Scorecard (2000), S. 224-226 und Friedag/ Schmidt, Balanced Scorecard (2002), S. 120 f.

[3] Vgl. Kaplan/ Norton, BSC-Umsetzung (1997), S. 71.

Kundenwünsche, somit die Verkürzung und Verlässlichkeit der Durchlaufzeiten. Eine pünktliche Lieferung (OTD)[1] – gemessen an den Terminwünschen des jeweiligen Kunden – gilt
als wichtiger Leistungstreiber für Kundenzufriedenheit und -treue. Maßgrößen für die Serviceeigenschaften sind der Anteil pünktlicher Lieferungen, Verfügbarkeit der Serviceeinheiten,
aber bspw. auch das Serviceangebot sowie die Verständlichkeit der Gebrauchsanweisungen.[2]

Der Aspekt der *Kundenbeziehungen* beinhaltet die Lieferung des Produktes oder der Dienstleistung an den Kunden inkl. Reaktions- und Lieferzeiten sowie die Zufriedenheit des Kunden mit dem Kauf. Sowohl die Qualität der Kauferfahrung als auch die persönlichen Beziehungen sind hier entscheidend. Der Aufbau und Ausbau der Beziehungen zu den Kunden hat
einen gravierenden Einfluss auf den Unternehmenserfolg. Es sollten daher die Kundenerwartungen identifiziert und ggf. über Marketingmaßnahmen gesteuert werden, so dass darauf
adäquat eingegangen werden kann. Freundlichkeit und Kompetenz der Mitarbeiter, Kontakt-
intensität, Erreichbarkeit, Wartezeit bei der Auftragsannahme sind mögliche Maßgrößen.[3]

Image und Reputation eines Unternehmens/ Produktes stellen immaterielle Faktoren dar, die
ein Unternehmen für Kunden attraktiv machen und Kundentreue über den materiellen Aspekt
von Produkt und Dienstleistung hinaus erzeugen. Laut Marketingexperten werden bis zu 80
Prozent der Kaufentscheidungen aus dem Bauch heraus getroffen, Image und Reputation
eines Produktes/ einer Marke/ eines Unternehmens sind dann kaufentscheidend. Durch die
Vermittlung eines bestimmten Images via Werbeaktivitäten und effektiver Presse- und Öf-
fentlichkeitsarbeit können Unternehmen ihren idealen Kunden definieren, ansprechen und in
seinem Kaufverhalten beeinflussen. Erfolge durch Image und Reputation sind umsatzmäßig
kaum direkt messbar, langfristig haben sie aber immer Effekte. Es existieren vielfältige Möglichkeiten der indirekten Messung, bspw. über Wachstum des Werbeetats, Anzahl der Berichte in Medien (insbesondere Printmedien), Anzahl Besucher auf Firmenveranstaltungen.[4]

5.4.3 Interne Prozessperspektive

In der Geschäftsprozessperspektive werden die für die Unternehmensstrategie kritischen
Prozesse identifiziert. Messgrößen dieser Perspektive sind auf die Prozesse konzentriert, die
zur Verwirklichung der für Kunden und Anteilseigner formulierten Ziele beitragen. Die
Wertkette der internen Geschäftsprozesse nach Kaplan/ Norton enthält ein Bündel unterneh-
mensspezifischer Prozesse zur Wertschöpfung für Kunden und zum Erreichen angestrebter

---

[1]   On Time Delivery (OTD)

[2]   Vgl. Kaplan/ Norton, BSC-Umsetzung (1997), S. 83-88; Friedag/ Schmidt, My Balanced Scorecard (2000),
      S. 213 f.; Müller, Strategisches Management (2000), S. 81-84 und Friedag/ Schmidt, Balanced Scorecard
      (2002), S. 122 f.

[3]   Vgl. Ehrmann, Balanced Scorecard (2002), S. 119 f. und Friedag/ Schmidt, Balanced Scorecard (2002),
      S. 124 f.

[4]   Vgl. Kaplan/ Norton, BSC-Umsetzung (1997), S. 73 f.; Ehrmann, Balanced Scorecard (2002), S. 120; Friedag/
      Schmidt, My Balanced Scorecard (2000), S. 213-218 und Friedag/ Schmidt, Balanced Scorecard (2002), S. 124.

finanzieller Ergebnisse. Sie besteht aus drei Hautgeschäftsprozessen: Innovation, betriebliche Prozesse, Kundendienst.[1]

Innovation

Der zur Sicherstellung des gegenwärtigen wie zukünftigen finanziellen Erfolges bedeutende Innovationsprozess beinhaltet die Identifikation von bestehenden und neuen Wünschen neuer Kunden in neuen Märkten sowie die Schaffung geeigneter Leistungs- und/oder Produktangebote. Mittels Marktforschung werden Marktgröße, Besonderheiten der Kundenwünsche und preisliche Eckpunkte für Zielprodukte identifiziert, die den eigentlichen Produkt-/ Dienstleistungsentwicklungsprozessen als Input dienen. Mögliche Kennzahlen sind hier die Anzahl neu identifizierter Kundenwünsche, der Umsetzungsgrad identifizierter Kundenwünsche, Anteil des Umsatzes aus neuen Produkten, Anteil der neuen Produkte im Vergleich zur Konkurrenz, Time to Market[2], das Verhältnis Betriebsgewinn zu Entwicklungskosten.[3]

Betriebsprozess

Der Betriebsprozess umfasst den Einkauf sowie Fertigung und Absatz existierender Produkte und Dienstleistungen; er ist auf eine effiziente, beständige und pünktliche Lieferung fokussiert. Im Hinblick auf die strategischen Leistungsprozesse spielen Geschwindigkeit und Qualität der Umsetzungsprozesse eine wichtige Rolle. Ob immer Schnelligkeit und Qualität notwendig sind, ist abzuwägen und als strategische Leitlinie des Unternehmens zu definieren. Qualitäts-, Zeit-, Leistungseigenschaften und Kosten, die den Verkauf gewährleisten, sollten identifiziert werden. Mittels Target-Costing[4] können nach Erfassen der Kundenerwartungen an ein Produkt die Zielkosten ermittelt werden, die die Erfüllung der Erwartung kosten darf.[5]

Wichtige Parameter der Beschreibung interner Geschäftsprozesse stellen Kennzahlen zu Zykluszeit, Qualität und Prozesskosten dar. Eine Kennzahl der *Reaktionszeit* ist die Effektivität des Fertigungszyklusses[1]:

$$MCE = \frac{\text{Be- oder Verarbeitungszeit}}{\text{Durchlaufzeit}}$$

---

[1]   Vgl. Kaplan/ Norton, BSC-Umsetzung (1997), S. 89-93.

[2]   Unter *Time to Market*, zu Deutsch Marktreife, ist die Zeit vom Aufgreifen einer Idee bis zur Marktreife zu verstehen. Vgl. Friedag/ Schmidt, Balanced Scorecard (2002), S. 144.

[3]   Vgl. Kaplan/ Norton, BSC-Umsetzung (1997), S. 94-100; Friedag/ Schmidt, My Balanced Scorecard (2000), S. 228-231; Müller, Strategisches Management (2000), S. 101 f.; Friedag/ Schmidt, Balanced Scorecard (2002), S. 141-144 und Ehrmann, Balanced Scorecard (2002), S. 121 f.

[4]   Zum Target-Costing als Zielkostenrechnung vgl. Coenenberg, Kostenrechnung (1997), S. 545-472 und Bea/ Haas, Strategisches Management (2001), S. 315-321.

[5]   Vgl. Kaplan/ Norton, BSC-Umsetzung (1997), S. 100-102 und Friedag/ Schmidt, My Balanced Scorecard (2000), S. 131 f.

Die Durchlaufzeit ist i.d.R. ein Vielfaches der Bearbeitungszeit, so dass eine Verbesserung der Relation in Richtung MCE gleich 1 angestrebt werden sollte. Eine Verschlechterung der Relation deutet frühzeitig auf Probleme im betrieblichen Arbeitsablauf hin, die zu Mehrkosten, Terminverzögerungen, etc. führen können. Der MCE stellt somit einen wirksamen Frühindikator dar.[2] Kennzahlen der *Prozessqualität* sind bspw. die Anzahl der Produkte, die ohne Nachbesserungen den Produktionsprozess durchlaufen (Erfolgsrate im ersten Durchlauf), Materialabfall oder Anzahl der Rücksendungen. Mittels Prozesskostenrechnung[3] können *Kostenkennzahlen der Geschäftsprozesse* generiert werden, die kostentreibenden Faktoren (Cost-driver) identifiziert werden. Via Ableitung von Prozesskostensätzen können die betrachteten Prozesse kostenmäßig abgebildet werden:

So kann die Relation der Prozesskosten für die Abwicklung von Kundenaufträgen p.a. zur

$$\text{Prozesskostensatz} \quad = \quad \frac{\text{Prozesskosten}}{\text{Prozessmenge}} = \frac{\text{Input}}{\text{Output}}$$

Anzahl der Kundenaufträge p.a. gebildet werden.[4]

Kundendienst

Mit entscheidend für den Markterfolg ist der Kundendienstprozess, der Wartungs- und Garantiearbeiten, Fehlerbeseitigung, Reklamationsbearbeitung, Bearbeitung von Zahlungen sowie darüber hinausreichende Serviceleistungen umfasst. Die Nachbetreuung der Kunden geht über die reine Gewährleistung hinaus; Erfahrungen mit dem Produkt/ der Leistung, Hinweise und Kritik des Kunden werden erfragt, Beschwerden und Reklamationen zu interner Verbesserung genutzt. Somit können weitere Kundenwünsche, auch unausgesprochene Bedürfnisse, identifiziert und Problemlösungen angeboten werden, so dass die Nachbetreuung in Nachfolgeaufträgen münden kann. Der Anteil nachbetreuter Kunden, die verwendete Zeit und Kosten für die Marktbetreuung, die Reaktionszeit bei Anfragen und Beschwerden

---

[1]   Beim *MCE* (Manufactoring Cycle Effectiveness) ist die Be- und Verarbeitungszeit die effektiv benötigte Zeit für die Produkt-/ Leistungserstellung, die Durchlaufzeit ist die Summe von Be- oder Verarbeitungszeit, Prüfzeit, Transportzeit, Warte- und Lagerzeit. Vgl. Kaplan/ Norton, BSC-Umsetzung (1997), S. 113.

[2]   Vgl. Kaplan/ Norton, BSC-Umsetzung (1997), S. 112 f. und Friedag/ Schmidt, Balanced Scorecard (2002), S. 145 f.

[3]   Die *Prozesskostenrechnung* (Activity Based Costing/ ABC) rechnet den Produkten die Gemeinkosten der indirekten Leistungsbereiche nicht durch Zuschläge auf die Einzelkosten, sondern entsprechend der den der Herstellung erforderlichen Prozessen zu, mit dem Ziel der Erhöhung der (Kosten)Transparenz in den indirekten Leistungsbereichen. Vgl. ausführlich Coenenberg, Kostenrechnung (1997), S. 220-241.

[4]   Vgl. Kaplan/ Norton, BSC-Umsetzung (1997), S. 100-102, 114-118; Müller, Strategisches Management (2000), S. 102 f.; Friedag/ Schmidt, Balanced Scorecard (2002), S. 144-147 und Ehrmann, Balanced Scorecard (2002), S. 122 f.

sowie die Zahl der zufriedenen Kunden durch die Nachbetreuung stellen Kennzahlen dieses Prozesses dar.[1]

5.4.4   Lern- und Entwicklungsperspektive

Hier werden Ziele und Kennzahlen (Abb. 2-14) zur Förderung einer lernenden und sich entwickelnden Organisation und Mitarbeiter generiert. Die Lern- und Entwicklungsperspektive schafft die zur Erreichung der Ziele in den anderen Perspektiven notwendige Infrastruktur und ist wegen ihrer langfristigen Wirkungen von besonderer Bedeutung. Die Mitarbeiter sollen befähigt werden, die strategischen Ziele umzusetzen. Oftmals wird die Messfähigkeit von Befähigungen der Mitarbeiter wie Motivation, innere und soziale Einstellung oder Teamfähigkeit negiert, doch Befähigungen, also eher weiche Faktoren lassen sich – wenn auch teilweise schwierig und indirekt – messen und beeinflussen.[2] Auch traut man sich nicht Mitarbeiterdeckungsbeiträge einzuführen. Diesen Weg begeht erst der Berliner Balanced Scorecard Ansatz

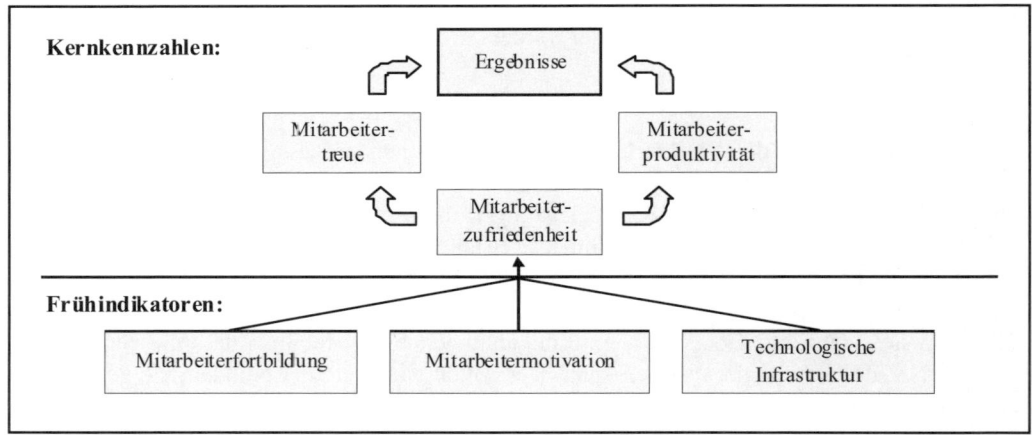

Abb. 2-14: Kennzahlen der Lern- und Entwicklungsperspektive
Quelle: In Anlehnung an Kaplan/ Norton, BSC-Umsetzung (1997), S. 66, 72.

Kerngrößen
Zur Erfüllung der steigenden Kundenwünsche und -ansprüche sind flexible, gut ausgebildete Mitarbeiter notwendig, die zu kontinuierlicher Verbesserung und Weiterentwicklung der Produkte fähig und bereit sind. Es gilt, die Know-how-Basis, d.h. die Mitarbeiter mit direktem Prozess- und Kundenkontakt zu nutzen, zu fördern und weiterzuentwickeln, um so Ideen zu Prozess- und Leistungsverbesserungen zu generieren. Kennzahlen für die Mitarbeiterpo-

---

[1]   Vgl. Kaplan/ Norton, BSC-Umsetzung (1997), S. 102 f.; Ehrmann, Balanced Scorecard (2002), S. 123 und Friedag/ Schmidt, Balanced Scorecard (2002), S. 147-150.

[2]   Vgl. Kaplan/ Norton, BSC-Umsetzung (1997), S. 121 und Friedag/ Schmidt, Balanced Scorecard (2002), S. 163-166.

tenziale (Spätindikatoren) sind Mitarbeiterzufriedenheit, Mitarbeitertreue sowie Mitarbeiter-produktivität.[1]

Die *Mitarbeiterzufriedenheit* gilt als treibender Faktor für Mitarbeitertreue und Mitarbeiter-produktivität. Zufriedene Mitarbeiter sind Bedingung für Produktivitätssteigerung, Reaktionsfähigkeit, Qualität und Kundenservice, so dass eine hohe Korrelation zwischen Mitarbeiter- und Kundenzufriedenheit besteht. Übertragung von Verantwortung sowie Leistungsanerkennung sind entscheidende Einflussfaktoren, aber auch das allgemeine Arbeitsklima und das Potenzial der Mitarbeiter determinieren die Mitarbeiterzufriedenheit. Eine Messung kann mithilfe repräsentativer Mitarbeiterbefragungen erfolgen, u.a. mit Fragen zu Mitbestimmung bei Entscheidungen, Art der Leistungsanerkennung, allgemeiner Zufriedenheit mit dem Unternehmen. Der durchschnittliche Krankenstand, die Bereitschaft zu Sonderleistungen sowie der Anstieg von Stellenbewerbungen aus dem Mitarbeiterbekanntenkreis ermöglichen ebenfalls eine Aussage zur Mitarbeiterzufriedenheit im Unternehmen.[2]

Treue Mitarbeiter als Wertträger der Organisation, des Wissens um Unternehmensprozesse und der Sensibilität für Kundenwünsche sowie ein nicht unerheblicher Einarbeitungsaufwand für neue Mitarbeiter veranlassen Unternehmen zum Binden guter Mitarbeiter im Unternehmen. Später wird deshalb vom Humankapital gesprochen. Die betrieblichen Leistungsträger sichern Wachstum und Bestehen der Unternehmen am Markt, einige Unternehmen sehen eine Korrelation zwischen *Mitarbeitertreue* und Kundenzufriedenheit. Adäquate Maßgrößen, abhängig von der unternehmensspezifischen Situation und Konjunkturlage, sind die Fluktuationsrate der betrieblichen Leistungsträger, Kündigungsquote, durchschnittliche Firmenzugehörigkeit in Jahren.[3]

Die *Mitarbeiterproduktivität* gibt Auskunft über die Ergebnisse der Mitarbeiterfähigkeiten; je zufriedener Mitarbeiter sind, je mehr ihr Potenzial verbessert und genutzt werden kann, umso höher ist die Mitarbeiterproduktivität. Der Output der Mitarbeiter soll hier mit der benötigten Mitarbeiteranzahl verbunden werden: Ertrag pro Mitarbeiter, Umsatz je Mitarbeiter (vernachlässigt jedoch Kostenfaktor), Deckungsbeitrag je Mitarbeiter oder deren Wachstum. Personenbezogene Produktivitätsmessungen sind in Deutschland jedoch verpönt, werden von Mitarbeitern als Kontrolle aufgefasst und sind letztlich kontraproduktiv. Praktiziert wird daher häufig die Messung bereichsspezifischer Aktivitäten und Erfolge, d.h. getätigte Abschlüsse, Rückgang von Fehlern oder Reklamationen, Veröffentlichungen der Pressestelle in der Fachpresse.[4]

---

[1]   Vgl. Müller, Strategisches Management (2000), S. 90-94; Wickel-Kirsch, BSC als Instrument im Personalcontrolling (2001), S. 277 f.; Ehrmann, Balanced Scorecard (2002), S. 125 und Friedag/ Schmidt, Balanced Scorecard (2002), S. 167.

[2]   Vgl. Kaplan/ Norton, BSC-Umsetzung (1997), S. 124 f.; Friedag/ Schmidt, My Balanced Scorecard (2000), S. 243-245; Friedag/ Schmidt, Balanced Scorecard (2002), S. 168 und Ehrmann, Balanced Scorecard (2002), S. 125 f.

[3]   Vgl. Müller, Strategisches Management (2000), S. 94; Friedag/ Schmidt, My Balanced Scorecard (2000), S. 245-247 und Friedag/ Schmidt, Balanced Scorecard (2002), S. 168 f.

[4]   Vgl. Friedag/ Schmidt, My Balanced Scorecard (2000), S. 247 f.; Friedag/ Schmidt, Balanced Scorecard (2002), S. 169 f; Ehrmann, Balanced Scorecard (2002), S. 126.

Leistungstreiber

Die treibenden Faktoren der Kerngrößen der Lern- und Entwicklungsperspektive sind bis heute eher generisch und noch nicht so weit entwickelt wie die der anderen Scorecard-Perspektiven. Die Identifikation situationsspezifischer Antriebskräfte („Befähiger") der beschriebenen Ergebnisgrößen verlangt intensive Diskussionen im Unternehmen, was häufig eher vernachlässigt wird. Nachfolgend wird auf Fort- und Weiterbildung, Mitarbeitermotivation und Potenziale von Informationssystemen als Leistungstreiber eingegangen.[1]

Fort- und Weiterbildung aller Mitarbeiter – permanent und systematisch – ist bei der heutigen schnellen Veralterung von Wissen unerlässlich, zielgerichtetes entwickeltes Know-how der Mitarbeiter ist notwendig. Kennzahlen existieren hinsichtlich der Qualität der Weiterbildung sowie der Zahl der erforderlichen Maßnahmen. Die Summe der aus Fortbildungsseminaren entstandenen Ideen/ Verbesserungsvorschläge oder die Absagequote für Fortbildungsmaßnahmen als Indikator für das Fortbildungsbewusstsein der Mitarbeiter/ Führungskräfte sind mögliche Maßgrößen. Mittels Mitarbeiter-Kompetenz-Analyse kann diskutiert werden, welche Fortbildungsmaßnahmen auf welchen Mitarbeiterebenen notwendig sind. Die „strategische Abdeckungsziffer" zeigt das Verhältnis zwischen der Mitarbeiteranzahl, die für besondere strategische Aufgaben qualifiziert ist und dem Bedarf an qualifizierten Mitarbeitern.[2]

Die *Mitarbeitermotivation* hat einen wesentlichen Einfluss auf die Ergebnisverbesserung, so dass ein Klima geschaffen werden muss, das die Mitarbeiter ermutigt und anspornt. Die oftmals durch Misstrauen, Vorurteile, Unehrlichkeit und Kommunikationsmangel geprägte Unternehmenskultur muss einer Vertrauenskultur weichen. Die Motivation der Mitarbeiter ist aus der Einsatzbereitschaft für das Unternehmen (Anteil in internen Ausschüssen engagierter Mitarbeiter), dem Engagement in unternehmensnahen Einrichtungen (Anteil in sozialen Projekten engagierter Mitarbeiter) sowie dem Interesse an nicht direkt unternehmensbezogenen Veranstaltungen (Teilnehmerquote beim Betriebsausflug) erkennbar. Der Mitarbeitermotivation werden weiter folgende Aspekte zugeordnet: das *Verbesserungs- und Vorschlagswesen* zur aktiven Beteiligung der Mitarbeiter an der Verbesserung der Unternehmensleistung. Maßgrößen sind u.a. Anzahl oder Wachstum der Verbesserungsvorschläge pro Mitarbeiter/ Team, Anzahl umgesetzter Vorschläge und gemessenes Einsparungspotenzial als Indikatoren der Vorschlagsqualität, Prämiensumme für Verbesserungsvorschläge. Inwieweit das Management die entwickelten Strategien im Unternehmen einsetzt, zeigt die *Zielausrichtung* gemessen am Bekanntheitsgrad der BSC bei Mitarbeitern, Kunden oder am Anteil der Mitarbeiter des Top-Managements/ sämtlicher Mitarbeiter, die von der BSC betroffen sind. Die *Teamfähigkeit* kann via Teamprämien bei Erreichung von Teamzielen, aber auch via Mannschaftsbetriebssport gefördert werden. Als Kennzahlen sind die Anzahl von

---

[1]   Vgl. Kaplan/ Norton, BSC-Umsetzung (1997), S. 138 f. und Friedag/ Schmidt, Balanced Scorecard (2002), S. 170.

[2]   Vgl. Kaplan/ Norton, BSC-Umsetzung (1997), S. 127-129; Friedag/ Schmidt, My Balanced Scorecard (2000), S. 240 f. und Friedag/ Schmidt, Balanced Scorecard (2002), S. 170 f.

Teamprojekten, Anzahl regelmäßiger Teamaufgaben, Anzahl/ Höhe der Teamprämien möglich.[1]

Die *Potenziale von Informationssystemen*, d.h. die modernen Möglichkeiten der Informationsgewinnung und -verwertung (z.B. Internet, Databasemanagement) aktiv zu nutzen, ist wichtig zur Erlangung umfassender Informationen über interne Prozesse, Kunden, Lieferanten und finanzielle Auswirkungen von Entscheidungen. Dies ist eine Voraussetzung für die Mitwirkung im künftigen Marktgeschehen. Genaue termingerechte Informationen bzgl. der Beziehung des Kunden zum Unternehmen, bspw. die Ermittlung der Kundenrentabilität mittels Activity Based Costing, fördern Transparenz hinsichtlich Segmentzugehörigkeit des Kunden, bestimmen den Aufwand der Kundenzufriedenstellung und beinhalten Kostensenkungs- und Ertragsverbesserungspotenziale. Messgrößen für die Potenziale von Informationssystemen können die Anzahl von DV-Nutzungs-Stunden durch das Management, Anteil der Mitarbeiter mit direktem Kundenkontakt und Online-Zugriff auf Kundendaten, Abrufbarkeit verfügbarer Auswertungen sowie Schnelligkeit von Abschlussberichten sein.[2]

Zusammenfassend ist in Abbildung 2-15 der Auszug einer beispielhaften Balanced Scorecard dargestellt, die den gesamten Aufbau der BSC als Kennzahlensystem veranschaulichen soll.

---

[1] Vgl. Kaplan/ Norton, BSC-Umsetzung (1997), S. 134-136; Friedag/ Schmidt, My Balanced Scorecard (2000), S. 238-240; Friedag/ Schmidt, Balanced Scorecard (2002), S. 171-174; und Ehrmann, Balanced Scorecard (2002), S. 126 f.

[2] Vgl. Kaplan/ Norton, BSC-Umsetzung (1997), S. 130; Friedag/ Schmidt, Balanced Scorecard (2002), S. 174-182.

Auszug aus einer Balanced Scorecard	Strategische Ziele	Messgrößen	Zielwerte 2003	Strategische Aktionen
Finanzielle Perspektive: Was für Zielsetzungen leiten sich aus den finanziellen Erwartungen unserer Kapitalgeber ab?	CFROI deutlich steigern	CFROI	18%	In den folgenden Perspektiven definiert
	Konkurrenzfähige Kostenstruktur aufbauen	% Gesamtkosten vom Umsatz	80%	In den folgenden Perspektiven definiert
		% Vertriebs- und Verwaltungskosten	7%	
	Internationales Wachstum vorantreiben	Gesamtumsatz	1 Mrd. EUR	Marktstudie „Mittel-Ost-Europa"
		% Umsatz nicht EU/ nicht USA	450 Millionen EUR	Task Force „Pacific"
Kundenperspektive: Welche Ziele sind hinsichtlich Struktur und Anforderungen unserer Kunden zu setzen, um unsere finanziellen Ziele zu erreichen?	Affordable but good: Einfachgeräte am Markt positionieren	Marktanteil im Massensegment	12%	Marketingoffensive
		Bewertungsindex Händler	75 Indexpunkte	Einrichtung Händlerforum
	Excellenz in copying im Hochpreissegment	Marktanteil im Hochpreissegment	16%	Designstudie Überarbeitung Marketingmaterial
		Imagewerte Kunden	88 Indexpunkte	
	Funktionssicherheit erhöhen	Anzahl Störfälle	-45%	Technikumstellung RCP Projektgruppe „No excuses"
	Kundenbetreuung aktiver gestalten	Wiederkaufsquote	75%	Key Account Management
		Besuche/ Zielkunde	2 p.a.	Ausrichtung Vertriebsmeeting
Prozessperspektive: Welche Ziele sind hinsichtlich unserer Prozesse zu setzen, um die Ziele der Finanz- und Kundenperspektive erfüllen zu können?	Produkte standarsisieren	Gleichteilkosten in Relation zu den gesamten Materialkosten	65%	Benchmarking mit Hyoto Baukastenanalyse
	Synergien nutzen	Personalkosten in % vom Umsatz	8,5%	Synergieleitfaden erarbeiten Synergiezirkel initiieren
		Synergiebericht	kein Zielwert	
	Fertigungstiefe an Kernkompetenzen anpassen	Kerntechnologiequote	80%	Definition der Kernkompetenzen Anpassung Fertigungslayout
	Interne Kundenorientierung erhöhen	Schnittstellenbefragungsindex	75 Indexpunkte	Synergiezirkel initiieren (w.o.) Einführung Prozessmanagement
Potenzialperspektive: Welche Ziele sind hinsichtlich unserer Potenziale zu setzen, um den aktuellen und zukünftigen Herausforderungen gewachsen zu sein?	Entwicklungskompetenz steigern	Assessmentwerte (durch F&E, Vertrieb, Produktion, Management)	80 Indexpunkte	Recruierungsoffensive Partnerschaft mit Uni Stuttgart
	Neue Medien nutzen	Bestellvorgänge über Internet	+125%	Neugestaltung Homepage Web Auftritt offensiv bewerben
	Mitarbeitermotivation erhöhen	Austritte von Key-Employees	3%	Einführung Mitarbeiterbefragung
		Mitarbeiterbefragungswerte	85 % Indexwerte	Feedbacksysteme überarbeiten

Abb. 2-15: Auszug einer beispielhaften Balanced Scorecard
Quelle: Horvàth & Partners (Hrsg.). (Balanced Scorecard)

5.5   Anwendungsprobleme

Bei der Anwendung der Balanced Scorecard als Kennzahlensystem existieren in praxi häufig Vorbehalte und Schwierigkeiten hinsichtlich der Identifizierung von Wertreibern (weiche

Faktoren) und der Quantifizierung ihrer Auswirkungen auf die Steuerungsgrößen.[1] Wie bereits in Punkt 3.2 dieses Kapitels aufgezeigt, gilt die Identifizierung der Ursache-Wirkungs-Beziehungen als große Herausforderung. Die Abbildung der Einflussfaktoren und ihrer Wechselwirkungen sind mit Schwierigkeiten verbunden, resultierend aus der hohen Komplexität der Wirkungsbeziehungen, gegenläufigen Einzelwirkungen, wechselseitigen und indirekten Beziehungen sowie Grenzen der Quantifizierbarkeit. Bei der Generierung der Kausalbeziehungen sollte daher durchaus vereinfacht und abstrahiert werden, um letztlich den Vorzug des Konzeptes – die Einfachheit – zu wahren.[2]

Gemäß Müller dominieren in der Unternehmenspraxis nach wie vor finanzwirtschaftliche Kennzahlen, so dass der Fokus mehr auf die Herausarbeitung der Leistungstreiber, die den Erfolg der Strategie gewährleisten können, gelegt werden muss.[3] Kaplan/ Norton kritisieren die geringe Anzahl von Befähigern insbesondere in der Lern- und Entwicklungsperspektive sowie eine unzureichende Anstrengung der Unternehmen bzgl. deren Generierung. Sie sehen dies als Indikator für eine fehlende Verknüpfung strategischer Ziele mit den Aktivitäten zur Mitarbeiterweiterbildung, Informationsversorgung, Ausrichtung Einzelner/ Teams/ Organisationseinheiten an die Unternehmensstrategie und mit den langfristigen Zielen. Der Gefahr der Vernachlässigung dieser wichtigen Perspektive sollte, wenn Kennzahlen nicht entwickelt und verfügbar sind, zumindest verbal begegnet werden, um so Bewusstsein zu schaffen.[4] Die oftmals unverbindliche Offenheit von Kaplan/ Norton gekennzeichnet durch zahlreiche undifferenziert normative Gestaltungsempfehlungen tragen jedoch laut Weber/ Schäffer ihr Übriges zu dieser Situation bei. So liefern sie, wie bereits erwähnt, lediglich dürftige Vorschläge zu den Wechselwirkungen zwischen den Perspektiven und ihren Ziel- und Messgrößen.[5]

Letztlich gilt die in der Literatur geäußerte Kritik an der Balanced Scorecard als Kennzahlensystem vornehmlich einer fehlenden Verknüpfung der BSC-Perspektiven aufgrund ihrer qualitativen und quantitativen Kennzahlen. Nutzt und verbindet man jedoch die Techniken und Instrumente des internen wie externen Rechnungswesens, erscheint und erweist sich die Verknüpfung als durchaus möglich. Im folgenden Kapitel wird dies anhand des Berliner Balanced Scorecard Ansatzes [6] aufgezeigt und verdeutlicht.

---

[1] Vgl. Friedag/ Schmidt, Balanced Scorecard (2002), S. 212-214 und Ittner/ Larcker, Nonfinancial PM (2003), S. 88-95.

[2] Vgl. Eberenz u.a., Meinungsspiegel Balanced Scorecard (2000), S. 81-83; Wall, Ursache-Wirkungsbeziehungen (2001), S. 69-74. Zur Identifizierung und Quantifizierung der Werttreiber schlägt Klingebiel ein Simultanmodell vor und verdeutlicht dies anhand eines Beispiels, vgl. Klingebiel, Werttreiber (2000), S. 565-568.

[3] Vgl. Müller, Strategisches Management (2000), S. 95, 97, 130. So auch die Ergebnisse der Studie von Weber/ Sandt, Erfolg durch Kennzahlen (2001), S. 12-16.

[4] Vgl. Kaplan/ Norton, BSC-Umsetzung (1997), S. 138-140.

[5] Vgl. Weber/ Schäffer, BSC und Controlling (2000), S. 172. So auch Müller, Strategisches Management (2000), S. 130 und Eberenz u.a., Meinungsspiegel Balanced Scorecard (2000), S. 82.

[6] Vgl. Schmeisser, BSC-Quantifizierung (2002), S. 30 f., 48-51;bzw. ursprünglich nannte sich die BBSC Schmeisser Ansatz

6   Zur Rechenbarkeit des Berliner Balanced Scorecard Ansatzes mit ausgewählten Modellen, Instrumenten und Techniken des internen und externen Rechnungswesens nach dem ursprünglichen Ansatz von Schmeisser

Gemäß Schmeisser ist die Balanced Scorecard mit den bekannten Modellen und Instrumenten des internen und externen Rechnungswesens durchaus rechenbar zu gestalten. In seinem Ansatz veranschaulicht er dies bei einer gegebenen Strategie anhand von Methoden und Instrumenten für alle vier BSC-Perspektiven und verknüpft diese miteinander (Abb. 2-16). Damit wird letztlich die Berechnung und Implementierung von Strategien für Unternehmen steuer- und kontrollierbar.[1]

---

[1] Vgl. Schmeisser, BSC-Quantifizierung (2002), S. 30.

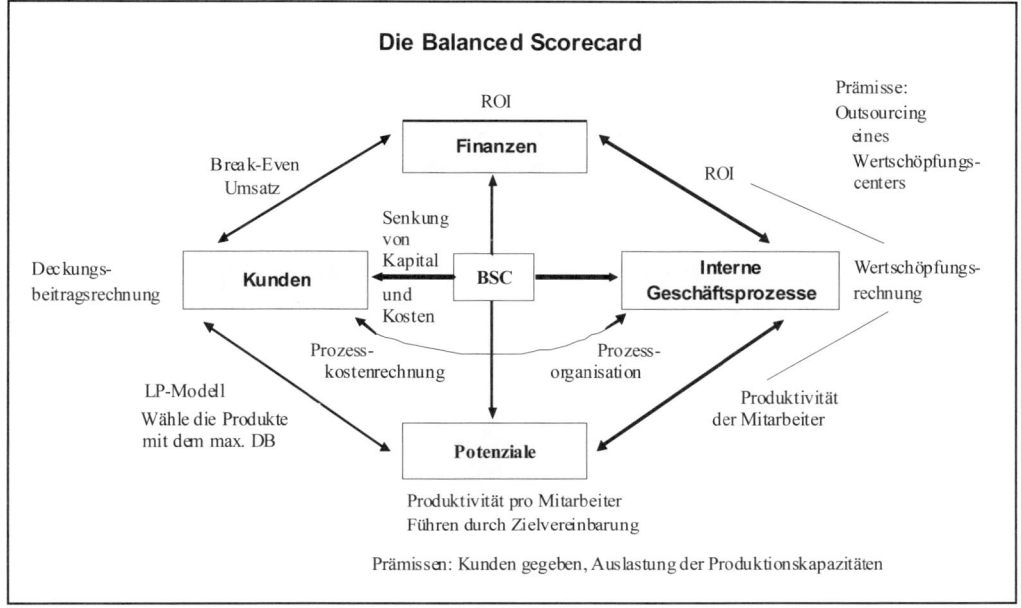

Abb. 2-16: Ansatz von Schmeisser zur Rechenbarkeit der BSC
Quelle: Schmeisser, BSC-Quantifizierung (2002), S. 30.

6.1 Abbildung und Verknüpfung von Kunden- und Finanzperspektive

6.1.1 Deckungsbeitragsrechnung als Erfolgsrechnung in der Kundenperspektive

Als kurzfristige Erfolgsrechnung in der Kundenperspektive ermöglicht die Deckungsbeitragsrechnung die Planung und Analyse der Erfolge der einzelnen Erfolgsträger bei den Kunden (z.B. Produkte/ Dienstleistungen, Produktgruppen, Sparten, Geschäftsbereiche oder regionale Bereiche) und damit auch die Überprüfung der Strategieperformance.[1]

Bei der Deckungsbeitragsrechnung erfolgt eine gesonderte Erfassung beschäftigungsvariabler und -fixer Kosten, so dass auf eine Schlüsselung fixer Kosten verzichtet wird. Der Deckungsbeitrag (DB) ergibt sich aus der Differenz zwischen den Erlösen und den variablen Kosten der Produkte. Er zeigt auf, in welchem Umfang die einzelnen Produkte/ Produkt-

---

[1]   Vgl. Schmeisser, BSC-Quantifizierung (2002), S. 30.

gruppen etc. zur Deckung der fixen Kosten, die als Kosten der Betriebsbereitschaft von allen Produkten zu decken sind, beigetragen bzw. beizutragen haben. Die fixen Kosten werden dann vom Deckungsbeitrag subtrahiert, nicht wie bei der Vollkostenrechnung auf die einzelnen Produkte geschlüsselt.[1] Bei der einstufigen Deckungsbeitragsrechnung (Direct Costing) werden die fixen Kosten summarisch abgesetzt, eine Unterscheidung hinsichtlich ihrer Natur und dem Grad der Zurechenbarkeit zu betrieblichen Aktivitäten erfolgt dennoch.[2] Abbildung 2-17 veranschaulicht den Aufbau der einstufigen Deckungsbeitragsrechnung basierend auf der Leistungsmessung nach dem Umsatzkostenverfahren[3].

Die mehrstufige/ stufenweise Deckungsbeitragsrechnung differenziert die Fixkosten bspw. in Erzeugnisfixkosten, Erzeugnisgruppenfixkosten, bereichsfixe- und unternehmensfixe Kosten, so dass eine gestaffelte hierarchische Erfassung und Zuordnung fixer Kosten stattfindet. Eine erweiterte Aussage gegenüber der einstufigen Rechnung ist damit möglich, wenn die Fixkosten nach Maßgabe ihrer Abbaufähigkeit betrachtet werden.[4]

Produkte		A	B	C
Bruttoerlöse	240.500	63.200	74.900	102.400
- Erlösschmälerungen (Rabatte, Skonti)	7.000	1.000	2.000	4.000
= Nettoerlöse	233.500	62.200	72.900	98.400
- variable Vertriebskosten	7.700	1.800	2.200	3.700
- variable Kosten der abges. Produkte	138.000	42.700	48.100	47.200
= DB I	87.800	17.700	22.600	47.500
in % der Nettoerlöse	37,6%	28,5%	31,0%	48,3%
- Fixkosten der Periode				
- Herstellung	39.150			
- Verwaltung	9.500			
- Vertrieb	29.550			
= Betriebsergebnis (Gewinn)	9.600			

Abb. 2-17: Produktbezogene einstufige Deckungsbeitragsrechnung
Quelle: In Anlehnung an Hieke, Teilkosten- und Deckungsbeitragsrechnung (1998), S. 65, 68 und Braunschweig, Kostenrechnung (1999), S. 98.

Die Ermittlung von Deckungsbeiträgen liefert wichtige Ausgangsinformationen für die betriebswirtschaftliche Analyse. Entscheidungsgrößen sind dabei der DB pro Stück/ pro Artikelart, DB in Prozent des Nettoerlöses. Solange ein Produkt einen positiven Deckungsbeitrag

---

[1] Vgl. Schmeisser, Kostenrechnung (1997), S. 66; Coenenberg, Kostenrechnung (1997), S. 247 und Braunschweig, Kostenrechnung (1999), S. 129.

[2] Coenenberg, Kostenrechnung (1997), S. 247.

[3] Beim *Umsatzkostenverfahren* ergibt sich der Betriebsgewinn aus der Gegenüberstellung der Erlöse der Rechnungsperiode und der durch diesen Umsatz verursachten Kosten, Bestandsveränderungen werden nicht explizit berücksichtigt. Vgl. Braunschweig, Kostenrechnung (1999), S. 127.

[4] Vgl. Coenenberg, Kostenrechnung (1997), S. 247-252; Schmeisser, Kostenrechnung (1997), S. 71 und Braunschweig, Kostenrechnung (1999), S. 99-102.

erzielt, bleibt es im Produktionsprogramm, da ein Herausnehmen eines Produktes den insgesamt erzielbaren Gewinn vermindern würde. Letztlich gilt es, den DB zu maximieren, um über die Deckung der Fixkosten hinaus einen möglichst hohen Betriebsgewinn zu erzielen. Betrachtet man die Zusammensetzung des Produktions- und Absatzprogramms, auftretende Verbundbeziehungen auf den Absatzmärkten sowie die Abbaufähigkeit der Fixkosten so kann ein Produkt auch mit negativem DB im Produktionsprogramm bestehen bleiben.[1] Im Hinblick auf die Verknüpfung der Kunden- mit der Finanzperspektive ist der Vorzug der Deckungsbeitragsrechnung in der Abbildung quantitativer Beziehungen zwischen Absatz, Kosten und Gewinn zu sehen, welche eine Erfolgs- und Gewinnanalyse ermöglicht.[2] Nach einer kurzen Betrachtung der Rechenbarkeit der Finanzperspektive sei hierauf näher eingegangen.

6.1.2 Return on Investment als Messgröße der Finanzperspektive

Zur Beurteilung der Ertragslage eines Unternehmens/ Geschäftsbereichs kommen in praxi häufig Rentabilitätskennzahlen zur Anwendung. Sie geben Aufschluss über Erfolg oder Misserfolg der unternehmerischen Tätigkeit einschließlich der Strategien. Rentabilität charakterisiert das Verhältnis eines erwirtschafteten Ergebnisses (hier z.B. der Gewinn als Verzinsung des investierten Kapitals) zum dafür erforderlichen Faktoreinsatz.[3] Als Einflussgrößen werden das eingesetzte Kapital oder Vermögen (Kapitalrentabilität, Vermögensrentabilität, ROI, ROCE) sowie der das Ergebnis bewirkende Umsatz (Umsatzrentabilität, Gewinnspanne) verwandt.[4]

Als eine statische Rentabilitätskennzahl definiert sich der ROI allgemein durch:

$$\text{Return on Investment (ROI)} = \frac{\text{Gewinn}}{\text{Gesamtkapital}}$$

Durch die Erweiterung des Zählers und Nenners mit dem Umsatz ergibt er sich aus dem Produkt von Umsatzrentabilität und Kapitalumschlag:

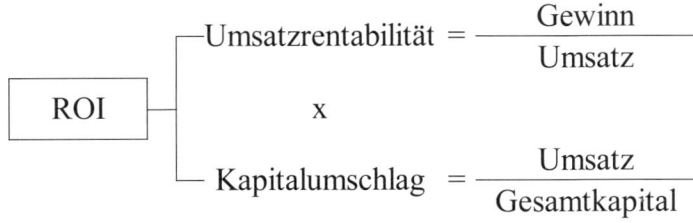

---

[1] Vgl. Schmeisser, Kostenrechnung (1997), S. 67 und Braunschweig, Kostenrechnung (1999), S. 101.

[2] Vgl. Schmeisser, BSC-Quantifizierung (2002), S. 31.

[3] Vgl. Baetge, Bilanzanalyse (1998), S. 423 und Schmeisser, BSC-Quantifizierung (2002), S. 31.

[4] Vgl. Coenenberg, Jahresabschluß (1997), S. 700 f.

Somit bildet der ROI die Beziehung zwischen unternehmerischem Erfolg (Gewinn), Umsatz und Kapitaleinsatz ab.[1] Die Aufspaltung des ROI in seine Komponenten Umsatzrentabilität und Kapitalumschlag ermöglicht bei einer geänderten Rendite oder einer Abweichung von der definierten Zielrentabilität eine detaillierte Ursachenanalyse. Die Änderung oder Abweichung ist bis auf Ebene der einzelnen Ertrags-, Aufwands- und Vermögensposten zurückführbar.[2] Eine geringere Umsatzrentabilität kann bspw. aus einer Erhöhung der Kosten oder einer Verminderung der Umsatzerlöse resultieren, die wiederum durch verlorene Marktanteile möglicherweise aufgrund einer fehlgeschlagenen Umsetzung der Strategie entstanden sein kann.[3] Auch die mit der BSC identifizierten und integrierten Leistungstreiber sollten bei der Analyse der Abweichungen Berücksichtigung finden. Darüber hinaus ist eine Vorhersage der Auswirkung von Veränderungen einzelner Ertrags-, Aufwands- und Vermögensposten auf die Rentabilität möglich, so dass darauf basierend Zwischen- und Unterziele bis auf Ebene operativer Teilziele ableitbar sind und letztlich die Verflechtung der gesamten Zielstruktur im Sinne der Balanced Scorecard darstellbar ist.[4]

6.1.3   Von der Kunden- zur Finanzperspektive mittels Break-Even-Point-Analyse

Bei näherer Betrachtung der ROI-Komponente Umsatzrentabilität ergibt sich der Gewinn aus der dargestellten Deckungsbeitragsrechnung der Kundenperspektive. Als Instrument der Erfolgsanalyse und Gewinnplanung ermöglicht die Break-Even-Point-Analyse die Verknüpfung von Deckungsbeitragsrechnung und Return on Investment, d.h. von Kunden- und Finanzperspektive[5], was im Folgenden veranschaulicht werden soll.

Die Break-Even-Point-Analyse (Gewinnschwellenanalyse) gibt einen Überblick über die quantitativen Beziehungen zwischen Umsätzen, Kosten, Gewinnen oder Verlusten für alternative Beschäftigungsgrade. Der graphisch und rechnerisch bestimmbare Break-Even-Point (BEP) ist bei derjenigen Absatzmenge erreicht, bei der der Erlös gerade die Gesamtkosten bzw. der Deckungsbeitrag gerade die fixen Kosten deckt und somit weder ein Gewinn noch ein Verlust entsteht. Der BEP charakterisiert ergo die kritische Erlös-Mengen-Kombination, ab der das Unternehmen Gewinne erzielt. Ermittelbar ist dieser kritische Wert, indem die entstandenen Kosten des Umsatzes mit den erzielten Erlösen gleichgesetzt werden.

---

[1]   Vgl. Baetge, Bilanzanalyse (1998), S. 521 f. und Küting/ Weber, Bilanzanalyse (2000), S. 295-297. Zum ROI vgl. auch die Abbildung 6 sowie die Ausführungen des Kapitels 4.3.1, S. 56-58.

[2]   Vgl. Coenenberg, Jahresabschluß (1997), S. 709.

[3]   Vgl. Baetge, Bilanzanalyse (1998), S. 526 f.

[4]   Vgl. Coenenberg, Jahresabschluß (1997), S. 709 und Schmeisser, BSC-Quantifizierung (2002), 31, 48.

[5]   Vgl. Schmeisser, BSC-Quantifizierung (2002), S. 31.

Die Break-Even-Absatzmenge x wird dann durch die Fixkosten der Periode K_f sowie dem Stückerlös p und den variablen Stückkosten k_v wie folgt definiert:[1]

$$x = \frac{K_f}{p - k_v}$$

Der Ausdruck $p - k_v$ stellt dabei den Stückdeckungsbeitrag db dar. Der Break-Even-Umsatz ergibt sich aus dem Produkt der kritischen Menge x und dem Stückerlös p.[2] Die Abb. 2-18 verdeutlicht die Möglichkeiten der graphischen Bestimmung des BEP (Gewinnschwelle) im Fall eines Einproduktunternehmens.[3]

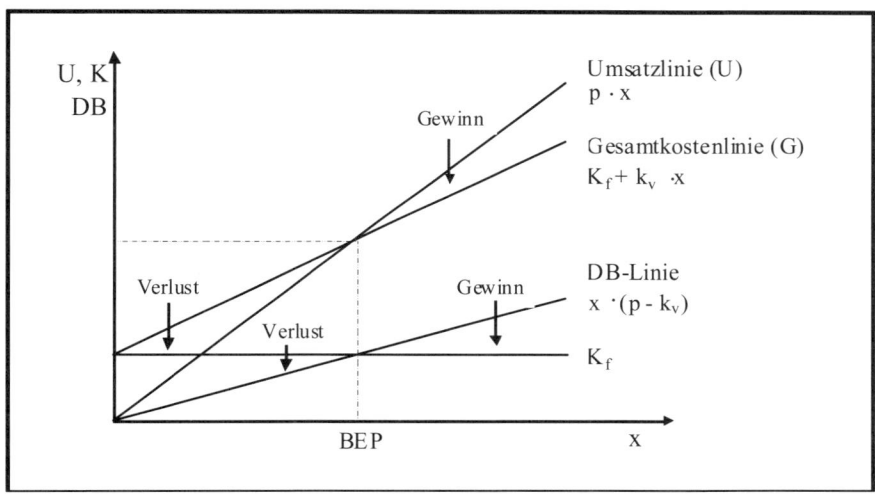

Abb. 2-18: Graphische Bestimmung des Break-Even-Points
Quelle: In Anlehnung an Hieke, Teilkosten- und Deckungsbeitragsrechnung (1998), S. 89.

Die BEP-Analyse dient somit der Steuerung und Überwachung des Unternehmens und seiner Produkte. So kann der Einfluss einer Änderung des Fixkostenblocks, der Höhe der variablen Stückkosten, der Absatzmenge, des Absatzpreises auf den Gewinn und damit auf den ROI analysiert werden.[4] Es kann der Prozentsatz ermittelt werden, um den der tatsächlich erreichte Absatz zurückgehen darf, ohne dass der BEP unterschritten wird. Die Ermittlung der Mindestverkaufsmenge zur vollständigen Kostendeckung, die Betrachtung lediglich ausgabe-

---

[1] Vgl. Coenenberg, Kostenrechnung (1997), S. 274-277.

[2] Vgl. Hieke, Teilkosten- und Deckungsbeitragsrechnung (1998), S. 88.

[3] Prämissen des dargestellten Grundmodells: Kenntnis der Kostenfunktion und Spaltung der Kosten in beschäftigungsfixe und beschäftigungsvariable Bestandteile, linearer Kosten- und Ertragsverlauf, Beschäftigung als alleinige Einflussgröße, variable Kosten ausschließlich beschäftigungsabhängig, bekannte und konstante Absatzpreise, Einproduktfertigung, keine Lagerhaltung. Vgl. Reichmann, Controlling (1997), S. 139 f. und Hieke, Teilkosten- und Deckungsbeitragsrechnung (1998), S. 88.

[4] Vgl. Coenenberg, Kostenrechnung (1997), S. 274 und Braunschweig, Kostenrechnung (1999), S. 105-108.

wirksamer Fixkosten im Hinblick auf die Liquiditätssicherung (Cash-Point) sowie eine Differenzierung des Fixkostenblocks nach Kostenarten zur Bestimmung weiterer kritischer Mengen ist hier möglich.[1]

Im Rahmen der Gewinnplanung kann mittels BEP-Analyse die Absatzmenge ermittelt werden, die für den angestrebten Periodengewinn G (resultierend aus einer bestimmten ROI-Vorgabe) erreicht werden muss. Nimmt man als Ausgangsgleichung den angestrebten Gewinn als Differenz zwischen Deckungsbeitrag und Fixkosten,

$$G \quad = \quad x \cdot (p - k_v) - K_f$$

so ergibt sich durch Auflösung der Gleichung nach der Absatzmenge x:[2]

$$x \quad = \quad \frac{K_f + G}{p - k_v} \quad = \quad \frac{K_f + G}{db}$$

Auch die in praxi bedeutende Berücksichtigung von Steuern auf den Gewinn ist hier möglich.[3] Soll nicht der Gewinn allein betrachtet werden, sondern eine mit dem ROI angestrebte definierte Umsatzrentabilität R_U, so kann auch hier die für die Erreichung der Vorgabe kritische Ausbringungsmenge ermittelt werden. Die Umsatzrentabilität R_U als Quotient aus Gewinn und Umsatz ist abbildbar durch:

$$R_U \quad = \quad \frac{db \quad x - K_f}{p \quad x}$$

Es ergibt sich daher für die kritische Ausbringungsmenge:[4]

$$x \quad = \quad \frac{K_f}{db - R_U \cdot p}$$

Die Ausführungen zur Verknüpfung von Kunden- und Finanzperspektive basierten auf dem Grundmodell der Break-Even-Point-Analyse, die Anwendung ist jedoch ebenso auf Mehrproduktunternehmen transferierbar, wobei hier die Ermittlung spezifischer Gewinnschwellen bspw. für Haupterzeugnisgruppen oder Absatzsegmente unter Berücksichtigung von durchschnittlichen Stückdeckungsbeiträgen erfolgt.[5]

---

[1]   Vgl. Coenenberg, Kostenrechnung (1997), S. 278 f.; Schmeisser, Kostenrechnung (1997), S. 68 und Hieke, Teilkosten- und Deckungsbeitragsrechnung (1998), S. 92.

[2]   Vgl. Coenenberg, Kostenrechnung (1997), S. 279; Schmeisser, Kostenrechnung (1997), S. 67 f. und Hieke, Teilkosten- und Deckungsbeitragsrechnung (1998), S. 92.

[3]   Vgl. Hieke, Teilkosten- und Deckungsbeitragsrechnung (1998), S. 94 f.

[4]   Vgl. Hieke, Teilkosten- und Deckungsbeitragsrechnung (1998), S. 94, 96.

[5]   Vgl. Für nähere Ausführungen vgl. Reichmann, Controlling (1997), S. 140 f.; Hieke, Teilkosten- und Deckungsbeitragsrechnung (1998), S. 93 und Küting/ Weber, Bilanzanalyse (2000), S. 328-331.

6.2 Rechenbarkeit der internen Prozessperspektive sowie die Verknüpfung mit der Potenzial- und Finanzperspektive

6.2.1 Quantifizierung der internen Prozessperspektive mittels Wertschöpfungsrechnung

Die BSC-Perspektive der internen Geschäftsprozesse bzw. Prozessorganisation (Ablauforganisation) lässt sich mittels Prozessmanagement und Prozesskostenrechnung intern durch das Controlling oder auf Basis der Wertschöpfungsrechnung abbilden. Der ursprüngliche Ansatz von Schmeisser basiert hier auf der Wertschöpfungsrechnung als externes Rechnungslegungsinstrument.[1] Die Wertschöpfung als Summe der Erträge aller am Unternehmen beteiligten Gruppen zeigt den Beitrag des Unternehmens am gesamtwirtschaftlichen Nettoinlandsprodukt, d.h. den Wertzuwachs, der durch die Aktivitäten des Unternehmens geschaffen wird (Eigenleistung des Unternehmens). Die Ermittlung der Wertschöpfung eines Unternehmens kann über die Entstehungs- und die Verteilungsrechnung erfolgen (Abb. 2-19):

Methoden der Wertschöpfungsermittlung	
Entstehungsrechnung (Subtraktionsmethode)	Verteilungsrechnung (Additionsmethode)
Produktionswert - Vorleistungen	Eigenkapitalerträge (Jahresüberschuss) + Arbeitserträge (Löhne, Pensionen) + Fremdkapitalerträge (Zinsen) + Gemeinerträge (Steuern)
= Wertschöpfung	= Wertschöpfung

Abb. 2-19: Ermittlung der einzelwirtschaftlichen Wertschöpfungsgröße
Quelle: Baetge, Bilanzanalyse (1998), S. 496.

Die Subtraktionsmethode ermittelt die Wertschöpfung als Differenz zwischen Produktionswert (definiert als Gesamtleistung zuzüglich der wertschöpfungsrelevanten Teile der sonstigen betrieblichen Erträge) und Vorleistungen. Die Additionsmethode bestimmt die Wertschöpfung als Summe der Einkommen aller an der Leistungserstellung Beteiligten (Mitarbeiter, Kapitalgeber, Staat, Unternehmen).[2]

---

[1]   Vgl. Schmeisser, BSC-Quantifizierung (2002), S. 48.

[2]   Vgl. Baetge, Bilanzanalyse (1998), S. 495 f. und Küting/ Weber, Bilanzanalyse (2000), S. 307-309.

Zur konkreten Berechnung der Wertschöpfung existieren zahlreiche terminologisch und inhaltlich abweichende Definitionen, die einzelfall- und aussagezielbezogen zu modifizieren sind. Im Rahmen der internen Unternehmensanalyse basiert die Berechnung auf der Kosten- und Leistungsrechnung des Unternehmens, im Fall der Bestimmung durch den externen Bilanzanalytiker ist lediglich eine Rekonstruktion der veröffentlichten GuV möglich. Eine auf Grundlage des Umsatzkostenverfahrens aufgestellte GuV bereitet hier besondere Schwierigkeiten.[1]

Die mit der Wertschöpfungsrechnung verfolgten Analyseziele liegen in der Darstellung der Einkommensverteilung, der Beurteilung von Produktivität und Leistungskraft des Unternehmens, der Analyse der Fertigungstiefe und Unternehmensgröße/ -wachstum sowie im Vergleich der betrieblichen Wertschöpfungsentwicklung mit der gesamtwirtschaftlichen Einkommensentwicklung.[2] Auf Basis der Entstehungsrechnung ist eine Aussage über die Fertigungstiefe möglich; die Wertschöpfungsquote als Quotient aus Wertschöpfung und Gesamtleistung charakterisiert den im Unternehmen selbst erarbeiteten Prozentsatz des Produktionswertes. Die Verteilungsrechnung erlaubt eine Aussage zur Einkommensverteilung im Unternehmen, so kann die betriebliche Lohnquote als Quotient aus Arbeitserträgen und Wertschöpfung bestimmt werden. Die absolute Zahl der Wertschöpfung gilt als Indikator für Unternehmensgröße und Unternehmenswachstum.[3]

6.2.2   Produktivität als Maßgröße der Wirtschaftlichkeit

Die Produktivität, deren Bestimmung ein Ziel der Wertschöpfungsrechnung darstellt, spiegelt die Ergiebigkeit der eingesetzten Produktionsfaktoren (Wirkungsgrad des Faktoreinsatzes) während einer Periode wider. Sie wird allgemein definiert als:[4]

$$\text{Produktivität} = \frac{\text{Output}}{\text{Input}} \Big/ \frac{\text{Faktorertrag}}{\text{Faktoreinsatz}}$$

Produktivitätssteigerungen können sowohl aus einer Verringerung des Faktoreinsatzes zur Ausbringungsmenge (Kostenstrategie), als auch aus steigenden Erlösen durch optimale Kundenorientierung (Differenzierungsstrategie) resultieren. Abhängig von der Betrachtung gliedert sich die Produktivität in Effizienz (Kostenseite) und Effektivität (Leistungsseite). Die Wertschöpfung gilt hier als ein geeignetes Outputmaß, da sie aufgrund der Eliminierung bezogener vorgelagerter Leistungen ausschließlich die Eigenleistung des Unternehmens abbildet. Somit vermeiden Wertschöpfungsgrößen Doppelzählungen der Ergebnisse aufein-

---

[1]   Vgl. dazu ausführlicher Baetge, Bilanzanalyse (1998), S. 497-507; Schmeisser/ Clermont/ Kriener, Wertschöpfung (1998), S. 39 f. und Küting/ Weber, Bilanzanalyse (2000), S. 320 f.

[2]   Vgl. Küting/ Weber, Bilanzanalyse (2000), S. 322.

[3]   Vgl. Baetge, Bilanzanalyse (1998), S. 495-497; Schmeisser/ Clermont/ Kriener, Wertschöpfung (1998), S. 38 f. und Küting/ Weber, Bilanzanalyse (2000), S. 306-324.

[4]   Vgl. Haller, Wertschöpfungsrechnung (1997), S. 298.

anderfolgender Leistungsstufen, darüber hinaus wird bei Produktivitätsvergleichen die vertikale Integrationstiefe, Unternehmensgröße sowie -wachstum berücksichtigt.[1]

Die Gesamtproduktivität (sämtliche Einsatzfaktoren einbeziehend) lässt sich je nach Bezugsgröße in verschiedene Teilproduktivitäten unterteilen, die gängigsten Größen sind die Arbeits- und Kapitalproduktivität. Die Arbeitsproduktivität, Kennzahl zur Abbildung der Potenzialperspektive der BSC, drückt das Verhältnis der Wertschöpfung zum Arbeitsinput (Anzahl der Beschäftigten, Arbeitsstunden oder Arbeitskosten) aus:

$$\text{Arbeitsproduktivität} = \frac{\text{Wertschöpfung}}{\text{durchschnittliche Beschäftigungszahl}}$$

Die dargestellte Definition der Mitarbeiterproduktivität erlaubt eine Aussage über die durchschnittliche Wertschöpfung pro Mitarbeiter. Die Kapitalproduktivität als weitere Teilproduktivität ist definiert als:

$$\text{Kapitalproduktivität} = \frac{\text{Wertschöpfung}}{\text{durchschnittlicher Kapitaleinsatz}}$$

Zwischen den aufgezeigten Teilproduktivitäten mit dem Charakter von Durchschnittsproduktivitäten besteht eine multiplikative Beziehung (vgl. Abb. 20)[2], so dass eine Erhöhung der Arbeitsproduktivität auch aus einem erhöhten Kapitaleinsatz resultieren kann.[3]

6.2.3 Verknüpfung der Finanzen mit den internen Geschäftsprozessen und den Potenzialen über die Wertschöpfung

Produktivität, vertikale Integration sowie Unternehmensgröße und -wachstum gelten allgemein, zum Teil auch empirisch untersucht, als Erfolgsdeterminanten des Unternehmensgewinns/ der Unternehmensrendite. Empirisch signifikant nachgewiesen wurde ein Zusammenhang zwischen Produktivitätsgrößen und Unternehmensrendite, bspw. identifiziert die PIMS-Studie grundsätzlich eine positive Korrelation zwischen Arbeitsproduktivität und ROI. Eine höhere Arbeitsproduktivität trägt zu einem höheren Unternehmenserfolg bei; das Ausmaß hängt dabei von den gegebenen markt- und unternehmensindividuellen Rahmenbedingungen ab. Die Produktivität gilt somit als zentraler Bestimmungsfaktor für den Unternehmenserfolg.[4]

---

[1] Vgl. Haller, Wertschöpfungsrechnung (1997), S. 299 f., 302 und Schmeisser, BSC-Quantifizierung (2002), S. 48.

[2] Vgl. Kapitel 6.2.3.

[3] Vgl. Haller, Wertschöpfungsrechnung (1997), S. 303-305; Schmeisser/ Clermont/ Kriener, Wertschöpfung (1998), S. 39 f. und Baetge, Bilanzanalyse (1998), S. 509.

[4] Vgl. Haller, Wertschöpfungsrechnung (1997), S. 297, 311-327.

Betrachtet man wie im Ansatz von Schmeisser Produktivität und Rentabilität im Zusammenhang, so lässt sich der Unternehmenserfolg in die realgüterwirtschaftliche Komponente der Arbeits- und Kapitalproduktivität – abgebildet in der Potenzialperspektive – sowie in die finanzwirtschaftliche Komponente der Profitabilität/ Rentabilität (ROI) als Inhalt der Finanzperspektive der BSC zerlegen. Aus dieser Aufgliederung des Unternehmensergebnisses, der Wertschöpfung, resultiert die Verknüpfung der Perspektiven Finanzen, interne Prozesse und Potenziale. Die Entstehungsseite der Wertschöpfungsrechnung kann dabei durch die Produktivität ausgedrückt werden, die Verteilungsseite durch die Rentabilität des Faktoreinsatzes.[1]

Abbildung 2-20 veranschaulicht die Verknüpfung zwischen Produktivität und Unternehmenserfolg/ Profitabilität; mithilfe der Wertschöpfung werden hier die Einflussfaktoren deutlich, die den Zusammenhang zwischen Produktivität und ROI bestimmen. Die Kapitalproduktivität als Schlüsselgröße der Verbindung bestimmt einerseits über die Verknüpfung mit dem Anteil des Gewinns an der Wertschöpfung die Rentabilität, andererseits als Produkt mit der auf die Mitarbeiter bezogenen Kapitalintensität die Arbeitsproduktivität. Die Kapitalproduktivität verbunden mit der Profitabilität bestimmt die Arbeitsproduktivität; die Kapitalproduktivität verbunden mit der Arbeitsproduktivität determiniert die Profitabilität.[2]

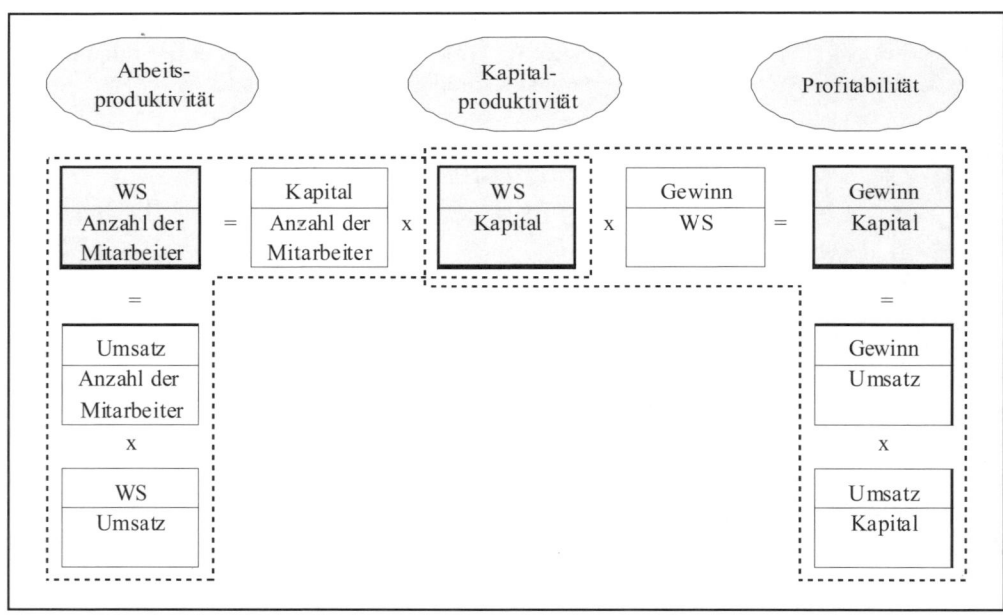

Abb. 2- 20: Zusammenhang zwischen Wertschöpfungs- und Rentabilitätskennzahlen
Quelle: Haller, Wertschöpfungsrechnung (1997), S. 316.

---

[1]   Vgl. Schmeisser, BSC-Quantifizierung (2002), S. 48.

[2]   Vgl. Haller, Wertschöpfungsrechnung (1997), S. 316 f.

Ein niedriges Verhältnis zwischen Kapital und Anzahl der Mitarbeiter bei hoher Arbeitsproduktivität führt zu hohen Renditen, während eine hohe Kapitalintensität verbunden mit niedriger Arbeitsproduktivität eine geringe Rentabilität (ROI) zur Folge hat.[1] Die Überleitung der
Produktivität zur Rentabilität bildet die wertmäßige Produktivität/ Wirtschaftlichkeit mit der
Bewertung von Input und Output der Produktivitätsgröße mit Preisen. Somit werden unterschiedliche Wertigkeiten der eingesetzten und erstellten Leistungen in die Berechnung einbezogen. Die Wirtschaftlichkeit wird definiert als:[2]

$$\text{Wirtschaftlichkeit} \quad = \frac{\text{Erträge}}{\text{Aufwand}} \Bigg/ \frac{\text{Leistungen}}{\text{Kosten}}$$

Damit lassen sich Ursachen für abweichende Rentabilitäten vom angestrebten ROI analysieren. Aus dem Verhältnis von Arbeits- und Kapitalproduktivität können u.a. mittels Prozesskostenrechnung verbesserungswürdige Prozesse identifiziert, Rationalisierungsnotwendig-
keiten erkannt und Investitionsmöglichkeiten letztlich zur Verbesserung der Kundenperspektive genutzt werden.[3]

6.3 Verbindung der Kundenperspektive mit den Potenzialen mithilfe des optimalen Produktionsprogramms bei gegebenen Kapazitäten

Die Rechenbarkeit der Potenzialperspektive ist wie oben dargestellt über die (Arbeits-) Pro-
duktivität als Komponente der Wertschöpfungsrechnung gegeben, auf die sich sämtliche
Innovationen sowie Lern- und Wachstumsprozesse der Mitarbeiter positiv auswirken. Im
Rahmen der Verknüpfung von Potenzial- und Kundenperspektive geht Schmeisser in seinem
Ansatz von einem Wertschöpfungscenter Personal[4] aus, einer im Konzern bestehenden fikti-
ven Personal-GmbH. Eine gegebene Auslastung der Produkte/ Personaldienstleistungen (z.B.
A, B und C) unterstellend, ergeben sich verschiedene Belegungsmöglichkeiten der Kapazitä-
ten mit A, B oder C, wobei die resultierenden Gewinne abweichen. Somit ist hier die ge-
winngünstigste Kombination der Produkte/ Personaldienstleistungen zu bestimmen, ergo das

---

[1]   Vgl. Haller, Wertschöpfungsrechnung (1997), S. 317 und Schmeisser, BSC-Quantifizierung (2002), S. 50.

[2]   Vgl. Haller, Wertschöpfungsrechnung (1997), S. 299 und Küting/ Weber, Bilanzanalyse (2000), S. 288 f. und
      Schmeisser, BSC-Quantifizierung (2002), S. 51.

[3]   Vgl. Schmeisser, BSC-Quantifizierung (2002), S. 51. Zur Prozesskostenrechnung vgl. ausführlicher Schmeis-
      ser/ Clermont, Prozesskostenrechnung (1998), S. 62-70 und Däumler/ Grabe, Prozesskostenrechnung (2000),
      S. 128-133, 176-179.

[4]   Vgl. Schmeisser/ Clermont/ Kriener, Wertschöpfung (1998), S. 37 f.

optimale Produktionsprogramm bei gegebenen Kapazitäten, was als Sonderrechnung der Kosten- und Ergebnisrechnung die Potenzial- und Kundenperspektive verbindet.[1]

Bei vorhandener Kapazität ist zur Bestimmung des optimalen Programms entsprechend der Kundenperspektive eine Deckungsbeitragsrechnung durchzuführen. Bei ausschließlicher Betrachtung der variablen Kosten ist letztlich das Produkt zu fördern, welches den höchsten Deckungsbeitrag erbringt.[2]

Existieren hingegen Kapazitätsengpässe, so hilft die lineare Programmierung (lineare Optimierung) bei der Planung des optimalen Produktionsprogramms. Eine mögliche Version des Planungsproblems fragt nach der Verteilung der verfügbaren Kapazitäten auf die Produkte/ Personaldienstleistungen um den Gesamtdeckungsbeitrag zu maximieren (Perspektive der Kapazitäten). Die für die optimale Steuerung der Kapazitäten relevante Entscheidungsgrundlage bilden relative Deckungsbeiträge, d.h. der absolute Deckungsbeitrag der verschiedenen Alternativen bezogen auf die Kapazitätseinheit. Der sich ergebende ökonomische Wert der Kapazitäten spiegelt die Profitabilität der Produkte bezogen auf die Kapazitäten wider.[3] Die Betrachtung bezieht somit den Aspekt der Opportunitätskosten, die die Höhe des resultierenden Nutzenentgangs (bei Deckungsbeitragsmaximierung der entgangene DB) bei Verdrängung einer Alternative zugunsten einer anderen Alternative darstellen, automatisch mit ein.[4]

Ergibt sich beim Vergleich der engpassbezogenen Deckungsbeiträge ein eindeutiger Profitabilitätsvorteil eines Produktes, ist das Planungsproblem gelöst. Bei einer Konfliktsituation (Produkt A hat Profitabilitätsvorteil bei Kapazität I und Produkt B bei Kapazität II) erfolgt die Ermittlung der optimalen Mengenkombination der Produkte mithilfe der linearen Programmierung. Diese bestimmt graphisch oder rechnerisch Extremwerte (hier maximaler Deckungsbeitrag) unter Beachtung von Beschränkungen und Nebenbedingungen in Form von linearen Ungleichungen. Rechnerisch ermittelt sich die Optimallösung iterativ mithilfe der Simplex-Methode. Beginnend mit einer ersten zulässigen Lösung wird hier geprüft, ob das optimale Programm bereits vorliegt oder ob der DB noch erhöht werden kann. Gilt Letzteres, wird eine neue, verbesserte Lösung bestimmt, welche wiederum auf Optimalität geprüft wird. Die Ermittlung der jeweils verbesserten Lösung erfolgt in Tabellenform (Simplex-Tableau), wobei die vorzunehmenden Zeilenoperationen der Matrizenrechnung entstammen. So erfolgt schrittweise eine Verbesserung der Lösung bis zur Bestimmung der optimalen Kombination mit maximalem Deckungsbeitrag.[5]

Mithilfe dieses aufgezeigten Optimierungsansatzes lassen sich letztlich die Kunden- und Personalperspektive verknüpfen. Die Potenzialperspektive soll die Infrastruktur für das durch

---

[1]   Vgl. Schmeisser, BSC-Quantifizierung (2002), S. 51.

[2]   Vgl. Coenenberg, Kostenrechnung (1997), S. 307 und Schmeisser, BSC-Quantifizierung (2002), S. 51.

[3]   Vgl. Steinmann/ Schreyögg, Management (2000), S. 310-312 und Schmeisser, BSC-Quantifizierung (2002), S. 51.

[4]   Vgl. Coenenberg, Kostenrechnung (1997), S. 307-314 und Schmeisser, BSC-Quantifizierung (2002), S. 51.

[5]   Vgl. ausführlich Coenenberg, Kostenrechnung (1997), S. 314-323 und Steinmann/ Schreyögg, Management (2000), S. 312-325.

die Kundenperspektive determinierte strategische Produkt-Markt-Konzept zur Erreichung der finanziellen Ziele des Unternehmens sicherstellen. Dabei auftretende Kapazitätsengpässe erfordern eine optimale Zuordnung der knappen Ressourcen sowie eine Entscheidung hinsichtlich der Förderung und Entwicklung der Potenziale entsprechend dem aus der Deckungsbeitragsrechnung der Kundenperspektive ermittelten Produktionsprogramms. Ein engpassbezogenes optimales Produktionsprogramm wird via linearer Optimierung erreicht. Erst in der Weiterentwicklung der Berliner Balanced Scorecard wird das optimale Produktionsprogramm in der Potential- respektive Mitarbeiterperspektive durch eine Mitarbeiter-Cash-Flow- oder Mitarbeiter deckungsbeitragsrechnung ersetzt.

Dynamisierung des Ansatzes durch Implementierung des Shareholder Value-Gedankens

Der dargestellte Ansatz von Schmeisser zur Rechenbarkeit und Verknüpfung der BSC-Perspektiven basierte auf der statischen traditionellen Rentabilitätskennzahl Return on Investment also für ein Jahr. Für eine Betrachtung und Aussage über mehrere Perioden bzw. Jahre bedarf es jedoch wertorientierter Größen, die Zahlungsströme als zukunftsorientierte Zeitreihe einbeziehen wie zum Beispiel ein Unternehmensbewertungsmodell mit Hilfe der Discounted-Cash-Flow-Methode.

Als wertorientierte Kennzahl kann EVA (Economic Value Added), aufgrund ihres auf Periodenerfolgsgrößen basierenden, relativ leicht in den Berliner Balanced Scorecard Ansatz integrierenden Aufbaus, gewählt werden. Die Verwendung von Buchwerten wie beim ROI macht die Anwendung von EVA leicht anwendbar. Die Nähe zu den traditionellen Erfolgskennzahlen suggeriert Vertrautheit und schafft Akzeptanz.[1] EVA ermittelt sich als Differenz einer Cash-Flow-Größe und den gewichteten Kosten des eingesetzten Kapitals:[2]

$$EVA \ = \ NOPAT - WACC \quad Investiertes \ Vermögen$$

Eine Steigerung des Unternehmenswertes erfolgt nur dann, wenn der erwirtschaftete NOPAT die Kapitalkosten übersteigt. Bei der Bestimmung des Net Operating Profit after Taxes (NOPAT) werden ausgehend vom nach buchhalterischen Grundsätzen ermittelten Gewinn nach Steuern Korrekturen durchgeführt, so dass eine nach betriebswirtschaftlichen (nicht bilanziellen) Grundsätzen bewertete Erfolgsgröße entsteht, die die langfristige betriebliche Tätigkeit – entsprechend dem betrieblichen Zweck – wiedergibt. Die Korrekturen in der Kennzahl beinhalten die Eliminierung nicht-betrieblicher Komponenten, d.h. die vollständige Erfassung aller Finanzmittel und die zusätzliche Erfassung von Aufwendungen, die zur nachhaltigen Erzielung zukünftiger betrieblicher Erfolge sowie die Korrektur von Steueraufwendungen dienen. Das investierte Vermögen als Summe von betrieblich eingesetztem Umlauf- und Anlagevermögen, vermindert um kurzfristige unverzinsliche Verbindlichkeiten, ist ebenso –

---

[1] Vgl. Mensch, EVA (1999), S. 444 f. und Fischer, Economic Value Added (2001), S. 170.

[2] Vgl. Fischer, Economic Value Added (2001), S. 169.

korrespondierend zum NOPAT – zu korrigieren. Dabei werden Equity Equivalents hinzuge-
fügt, d.h. neben stillen Reserven insbesondere geschaffene Erfolgspotenziale.[1]

Analog zum ROI-Tree lässt sich ein EVA-Treiberbaum wie folgt darstellen:

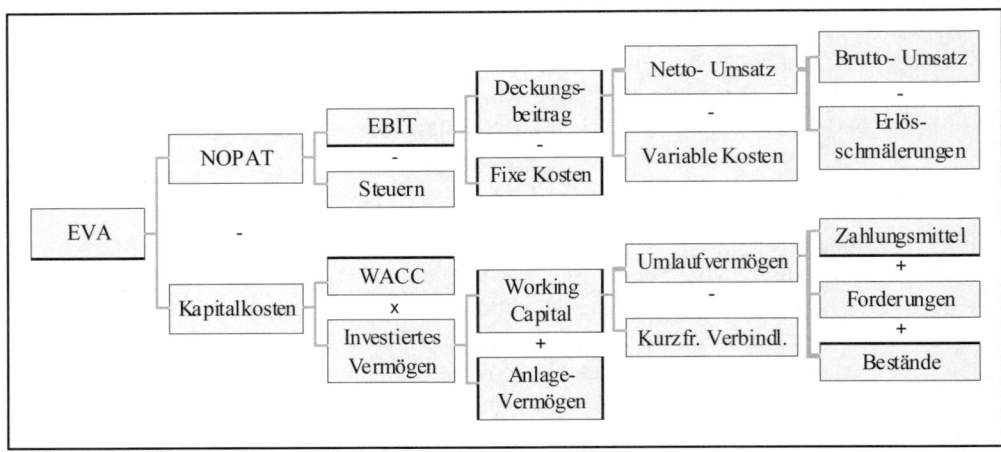

Abb. 2-21: EVA-Treiberbaum
*Quelle: In Anlehung an Fischer, Economic Value Added (2001), S. 169 und Voggenreiter/ Jochen, Wertmanagement
    und BSC (2002), S. 618.*

Der EVA-Treiberbaum bildet die Haupteinflussgrößen zur Wertsteigerung ab und zeigt mögliche Wertsteigerungspotenziale auf. Eine Überwachung und (Ursachen-)Analyse von Veränderungen der Wertgröße ist ebenso wie beim ROI möglich, so auch die Verknüpfung mit
der Kundenperspektive mittels Break-Even-Point-Analyse. Werden zusätzlich zu den Größen
der laufenden Periode EVA-Werte für zukünftige Planungsperioden ermittelt, so kann der
Barwert dieser Zeitreihe bestimmt werden; EVA stellt dann im Gegensatz zum ROI eine
zukunftsbezogene Wertgröße dar.

Das Interesse an Wertorientierung bzw. Shareholder Value hat in den letzten Jahren zunehmend an Bedeutung gewonnen. Die erforderliche Umsetzung der wertorientierten Strategie
bis in die operativen Ebenen sowie die Identifikation relevanter Werthebel ist jedoch früher
noch nicht gelungen. Die Berliner-BSC wiederum ermöglicht eine Verknüpfung von Wertmanagement und Balanced Scorecard. Sie hilft bei der Identifikation der operativen Werthebel und ermöglicht somit eine durchgängige wertorientierte Unternehmensführung.[2]

---

[1]   Vgl. Mensch, EVA (1999), S. 443 f. und Fischer, Economic Value Added (2001), S. 169 f. Ausführlich zur
       Berechnung vgl. Günther, Unternehmenswertorientiertes Controlling (1997), S. 233-238.

[2]   Vgl. Voggenreiter, Jochen, Wertmanagement und BSC (2002), S. 615-621 und Ries/ Burggraf, Wertorientiertes
       Controlling (2003), S. 334-341.

7 Schlussbemerkung

Die Balanced Scorecard vereint die Management-Systeme der jüngeren Vergangenheit zur Bewältigung der rasanten Unternehmensumwelt und integriert den markt-, ressourcen- und wertorientierten Ansatz des strategischen Managements. Man könnte sie als eine Art Klammer um die vorgestellten einseitig fokussierten „Modewellen" bezeichnen. Die weltweit rasante Verbreitung des Konzeptes verwundert nicht, denn es stellt einen gelungenen Versuch der Kombination einer Vielzahl teilweise verstreuter, im wesentlichen altbekannter Erkenntnisse über Strategiefindung und -formulierung, Strategieumsetzung auf operativer Ebene sowie Kennzahlenbildung und -abbildung zu einem schlüssigen Gesamtkonzept dar.

Als ganzheitliches Managementsystem, das über ein reines Messinstrument hinausgeht, besitzt die BSC die Fähigkeit der Strategieoperationalisierung und -kommunikation als herausragende Stärke. Die Anwendung als strategisches Managementsystem verlangt Transparenz in Entscheidungsstrukturen und Strategieaussagen, Klarheit im Hinblick auf die Strategieausrichtung sowie konsensorientierte Entscheidungen auf Managementebene. Strategische Transparenz verbessert das strategische Denken und Handeln aller Mitarbeiter, eine konsequente Ausrichtung auf die Erfolgspotenziale wird ermöglicht. Weiter muss eine fortlaufende Messung der im Konsens erarbeiteten strategischen Ziele und abgeleiteter Kennzahlen erfolgen, so dass frühzeitig Abweichungen erkennbar sind.

Als Kennzahlensystem zielt die BSC auf die Vermeidung der einseitigen vergangenheitsorientierten Fokussierung auf finanzielle Kennzahlen und verwendet generische und spezifische Messgrößen sowie deren treibende Faktoren in verschiedenen Perspektiven. Es wird eine Ausgewogenheit hinsichtlich externer und interner, quantitativer und qualitativer sowie Früh- und Spätindikatoren angestrebt. Die Balanced Scorecard hilft, die zentrale Erkenntnis „if you can measure it, you can manage it!" weitgehend umzusetzen. So werden für schwer messbare Einflussgrößen zumindest Standards gesetzt, die objektiver messbar sind, dennoch die Erwartung der Unternehmensleitung verdeutlichen und kommunizieren.

Die Ausrichtung auf die langfristige Strategie, die Notwendigkeit der Identifikation von Zielen und deren Messgrößen sowie ihre Verknüpfung über Ursache-Wirkungsbeziehungen stellen oftmals eine große Herausforderung für die Unternehmen dar. Aufgrund der schwierigen Quantifizierung strategischer Ziele und Ursache-Wirkungs-Beziehungen dominieren weiterhin finanzielle Kennzahlen. Im Rahmen des Buches werden Möglichkeiten zur Generation der Ursache-Wirkungs-Beziehungen erarbeitet, deren hohe Komplexität oft Schwierigkeiten bereitet, sowie Kennzahlen aller Perspektiven aufgezeigt. Die in der Literatur konstatierte, bisher fehlende Hierarchisierung der Perspektiven, deren Verknüpfbarkeit und Dynamisierung ist im Berliner-BSC-Ansatz gelöst worden. Die Ausführungen haben verdeutlicht, dass Techniken und Instrumente des internen und externen Rechnungswesens durchaus geeignet sind, die Perspektiven der BSC abzubilden sowie zu verknüpfen.

Um die angestrebten Erfolge mit der BSC erreichen zu können, muss ihre Anwendung über die Funktion eines reinen Kennzahlensystems hinausgehen noch in eine Controller-Logik nach IFRS integriert und als strategisches Planungsinstrument zur Berechnung, Steuerung und Abweichung der Zukunft verstanden werden. Die Herausforderung für das Management liegt in der unternehmensindividuellen, konsequenten Gestaltung und Implementierung. Das Konzept der BSC ist jedoch weder in Wissenschaft noch Praxis vollendet. Insbesondere die Kombination der Balanced Scorecard mit dem Shareholder Value-Ansatz verspricht eine höchst wirkungsvolle strategische und wertorientierte Steuerung.[1]

8   Literaturverzeichnis

Ansoff, Igor H.[Managementstrategie (1966)]: Managementstrategie (Corporate Strategy, dt.), übers. von Helmut Folchert, München: Verl. Moderne Industrie, 1966

Argyris, Chris [How to learn (1991)]: Teaching Smart People How to Learn, in: Harvard Business Review, 69.Jg. (1991), Heft May-June, S. 99-109

-/ Schön, Donald A. [Organizational Learning (1996)]: Organizational Learning II – Theory, Method, and Practice; Reading, Massachusetts u.a.: Addison-Wesley, 1996

Baetge, Jörg [Bilanzanalyse (1998)]: Bilanzanalyse, Düsseldorf: IDW, 1998

Baier, Peter [Praxishandbuch Controlling (2000)]: Praxishandbuch Controlling – Planung & Reporting, bewährte Controllinginstrumente, Balanced Scorecard, Value Management, Sensitivitätsanalysen, Fallbeispiele, Wien/ Frankfurt: Ueberreuter, 2000

Bea, Franz X. [Strategieorientierte Unternehmensrechnung (1997)]: Grundkonzeption einer strategieorientierten Unternehmensrechnung, in: Küpper, Hans-Ulrich/ Trossmann, Ernst.: Das Rechnungswesen im Spannungsfeld zwischen strategischem und operativem Management – Festschrift für Marcell Schweitzer zum 65. Geburtstag, Berlin: Duncker & Humblot, 1997, S. 395-412

-/ Haas, Jürgen [Strategisches Management (2001)]: Strategisches Management, 3., neu bearb. Aufl., Stuttgart: Lucius & Lucius, 2001

Becker, Fred G./ Fallgatter, Michael J. [Unternehmensführung (2002)]: Unternehmensführung – Einführung in das strategische Management, Bielefeld: Erich Schmidt Verl., 2002

Becker, Jörg/ Kugeler, Martin [Business Process Reengineering (2001)]: Business Process Reengineering – Eine empirische Analyse, in: Controlling, 13.Jg. (2001), S. 489-496

---

[1]   Vgl. Schmeisser u.a. (Hrsg.): Innovationserfolgsrechnung, Berlin 2008

Binder, Bettina/ Sürth, Peter [Strategieentwicklung und BSC (2002)]: Strategieentwicklung und Balanced Scorecard – dargestellt am Beispiel von ETO Nahrungsmittel, in: CM, 27.Jg. (2002), S. 359-364

Blaudszun, Markus/ Pielniok, Renate [BSC-Software (2003)]: Software unterstützt Balanced Scorecard-Prozess, in: CM, 28.Jg. (2003), S. 178-181

Bodmer, Christian/ Völker, Rainer [Erfolgsfaktoren bei der Implementierung (2000)]: Erfolgsfaktoren bei der Implementierung einer Balanced Scorecard – Ergebnisse einer internationalen Studie, in: Controlling, 12.Jg. (2000), S. 477-482

Brabänder, Eric/ Hilcher, Indra [Balanced Scorecard (2001)]: Balanced Scorecard – Stand der Umsetzung, in: CM, 26.Jg. (2001), S. 252-260

Braunschweig, Christoph [Kostenrechnung (1999)]: Kostenrechnung, in: Dettmer, Harald (Hrsg.): WiSo- Lehr- und Handbücher, München/ Wien: Oldenbourg, 1999

Buzzell, Robert D./ Gale, Bradley T. [PIMS-Programm (1989)]: Das PIMS-Programm – Strategien und Unternehmenserfolg (The PIMS Principles – Linking Strategy to Performance, dt.) übers. von Dorothee Meyer, Wiesbaden: Gabler, 1989

Bühner, Rolf [Shareholder Value (1997)]: Shareholder Value: Denken und Handeln, in: Perlitz, Manfred u.a. (Hrsg.): Strategien im Umbruch – Neue Konzepte der Unternehmensführung, Stuttgart: Schäffer-Poeschel, 1997, S. 163-171

Cisek, Günter [Entgeltmanagement (2000)]: Entgeltmanagement – Eine personalstrategische Herausforderung, in: Clermont, Alois/ Schmeisser, Wilhelm/ Krimphove, Dieter (Hrsg.): Personalführung und Organisation, München: Vahlen, 2000, S.369-383

Coenenberg, Adolf G. [Jahresabschluß (1997)]: Jahresabschluß und Jahresabschlußanalyse – Grundfragen der Bilanzierung nach betriebswirtschaftlichen, handelsrechtlichen, steuerrechtlichen und internationalen Grundsätzen, 16., überarb. und erw. Aufl., Landsberg/ Lech: Verl. Moderne Industrie, 1997

- [Kostenrechnung (1997]: Kostenrechnung und Kostenanalyse, 3., überarb. und erw. Aufl., Landsberg/ Lech: Verl. Moderne Industrie, 1997

Copeland, Tom/ Koller, Tim/ Murrin, Jack [Unternehmenswert (1998)]: Unternehmenswert – Methoden und Strategien für eine wertorientierte Unternehmensführung (Valuation. Measuring and Managing the Value of Companies, dt.), übers. von Thorsten Schmidt und Friedrich Mader , 2., aktual. und erw. Aufl., Frankfurt/M./ New York: Campus, 1998

Dahmen, Christian/ Maier, Gerhard/ Kamps, Iris [BSC- Erfolgsfaktoren (2000)]: Zwölf Erfolgsfaktoren für die Balanced Scorecard, in: Personalwirtschaft, 27.Jg. (2000), Heft 7, S. 18-25

Dalluege, C.-Andreas [Total Quality Management (2001)]: Geschäftserfolge durch Total Quality Management – Lösungen zur Implementierung von Total Quality Management nach dem EFQM Excellence Modell, in: CM, 26.Jg. (2001), S. 396-401

Däumler, Klaus-Dieter/ Grabe, J. [Prozesskostenrechnung (2000)]: Prozesskostenrechnung (I) und (II), in: BuW, 54.Jg. (2000), S. 128-133 u. 176-179

Drukarczyk, Jochen [Unternehmensbewertung (2001)]: Unternehmensbewertung, 3., überarb. und erw. Aufl., München: Vahlen, 2001

Eberenz, Ralf u.a. [Meinungsspiegel Balanced Scorecard (2000)]: Meinungsspiegel Balanced Scorecard, in: BFuP, 52.Jg. (2000), S. 72-83

Ehrmann, Harald [Balanced Scorecard (2002)]: Kompakt-Training – Balanced Scorecard, 2., durchges. Aufl., in: Olfert, Klaus (Hrsg.): Kompakt-Training Praktische Betriebswirtschaft, Ludwigshafen (Rhein): Kiehl, 2002

Engelmann, Thomas [Business Process Reengineering (1995)]: Business Process Reengineering: Grundlagen – Gestaltungsempfehlungen – Vorgehensmodell, Wiesbaden: DUV., 1995

Fischer, Thomas M. [Economic Value Added (2001)]: Controlling Lexikon: Economic Value Added (EVA), in: Controlling, 13.Jg. (2001), S. 169 f.

Friedag, Herwig R. /Schmidt, Walter [My Balanced Scorecard (2000)]: My Balanced Scorecard – Das Praxishandbuch für Ihre individuelle Lösung, Freiburg i. Br. u.a.: Haufe Mediengruppe, 2000

- [BSC und Budget (2000)]: Balanced Scorecard und Controller´s Budget, in: CM, 25.Jg. (2000), S. 434-440

- [Balanced Scorecard (2002)]: Balanced Scorecard – mehr als ein Kennzahlensystem, 4., durchges. Aufl., Freiburg i. Br./ Berlin/ München: Haufe Mediengruppe, 2002

Gälweiler, Aloys [Strategische Unternehmensführung (1990)]: Strategische Unternehmensführung, 2. Aufl., Frankfurt/M./ New York: Campus, 1990

Gilles, Michael [BSC zur strategischen Steuerung (2002)]: Balanced Scorecard als Konzept zur strategischen Steuerung von Unternehmen (zugl.: Göttingen, Univ., Diss., 2000), in: Europäische Hochschulschriften: Reihe 5, Volks- und Betriebswirtschaft, Band 2908, Frankfurt/M. u.a.: Lang, 2002

Gleich, Ronald [Performance Measurement (2002)]: Performance Measurement – Grundlagen, Konzepte und empirische Erkenntnisse, in: Controlling, 14.Jg. (2002), S. 447-454

Greiner, O./ Tretter, H. [Erfahrungen mit der BSC (2001)]: Erfahrungen mit der Balanced Scorecard als strategisches Führungsinstrument, in: CM, 26.Jg. (2001), S. 498-502

Günther, Thomas [Unternehmenswertorientiertes Controlling (1997)]: Unternehmenswertorientiertes Controlling, München: Vahlen, 1997

-/ Landrock, Bert/ Muche, Thomas [Performancemaße (2000)]: Gewinn- versus unternehmenswertbasierte Performancemaße – Eine empirische Untersuchung auf Basis der Korrelation von Kapitalmarktrenditen; Teil I: Grundlagen und Design der Studie, in: Controlling, 12.Jg. (2000), S. 69-76

Günther, Thomas/ Grüning, Michael [Performance Measurement-Systeme (2002)]: Performance Measurement-Systeme im praktischen Einsatz, in: Controlling, 14.Jg. (2002), S. 5-13

Haaßengier, Ralf, M. [Rechnet sich die BSC (2002)]: Rechnet sich die Balanced Scorecard? – Eine einflussreiche Management-Strategie wird 10 Jahre alt, in: b&b, 48.Jg. (2002), S. 108-111.

Haller, Axel [Wertschöpfungsrechnung (1997)]: Wertschöpfungsrechnung – Ein Instrument zur Steigerung der Aussagefähigkeit von Unternehmensabschlüssen im internationalen Kontext, in: Coenenberg, Adolf G./ Heinhold, Michael/ Steiner, Manfred (Hrsg.): Schriftenreihe Finanzwirtschaftliche Führung von Unternehmen, Stuttgart: Schäffer-Poeschel, 1997

Hamel, Gary/ Prahalad, C. K. [Strategien (1995)]: Wettlauf um die Zukunft – Wie Sie mit bahnbrechenden Strategien die Kontrolle über Ihre Branche gewinnen und die Märkte von morgen schaffen (Competing for the Future, dt.), übers. von Stephan Gebauer/ Annemarie Pumpernig, Wien: Ueberreuter, 1995

Henderson, Bruce D. [Erfahrungskurve (1984)]: Die Erfahrungskurve in der Unternehmensstrategie (Perspectives on experience, dt.), übers. und bearb. von Aloys Gälweiler, 2., überarb. Aufl., Frankfurt/M./ New York: Campus, 1984

Hieke, Hans [Teilkosten- und Deckungsbeitragsrechnung (1998)]: Teilkosten- und Deckungsbeitragsrechnung, Herne/ Berlin: Verl. Neue Wirtschafts-Briefe, 1998

Hilse, Heiko [Verzahnung Strategie- und Lernprozesse (2003)]: Zur Verzahnung von Strategie- und Lernprozessen in Unternehmen, in: ZfCM, 47.Jg. (2003), Heft 2, S. 137-141

Hoch, Detlev J./ Langenbach, Wilm/ Meier-Reinhold, Helga [Implementierung (2000)]: Implementierung von Balanced Scorecards im Spannungsfeld von unternehmerischen Zielsetzungen und Voraussetzungen, in: BFuP, 52.Jg. (2000), S. 56-66

Horstmann, Walter [Balanced Scorecard-Ansatz (1999)]: Der Balanced Scorecard-Ansatz als Instrument der Umsetzung von Unternehmensstrategien, in: Controlling, 11.Jg. (1999), S. 193-199

Horváth, Péter/ Gleich, Ronald [Balanced Scorecard (1998)]: Die Balanced Scorecard in der produzierenden Industrie – Konzeptidee, Anwendung und Verbreitung, in: ZWF, 93.Jg. (1998), S. 562-568

Horváth, Péter/ Gaiser, Bernd [Implementierungserfahrungen (2000)]: Implementierungserfahrungen mit der Balanced Scorecard im deutschen Sprachraum – Anstöße zur konzeptionellen Weiterentwicklung, in: BFuP, 52.Jg. (2000), S. 17-35

Horváth & Partner (Hrsg.) [Früherkennung (2000)]: Früherkennung in der Unternehmenssteuerung, Stuttgart: Schäffer-Poeschel, 2000

- [Balanced Scorecard umsetzen (2001)]: Balanced Scorecard umsetzen, 2., überarb. Aufl., Stuttgart: Schäffer-Poeschel, 2001

Ittner, Christopher D./ Larcker, David F. [Nonfinancial PM (2003)]: Coming Up Short on Nonfinancial Performance Measurement, in: Harvard Business Review, 81 Jg. (2003), Heft Nov., S. 88-95

Jenny, Hermann [Akzeptanz der BSC (2003)]: So steigern Sie die Akzeptanz der BSC, in: CM, 28.Jg. (2003), S. 222-223

Jockel, Stephan [EVA® (2003)]: E.V.A.® in kritischer Zeit, in: CM, 28.Jg. (2003), S. 348-354

Kaplan, Robert S./ Norton, David P. [Measures (1992)]: The Balanced Scorecard – Measures That Drive Performance, in: Harvard Business Review, 70.Jg. (1992), Heft Jan.-Feb., S. 71-79

- [BSC to Work (1993)]: Putting the Balanced Scorecard to Work, in: Harvard Business Review, 71.Jg. (1993), Heft Sept.-Oct., S. 134-147

- [Strategic Management System (1996)]: Using the Balanced Scorecard as a Strategic Management System, in: Harvard Business Review, 74.Jg. (1996), Heft Jan.-Feb., S. 75-85

- [BSC-Umsetzung (1997)]: Balanced Scorecard – Strategien erfolgreich umsetzen (The Balanced Scorecard – Translating Strategy into Action, dt.), übers. von Péter Horváth/ Beatrix Kuhn-Würfel/ Claudia Vogelhuber, Stuttgart: Schäffer-Poeschel, 1997

Klingebiel, Peter [Werttreiber (2000)]: Identifizierung und Quantifizierung von Werttreibern als Voraussetzung für ein erfolgreiches Wertmanagement , in: CM, 25.Jg. (2000), S. 565-568

Kotler, Philip u.a. [Marketing (1999)]: Grundlagen des Marketing (Principles of Marketing, dt.), übers. von Werner Walther, 2., überarb. Aufl., München: Prentice Hall, 1999

-/ Bliemel, Friedhelm [Marketing-Management (1999)]: Marketing-Management – Analyse, Planung, Umsetzung und Steuerung (Marketing Management: Analysis, Planning, Implementation and Control, dt.), 9., überarb. und aktualisierte Aufl., Stuttgart: Schäffer-Poeschel, 1999

Kreikebaum, Hartmut [Strategische Unternehmensplanung (1997)]: Strategische Unternehmensplanung, 6., überarb. und erw. Aufl., Stuttgart/ Berlin/ Köln: Kohlhammer, 1997

Krey, Antje [Wunderwaffe BSC (2003)]: „Wunderwaffe" BSC im Spiegel der Branchen, in: CM, 28.Jg. (2003), S. 325-333

Kröger, Fritz [Transforming the Enterprise (1995)]: Forcierter Unternehmenswandel durch „Transforming the Enterprise", in: ZfB, Ergänzungsheft 2/95: Business Process Reengineering (1995), S. 49-60

Krystek, Ulrich/ Müller, Michael [Frühaufklärungssysteme (1999)]: Frühaufklärungssysteme – Spezielle Informations-systeme zur Erfüllung der Risikokontrollpflicht nach KonTraG, in: Controlling, 11.Jg. (1999), S. 177-183

Kumpf, Andreas [BSC in Praxis (2001)]: Balanced Scorecard in der Praxis – In 80 Tagen zur erfolgreichen Umsetzung, Landsberg/ Lech: Verl. Moderne Industrie, 2001

Küting, Karlheinz/ Weber, Claus-Peter [Bilanzanalyse (2000)]: Die Bilanzanalyse – Lehrbuch zur Beurteilung von Einzel- und Konzernabschlüssen, 5., erw. und aktualisierte Aufl., Stuttgart: Schäffer-Poeschel, 2000

Lang, Jens M. [Moderne Entgeltsysteme (2001)]: Moderne Entgeltsysteme – Leistungslohn bei Gruppenarbeit. Mit einem Geleitwort von Hartmut Wächter (zugl.: Trier, Univ., Diss., 1997), 2., akt. Aufl., Wiesbaden: DUV, 2001

Loitz, Rüdiger [Shareholder Value Ansatz (2000)]: Konzeption und Einsatz des Shareholder Value Ansatzes für die Bewertung und Steuerung von Unternehmen, in: BuW, 54.Jg. (2000), S. 701-705

Marr, Bernard/ Neely, Andy [BSC Softwareanwendung (2003)]: Balanced Scorecard: Die richtige Softwareanwendung für strategieorientierte Unternehmen auswählen, in: ZfCM, 47.Jg. (2003), S. 237-240

Maschmeyer, Volker [Management by Balanced Scorecard (1998)]: Management by Balanced Scorecard – alter Wein in neuen Schläuchen?, in: Personalführung, 31,1. Jg. (1998), Heft 5, S. 74-80

Meissner, Dirk [Strategieplanung und -umsetzung (2000)]: Konsequente Strategieplanung und Strategieumsetzung, in: CM, 25.Jg. (2000), S. 451-458

Mensch, Gerhard [EVA (1999)]: Economic Value Added (EVA) – ein Shareholder-Value-orientiertes Erfolgsmaß, in: BuW, 53.Jg. (1999), S. 441-447

Mintzberg, Henry [Strategy (1987)]: The Strategy Concept I: Five Ps for Strategy, in: California Management Review, 30.Jg. (1987), S. 11-24

Morris, Henry[Analytic Application Integration (2002)]: The BSC and Analytic Application Integration, in: Balanced Scorecard Report, Heft Jan.-Febr. (2002), S. 15 f. http://harvardbusinessonline.hbsp.harvard.edu/b01/en/files/newsletters/bsr-sample.pdf, Stand: 29.12.2003

Müller, Armin [Strategisches Management (2000)]: Strategisches Management mit der Balanced Scorecard, Stuttgart/ Berlin/ Köln: Kohlhammer, 2000

Müller-Hedrich, Bernd W. [Fachkonferenz BSC (2001)]: Ein ausgewogenes Kennzahlen- und Controlling-Werkzeug – Bericht über sie Fachkonferenz „Balanced Scorecard" in Frankfurt/Main – März 2001, in: DB, 42.Jg. (2001), Heft 2, S. 34-36

Müller-Stewens, Günter/ Lechner, Christoph [Strategisches Management (2001)]: Strategisches Management – Wie strategische Initiativen zum Wandel führen, Stuttgart: Schäffer-Poeschel, 2001

Norton, David P./ Kappler, Florian [BSC Best Practices (2000)]: Balanced Scorecard Best Practices – Trends and Research Implications, in: Controlling, 12.Jg. (2000), S. 15-22

Porter, Michael E. [Competitive Strategy (1980)]: Competitive Strategy, New York: Free Press, 1980

- [Competitive Advantage (1985)]: Competitive Advantage, New York: Free Press, 1985

- [Wettbewerbsstrategie (1999)]: Wettbewerbsstrategie – Methoden zur Analyse von Branchen und Konkurrenten (Competitive Strategy, dt.), übers. von Volker Brandt/ Thomas C. Schwoerer/ Michael Schickerling, 10., durchges. und erw. Aufl., Frankfurt/M./ New York: Campus, 1999

- [Wettbewerbsvorteile (1999)]: Wettbewerbsvorteile – Spitzenleistungen erreichen und behaupten (Competitive Advantage, dt.), übers. von Angelika Jaeger/ Michael Schickerling, 5., durchges. und erw. Aufl., Frankfurt/M./ New York: Campus, 1999

Prahalad, C. K./ Hamel, Gary [Core Competence (1990)]: The Core Competence of the Corporation, in: Harvard Business Review, 68.Jg. (1990), Heft May-June, S. 79-91

Rappaport, Alfred [Shareholder Value (1999)]: Shareholder value – ein Handbuch für Manager und Investoren (Creating shareholder value, dt.), übers. von Wolfgang Klien, 2., vollst. überarb. und aktualisierte Aufl., Stuttgart: Schäffer-Poeschel, 1999

Reichmann, Thomas [Controlling (1997)]: Controlling mit Kennzahlen und Managementberichten – Grundlagen einer systemgestützten Controlling-Konzeption, 5., überarb. und erw. Aufl., München: Vahlen, 1997

Ries, Andreas/ Burggraf, Markus [Wertorientiertes Controlling (2003)]: Wertorientiertes Controlling – Integration des Value Based Management in die Balanced Scorecard, in: CM, 28.Jg. (2003), S. 334-341

Schmeisser, Wilhelm [Kostenrechnung (1997)]: Kostenrechnung – Skript im Rahmen der Lehrveranstaltung Finanzcontrolling an der Fachhochschule für Technik und Wirtschaft Berlin, Berlin: o. Verl., 1997 – [BSC-Quantifizierung (2002)]: Balanced Scorecard – Quantifizierung der Personalarbeit , in: HR Services, Heft 2 u. 4-5 (2002), S. 28-31 u. S. 48-51

- [Entgeltpolitik (2004)]: Säulen moderner Entgeltpolitik, in: Schmeisser, Wilhelm/ Brinkkötter, Hans-O./ Krimphove, Dieter (Hrsg.): Internationales Entgeltmanagement, Reihe: Schriften zum Internationalen Management, Band 4, München/ Mering: Hampp, 2004, S. 45-54.

-/ Clermont, Alois [Prozeßkostenrechnung (1998)]: Prozeßkostenrechnung erhöht Kostentransparenz, in: Personalwirtschaft, 25.Jg. (1998), Heft 10, S. 62-70

-/ Clermont, Alois/ Kriener, Merle [Wertschöpfung (1998)]: Wertschöpfung als Technik des Personalcontrollings, in: Personalwirtschaft, 25.Jg. (1998), Heft 2, S. 37-43

-/ Dittmann, Marko [Shareholder Value-Ansatz (2004)]: Shareholder Value-Ansatz als Grundphilosophie eines anreizorientierten Entgeltmanagementsystems, in: Schmeisser, Wilhelm/ Brinkkötter, Hans-O./ Krimphove, Dieter (Hrsg.): Internationales Entgeltmanagement, Reihe: Schriften zum Internationalen Management, Band 4, München/ Me-ring: Hampp, 2004, S. 1-44.

-/ Mohnkopf,H. / Hartmann,M. / Metze,G.(Hrsg.):Innovationserfolgsrechnung. Berlin 2008

-/ Clausen,L / Hannemann, G.(Hrsg.):Bankcontrolling mit Kennzahlen. Berlin 2009

Schmid-Grotjohann, Wolfgang [Wertorientiertes Management (2001)]: Wertorientiertes Management – Ein Vergleich von Shareholder Value und Economic Value Added, in: CM, 26. Jg. (2001), S. 380-383

Spremann, Klaus [Investition und Finanzierung (1996)]: Wirtschaft, Investition und Finan-zierung, in: IMF – International Management and Finance, 5., vollst. überarb., erg. und aktualisierte Aufl., München/ Wien: Oldenbourg, 1996

Staehle, Wolfgang H. [Management (1999)]: Management – eine verhaltenswissen-schaftliche Perspektive, 8. Aufl., überarb. von Peter Conrad/ Jörg Sydow, München: Vahlen, 1999

Steinle, Claus/ Thiem, Henning/ Lange, Morten [Strategieumsetzung (2001)]: Die Balanced Scorecard als Instrument zur Umsetzung von Strategien, in: CM, 26.Jg. (2001), S. 29-37

Steinmann, Horst/ Schreyögg, Georg [Management (2000)]: Management – Grundlagen der Unternehmensführung; Konzepte – Funktionen – Fallstudien, 5., überarb. Aufl., Wies-baden: Gabler, 2000

Stelter, Daniel [Wertorientierte Unternehmensführung (1997)]: Wertorientierte Unterneh-mensführung, in: Perlitz, Manfred u.a. (Hrsg.): Strategien im Umbruch – Neue Konzep-te der Unternehmensführung, Stuttgart: Schäffer-Poeschel, 1997, S. 133-162

Stroebe, Rainer W. [Führungsstile (2003)]: Führungsstile – Management by Objectives und situatives Führen, 7., überarb. Aufl., in: Crisand, Ekkehard (Hrsg.): Arbeitshefte Füh-rungspsychologie, Band 3, Heidelberg: Sauer-Verl., 2003

Töpfer, Armin/ Mehdorn, Hartmut [Total Quality Management (1995)]: Total Quality Ma-nagement – Anforderungen und Umsetzung im Unternehmen, 4., aktualisierte Aufl., Neuwied/ Kriftel/ Berlin: Luchterhand, 1995

Töpfer, Armin/ Lindstädt, Gerhard/ Förster, Kati [Nutzen BSC (2002)]: Balanced Score Card – Hoher Nutzen trotz zu langer Einführungszeit, in: Controlling, 14.Jg. (2002), S. 79-84

Voggenreiter, Dietmar/ Jochen, Martin [Wertmanagement und BSC (2002)]: Der kombinier-te Einsatz von Wertmanagement und Balanced Scorecard – Das systematische Werthe-bel-Management, in: Controlling, 14.Jg. (2002), S. 615-621

Wall, Friederike [Ursache-Wirkungsbeziehungen (2001)]: Ursache-Wirkungsbeziehungen als ein zentraler Bestandteil der Balanced Scorecard – Möglichkeiten und Grenzen ihrer Gewinnung, in: Controlling, 13.Jg. (2001), S. 65-74

Weber, Jürgen/ Schäffer, Utz [Balanced Scorecard (1998)]: Balanced Scorecard, in: Ad-vanced Controlling, 2. Jg., Band 8, Vallendar, 1998

- [BSC und Controlling (2000)]: Balanced Scorecard & Controlling – Implementierung – Nutzen für Manager und Controller – Erfahrungen in deutschen Unternehmen, 3., überarb. Aufl., Wiesbaden: Gabler, 2000

- [Kennzahlensysteme (2000)]: Entwicklung von Kennzahlensystemen, in: BFuP, 52.Jg. (2000), S. 1-16

Weber, Jürgen/ Radtke, Björn/ Schäffer, Utz [Erfahrungen mit der BSC (2001)]: Erfahrungen mit der Balanced Scorecard, in: Advanced Controlling, 4.Jg., Band 19, Vallendar, 2001

Weber, Jürgen/ Sandt, Joachim [Erfolg durch Kennzahlen (2001)]: Erfolg durch Kennzahlen – Neue empirische Erkenntnisse, in: Advanced Controlling, 4.Jg., Band 21, Vallendar, 2001

Wehling, Margret [Unternehmensführung und Personalmanagement (2001)]: Unternehmensführung und Personalmanagement mit der Balanced Scorecard, in: Clermont, Alois/ Schmeisser, Wilhelm/ Krimphove, Dieter (Hrsg.): Strategisches Personalmanagement in Globalen Unternehmen, München: Vahlen, 2001, S.147-165

Werder, Axel v. [Shareholder Value-Ansatz (1998)]: Shareholder Value-Ansatz als (einzige) Richtschnur des Vorstandshandelns?, in: ZGR, 27.Jg. (1998), S. 69-91

Wickel-Kirsch, Silke [BSC als Instrument im Personalcontrolling (2001)]: Balanced Scorecard als Instrument im Personalcontrolling, in: Clermont, Alois/ Schmeisser, Wilhelm/ Krimphove, Dieter (Hrsg.): Strategisches Personalmanagement in Globalen Unternehmen, München: Vahlen, 2001, S. 273-289.

Winter, Stefan [Managementanreizsysteme (1996)]: Prinzipien der Gestaltung von Managementanreizsystemen (zugl.: Berlin, Humboldt-Univ., Diss., 1996), Wiesbaden: Gabler, 1996

Wogersien, Anke [Effektivität – Effizienz (2001)]: „Die Dinge richtig tun – Die richtigen Dinge tun" Begrifflicher Ansatz: Effektivität, Effizienz, Zweckmäßigkeit, Ergebnisqualität, in: CM, 26.Jg. (2001), S. 548 f.

Wonigeit, Jens [Total Quality Management (1996)]: Total Quality Management – Grundzüge und Effizienzanalyse (zugl.: Bamberg, Univ., Diss., 1993), 2. Aufl., Wiesbaden: DUV, 1996

Zdrowomyslaw, Norbert/ Eckern, Veiko von/ Meißner, Andrè [Theorie und Praxis der BSC (2003)]: Theorie und Praxis der Balanced Scorecard – Einsatz, Vorgehensweise und Problemlösung bei der Einführung, in: BuW, 57.Jg. (2003), Heft 7, S. 265-272

- [Akzeptanz und Verbreitung der BSC (2003)]: Akzeptanz und Verbreitung der Balanced Scorecard, in: BuW, 57.Jg. (2003), Heft 9, S. 356-359

Zimmermann, Gebhard/ Jöhnk, Thorsten [Unternehmenspraxis mit BSC (2000)]: Erfahrungen der Unternehmenspraxis mit der Balanced Scorecard – Ein empirisches Schlaglicht, in: Controlling, 12.Jg. (2000), S. 601-606

Kapitel III

Quantifizierung der Potentialperspektive, der Mitarbeiterperspektive oder des Humankapitals im Rahmen der Berliner Balanced Scorecard ohne Nutzwertanalyse

Heute tragen immaterielle Vermögensgegenstände, sog. „Intangible Assets", zur Differenzierung im Wettbewerb und zur Steigerung des Unternehmenswertes zunehmend bei. Für den Begriff „Intangibles"(Patente, Lizenzen, Human Capital) kann man zunächst festhalten, dass Finanzanlagen und physisch greifbare, materielle Vermögensgegenstände nicht in diese Kategorie fallen. Sie werden im Folgenden unter dem Begriff Finanzkapital zusammengefasst. Der Unterschied zwischen dem Finanzkapital (Buchwert) und dem Marktwert eines Unternehmens wird auf immaterielle Ressourcen zurückgeführt, die einen nicht unerheblichen Beitrag zum Unternehmenswert bzw. Shareholder Value leisten.

Diese immateriellen Vermögensgegenstände, die im deutschen Sprachgebrauch auch als „intellektuelles Kapital" bezeichnet werden, bilden sich in der Potentialperspektive der Balanced Scorecard ab und lassen sich in Human-, Struktur- und Beziehungspotenziale unterscheiden. Das Humanpotenzial umfasst das Wissen, die Kompetenzen, die Fähigkeiten sowie die Erfahrung der Mitarbeiter. Das Strukturpotenzial bezieht sich auf die Leistungsfähigkeit der Unternehmensorganisation (Prozesse bzw. Prozessorganisation), Systeme sowie auf Marken und Patente, die wiederum einen gewissen Bekanntheitsgrad sowie das gesellschaftliche Ansehen eines Unternehmens widerspiegeln können. Das Beziehungspotenzial umfasst die Anzahl als auch das Potenzial von Partnerschaften innerhalb der Wertschöpfungskette.[1] Besonders hervorzuheben sind hier die Kundenbeziehungen, die einen direkten Einfluss auf die Profitabilität des gesamten Unternehmens haben.[2]

Folgende Abbildung veranschaulicht die relevanten Komponenten der Unternehmenspotenziale bzw. des intellektuellen Kapitals:

---

[1] Vgl. Stoi, R., (o.A.), S. 1 f. und Schmeisser, W. / Schindler, F., DStR 34/2005, S. 1459 ff.

[2] Vgl. ausführlich Schmeisser, W./ Clausen, L., DStR 51-52/2005, 2198 ff.

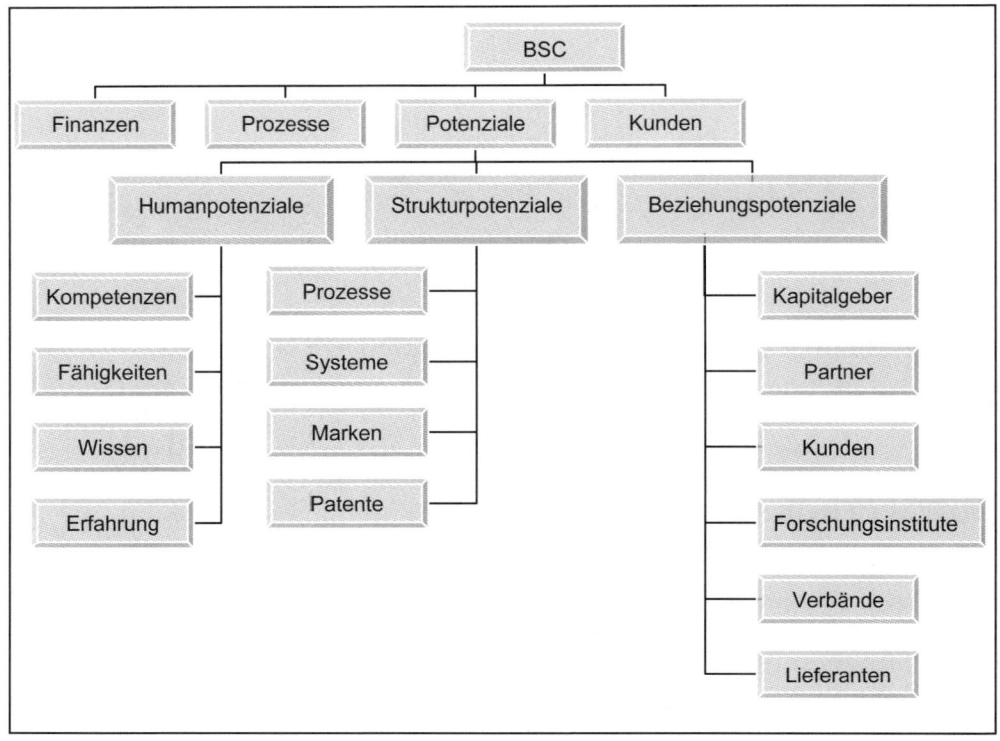

Abbildung 3-1: Darstellung der Unternehmenspotenziale[1]

Im Weiteren wird mit Hilfe des internen und externen Rechnungswesens das Berliner Humankapitalbewertungsmodell[2] vorgestellt, dass die Quantifizierung des Humanpotenzials bzw. des intellektuellen Kapitals ermöglicht. Auf diese Weise ist es möglich das Leistungsvermögen der Mitarbeiter bzw. des Human Capital zu quantifizieren und damit die Profitabilität des gesamten Unternehmens besser zu erklären und letztlich gezielt mit Intangibles (Humankapital, Patenten, Lizenzen etc.) zu steigern.

---

[1]   Vgl. in Anlehnung an Stoi, R. (o.A.), S. 2.

[2]   Das Berliner Humankapitalbewertungsmodell ist ein Teil des Berliner Balanced Scorecard Ansatzes.

1   Kosten- bzw. ertragswert-orientierte Quantifizierung

In diesem Kapitel wird durch die detaillierte Darstellung der Kosten und Erlöse eine Quantifizierungsmöglichkeit des intellektuellen Kapitals vorgestellt. Ausgehend von den Umsätzen eines (Dienstleistungs-)unternehmens wird ein Mitarbeiterdeckungsbeitrag ermittelt, der unter differenzierter Berücksichtigung zahlungsunwirksamer Personalkosten sowie personalbezogener Investitionen auf einen Mitarbeiter-Cashflow hochgerechnet wird. Weiterhin werden diese Daten genutzt, um den mitarbeiterrelevanten Teil des Shareholder Value zu berechnen.

1.1   Differenzierung relevanter Kosten

Im Folgenden werden die mitarbeiterbezogenen Kostenpositionen differenziert dargestellt, um auf diese Weise Einsparpotenziale, Optimierungspotenziale als auch Ansatzpunkte für mögliche Motivationsanreize aufzuzeigen. Ferner werden diese Kostendaten genutzt, um einen Mitarbeiterdeckungsbeitrag zu ermitteln.

1.1.1   Lohn / Gehalt

Die Kosten für Lohn / Gehalt beinhalten, bezogen auf einen vorab definierten Betrachtungszeitraum, sowohl stetig wiederkehrende zahlungswirksame Kosten (z.B. Grundlöhne, -gehälter, gesetzl. Sozialabgaben, Ausbildungsvergütungen, etc.) als auch sporadisch auftretende Zahlungen (z.B. Zusatzbezüge (Weihnachtsgeld, Urlaubsgeld, etc.), Mehrarbeitsvergütungen, Zuschläge (Akkord, Nachtarbeit, außerordentliche Arbeitsbedingungen, etc.), etc. sowie zahlungsunwirksame Kosten wie Zuführungen zu den Rückstellungen für Pensionen u./o. Betriebsrenten. Nachfolgende Grafik gibt einen zusammenfassenden Überblick.

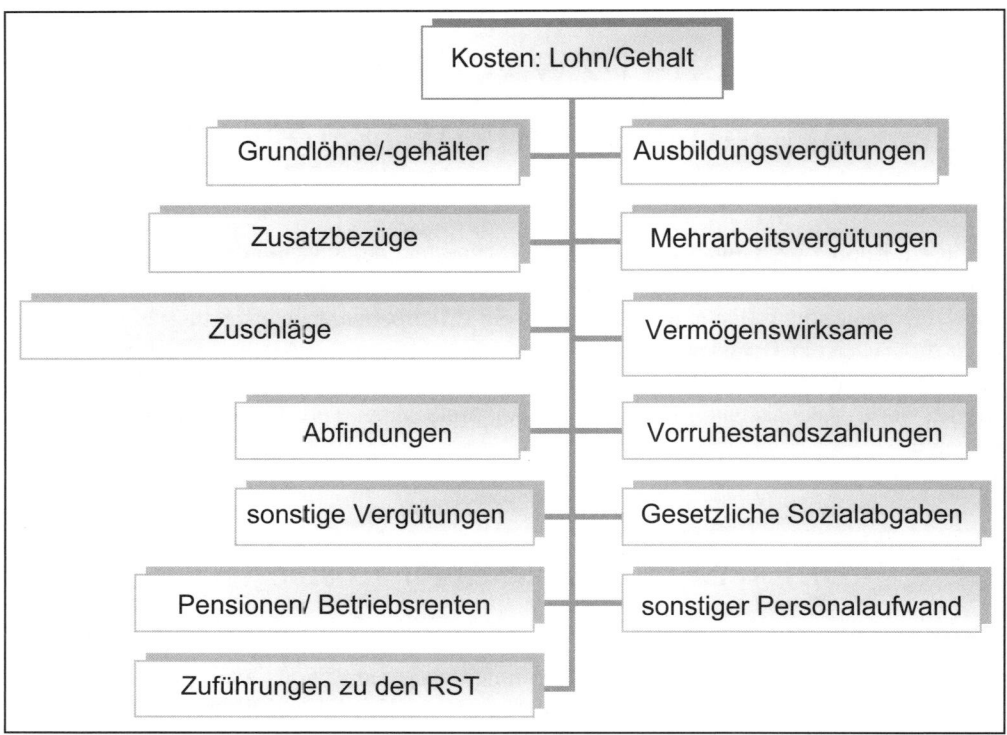

Abbildung 3-2: Kostenpositionen Lohn / Gehalt

Kennzahlen Lohn / Gehalt

Die entstehenden Kosten im Bereich Lohn / Gehalt werden auch als „Personalaufwand"
bezeichnet.[1] Bei Anwendung des Gesamtkostenverfahrens (GKV) ergibt sich folgende
Kennzahl:

$$\text{Personalaufwandsquote} = \frac{\text{Personalaufwand}}{\text{Gesamtleistung}}$$

Diese Kennzahl gibt an, in wieweit die betriebliche Gesamtleistung durch die Zahlung von
Löhnen und Gehältern (§ 275 Abs. 2 Nr. 6a HGB), sozialen Abgaben sowie Aufwendungen
für Altersvorsorge und Unterstützung (§ 275 Abs. 2 Nr. 6b HGB) erbracht wurden. Wird
das Umsatzkostenverfahren angewendet, sind die Personalaufwendungen auf die Umsatzerlöse statt auf die Gesamtleistung zu beziehen.

$$\text{Personalaufwandsquote} = \frac{\text{Personalaufwand}}{\text{Umsatzerlöse}}$$

---

[1]   Vgl. Baetge, J. (1998), S. 399 f.

Um die Aussagekraft dieser Kennzahl zu erhöhen, kann die o.g. Formel durch die Zahl der durchschnittlich beschäftigten Arbeitnehmer erweitert werden. Die erweiterte Personalaufwandsquote ist wie folgt zu ermitteln:[1]

$$\text{Modifizierte Personalaufwandsquote (GKV)}$$
$$= \frac{\text{Personalaufwand} * \text{durchschn. Beschäftigtenzahl}}{\text{durchschn. Beschäftigtenzahl} * \text{Gesamtleistung}}$$
$$= \frac{\text{Lohnniveau}}{\text{Produktivität der Belegschaft}}$$

$$\text{Modifizierte Personalaufwandsquote (UKV)}$$
$$= \frac{\text{Personalaufwand} * \text{durchschn. Beschäftigtenzahl}}{\text{durchschn. Beschäftigtenzahl} * \text{Umsatzerlöse}}$$
$$= \frac{\text{Lohnniveau}}{\text{Produktivität der Belegschaft}}$$

Das Lohnniveau wird bei beiden Verfahren (GKV / UKV) identisch ermittelt:

$$\text{Lohnniveau} = \frac{\text{Personalaufwand}}{\text{durchschn. Beschäftigtenzahl}}$$

Die Produktivität wird wie folgt ermittelt:

$$\text{Produktivität der Belegschaft (GKV)} = \frac{\text{Gesamtleistung}}{\text{durchschn. Beschäftigtenzahl}}$$

$$\text{Produktivität der Belegschaft (UKV)} = \frac{\text{Umsatzerlöse}}{\text{durchschn. Beschäftigtenzahl}}$$

Um eine detailliertere Analyse der Kostenbestandteile im Bereich Lohn / Gehalt vorzunehmen, bieten sich weitere Kennzahlen an, die je nach Anwendung des GKV oder des UKV auf die Gesamtleistung oder die Umsatzerlöse zu beziehen sind. Soll der jeweilige Kostenanteil am Gesamtpersonalaufwand ermittelt werden, so wird eine Relation aus dem Kostenbestandteil und dem Gesamtpersonalaufwand gebildet. Nachfolgend einige Beispiele:

$$\text{Quote Mehrarbeitsvergütung} = \frac{\text{Überstunden in Arbeitsstunden}}{\text{vertragliche Arbeitsstunden}}$$

$$\text{Anteil Mehrarbeitsvergütung (GPA)} = \frac{\text{Überstunden in Arbeitsstunden x Kosten je Überstunde}}{\text{Gesamtpersonalaufwand}}$$

---

[1]   Vgl. Baetge, J. (1998), S. 400.

$$\text{Anteil Mehrarbeitsvergütung}_{(GKV)} = \frac{\text{Überstunden in Arbeitsstunden x Kosten je Überstunde}}{\text{Gesamtleistung}}$$

$$\text{Anteil Mehrarbeitsvergütung}_{(UKV)} = \frac{\text{Überstunden in Arbeitsstunden x Kosten je Überstunde}}{\text{Umsatzerlöse}}$$

Trotz der derzeitigen Arbeitsmarktlage sind Überstunden die Regel. Es wird ein höheres Arbeitszeitvolumen erreicht, das normalerweise durch zusätzliche Arbeitskräfte erreicht werden müsste. Von Überstunden wird üblicherweise dann gesprochen, wenn die betriebliche Arbeitszeit vorübergehend verlängert wird.

Der Vorteil von Überstunden liegt darin, dass eine flexiblere Handhabung als bei zusätzlichen Arbeitsverhältnissen möglich ist. Ebenso lassen sich Kapazitätsanpassungen nach unten durch Überstundenabbau unkomplizierter vornehmen als durch betriebsbedingte Kündigungen.

Folgen bzw. Nachteile permanenter Überstunden auf Mitarbeiterseite können:
- Arbeitsunzufriedenheit durch permanente Mehrleistung,
- Motivationsabfall und / oder
- eventuelle gesundheitliche Auswirkungen sein.

Eine andauernde Überstundenquote ist aus personalwirtschaftlicher Sicht ein Hinweis auf einen erhöhten Personalbedarf.

Die stetige Entwicklung der Arbeitszeitmodelle hat dazu geführt, dass Mehrarbeit bzw. Überstunden meist nicht finanziell, sondern in Form von Freizeitausgleich abgegolten werden.

Ein Blick auf die Kennzahlen zu den Grundlöhnen / -gehältern lässt Rückschlüsse auf die Vergütungsstruktur im Unternehmen zu. Um den prozentualen Anteil bestimmter Entlohnungsgruppen zu ermitteln, wird zunächst die Anzahl der Mitarbeiter in bestimmten Lohn- und Gehaltsgruppen oder entsprechenden Vergütungsformen (Akkordlohn, Prämienlohn, Zeitlohn) zur Anzahl der Mitarbeiter insgesamt in Beziehung gesetzt.

$$\frac{\text{Anzahl der Mitarbeiter mit Lohn - /Gehaltsgruppe/Lohnform n}}{\text{Anzahl der Mitarbeiter insgesamt}} \times 100$$

Die Ergebnisse einer solchen Analyse sind dahingehend zu prüfen, ob im Hinblick auf die Arbeitsplatzanforderungen diese Vergütungsstruktur betrieblich zwingend ist, oder ob hinter den Vergütungsfestsetzungen andere Gründe stehen.

1.1.2   Fehlzeiten

Die Kosten der Fehlzeiten entstehen sowohl im Falle von bezahlten als auch unbezahlten Fehlzeiten. Bei den bezahlten Fehlzeiten fallen Kosten in Form von Zahlungen an. Weiterhin entstehen Umsatzeinbußen durch den Ausfall von Leistungen. Sofern die Leistungen durch den verbleibenden Mitarbeiterstamm kompensiert werden, können sich Kosten durch Mehrarbeitsvergütungen, Lohnzuschläge für Nachtarbeit oder ähnliches ergeben. Die unbezahlten

Fehlzeiten verursachen in erster Linie Umsatz-/ Gewinneinbußen, Produktivitätseinbußen bzw. die entstehenden Kompensationskosten. Die einzelnen Kosten verursachenden Positionen sind folgender Abbildung zu entnehmen.

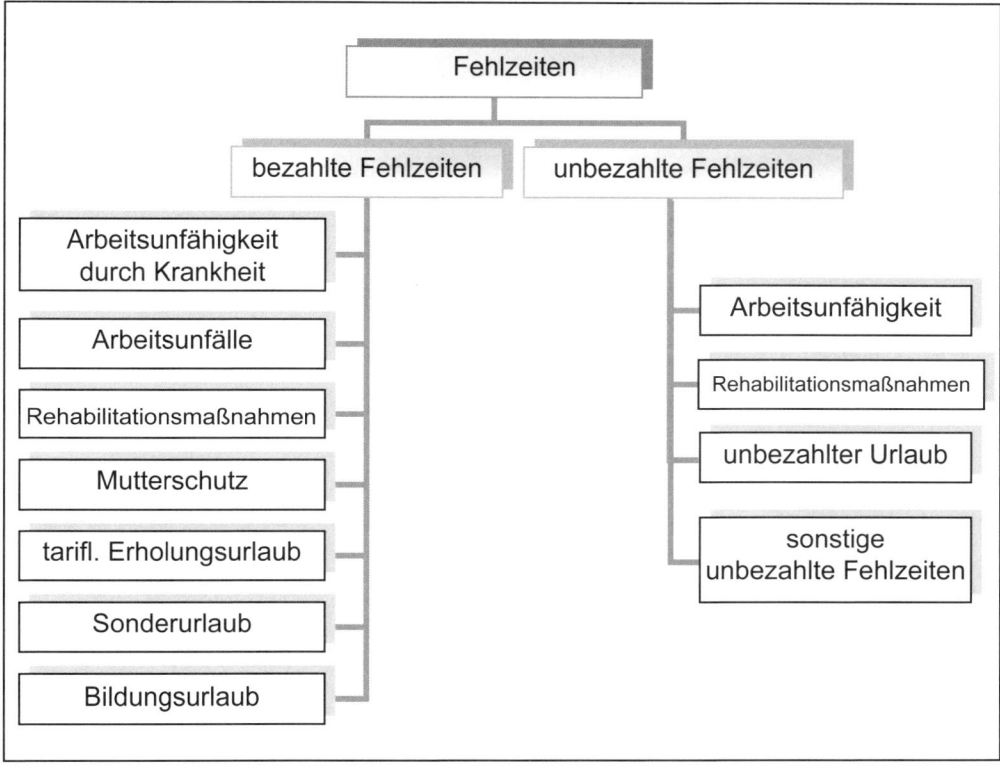

Abbildung 3-3: Kostenverursachende Fehlzeiten

Kennzahlen der Fehlzeiten

Um die zahlenmäßig erfassten Tatbestände und Entwicklungen der Fehlzeiten darzustellen bieten sich folgende Kennzahlen an, die einen schnellen und umfassenden Überblick ermöglichen.

$$\text{Arbeitsunfähigkeit} = \frac{\text{krankheitsbedingt ausgefallene Tage}}{\text{Soll - Arbeitszeit in Tagen}} \times 100$$

Die Quote gibt an, wie viele Tage durch krankheitsbedingtes Fehlen ausfallen. Für eine tiefere Analyse der krankheitsbedingten Arbeitsunfähigkeit ist es sinnvoll z. B. nach Mitarbeitergruppen, Zeiträumen, Hierarchieebenen und/oder Alter zu differenzieren. Unter Vorbehalt können von den Ergebnissen Erkenntnisse auf Arbeitszufriedenheit und Betriebsklima abgeleitet werden, die allerdings bei der derzeitigen Arbeitsmarktlage vorsichtig zu interpretieren sind.[1]

$$\text{Kostenanteil Arbeitsunfähigkeit} = \frac{\text{krankheitbedingter Arbeitsausfall in Tagen x Kosten pro Tag}}{\text{Gesamtpersonalaufwand}} \times 100$$

Die Formel gibt an, wie hoch der Kostenanteil krankeitsbedingter Arbeitsunfähigkeit am Gesamtpersonalaufwand ist.

Für eine mitarbeiterorientierte Personalarbeit, auch schon aus der Fürsorgepflicht heraus, ist es sinnvoll die Unfallhäufigkeit zu reduzieren. Ein erster Ansatz dazu ist die differenzierte Ermittlung von Unfallhäufigkeiten und –zeiten. Zur detaillierten Erfassung der unfallbedingten Ausfälle bietet es sich an nach Unfallart (Arbeitsunfall / Wegeunfall), Mitarbeitergruppen, Betriebsteilen, Standorten und / oder Zeiträumen zu unterscheiden.

$$\text{Unfallhäufigkeit} = \frac{\text{Anzahl der Unfälle}}{\text{durchschnittlicher Personalbestand}} \times 100$$

$$\text{Unfallzeiten} = \frac{\text{Anzahl der Ausfalltage wegen Unfall}}{\text{Summe der Soll - Arbeitstage}} \times 100$$

Zur Berechnung der Gesamtkosten von Unfällen sind folgende Positionen zu berücksichtigen:

Interne Kosten	Externe Kosten
- Bezahlte Ausfallzeit der Unfallopfer	- Beiträge zur Berufgenossenschaft
- Bezahlte Ausfallzeit von Beteiligten	- Arbeitgeberanteil zur Krankenversicherung
- Unfallkosten durch Schäden am Arbeitsplatz	
- Personalmehrkosten durch Nachholen oder Ersatz der Arbeitsleistung	
- Produktionsausfall bei abhängigen Arbeitsplätzen	
- Aufwand des werksärztlichen Dienstes	
- Kosten für Ersatzkräfte (z.B. Zeitarbeit)	

Abbildung 3-4: Kostenbestandteile Unfälle

Berechnung:

Gesamtkosten von Unfällen = interne Kosten + externe Kosten

---

[1] Vgl. Spiegel online, (o.A.) „Deutsche feiern aus Angst um den Arbeitsplatz weniger krank".

1.1.3 Fluktuation

Fluktuation lässt sich nach folgenden Kriterien unterscheiden:

- vom Unternehmen initiierte Fluktuation (Versetzungen, Entlassungen, etc.)
- vom Unternehmen erwünschte Fluktuation (dadurch können betriebsbedingte Kündigungen vermieden werden)
- vom Unternehmen nicht initiierte Fluktuation (Arbeitnehmerkündigungen); diese Austritte werden als Fluktuation im engeren Sinne betrachtet.[1] Zur näheren Analyse sind Gespräche mit den ausscheidenden Mitarbeitern nötig, um die Beweggründe (Unzufriedenheit mit den Arbeitsbedingungen, etc.) detailliert zu erfassen, um so Verbesserungen für die Mitarbeiter und letztlich das gesamte Unternehmen abzuleiten.

Fluktuation birgt gewisse Gefahren, die im Besonderen in sensiblen Unternehmensbereichen zum Tragen kommen, wie Kundenbindung, Forschung und Entwicklung, Konstruktion, Vertrieb und Innovation. Aus diesen genannten Bereichen sind die relevanten Kostenpositionen ableitbar, die folgender Abbildung zu entnehmen sind.

Kostenfaktoren Fluktuation
- Kosten für Zeitungsannoncen / Webannoncen
- Honorare für externe Personalberater
- Erstattung der Vorstellungskosten
- Umzugskosten, Kosten für Wohnungsbeschaffung
- Schulungen während der Probe- / Einarbeitungszeit
- anteilige Personalkosten (intern) (Personalauswahl, Einarbeitung)
- Umsatzausfälle, -einbußen durch unbesetzte Stelle, Verzögerungen bei Produktinnovationen, Verlust von Kundenbindungen

Abbildung 3-5: Kostenpositionen Fluktuation

Die Berechnung der Fluktuationsquote ist nach folgenden Formeln möglich; in der ersten Formel kommt die engere Definition zum Einsatz, während im zweiten Fall nicht nach der Ursache des Austritts differenziert wird. Anwendbare Berechnungszeiträume sind das Quartal, das Halbjahr oder Jahr. Für eine detailliertere Erfassung kann zusätzlich nach Mitarbeitergruppen unterschieden werden.

BDA - Formel:

$$\frac{\text{Anzahl freiwillig ausgeschiedener Mitarbeiter}}{\text{durchschnittlicher Personalbestand}} \times 100$$

---

[1] Vgl. Blom, F./ Germann, J./ Krüger, K.-H./ Pepels, W. (2004), S. 61.

Schlüter - Formel :

$$\frac{\text{Anzahl der Austritte}}{\text{Personalanfangsbestandbestand} + \text{Zugänge während des Betrachtungszeitraums}} \times 100$$

Kennzahlen Fluktuation

Für eine differenzierte Erfassung der Fluktuation ist es sinnvoll Kennzahlen einzusetzen, die der Beschäftigungsstruktur des Unternehmens entsprechen. Hier bietet sich beispielsweise die Unterscheidung nach gewerblichen Arbeitnehmern und Angestellten an. Weitere Differenzierungen können hinsichtlich der Art des Ausscheidens, wie vorzeitige Pensionierung, Arbeitgeberkündigungen, Arbeitnehmerkündigungen, Aufhebungsverträge, etc. sowie nach Betriebsstätten und Unternehmensbereichen vorgenommen werden; hier wird die jeweilige Anzahl der Abgänge zur Gesamtanzahl der entsprechenden Gruppe in Beziehung gesetzt. Ferner sollten die Zugänge ebenfalls in dieser Form erfasst werden. Als Vergleichsgrundlage zur Analyse kann sowohl der Zeitvergleich (Perioden) als auch der Soll-Ist-Vergleich genutzt werden. Durch die detaillierte Erfassung lassen sich Einsparungspotenziale im Bereich der Personalbeschaffung erkennen und im Sinne der wirtschaftlichen Nutzung der Unternehmensressourcen umsetzen.

Nachfolgend einige Kennzahlenbeispiele zur Ermittlung der Relationen:

$$\frac{\text{Abgänge Arbeitnehmer}}{\text{alle Arbeitnehmer}} \times 100 \qquad \frac{\text{Abgänge gewerbliche Arbeitnehmer}}{\text{gewerbliche Arbeitnehmer}} \times 100$$

$$\frac{\text{Aufhebungsverträge Arbeitnehmer}}{\text{alle Arbeitnehmer}} \times 100$$

$$\frac{\text{Arbeitnehmerkündigungen}}{\text{alle Arbeitnehmer}} \times 100$$

$$\frac{\text{Arbeitgeberkündigungen gewerbliche Arbeitnehmer}}{\text{gewerbliche Arbeitnehmer}} \times 100$$

$$\frac{\text{Abgänge Angestellte}}{\text{Angestellte}} \times 100 \qquad \frac{\text{Zugänge Arbeitnehmer}}{\text{alle Arbeitnehmer}} \times 100$$

Weitere Kennzahlen sind zum einen die Personalbeschaffungskosten je Arbeitnehmer sowie der prozentuale Anteil der Personalbeschaffungskosten an den Gesamtpersonalkosten, die im Folgenden dargestellt sind.

$$\frac{\text{Gesamtkosten der Personalbeschaffung}}{\text{Anzahl der Einstellungen}} \qquad \frac{\text{Gesamtkosten Personalbeschaffung}}{\text{Gesamtpersonalkosten}} \times 100$$

1.1.4 Betriebliches Vorschlagwesen

Die Kosten des betrieblichen Vorschlagwesens ergeben sich aus der gezahlten Anerkennungsprämie, die mit der Anzahl der realisierten / nicht realisierten aber prämierten Verbesserungsvorschläge zu multiplizieren ist. Folgende Formeln kommen hier zur Anwendung:

Kosten betriebl. Vorschlagwesen = Anerkennungsprämie x Anzahl der real. Verbesserungsvorschläge

Kosten betriebl. Vorschlagwesen = Anerkennungsprämie x Anzahl nicht real. Verbesserungsvorschläge

Kennzahlen des betrieblichen Vorschlagwesen
Um das betriebliche Vorschlagwesen quantitativ zu erfassen und die gewonnenen Daten analysieren zu können, bieten sich nachstehende Kennzahlen an. Die Auswertung kann in Form des innerbetrieblichen Zeitvergleichs oder Soll-Ist-Vergleichs erfolgen.

$$\frac{\text{Anzahl der Verbesserungsvorschläge pro Periode}}{\text{alle Mitarbeiter}}$$

$$\frac{\text{Anzahl der prämierten und realisierten Verbesserungsvorschläge pro Periode}}{\text{alle Mitarbeiter}}$$

$$\frac{\text{Anzahl der prämierten Verbesserungsvorschläge pro Periode}}{\text{alle Mitarbeiter}}$$

$$\frac{\text{Anzahl der prämierten nicht realisierten Verbesserungsvorschläge pro Periode}}{\text{alle Mitarbeiter}}$$

$$\frac{\text{Anzahl der nicht realiesierten Verbesserungsvorschläge pro Periode}}{\text{alle Mitarbeiter}}$$

$$\frac{\text{Anzahl der Verbesserungsvorschläge pro Periode x gezahlte Prämie}}{\text{Personalkosten oder Umsatz}}$$

1.1.5 Fremdleisterkosten

Unter Fremdleisterkosten sollen in einer weiten Auslegung alle Kosten subsumiert werden, die durch Lieferungen außenstehender Dienstleistungsunternehmen verursacht werden, also z.B. Reparatur-, Transport-, Reise-, Rechtsberatungs-, Prüfungs-, Versicherungs- sowie externe Forschungs- und Entwicklungskosten.

Um den Anteil der Fremdleisterkosten an der Gesamtleistung (GKV) bzw. dem Umsatz (UKV) zu bestimmen, können folgende Kennzahlen angewendet werden:

$$\text{Anteil Fremdleistung (GKV)} = \frac{\text{Fremdleisterkosten}}{\text{Gesamtleistung}}$$

$$\text{Anteil Fremdleistung (UKV)} = \frac{\text{Fremdleisterkosten}}{\text{Umsatz}}$$

1.1.6   Materialkosten

Als Materialkosten werden die mit ihren Preisen bewerteten Verbrauchsmengen an Roh-, Hilfs- und Betriebsstoffen bezeichnet. Den größten Posten bilden die Rohstoffe, unter die alle Materialen umfassen, die zum wesentlichen Bestandteil eines Erzeugnisses werden. Diese werden als Einzelkosten erfasst.

Hilfsstoffe gehen zwar auch unmittelbar in das Produkt ein, erfüllen allerdings nur eine ergänzende Funktion und haben einen geringfügigen wertmäßigen Anteil. Diese Kosten werden meist als Gemeinkosten verrechnet.

Betriebsstoffe sind keine unmittelbaren Bestandteile der Erzeugnisse und dienen vielmehr der Aufrechterhaltung und Durchführung des Betriebsprozesses. Die Kosten können ausschließlich als Gemeinkosten erfasst werden.[1]

Kennzahlen Material
Zur Überwachung und Analyse der Materialkosten können mit Hilfe von Kostenquoten einzelne Kostenarten ins Verhältnis zu den Umsatzerlösen (UKV) oder zur Gesamtleistung (GKV) gesetzt und leicht verglichen werden, z.B. als Soll-Ist-Vergleich oder Soll-Plan-Vergleich. Es bietet sich an, Kostenquoten für einzelne Roh-, Hilfs- und Betriebsstoffe zu ermitteln, um ggf. Ineffizienzen aufdecken zu können. Der nachfolgend dargestellten Materialintensität (Industrie) entspricht die Wareneinsatzquote im Handel (= Wareneinsatz / Umsatzerlöse). Ferner kann die Produktivität bestimmt werden, indem der Output (in Stück, kg, m, l o.Ä.) durch den Input (in Stunden, kg, etc.) dividiert wird. Auf diese Weise können für alle eingesetzten Produktionsfaktoren Kennzahlen gebildet werden.

$$\text{Materialintensität (GKV/UKV)} = \frac{\text{gesamte Materialkosten}}{\text{Gesamtleistung/Umsatz}}$$

$$\text{Materialproduktivität} = \frac{\text{Ausbringungsmenge in Stück}}{\text{Rohstoffe in kg}}$$

---

[1]   Vgl. Corsten, H., (1993), S. 460.

1.1.7 Zinsen und ähnlicher Aufwand

Meist handelt es sich hier um Zinsen für geschuldete Kredite, Diskontbeträge für Wechsel und Schecks oder Kreditprovisionen und ähnliche Verwaltungskostenbeiträge sowie der Zinsanteil von Pensionsrückstellungen.[1]

1.1.8 Verwaltungs- und Vertriebskosten

Unter diesem Punkt werden all jene Kosten erfasst, die in den Bereichen Vertrieb und Verwaltung anfallen – jedoch ohne Personalkosten. Zu nennen sind hier die Kosten der Verkaufförderung, der Werbung, des Vertreternetzes sowie der Vertriebslager. Ferner fallen Vertriebseinzelkosten an, wie z. B. Kosten für Verpackungsmaterial, Frachten, Provisionen, auftragsbezogene Werbekosten und Versandkosten. Zu den Verwaltungskosten zählen z. B. Aufwendungen für die Geschäftsführung, das Rechnungswesen, die Rechtsabteilung und den Werkschutz. Außerdem fallen Kosten für Materialaufwendungen, anteilige Abschreibungen sowie betriebliche Sozialeinrichtungen an.

2 Ermittlung eines Mitarbeiterdeckungsbeitrages

Am Beispiel eines Dienstleistungsunternehmens wird, mittels der Deckungsbeitragsrechnung, ein Mitarbeiterdeckungsbeitrag für einen vorab definierten Zeitraum ermittelt. Zunächst werden die Umsatzerlöse, die mit einem definierten Mitarbeiter(stamm) (z. B. Fachbereich, Abteilung, Filialniederlassung, etc.) erzielt wurden, erfasst. Im Anschluss werden die Erlösschmälerungen (z.B. Rabatte, Skonto) abgezogen, um die Nettoerlöse zu erhalten. Im nächsten Schritt werden stufenweise die verschiedenen Kostenpositionen von den Nettoerlösen subtrahiert.

---

[1] Vgl. Baetge, J. (1998), S. 380 f.

Mitarbeiterdeckungsbeitrag eines Dienstleistungsunternehmens			
	Umsatzerlöse MA		
-	Erlösschmälerungen		
=	Nettoerlöse MA		Nettoerlöse MA
		-	Lohn/Gehalt
		-	Fehlzeiten
		-	Fluktuation
		-	Betriebl. Vorschlagwesen
		=	Mitarbeiterdeckungsbeitrag DL I
		-	Fremdleisterkosten
		-	Materialkosten
		-	Verwaltungs- und Vertriebseinzelkosten (ohne Personalkosten)
		_	Zinsen und ähnlicher Aufwand
		=	Mitarbeiterdeckungsbeitrag DL II
		-	Verwaltungs- und Vertriebskosten (ohne Personalkosten)
		-	Sonstiges
		=	Mitarbeiterdeckungsbeitrag DL III

Abbildung 3-6: Ermittlung des Mitarbeiterdeckungsbeitrages

2.1 Interpretation der Mitarbeiterdeckungsbeiträge

Da in den Mitarbeiterdeckungsbeitrag I nur Kostenpositionen einfließen, die direkt aus dem Personaleinsatz resultieren, zeigt dieser Deckungsbeitrag unmittelbar an, welcher Teil des Erfolges im Betrachtungszeitraum ohne den Mitarbeitereinsatz nicht zustande gekommen wäre. Durch die detaillierte Gliederung der Personalkostenkomponenten eines Dienstleistungsunternehmens sind Faktoren feststellbar, wie z. B. Fehlzeiten und Fluktuation, die letztlich keinen Umsatz generieren. Hier gilt es zu analysieren wo die Ursachen liegen um so gezielt gegensteuern zu können. Eine weitere Anwendungsmöglichkeit ergibt sich, wenn man den „Personalbereich" eines Unternehmens als eigenständigen „Personaldienstleister" erachtet. In diesem Falle stellen die ermittelten Personalkosten (ggf. inklusive eines Gewinnaufschlages) die Verrechnungspreise für andere Unternehmensbereiche dar und zeigen direkt den Anteil des Personalbereiches an den erzielten Gesamterlösen an.

Der Mitarbeiterdeckungsbeitrag II ergibt sich nach Abzug der zur Leistungserstellung notwendigen Einzelkosten.

Der Mitarbeiterdeckungsbeitrag III resultiert nach Abzug der nicht auftragsgerecht zurechenbaren Gemeinkosten. Allerdings sei hier angemerkt, dass im Besonderen im Dienstleistungsbereich eine auftragsgerechte Schlüsselung der verbleibenden Gemeinkosten durch die Prozesskostenrechnung[1] möglich und sinnvoll ist, da wie oben dargestellt, die Personalkosten bereits auf diese Weise zugeordnet wurden.

Der Mitarbeiterdeckungsbeitrag kann zur Unterstützung der strategischen Planung herangezogen werden, da mit seiner Hilfe Ansatzpunkte zur Rentabilitätssteigerung erkennbar werden.

Die Rentabilität bzw. Profitabilität eines Mitarbeiters verändert sich über den gesamten Zyklus eines Arbeits- bzw. Angestelltenverhältnisses. In aller Regel kann davon ausgegangen werden, dass zu Beginn eines Arbeitsverhältnisses, z. B. bedingt durch eine notwendige längere Einarbeitungsphase, Schulungsmaßnahmen, etc., die Relation von Umsatz und Kosten nicht dem gewünschten Ergebnis entspricht. In späteren Phasen, bedingt durch Erfahrung bzw. Lerneffekte,[2] kehrt sich das Verhältnis ins Positive und es werden in der Regel Gewinne erzielt. Insofern sollte bei der Interpretation berücksichtigt werden in welcher Phase sich das Arbeitsverhältnis befindet, da es ansonsten zu Fehlentscheidungen kommen kann, wie das voreilige Beenden des Arbeitsverhältnisses bei negativen Deckungsbeiträgen, sofern diese dem Personaleinsatz zurechenbar sind. Ein denkbarer Lösungsansatz zur Steigerung der Deckungsbeiträge ist die Flexibilisierung der Arbeitszeit. Durch eine optimierte Personaleinsatzplanung, die Auslastungsschwankungen berücksichtigt, lassen sich teure Überstunden und Zuschläge sowie mögliche „Leerlaufzeiten" des Personals vermeiden.

Ferner sollten bei der Interpretation der Mitarbeiterdeckungsbeiträge eines Dienstleistungsunternehmens die aktuelle und zukünftige Nachfrage des Marktes, das Wettbewerbsumfeld sowie das gesamtwirtschaftliche Umfeld miteinbezogen werden.

2.2   Hochrechnung auf den Mitarbeiter-Cashflow

Um den Mitarbeiter-Cashflow zu berechnen, wird auf das Ermittlungsschema des Mitarbeiterdeckungsbeitrages zurückgegriffen. Dieses wird auf seine liquiditätswirksamen Komponenten konzentriert. Erlöse, korrigiert um die Erlösschmälerungen, sind ohnehin zahlungswirksam, bei Kosten gilt dies nicht uneingeschränkt. Daher sind rein wertmäßige Kostenbestandteile, wie Abschreibungen und Rückstellungen, herauszurechnen. Für einen vorab definierten Planungszeitraum können so erhebliche Differenzen zwischen wertmäßigen und zahlungswirksamen Kosten entstehen.

Die folgende Abbildung gibt einen Überblick zur detaillierten Ermittlung des Mitarbeiter-Cashflows.

---

[1]   Vgl. ausführlich dazu Schmeisser, W./ Clausen, L., DStR 51-52/2005, 2198 ff.

[2]   Vgl. Coenenberg, A. G., (1999), S. 199 ff.

Mitarbeiter-Cashflow-Kalkulation			
	Umsatzerlöse MA		
-	Erlösschmälerungen		
=	Nettoerlöse MA		Nettoerlöse MA
		-	Lohn/Gehalt
		-	Fehlzeiten
		-	Fluktuation
		-	Betriebl. Vorschlagwesen
		+	Zahlungsunwirksame Personalkosten, wie z. B. Abschreibungen, Rückstellungen für Pensionen
		=	Pagatorischer Mitarbeiterdeckungsbeitrag DL I
		-	Fremdleisterkosten
		-	Materialkosten
		-	Verwaltungs- und Vertriebseinzelkosten (ohne Personalkosten)
		-	Zinsen und ähnlicher Aufwand
		+	Zahlungsunwirksame Einzelkosten
		=	Pagatorischer Mitarbeiterdeckungsbeitrag DL II
		-	Verwaltungs- und Vertriebskosten (ohne Personal-
		-	kosten)
		+	Sonstiges Zahlungsunwirksame Gemeinkosten
		=	Pagatorischer Mitarbeiterdeckungsbeitrag DL III
		-	Investitionsbedingte Zahlungen
		=	Mitarbeiter-Cashflow

Abbildung 3-7: Mitarbeiter-Cashflow-Kalkulation

Um den Mitarbeiter-Cashflow zu erhalten, werden zunächst von den Umsatzerlösen die Erlösschmälerungen abgezogen, um die Nettoerlöse zu erhalten. Im nächsten Schritt werden die Personalkosten subtrahiert sowie zahlungsunwirksame Kosten, die bereits innerhalb der entsprechenden Kostenart abgezogen wurden, wie Abschreibungen und Pensionsrückstellungen, durch Addition eliminiert. In gleicher Weise wird mit den Einzel- und Gemeinkosten verfahren. Letztlich sind noch die investitionsbedingten Zahlungen abzuziehen, sofern die originäre Zahlung in den Betrachtungszeitraum fällt. Bezogen auf den Personalbereich, sind im Besonderen Investitionen in die Personalentwicklung zu berücksichtigen, die sich aus der Summe der einzelnen Kostenpositionen, wie Entgelte für Fehlzeiten, Reisekosten, Seminargebühren, etc., ergeben. Weiterhin sollte darauf geachtet werden, dass kein zeitliches Auseinanderfallen von Einzahlungen und Erträgen vorliegt, wie bei Zielverkäufen oder erhaltenen Anzahlungen. Bei Zielverkäufen ist der Einzahlungsüberschuss geringer als der Cash Flow, liegen hingegen Anzahlungen vor verhält es sich umgekehrt. Auch das Auseinanderfallen von Auszahlungen und Aufwand, wie bei Einkäufen auf Ziel, Anzahlungen an Lieferanten etc., sollte beachtet werden. Bei Anzahlungen an Lieferanten ist der Einnahmenüberschuss wiederum geringer als der Cash Flow.[1]

2.3 Investitionsrechnerische Zusammenfassung zum Potentialwert

Die ermittelten periodenbezogenen Mitarbeiter-Cashflows bilden die Zahlungsreihe für die Investitionsrechnung. Um den Humankapitalwert bzw. Potenzialwert des Mitarbeiterstamms zu ermitteln, wird auf ein Verfahren der dynamischen Investitionsrechnung, die Kapitalwertmethode, zurückgegriffen. Die Kapitalwertmethode ermittelt den Barwert, dabei werden die zukünftigen Mitarbeiter-Cashflows, bzw. die Differenz der zukünftigen Ein- und Auszahlungen, mit einem Kalkulationszinsfuß auf den jetzigen Zeitpunkt abgezinst.[2]

Die Formel zur Berechnung des Humankapitalwerts (HKW)/Potenzialwertes (PW) lässt sich wie folgt darstellen:

$$PW = e_0 - a_0 + (e_1 - a_1) * (1 + i)^{-1} + (e_2 - a_2) * (1 + i)^{-2} + \ldots + (e_n - a_n) * (1 + i)^{-n}$$

mit: e_t: prognostizierte mitarbeiterspezifische Einzahlungen in der Periode t
a_t: prognostizierte mitarbeiterspezifische Auszahlungen in der Periode t
i : Kalkulationszinsfuß
t : Periode (t = 0, 1, 2,...,n)
n: Dauer der Geschäftsbeziehung

Im Folgenden wird auf die Bestimmung des Kalkulationszinsfußes näher eingegangen.

2.4 Ermittlung des Kalkulationszinsfußes

Zur Berechnung des Kapitalwertes sind die prognostizierten Cashflows mit einem geeigneten Kalkulationszinsfuß zu diskontieren. Da der Humankapitalwert einen Teil der Kapitalwerte eines Unternehmens darstellt, bietet es sich an, auf die Verfahren der Unternehmensbewertung sowie der Bewertung von Investitionsprojekten zurückzugreifen.[3] Um die Anforderun-

---

[1]   Vgl. Perridon, L./ Steiner, M. (2003), S. 564 f.

[2]   Vgl. Perridon, L. / Steiner, M. (2003), S. 61.

[3]   Vgl. Fischer, T. M./ von der Decken, Tim (o.A.), S. 25.

gen der Kapitalgeber zu erfüllen, kann als Mindestverzinsung der Gesamtkapitalkostensatz (WACC) verwendet werden. Die gewichteten Kapitalkosten ermitteln sich rechnerisch wie folgt:[1]

$$WACC = r_{EK} * \frac{EK}{EK + FK} + r_{FK} * (1 - s) * \frac{FK}{EK + FK}$$

mit: r_{EK}: Eigenkapitalkosten   EK: Eigenkapital s: Steuersatz
     r_{FK}: Fremdkapitalkosten   FK: Fremdkapital

Der Eigenkapitalkostensatz lässt sich auf Basis des Kapitalmarktmodells (CAPM)[2] bestimmen, dessen Zielsetzung es ist, für jede Kapitalanlage eine risikoadjustierte Renditeforderung zu bestimmen.[3]

Die Eigenkapitalkosten setzen sich wie folgt zusammen:

Eigenkapitalkosten = Risikofreier Zinssatz + Risikoprämie des Eigenkapitals

Risikofreier Satz = „Realer" Zinssatz + erwartete Inflationsrate

Risikoprämie = Beta * (Erwartete Marktrendite – risikofreier Zinssatz)

Die Risikoprämie des Marktes repräsentiert die zusätzliche Vergütung, die Investoren fordern, um ins Unternehmen zu investieren anstatt in eine „sichere" Anlage.[4] Zur Bestimmung des Fremdkapitalkostensatzes sollte auf den Durchschnitt aller Fremdkapitalkosten, die während des Planungszeitraumes anfallen, zurückgegriffen werden.

2.5   Einsatzmöglichkeiten und Interpretation der Ergebnisse

Durch die detailgenaue Erfassung der Personalkosten, die in einem Dienstleistungsunternehmen den Löwenanteil ausmachen, werden Intangible-Komponenten identifiziert und einzeln monetär bewertet. Auf diese Weise kann bestimmt werden, inwieweit bestimmte Kosten im Personalbereich zu Erträgen geführt haben. So kann beispielsweise bereits in der Planungsphase geprüft werden, ob die durchzuführende Maßnahme in einem sinnvollen Verhältnis zum erwarteten Nutzen steht. Ferner können die Daten genutzt werden, um die aktuelle Personalkonfiguration im Sinne einer Bestandsanalyse zu evaluieren.

---

[1]   Vgl. Schmeisser, W. / Tiedt, A. / Schindler, F. (2004), S. 78.

[2]   Zur Vertiefung siehe: Perridon, L. / Steiner, M. (2003), S. 119 ff. und Kern, J. (2003), S. 265–280.

[3]   Vgl. Perridon, L./ Steiner, M. (2003), S. 119 ff./ Fischer, T. M. / von der Decken, Tim (o.A.), S. 26.

[4]   Vgl. Rappaport, A. (1999), S. 46 f.

Auch wenn bisher die Bildung immaterieller Vermögenswerte, wie der Aufbau einer Marke oder die Ausbildung eines Mitarbeiters, bilanziell nicht als Investitionen angesehen werden, so ist es durch das vorgestellte Modell dennoch möglich (unternehmensintern) eine investitionsrechnerische Beurteilung durchzuführen. Der dargestellte Potenzial- bzw. Humankapitalwert ermöglicht sowohl die Bewertung des immateriellen Vermögensaufbaus als auch die Prognose der dadurch erzielbaren zukünftigen Einzahlungsüberschüsse. Weiterhin können die prospektiven Ergebnisse als Maß zur Definition von Leistungszielen und zur Kontrolle der Zielerreichung herangezogen werden.

3   Kennzahlenhierarchie des Berliner Humankapital-bewertungsmodells

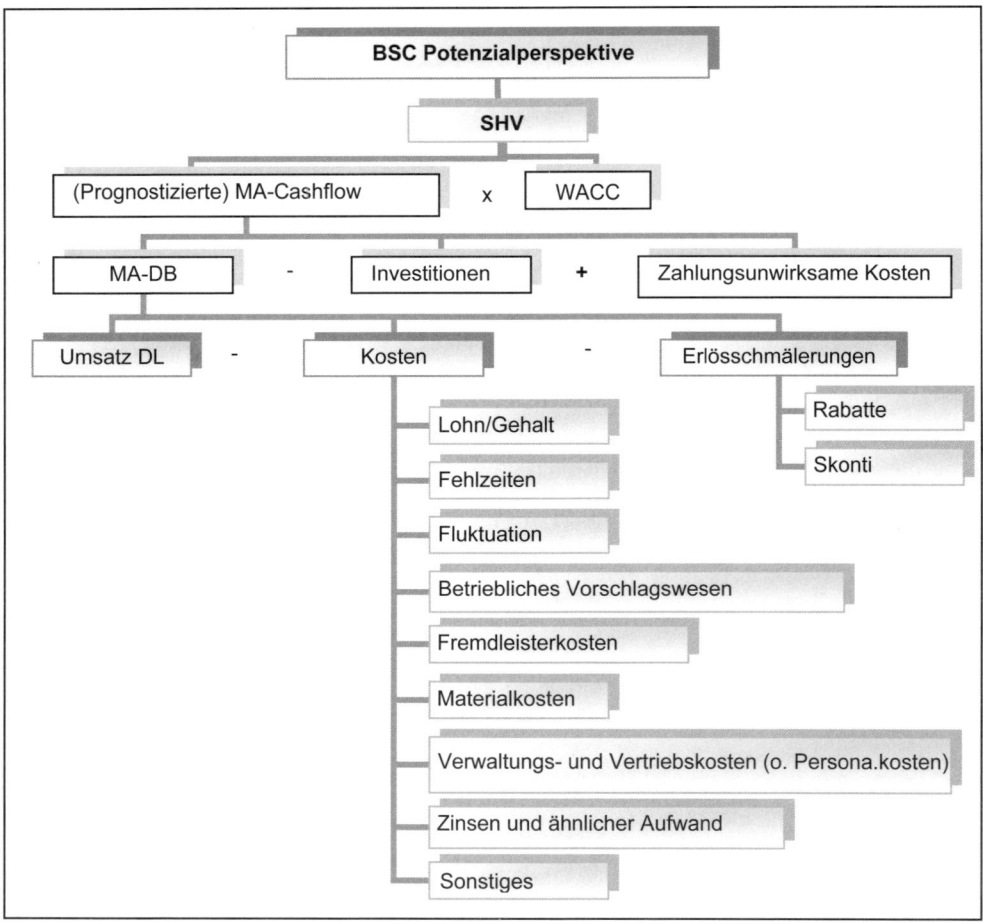

Abbildung 3-8: Kennzahlenhierarchie der Potenzialperspektive

Die Kennzahlenhierarchie der Potenzialperspektive stellt die Verbindung zwischen den BSC-Perspektiven und dem geschaffenen Shareholder Value dar. Betrachtet man die einzelnen Perspektiven der BSC als Geschäftsfelder eines Unternehmens wird deutlich, dass die Summe der prognostizierten Cashflows die Berechnungsbasis für den Shareholder Value darstellen, der sich nach Rappaport wie folgt zusammensetzt:[1]

Barwert prognostizierter betrieblicher Cashflows
+   Barwert des Restwertes
+   Marktwert börsengehandelter Wertpapiere
=   **Unternehmenswert**
-    Marktwert des Fremdkapitals
=   **Shareholder Value**

Nach der Ermittlung des Mitarbeiterdeckungsbeitrages (MA-DB) werden die zahlungsunwirksamen Kosten addiert sowie die Investitionen subtrahiert, um den Mitarbeiter-Cashflow zu erhalten. Bezogen auf die Potenzialperspektive der Balanced Scorecard sind besonders Investitionen in die Personalentwicklung zu berücksichtigen, auch wenn diese nach wie vor als Aufwand gebucht werden und sich dadurch üblicherweise einer investitionsrechnerischen Beurteilung entziehen. Hier wird dieser Part der Kosten bewusst in den Investitionsbereich gezogen, um Herauszustellen, dass im Besonderen die Aus- und Weiterbildung der Mitarbeiter eine Investition in die Zukunft des gesamten Unternehmens darstellt.

Im Anschluss werden für einen vorab definierten Zeitraum die Mitarbeiter-Cashflows prognostiziert und mit dem gewichteten Gesamtkapitalkostensatz (WACC) multipliziert.

Die Prognose der Mitarbeiter-Cashflows erfolgt mit Hilfe folgender Formel:

$$\frac{\dfrac{MA\text{-}CF_{t0}}{\displaystyle\sum_{t=-1}^{n} MA\text{-}CF_t * (1+d)^{-t}}}{n}$$

MA-CF = Mitarbeiter-Cashflow
     t = einzelne Periode des Planungszeitraums von 0 bis n
$(1+d)^{-t}$ = Abzinsungsfaktor der Periode t bzw. n

Mit o.g. Formel wird ein Faktor ermittelt, beruhend auf den ermittelten Mitarbeiter-Cashflows, der die aktuelle Performance des Mitarbeiterstammes ausdrückt und als Steigerungsmaß zur Prognose der zukünftigen Einzahlungsüberschüsse herangezogen werden kann. Die Ermittlung des Faktors kann sowohl durch die Relation des aktuellen Mitarbeiter-Cashflows zur diskontierten Summe vorangegangener Jahre als auch im Verhältnis zum diskontierten Vorjahres-Cashflow gebildet werden. Ist der Faktor ›1 zeigt er ein kontinuierliches Steigerungspotenzial, bezogen auf den Betrachtungszeitraum, an.

Nachdem die Mitarbeiter-Cashflows prognostiziert sind, können diese in das oben dargestellte Ermittlungsschema des Shareholder Value einfließen.

---

[1]   Vgl. Rappaport, A. (1999), S. 40.

4   Fazit und Ausblick

Bisher haben sich Unternehmen bei der Steigerung des Unternehmenswertes zu sehr auf materielle Vermögenswerte konzentriert. Die immateriellen Vermögenswerte als eigentliche Quelle des Unternehmenserfolges wurden weder strukturiert erfasst noch systematisch gesteuert. In Zukunft werden aber nur die Unternehmen langfristig Erfolg haben, die sich der Bedeutung ihrer immateriellen Ressourcen im Hinblick auf die Steigerung des Unternehmenswertes bewusst sind.

Durch die Quantifizierung der einzelnen Balanced Scorecard- Perspektiven und die gezeigte Verbindung zum Shareholder Value können die Effekte strategischer Entscheidungen auf den Unternehmenswert dargestellt werden. Durch die Ermittlung quantitativer Größen für jede Scorecard-Perspektive, hier anhand der Mitarbeiterperspektive demonstriert, lassen sich explizit die wertsteigernden bzw. wertvernichtenden Komponenten des Shareholder Value identifizieren. Sobald die Problembereiche erkannt sind, kann mittels detaillierter Ursachenforschung innerhalb der entsprechenden Kennzahlenhierarchie über die wertbeeinflussenden Kostenfaktoren Abhilfe geschaffen werden.

5   Literaturverzeichnis

Baetge, Jörg: Bilanzanalyse, Düsseldorf: IDW- Verlag, 1998

Rappaport, Alfred: Shareholder Value – Ein Handbuch für Manager und Investoren, [Übers. von Wolfgang Klien], 2., vollständig überarbeitete und aktualisierte Auflage, Stuttgart: Schäffer-Poeschel Verlag, 1999

Corsten, Hans (Hrsg.): Lexikon der Betriebswirtschaftslehre, 2., unwesentlich veränderte Auflage, München, Wien: R. Oldenbourg Verlag, 1993

Fischer, Thomas M. / Decken von der, Tim: Kundenprofitabilitätsrechnung in Dienstleistungsgeschäften – Konzeption und Umsetzung am Beispiel des Car Rental Business, Ingolstadt: o. A.

Perridon, Louis / Steiner, Manfred: Finanzwirtschaft der Unternehmung, 12., verbesserte Auflage, München: Verlag Vahlen, 2003

Rappaport, Alfred: Shareholder Value – Ein Handbuch für Manager und Investoren, [Übers. von Wolfgang Klien], 2., vollständig überarbeitete und aktualisierte Auflage, Stuttgart: Schäffer-Poeschel Verlag, 1999

Schmeisser, Wilhelm: Balanced Scorecard – Quantifizierung der Personalarbeit, in: HR-Services, Heft 2 und 4-5 / 2002, S. 28-31 und S. 48-51

Schmeisser, Wilhelm/ Schindler, Falko: Neuerer Ansatz zur quantifizierten Verknüpfung und Dynamisierung der Balanced Scorecard-Perspektiven, in: DStR, 44/ 2004, S. 1891-1896

Schmeisser, Wilhelm/ Tiedt, Anja/ Schindler, Falko: Neuerer Ansatz zur Quantifizierung der Balanced Scorecard – unter besonderer Berücksichtigung der Dynamisierung des Ansatzes von Schmeisser, München, Mering: Rainer Hamp Verlag, 2004

Ahn, Heinz/ Dickmeis, Petra (2000): Einführung der Balanced Scorecard bei der ABB Industrie AG – Projektergebnisse und Erfahrungen. In: krp-Sonderheft. Zeitschrift für Controlling, Accounting & System-Anwendungen, 2000, H. 2, S. 17 – 23.

Bach, Norbert (2006): Analyse der empirischen Balanced Scorecard Forschung im deutschsprachigen Raum. In: Zeitschrift für Controlling & Management, 50 Jg., 2006, H. 5, S. 298 – 304.

Baum, Heinz-Georg/ Coenenberg Adolf G./ Günther, Thomas (2007): Strategisches Controlling. Stuttgart: Schäffer-Poeschel, 4., überarbeitete Auflage.

Becher, Manuel (Hrsg.) (2007): Entwicklung eines Kennzahlensystems zur Vermarktung touristischer Destinationen. Wiesbaden: DUV. 1. Auflage.

Becker, Wolfgang (Hrsg.) (2004): Strategisches Performance Measurement. In: Piser, Marc (Hrsg.)/ Weber, Jürgen (Hrsg.): Schriftreihe Unternehmensführung & Controlling. Wiesbaden: DUV, 1. Auflage.

Berens, Wolfgang/ Karlowitsch, Martin/ Mertes, Martin (2001): Performance Measurement und Balanced Scorecard in Non-Profit-Organisationen. In: Klingebiel, Norbert (Hrsg) : Performance Measurement & Balanced Scorecard. München: Franz Vahlen, S. 280 – 295.

Diederichs, Marc (2005): Risikomanagement und Risikocontrolling. Risikocontrolling – ein integrierter Bestandteil einer modernen Risiko-management-Konzeption. München: Franz Vahlen.

Engel, Andreas (2006): Wertschöpfungsorientierte Balanced Scorecard. Entwicklung und Ausgestaltung eines strategieumsetzungsorientierten Ziel- und Kennzahlensystems. Hamburg: Dr. Kovač.

Füser. Karsten/ Gleißner, Werner (2001): Rating und Interne Kreditrisikomodelle: neue Perspektiven durch Basel II. In: Gleißner, Werner (Hrsg.), Meier, Günter (Hrsg.): Wertorientiertes Risiko-Management für Industrie und Handel: Methoden, Fallbeispiele, Checklisten. Wiesbaden: Gabler, 1. Auflage, S. 309 – 334.

Gladen, Werner (2008): Performance Measurement. Controlling mit Kennzahlen. Wiesbaden: Gabler, 4. überarbeitete Auflage.

Gleich, Ronald (1997): Performance Measurement. In: Die Betriebswirtschaft, 57 Jg., 1997, H. 1, S. 114 – 117.

Gleich, Ronald (2001): Das System des Performance Measurement. Theoretisches Grundkonzept, Entwicklungs- und Anwendungsstand. München: Franz Vahlen.

Günther, Thomas/ Grüning, Michael (2002): Performance Measurement-Systeme im praktischen Einsatz. In: Controlling, 14 Jg., 2002, H. 1, S. 5 – 13.

Hemetsberger, Georg (2001): Balanced Scorecard & Shareholder-Value. Die Umsetzung wertorientierter Unternehmensstrategien. Linz: Rudolf Trauner, 1. Auflage.

Hilgers, Dennis (2008), Performance Management. Leistungserfassung und Leistungssteuerung in Unternehmen und öffentlichen Verwaltungen. Wiesbaden: Gabler, 1., Auflage.

Hoffmann, Olaf (2000): Performance Management. Systeme und Implementierungsansätze. Stuttgart: Paul Haupt, 3. Auflage.

Homann, Klaus (2001): Immobiliencontrolling. Ansatzpunkte einer lebenszyklusorientierten Konzeption. Wiesbaden: DUV, 1. Auflage.

Horváth & Partners (Hrsg.) (2007): Balanced Scorecard umsetzen. Stuttgart: Schäfer-Poeschel, 4., überarbeitete Auflage.

Horváth, Péter (2006): Controlling. München: Franz Vahlen. 10., vollständige überbearbeitete Auflage.

Horváth, Péter/ Kaufmann, Lutz (1998): Balanced Scorecard – ein Werkzeug zur Umsetzung von Strategien. In: Harvard Business manager, 20 Jg., 1998, 5/1998, S. 39 – 48.

HSH Nordbank (2007): Value-Added-Investments: von Leerständen profitieren. In: Real Estate Finance, 2007, Ausgabe 3/07, in: http://www.hsh-nordbank.de/media/pdf/ kundenbereiche/immobilien_1/newsletter/HSH_Nordbank_Newsletter_Real_Estate_Finance_3_20 07.pdf, Stand: 14.11.2008.

IPD Investment Property Databank (2007): Renditedefinitionen. In: www.zia-deutschland.de/zia/assets/images/06_Mitgliederbereich/06_Ausschuesse/ 10_Transparenz_und_Benchmarking/070719_IPD_Renditedefinitionen.ppt., Stand: 10.12.2008

Jetter, Wolfgang (2004): Performance Management. Strategien umsetzen, Ziele realisieren, Mitarbeiter fördern. Stuttgart: Schäffer-Poeschel, 2., aktualisierte und überarbeitete Auflage.

Kaplan, Robert S./ Norton, David P. (1997): Balanced Scorecard. Strategien erfolgreich umsetzen. Stuttgart: Schäffer-Poeschel.

Kaufmann, Lutz (2002): Der Feinschliff für die Strategie. In: Harvard Business manager, 24 Jg., 2002, 6/2002, S. 35 – 41.

Klingebiel, Norbert (2001): Impulsgeber des Performance Measurement. In: Klingebiel, Norbert (Hrsg): Performance Measurement & Balanced Scorecard. München: Franz Vahlen, S. 10 – 21.

Klingebierl, Norbert (2000): Integriertes Performance Measurement. Wiesbaden: DUV, 1., Auflage

Krause, Oliver (2005): Performance Management. Eine Stakeholder-Nutzen-orientierte und Geschäftsprozessbasierte Methode. Wiesbaden: DUV, 1. Auflage.

Kuhn, Lothar (2007): Das Ende des Kostenkürzens. In: Harvard Business manager. 29 Jg., 2007, 7/2007, S. 10 – 12.

Lebas, M. (1995): Performance Measurement and Performance Management. In: International Journal of Production Economics, 41 Jg., 1995, H. 9, S. 23-36.

Niven, Paul R. (2003): Balanced Scorecard – Schritt für Schritt. Einführung, Anpassung und Aktualisierung. Weinheim: Willey-VCH, 1., Auflage.

Osadnik, Wolfgang (2003): Controlling. München, Wien: Oldenbourg, 3., Auflage.

Pierschke, Barbara/ Pelzeter, Andrea (2008): Facilities Management. In: Schulte, Karl-Werner (Hrsg.): Immobilienökonomie. Band I, Betriebs-wirtschaftliche Grundlagen, München: Oldebourg, S. 343 - 390.

Preißler, Peter R. (2008): Betriebswirtschaftliche Kennzahlen. Formeln, Aussagekraft, Soll-werte, Ermittlungsintervalle. München: Oldenbourg.

Reichmann, Thomas (2006): Controlling mit Kennzahlen und Management-Tools. Die systemgestützte Controlling-Konzeption. München: Franz Vahlen, 7., überarbeitete und erweiterte Auflage.

Sandt, Joachim (2005): Performance Measurement. Übersicht über Forschungsentwicklung und –stand. In: Zeitschrift für Controlling & Management, 49 Jg., 2005, H. 6, S. 429 – 441.

Schäfers, Wolfgang (1997): Strategisches Management von Unternehmensimmobilien. Bausteine einer theoretischen Konzeption und Ergebnisse einer empirischen Untersuchung. In: Schulte, Karl-Werner (Hrsg.): Schriften zur Immobilienökonomie. Band 3, Köln: Rudolf Müller.

Schäffer, Utz (2003): Strategische Steuerung mit der Balanced Scorecard. In: Freidank, Carl-Christian/ Mayer, Elmar (Hrsg.): Controlling-Konzepte. Neue Strategien und Werkzeuge für die Unternehmenspraxis. Wiesbaden: Gabler, 6., vollständig überarbeitete und erweiterte Auflage, S. 487 – 520.

Schreyer, Maximilian (2007): Entwicklung und Implementierung von Performance Measurement Systemen. Wiesbaden: DUV.

Schulte, Karl-Werner/ Leopoldsberger, Gernit (2006): Bewertung von Immobilien. In: Drukarczyk, Jochen (Hrsg.)/ Ernst, Jochen (Hrsg.): Branchenorientierte Unternehmensbewertung. München: Franz Vahlen, S. 429 – 450.

Schulz-Eickhorst, Antje/ Focke, Christian/ Pelzeter, Andrea (2008): Art und Maß der Baulichen Nutzung. In: Schulte, Karl-Werner (Hrsg.): Immobilienökonomie. Band I. Betriebswirtschaftliche Grundlagen. München: Oldenbourg, S. 143 – 165.

Schweiger, Michael (2007): Immobilienmanagement: Best Practice. Steuerung von Konzernimmobiliengesellschaften mit wertorientierten Balanced Scorecards. In: Lück, Wolfgang (Hrsg.): Schriftreihe Managementorientierte Betriebswirtschaft. Konzepte, Strategien, Methoden. Band 8, Sternefels: Verlag Wissenschaft & Praxis.

Steinle, Claus/ Andreas Daum (Hrsg.) (2007): Controlling. Kompendium für Ausbildung und Praxis. Stuttgart: Schäfer-Poeschel, 4., Auflage.

Stock-Homburg, Ruth (2003): Der Zusammenhang zwischen Mitarbeiter- und Kundenzufriedenheit. Direkte, indirekte und moderierende Effekte. Wiesbaden: DUV, 2. Auflage.

Stöger, Roman (2007): Balanced Scorecard – eine Bilanz. In: OrganisationsEntwicklung, 2007, H. 4, S. 25 – 33, in: www.pharma-marketing.de/Content/ShowPdf.aspx?_s=300667, Stand: 01.12.2008.

Vorbeck, Johannes (2007): Performance Measurement in der Wohnungswirtschaft. Weiterentwicklung des strategischen Controlling. Saarbrücken: VDM Verlag Dr. Müller.

Wallenburg, Carl Marcus/ Weber, Jürgen (2006): Ursache-Wirkungsbeziehungen der Balanced Scorecard – empirische Erkenntnisse zu ihrer Existenz. In: Zeitschrift für Controlling & Management, 50 Jg., 2006, H. 4, S. 245 – 253.

Weise, Frank/ Wöhler, Barbara (2003): Eine BSC entwickeln. Eine Anleitung für professionelle Vorbereitung, Durchführung und nachhaltige Implementierung (Teil 3). In: http://www2.horvath-partners.com/fileadmin/media/PDF/de/04_Publikationen/Horvath__Partners_Eine_BSC_entwickeln.pdf, Stand: 14.11.2008.

Welge, Martin K./ Al-Laham, Andreas (2008): Strategisches Management. Grundlagen, Prozess, Implementierung. Wiesbaden: Gabler, 5., vollständig überarbeitete Auflage.

Kapitel IV

Berliner Humankapitalbewertungsmodell am Beispiel von Fußballspielerwerten mit Nutzwertanalyse

1   Einleitung

„Certainly, football is big business. But it also plays an important role in the country's social and cultural life"[1], lautet das Statement des weltbekannten Fußballtrainers Alex Ferguson. Schon heute sind die Umsätze vieler deutscher Fußballvereine mit denen mittelständischer Unternehmen in Deutschland zu vergleichen.[2] Die Bundesligavereine haben sich als ein bedeutender Wirtschaftsfaktor etabliert.[3] Die Bundesligavereine beeinflussen nicht nur „die kommunale Wirtschaftsentwicklung […] als Impulsgeber für die Beschäftigung, sondern auch als Imageträger"[4] in einigen Regionen. Allwöchentlich finden sich rund 340.000 Zuschauer in den Stadien der Bundesligavereine ein.[5] Sie verfolgen das Spektakel, das die Dribbelkünstler auf dem Platz fabrizieren.

In den letzten Jahren ist der Umsatz der Bundesligaklubs, abgesehen von der Kirch-Krise im Jahr 2002, kontinuierlich angestiegen. Die Erträge der 18 Vereine ersten Bundesliga beliefen sich in der abgeschlossenen Saison 2006/07 auf 1,28 Milliarden Euro.[6] Seit der Saison 1995/96 hat sich der Umsatz der großen Ligen Europas annähernd verdreifacht[7]. Der enorme Anstieg der Fernsehgelder von 99,7 Millionen Euro aus der Spielzeit 1995/96 auf 420 Millionen Euro für die aktuelle Saison 2007/08 hat einen großen Teil dazu beigetragen[8,1]. Auch in

---

[1] Vgl. http://www.football-research.org [Alex Ferguson, 1999], (Stand: 26.12.2007; 12:51 MEZ).

[2] Vgl. http://www.zeit.de [Fußball als Markt, 26.1.2007], (Stand: 26.12.2007; 14:53 MEZ).

[3] Vgl. http://www.handelsblatt.com [Martin Kind, Interview, 13.12.2007], (Stand: 26.12.2007; 15:36 MEZ).

[4] Zitat: http://www.idw-online [Borussia Mönchengladbach, 19.6.2006], (Stand: 27.12.2007; 13:57 MEZ).

[5] Vgl. o.V. Kicker-Sportmagazin [Sonderheft, Bundesliga, 2007/08], S. 149.

[6] Vgl. o.V. DFL-Report [Bundesliga, 2007], S. 48-53.

[7] Vgl. http://www.deloitte.com [Annual Review of Football Finance, 8.8.2003], (Stand: 29.12.2007; 20:58 MEZ).

[8] Vgl. Mrazek, K. [CA$H-L€AGU€, 2005], S. 63.

Zukunft wird mit steigenden Einnahmen aus TV-Vermarktung für die Übertragung der Bundesliga gerechnet. Die Umsatzzahlen der englischen und italienischen Vereine wiesen zum gleichen Zeitpunkt einen weitaus höheren Erlös von 2,1 bzw. 1,4 Milliarden Euro aus. Dies wird in Zukunft zu enormen Problemen für die deutschen Vereine führen. Erfolgreiche ausländische Klubs aus England, Italien oder Spanien können aus der Einzelvermarktung höhere TV-Erlöse erzielen als die deutschen Vereine aus der Zentralvermarktung der Bundesliga. Ein Verein kann durch eine Einzelvermarktung rund 120 bis 150 Millionen Euro für eine Spielzeit vereinnahmen.[2]

Im Zuge des immer stärkeren internationalen Wettbewerbes sind immer höhere Investitionen für leistungsstarke Spieler notwendig. Hinzu kommen die immer steigenden Ansprüche der Fußballfans an den Vereinen und Stadien. Die letzten Jahre haben gezeigt, dass die Bundesligavereine sportlich nicht mehr mit den Vereinen anderer Verbände mithalten können. So sind die Endrunden der internationalen Vereinswettbewerbe seit geraumer Zeit in englischer, italienischer sowie in spanischer Hand. Die Starspieler der Nationalmannschaften von Brasilien, Italien oder Frankreich sind überwiegend in England, Italien und Spanien wieder zu finden. Aufgrund des Bosman-Urteils aus dem Jahr 1995 sind Spielergehälter für Starspieler extrem angestiegen[3]. Durch die höheren Finanzmittel ist es den englischen, italienischen und spanischen Clubs möglich, Topspieler zu verpflichten und zu finanzieren.

„Ohne Erhöhung des Eigenkapitals […] spielen wir mittelfristig wieder in der 2. Liga"[4], äußerte sich kürzlich Martin Kind, der Vorstandsvorsitzende der Hannover 96 GmbH & Co. KGaA, gegenüber der Presse. In einen leistungsstarken Kader und eine Verbesserung des Stadiumskomforts muss investiert werden, um in Zukunft national sowie international überleben zu können. Ein Jahresumsatz von 45 Millionen Euro, der rein aus dem operativen Geschäft erzielt wird, reicht daher einigen Vereinen nicht mehr aus.[5]

Eine Kapitalerhöhung, die auf die Aufnahme von Gesellschaftern oder die auf den Kapitalmarkt abzielt, führt jedoch für den Emittenten von Wertpapieren zu Änderungen in der Rechnungslegung und der Publizitätspflicht. Die Borussia Dortmund GmbH & Co. KGaA steht als börsennotiertes Unternehmen unter größerem Druck als andere Fußballkapitalgesellschaften, die als GmbH firmieren. Aufgrund der Listung am Kapitalmarkt ist die Borussia Dortmund GmbH & Co. KGaA zu sportlichem Erfolg verpflichtet. Da die Bilanz einer Fußballkapitalgesellschaft zu über 40% aus Spielerwerten besteht, ist eine genaue Bewertung der Spieler von großer Bedeutung. Das Streben nach einer höheren Finanzkraft führt daher zu einer kritischen Prüfung der Vermögensgegenstände durch Dritte.

Ziel dieses Teils ist eine Darstellung der Vermögenslage einer Fußballkapitalgesellschaft, die das Humankapital des Unternehmens bezüglich ihres wirtschaftlichen Nutzens abbildet.

---

[1] Vgl. http://www.zeit.de [Fußball als Markt, 26.1.2007], (Stand: 26.12.2007; 14:53 MEZ).

[2] Vgl. http://www.faz.net [Milliardengeschäft, 5.6.2007], (Stand: 27.12.2007; 18:57 MEZ).

[3] Vgl. http://www.welt.de [Bosman-Urteil und die Folgen, 15.12.2005], (Stand: 28.12.2007; 16:15 MEZ).

[4] Vgl. http://www.handelsblatt.com [Martin Kind, Interview, 13.12.2007], (Stand: 26.12.2007; 15:36 MEZ).

[5] Vgl. http://www.handelsblatt.com [Martin Kind, Interview, 13.12.2007], (Stand: 26.12.2007; 15:36 MEZ).

Mittels des Ansatzes der Berliner Balanced Scorecard wird ein **Berliner Humankapitalbe-wertungsmodell** durchgeführt, die die Vermögenslage eines Vereins genauer widerspiegelt als die Buchwerte der Spielerwerte in der Bilanz. Gleichzeitig wird die Anwendung des Berliner Balanced Scorecard Ansatzes an einem Beispiel demonstriert.

2 EXKURS: Vorüberlegungen zur Controlling-Logik im Humankapitalbereich

Um im Folgenden das Fußballspielerbeispiel adäquat verstehen und einordnen zu können, sei kurz darauf hingewiesen, dass die Autoren einen finanzorientierten, personalwirtschaftlichen Ansatz anwenden und verfolgen (siehe Abbildung 4-1). Fußballer werden z.B. von anderen Vereinen abgelöst. Als Lizenzspieler in der Bilanz angesetzt und bewertet, ihre Spielleistung bewertet und damit Einnahmen erzielt, die Spieler müssen bezahlt werden, sie werden dann wieder nach einer gewissen Zeit an anderen Vereinen weitervermittelt oder sie scheiden aus dem Profibetrieb aus.

Die Finanzorientierte Personalwirtschaft ist ein theoretischer, betriebswirtschaftlicher Ansatz, der sich in der Tradition der Ökonomisierung der Personalwirtschaft einordnen lässt. Er bedient sich der klassischen Instrumente und Daten des Rechnungswesens, d.h. der Buchhaltung, des Jahresabschlusses, der Kostenrechnung sowie der Finanzierung und Investition, um sie auf personalwirtschaftliche Entscheidungskalküle anzuwenden.

Die Finanzorientierte Personalwirtschaft greift die Konvergenzideen des Rechnungswesens zum IFRS in der betriebswirtschaftlichen Theoriebildung auf und leitet ihre Datenbasis direkt vom Jahresabschluss und/oder über die Lohn- und Gehaltsabrechnung ab. Sie wendet Modelle und Instrumente des Entgeltmanagements und der betriebliche Altersteilzeit an, und behandelt betriebliche Altersversorgungssysteme, das Berliner Humankapitalbewertungsmodell, den Berliner Balanced Scorecard Ansatz, die Wertschöpfungsrechnungen und deren Kennzahlen, den Sozialplan beim Personalabbau usw.

In Abb.: 4-1 wird die Logik der Finanzorientierten Personalwirtschaft im Rahmen des Berliner Balanced Scorecard Ansatzes und eines generellen Performance Measurement Ansatzes im Rahmen des Rechnungswesens sowie eines Performance Reporting dargestellt.

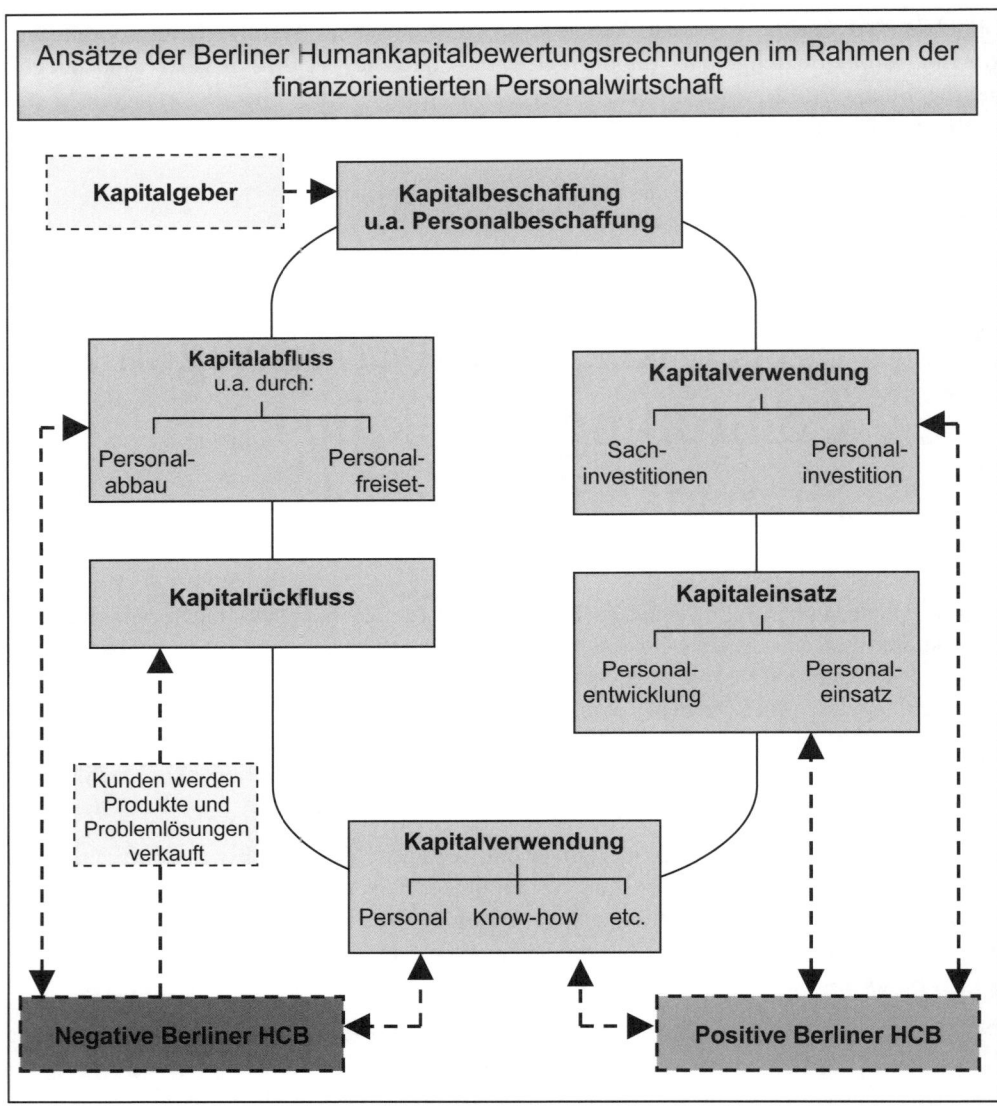

Abbildung 4-1: Umsatzprozess als Kreislauf des Einsatzes und der Wandlung des Kapitals – unter besonderer Berücksichtigung des Humankapitals – im Unternehmen[1]

---

[1]   In Anlehnung an: v. Känel/ Siegwart (1996) S. 33, Coenenberg/ Haller u.a. (2007), S. 73 sowie Schmeisser (2008) Finanzorientierte Personalwirtschaft

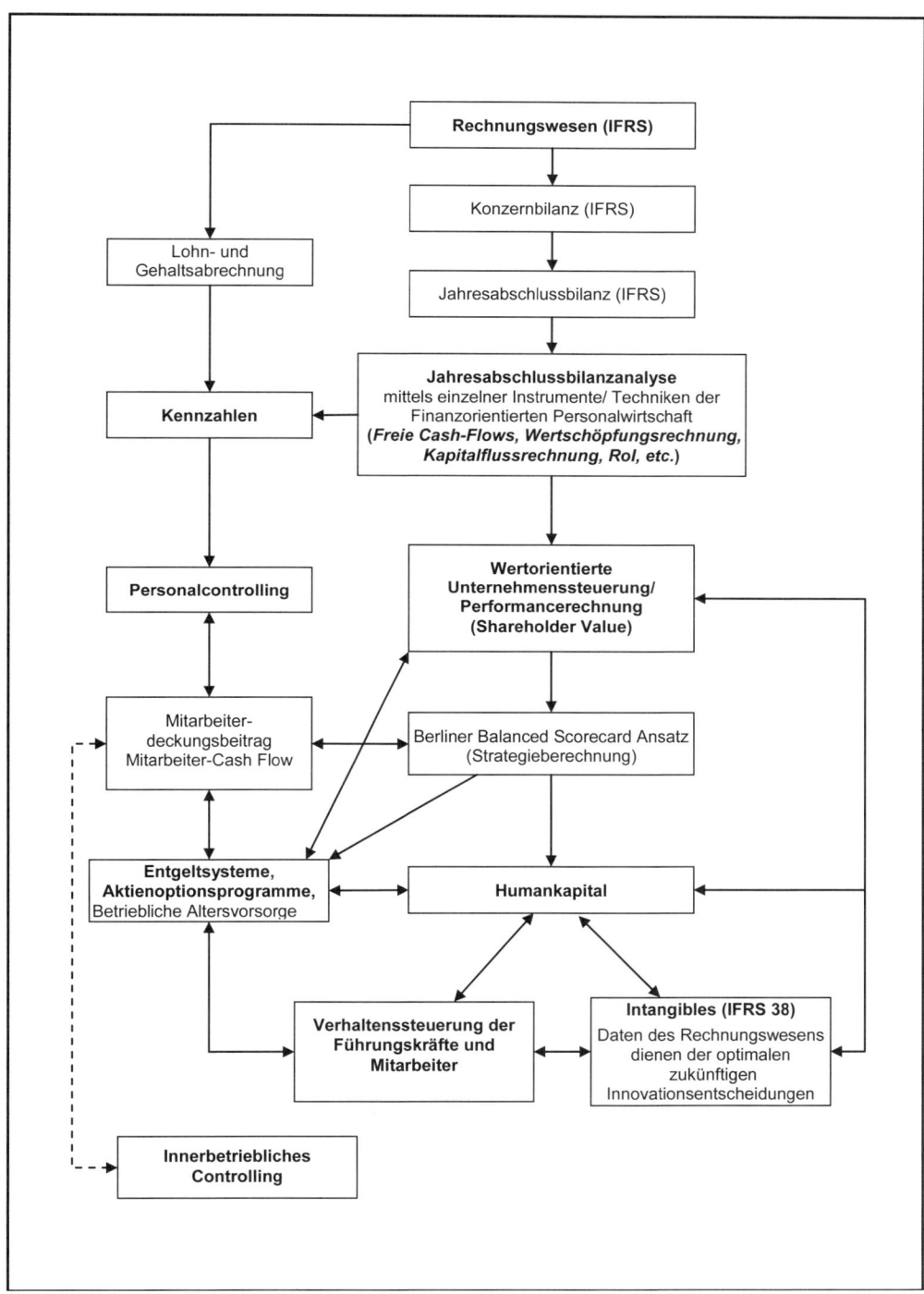

Abbildung 4-2: Logik der Finanzorientierten Personalwirtschaft

Untersucht man die Logik der Finanzorientierten Personalwirtschaft, so kommt dem Ansatz der Trend zur Internationalisierung des Rechnungswesens (International Financial Report Standards) IFRS zu gute, da hier das interne und externe Rechnungswesen zusammengeführt wird.

Damit hat das Rechnungswesen zwei konkrete Informationsbedürfnisse zu befriedigen:

- Eine Rechenschaft über das wirtschaftliche Handeln zu liefern, das heißt auch über das personalwirtschaftliche Handeln in der Vergangenheit z.B. mittels eines Personalcontrollings im Unternehmens zu geben und
- Für die Bereitstellung von Informationen zu sorgen, mittels derer die wirtschaftliche Entwicklung des Unternehmens, insbesondere auch der begleitenden personalwirtschaftlichen Maßnahmen, mit Hilfe ausgewählter Controllingtechniken und Kennzahlen abgeschätzt werden kann[1]

Damit ist die finanzorientierte Personalwirtschaft auch empirisch für ein Unternehmen als auch für alle Unternehmen überprüfbar.

Denn das betriebliche Informationsproblem stellt sich für das Rechnungswesen, in diesem Zusammenhang in zweifacher Weise

(1) Bereits zur Erkennung bzw. zur Formulierung (personalwirtschaftlicher) Entscheidungsprobleme werden Informationen des Rechnungswesens nach IFRS benötigt, z.B. für Outplacemaßnahmen oder den Sozialplan[2], Entscheidungen zur betrieblichen Altersversorgung, Aktienoptionsplan etc.

(2) Des Weiteren werden Informationen zur personalwirtschaftlichen Beurteilung der mit den Entscheidungsalternativen verbundenen Konsequenzen erforderlich, z.B. Strategieberechnungen, Humankapitalbewertung und deren Konsequenzen für das Forschungs- und Entwicklungsteam, den Personaleinsatz, Berechnungen zu Cash Flows, Kapitalflussrechnungen, Wertschöpfungsrechnungen und deren Konsequenzen für die Strategieverfolgung etc.

(3) Daraus ergeben sich erste logische und praktische Erkenntnisse sowie vorläufige **Hypothesen**, die als heuristische Konzepte aus den IFRS Rechnungslegungsregeln abgeleitet werden können:

Konzerne und an Börsensegmenten notierte Kapitalgesellschaften, die IFRS anwenden neigen dazu, ohne den Namen des Ansatzes zu kennen, eine Finanzorientierte Personalwirtschaft zu praktizieren. An folgenden finanzwirtschaftlichen „Indikatoren", können genau genommen personalwirtschaftliche Instrumente, Aktivitäten und Kennzahlen derartiger Unternehmen typologisch zugeordnet werden.

a) Sie haben ein Personalcontrolling, das die Kennzahlen aus den IFRS-Konzern-Abschlüssen oder IFRS-Jahresabschlüssen und der Lohn- und Gehaltsabrechnung ableiten und

---

[1]   Vgl. Pellens u.a., 2008, S. 7.

[2]   Vgl. Schmeisser, 2008, S. 1 ff.

das wiederum als Zahlenlieferant für Quartalsberichte für die Börse, das Rating und den Jahresabschluss dient.

b) Sie haben ein Aktienoptionsprogramm für leitende Führungskräfte, für AT-Mitarbeiter und Mitarbeiter, die den Erfolg des Jahresabschluss im Sinne einer Shareholder-Value-Orientierung voraussetzt und zu Grunde legt.

c) Sie haben ein betriebliches Altersversorgungssystem und/oder Mitarbeiterbeteiligungsmodelle, die permanent finanzwirtschaftlich auf dem Prüfstand stehen.

d) Finanzorientierte Personalwirtschaft setzt sich mit den finanziellen Belastungen von Altersteilzeitmodellen auseinander, die dann in der Gewinn- und Verlustrechnung und im Jahresabschluss zu finden sind usw.

Eine weitere Hypothese lautet, das Unternehmen, die zu mindest implizit eine fortgeschrittene Finanzorientierte Personalwirtschaft betreiben, erkennen, das sich

(1) Konzern-, Unternehmens- Business Unit- Strategien sich generell durch finanzorientierte Personalstrategie besser steuern, begleiten und kontrollieren lassen. Dies kann durch den Berliner Balanced Scorecard Ansatz, das Berliner Humankapitalbewertungsmodell, immaterielle Werttreiber (Patente, Lizenzen, Humankapital etc.) erreicht werden.

(2) Aber auch eine Fusion, eine Werksschließung, eine betriebliche Teilverlagerung ins Ausland, ein Outplacement etc. muss finanzorientiert personalwirtschaftlich belegt und berechnet werden.

Damit dient die Finanzorientierte Personalwirtschaft zur Rechenschaft an die Kapitalgeber mittels Börsenberichten, und zwar:

- Als eine Dispositionshilfe für Investitionen, um ein aktuelles Forschungsprogramm mit relevanten und verlässlichen Informationen auf seine Erfolgsaussichten beurteilen zu können. Um über ein Investment zu entscheiden, muss der Investor in der Pharmaindustrie letztlich in der Lage sein, die Entwicklung der Arzneimittel und die Humankapitalpotenziale durch die Forscher anhand der Patente sowie die daraus resultierenden Cash Flows oder EBITs einzuschätzen.
- Als ein Instrument der Verhaltenssteuerung des Managements im Sinne der Shareholder Value–Philosophie zu betreiben. Eigentümer/Aktionäre gewähren Managern relativ weitgehende Entscheidungsbefugnisse, fordern dafür aber regelmäßig über den Gang der Geschäfte informiert zu werden und behalten sich daher das Abberufsrecht dieser Manager auf der nächsten Aufsichtsratssitzung oder Hauptversammlung vor. Um sicherzustellen, dass die Manager sich im Sinne der Eigentümer verhalten, können und werden sie ihnen einen bestimmten Anteil an der Nettovermögensrechnung vertraglich zusichern, und zwar im Rahmen der Management-Entgeltsysteme im variablen Teil. Konkret sind dies Zusätze, die sich aus einer Humankapitalbewertungsrechnung ableiten oder in der Mitarbeiterbeteiligung z.B. in Form von Aktienoptionsprogrammen widerspiegeln.
- Als Informationsinstrument an Dritte, um spezifische Informationen der Wertschöpfungsrechnungen zielorientiert zu verarbeiten, z.B. an den Betriebsrat und der zuständigen Gewerkschaft im Rahmen von Tarifverhandlungen und Betriebsvereinbarungen

Aufgrund der engen Bindung der Finanzorientierten Personalwirtschaft an das Rechnungswesen eignet sich dieser Ansatz besonders gut für die Praxis. Weder die verhaltensorientierte
Personalwirtschaft noch die Personalökonomie erreichen diesen wissenschaftlichen und
praktischen Bezug zur Gestaltung von Personalarbeit bei Unternehmen.

3   Fußballverein

3.1   Rechtliche Grundlage

Ein Verein ist ein freiwilliger Zusammenschluss von Personen, der auf Dauer angelegt wird
und der einen bestimmten gemeinsamen Zweck verfolgt.[1] Vereine werden in wirtschaftliche
(§ 22 BGB) und nicht wirtschaftliche Vereine (§ 21 BGB) unterschieden. Wirtschaftliche
Vereine kennzeichnen sich dadurch, dass sie gegen Entgelt planmäßig und dauerhaft Leistungen erbringen. Durch bundesgesetzliche Vorschriften (AktG, BGB, GmbHG und GenG)
sowie durch eine staatliche Verleihung erhalten wirtschaftliche Vereine ihre Rechtsfähigkeit.
Vereine, die ihren Vereinszweck nicht auf wirtschaftlichen Geschäftsbetrieb ausgerichtet
haben sind nichtwirtschaftliche Vereine (Idealvereine). Durch die Eintragung in das Vereins-
register erlangen diese Vereine die Rechtsfähigkeit und gelten daraufhin als „eingetragener
Verein" (e.V.).[2]

Die Fußballvereine der ersten und zweiten Fußballbundesliga waren im Jahr 2003 überwiegend als Verein in Sinne des § 21 BGB organisiert. Laut § 21 BGB ist ein nichtwirtschaftli-
cher Verein, ein Verein „[...], dessen Zweck nicht auf einen wirtschaftlichen Geschäftsbetrieb [aus-] gerichtet ist, [...]."[3]. Die Ziele eines Sportvereins sind die Förderung des Sports,
Völkerverständigung, körperliche Ertüchtigung sowie der Jugendtausch.[4] Durch das Neben-
zweckprivileg, das Verfolgen von wirtschaftlichen Zielen, ist es dem Verein möglich den
Hauptzweck, die Förderung des Sports, zu finanzieren. Da die wirtschaftlichen Aktivitäten
einen immer größeren Stellenwert einnehmen und dauerhafte Leistungen (in Form von Un-
terhaltung) an Nichtmitglieder bieten, spricht Malatos bei der Wahl der Rechtsform „Verein

---

[1]   Vgl. o.V. Meyers Enzyklopädisches Lexikon [Band 24, 1980], S. 444.

[2]   Vgl. o.V. Alpmann Brockhaus [Fachlexikon Recht, 2005], Stichwort „Verein".

[3]   Zitat: § 21 BGB.

[4]   Vgl. Dehesselles, T. [Vereinsführung, 2002], S. 7.

für Fußballvereine" von einer „Rechtsformverfehlung"[1]. Mit Beschluss vom 24.10.1998 hat der Deutsche Fußball-Bund diesbezüglich reagiert und die Ausgliederung, der Lizenzspielabteilung in Kapitalgesellschaften, für zulässig erklärt.

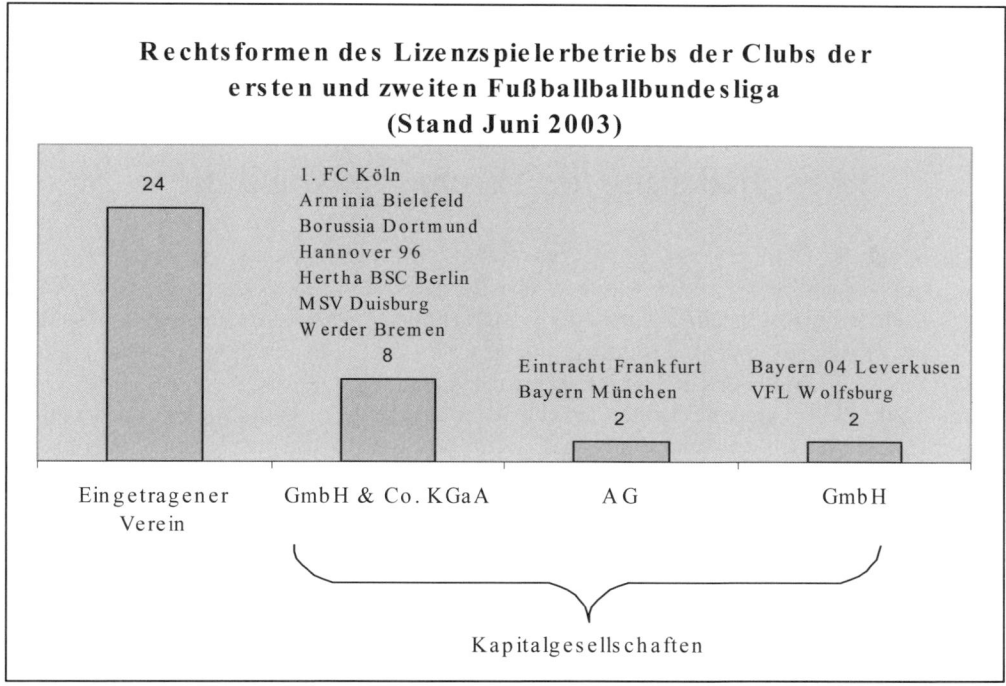

Abbildung 4-3: Übersicht der Rechtsformen der Bundesligavereine (Vgl. Von Freyberg, B. [Transfergeschäfte der Fußballbundesliga, 2005], S.8).

3.2   Gründe für eine Umwandlung

Neben der Rechtformverfehlung sind weitere Gründe für eine Umwandlung eines Vereins in eine Kapitalgesellschaft von Bedeutung. Für die Finanzierung von Stadionprojekten, Trainingsgeländen, Rehabilitations-Kliniken, eines international wettbewerbsfähigen Spielerkaders reicht den meisten deutschen Vereinen die so genannte Innenfinanzierung in Form von Ticketeinnahmen nicht mehr aus.[2,3] Des Weiteren bestand die Gefahr des Entzugs der Rechtsfähigkeit. Nach § 43 Abs. 2 BGB, kann einem Verein die Rechtfähigkeit entzogen

---

[1]   Vgl. Malatos, A. [Berufsfußball, 1988], S. 66.

[2]   Vgl. Schwendowius, D. [Finanzierungs- und Organisationskonzept, 2002], S. 2.

[3]   Vgl. Hovemann, G. [Perspektiven von Börsengängen im Profisport], S. 6.

werden, wenn dessen „[…] Zweck nach der Satzung nicht auf einen wirtschaftlichen Geschäftsbetrieb gerichtet ist […] [und der Verein trotzdem] „[…] er einen solchen Zweck verfolgt."[1] Die Vereinsmitglieder sind dann unter Umständen persönlich und unbeschränkt für die Verbindlichkeiten des Vereins haftbar.[2,3] Durch die Umwandlung in eine Kapitalgesellschaft wird eine persönliche und unbeschränkte Haftung der Vereinsmitglieder vermieden.

3.3 Ausgliederung der Lizenzspielabteilung

Mit dem am 28. Oktober 1994[4] (am 8. November 1994 verkündeten)[5] Gesetz zur Bereinigung des Umwandlungsgesetzes wurde es den Idealvereinen ermöglicht, sich in eine Kapitalgesellschaft umzuwandeln.[6] Durch die Ausgliederung der Lizenzspielabteilung werden Teile des Vermögens gegen Gewährung von Anteilen auf einen bereits gegründeten (§ 123 Abs. 3 Nr. 1 UmwG) oder noch zu gründen Rechtsträger (§ 123 Abs. 3 Nr. 2 UmwG) übertragen.[7] Bilanziell betrachtet handelt es sich beim Ausgangsrechtsträger bzw. Mutterverein um einen Aktivtausch im Anlagevermögen. Beim Aktivtausch wird der gesamte Wertansatz der Vermögensgegenstandes in die Position „Beteiligungen bzw. Anteile an verbundenen Unternehmen" (§ 266 Abs. 2 Nr. A III S.1 HGB) umgeschichtet.[8] Nach § 16c DFB-Satzung erhält die ausgegliederte Lizenzspielerabteilung eine Lizenz für den Spielbetrieb, wenn der Verein mehrheitlich an der Kapitalgesellschaft beteiligt ist[9,10].

---

[1] Zitat: § 43 Abs. 2 BGB.

[2] Vgl. Bäune, S. [Kapitalgesellschaften im bundesdeutschen Lizenzfußball, 2001], S. 193.

[3] Anmerkung: Zum Stand von 2001 belaufen sich die Schulden der Erstligisten in der Bundesliga rund 1,3 Milliarden DM. Vgl. Bäune, S. [Kapitalgesellschaften im bundesdeutschen Lizenzfußball, 2001], S. 193.

[4] Vgl. Ott, C./ Rummel, M. [Verschmelzung von Unternehmen, 2003], S. 8.

[5] Vgl. BGBl I 1994, 3210.

[6] Vgl. Heermann, P. W./ Schießl, H. H. [Idealverein als Konzernspitze], S. 7.

[7] Vgl. Bormann, M. [Umwandlung 2004], S. 74.

[8] Vgl. Vgl. Heermann, P. W./ Schießl, H. H. [Idealverein als Konzernspitze], S. 8.

[9] Vgl. Kipler, I. [Investitionsaspekte beim Börsengang von Sportunternehmen], S. 8.

[10] Vgl. o.V. Deutscher Fußball-Bund [DFB-Satzung], § 16c Abs. 2.

Struktur eines Sportvereins

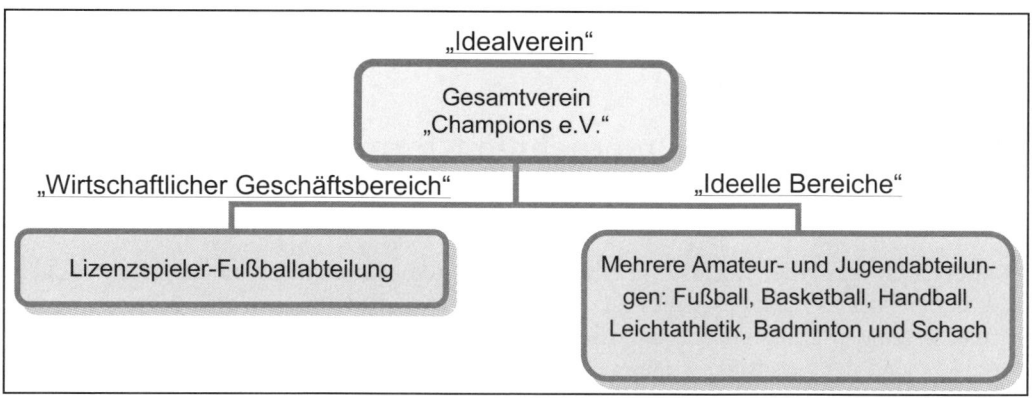

*Abbildung 4-4: Aufbau eines Fußball-Unternehmens (Vgl. Schwendowius, D. [Finanzierung- und Organisations-
konzept, 2002], S. 26).*

3.4   Rechtliche Schritte der Ausgliederung

Bei der Übertragung eines vermögensgeminderten bzw. anteilig abgeschriebenen Vermögensgegenstandes besteht die Gefahr der Nachversteuerung (§ 61 Abs. 3 AO), da ein Verstoß
gegen die Vermögensbildung (§ 55 Abs. 1 Nr. 4 AO) eines auf Gemeinnützigkeit gestützten
Vereins vorliegt.[1] Als gemeinnützig im Sinne des § 52 AO sind die Förderzwecke des Spor-
tes anzusehen[2], die selbstlos unterstützt werden. Ein Verstoß gegen den Grundsatz der Vermögensbildung tritt „[…] bei einer Auflösung oder Aufhebung der Körperschaft oder bei
Wegfall ihres bisherigen Zwecks […]"[3] ein, wenn das Vermögen die Kapitalanteile der Mitglieder einschließlich des gemeinen Wertes, der als Sacheinlagen der Mitglieder deklariert
ist, übersteigt. Da es bei der Ausgliederung von Vermögenswerten zu keiner Minderung
kommt, sondern lediglich ein Aktivtausch bzw. eine bilanzielle Vermögensumschichtung
vorliegt, entstehen keine Steuernachteile. Eine Abspaltung gemäß § 123 Abs. 2 UmwG hätte
den Verlust der Einflussnahme und eine Bereicherung der Vereinmitglieder[4] zur Folge. Dann
liegt ein wesentlicher Grund die Ausgliederung als Umstrukturierungsform, anzuwenden.
Ein ebenso denkbarer Formwechsel hätte die Gefahr der Nachversteuerung gemäß § 61 Abs.
3 AO und den Verstoß der Überschreitung des Nebentätigkeitsprivilegs aufgrund der Änderung des Unternehmenszweckes zur Folge. Für den Umwandlungsbeschluss, Änderung des
Vereinszweckes, bedürfte es auf der Mitgliederversammlung der Anwesenheit und Zustim-

---

[1]   Vgl. Heermann, P. W./ Schießl, H. H. [Idealverein als Konzernspitze], S. 9.

[2]   Vgl. o.V. Alpmann Brockhaus [Fachlexikon Recht, 2005], Stichwort „Gemeinnützigkeit".

[3]   Vgl. § 55 Abs. 1 Nr. 4 AO.

[4]   Vgl. Bäune, S. [Kapitalgesellschaften im bundesdeutschen Lizenzfußball, 2001], S. 6.

mung aller Vereinsmitglieder. Dies dürfte praktisch nicht durchführbar sein. Eine Trennung zwischen wirtschaftlichen und gemeinnützigen Zielen lässt sich daher mit der Ausgliederung am besten vereinen.[1]

3.5 Mögliche Unternehmensformen und ihre Vor- und Nachteile

Bei der Festlegung der Rechtsform der ausgegliederten Lizenzspielerabteilung ist zwischen der GmbH, der AG und der KGaA zu wählen[2]. Eine Ausgliederung auf eine Personengesellschaft kommt aufgrund von Haftungsrisiken nicht in Betracht[3]. Für die Fußballkapitalgesellschaften sind der Erhalt der Stimmrechtmehrheit und die Aufnahme von externem Kapital von zentraler Bedeutung.

Zum Schutz der verbandsrechtlichen Vorgaben muss der Verein direkt oder über eine 100%ige Tochtergesellschaft die Mehrheit an der Fußballkapitalgesellschaft besitzen.

Bei der Umwandlung der Fußballkapitalgesellschaft in eine **GmbH** ist die dauerhafte externe Kapitalaufnahme nicht praktikabel. Diese Gesellschaftsform ermöglicht jedoch die Aufnahme von Sponsoren als Gesellschafter, die einmalige Zahlungen in Form von Stammeinlagen leisten können. Ein Handel der Anteile wie bei der Aktiengesellschaft ist praktisch nicht möglich, da die Übertragung von Geschäftsanteilen der notariellen Beurkundung bedarf[4].[5]

Die Firmierung der Lizenzspielerabteilung als **AG** ist durch die Mehrheitsbeteiligung des Vereins beschränkt. Durch die Mehrheit der Stimmrechte sind lediglich 49% der Aktien auf dem Parkett handelbar. Dies führt dazu, dass ein geringeres Volumen als Kapitalzufluss der Gesellschaft zu Gute kommt. Für Vereine, die über ein geringeres Anlagevermögen verfügen, ist diese Firmierung aufgrund des geringen Handelsvolumens ungeeignet.[6] Die Emission von stimmrechtslosen Vorzugsaktien führt zwar zu keiner Veränderung der Stimmrechtsverteilung, jedoch dürfen Vorzugsaktien lediglich „[...] bis zur Hälfte des Grundkapitals ausgegeben werden."[7] Die stimmrechtslose Vorzugsaktie erhält, wenn, „[...] der Vorzugsbetrag in einem Jahr nicht oder nicht vollständig gezahlt und der Rückstand im nächsten Jahr nicht neben dem vollen Vorzug dieses Jahres nachgezahlt [...]"[8] wird, das Stimmrecht. Die

---

[1]   Vgl. Heermann, P. W./ Schießl, H. H. [Idealverein als Konzernspitze], S. 10 – 11.

[2]   Vgl. von Billerbeck, C. [Einflussnahme an Kapitalgesellschaften in der Bundesliga, 2001], S. 4.

[3]   Vgl. Schmeilzl, B. [Marketing des DBV, 2002], S. 6.

[4]   Vgl. § 15 Abs. 3 GmbHG.

[5]   Vgl. Preußer, J. [Gesellschaftsrecht, 2004], S. 115 ff.

[6]   Vgl. Balzer, P. [Umwandlung von Vereinen, 2001], S. 179.

[7]   Zitat: § 139 Abs. 2 AktG.

[8]   Zitat: § 140 Abs. 2 S. 1 AktG.

Fußballkapitalgesellschaften unterliegen daher der positiven Ergebniserzielung, die wiederum die Mehrheitsbeteilung an der Fußballkapitalgesellschaft beeinflusst.

Bei der Umwandlung der ausgegliederten Lizenzabteilung in eine **KGaA** sind die Aktionäre Kommanditaktionäre. Die KGaA ist eine Mischform aus KG und AG.[1] Die Geschäftsführung unterliegt der Komplementärin. Die Komplementärin dieser Unternehmensform muss eine 100%ige Tochtergesellschaft des Vereins sein.[2] Eine Mehrheitsbeteiligung der Tochtergesellschaft am Grundkapital der KGaA ist nicht zwingend notwendig, da die Geschäftsführungsbefugnis der Komplementärin den Einfluss des Vereins aufrechterhält. Die Rechtsform der Komplementärin könnte z.B. eine GmbH sein.[3] Durch die Emission von Aktien am Kapitalmarkt kann Eigenkapital aufgenommen werden, ohne dass die Mehrheit der Stimmrechte beeinflusst wird. Zwangskäufe sind wie bei der AG, die zur Wahrung der Stimmrechtsmehrheit und die zu einer verminderten Liquidität führen, nicht nötig.[4]

3.6   Beispiel der Struktur einer Fußballkapitalgesellschaft

Am Beispiel des Ballvereins Borussia 09 Dortmund wird die Ausgliederung der Lizenzabteilung als Kommanditgesellschaft auf Aktien und die daraus neu entstehende Unternehmensstruktur anschaulich. Neben der Ausgliederung der Lizenzspielerabteilung fand eine Übertragung der Frauen-Handball-Abteilung, der Fußball-A-Junioren sowie der Fußball-Amateure auf die Borussia Dortmund GmbH & Co. KGaA statt.[5]

Die Komplementärin der Borussia Dortmund GmbH & Co. KGaA ist die Borussia Dortmund Geschäftsführungs- GmbH, die im 100%igen Besitz des Ballspiel Vereins Borussia Dortmund e.V. ist. Die Lizenzspielabteilung ist in eine Kommanditgesellschaft auf Aktien ausgegliedert.

---

[1]   Vgl. http://www.seefelder.de [GmbH & Co KG auf Aktien], (Stand: 9.12.2007; 18:23 MEZ).

[2]   Vgl. o.V. Deutscher Fußball-Bund [DFB-Satzung], § 16c Abs. 2.

[3]   Vgl. o.V. Borussia Dortmund [Geschäftsbericht 2006], S. 1 ff.

[4]   Vgl. http://www.seefelder.de [GmbH & Co KG auf Aktien], (Stand: 9.12.2007; 18:23 MEZ).

[5]   Vgl. o.V. Borussia Dortmund [Geschäftsbericht, 2001], S. 11.

Organisation der Leitung und Kontrolle der Borussia Dortmund GmbH & Co. KGaA

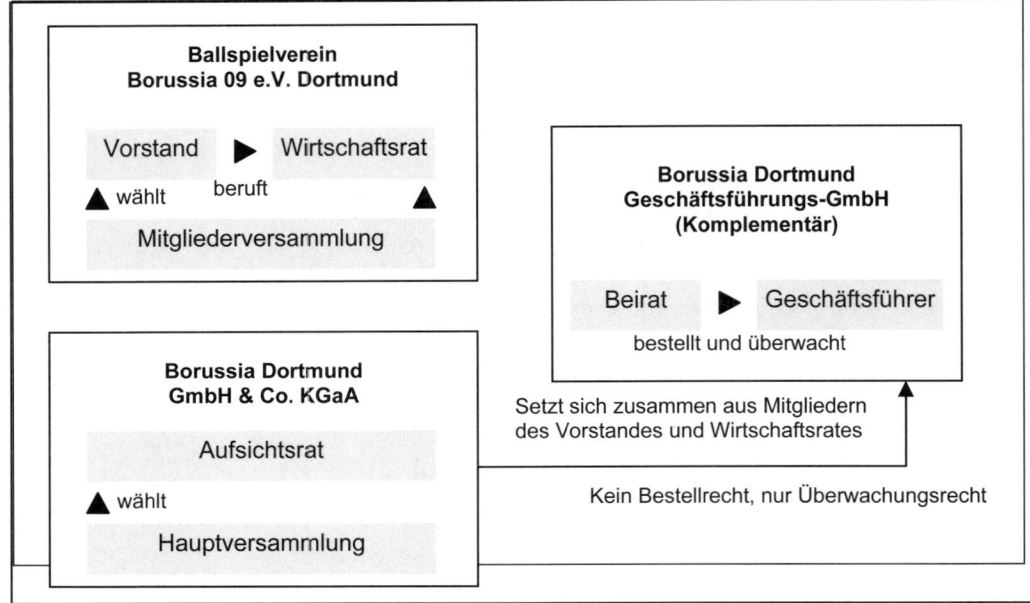

Abbildung 4-5: Organisation der Leitung und Kontrolle der Borussia Dortmund GmbH & Co. KGaA (vgl. o.V. Borussia Dortmund [Geschäftsbericht, 2006], S. 39).

Zum Konzern gehört eine Vermarktungsgesellschaft, ein Sportartikelhersteller, ein IT-Unternehmen, eine Stadiongesellschaft, ein Reisebüro sowie ein Medizinisches Leistungs- und Rehabilitationszentrum.

Unternehmensstruktur und Geschäftstätigkeit der Borussia Dortmund GmbH & Co. KGaA

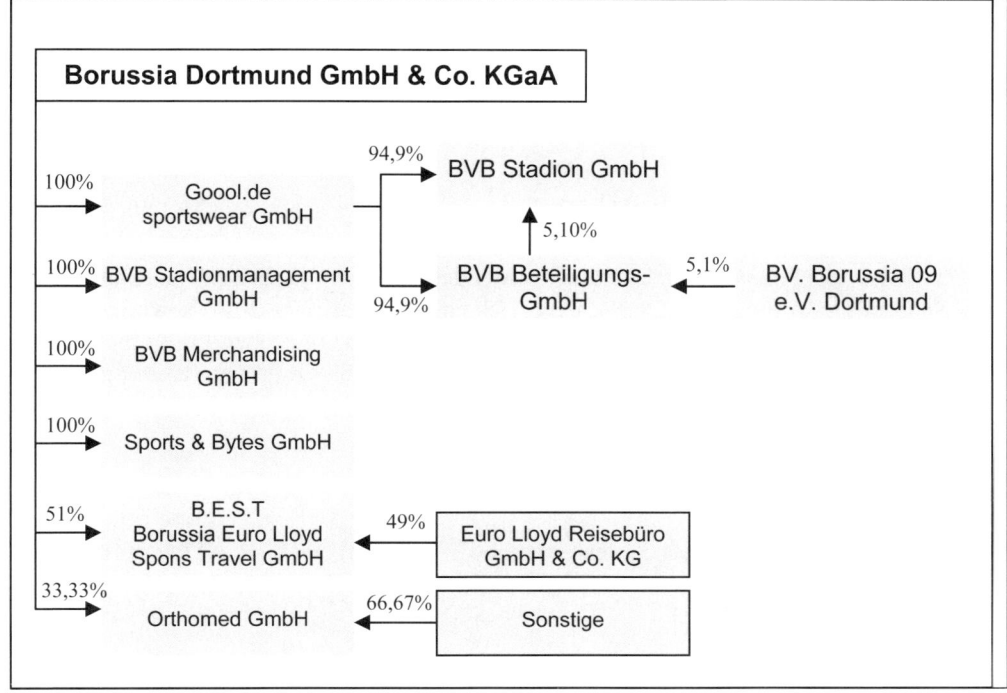

Abbildung 4-6: Unternehmensstruktur und Geschäftstätigkeiten der Borussia Dortmund GmbH & Co. KGaA (vgl. o.V. Borussia Dortmund [Geschäftsbericht, 2006], S. 38).

Neben diesen ist die Borussia Dortmund GmbH & Co. KGaA durch den Sportartikelhersteller goool.de sportswear GmbH an der BVB Stadion GmbH mit 99,74% beteiligt. Die restliche Beteiligung liegt beim eingetragenen Verein BV Borussia 09 Dortmund.[1]

---

[1]   Vgl. o.V. Borussia Dortmund [Geschäftsbericht 2006], S. 90 – 93.

4   Einnahmen und Ausgaben von Fußballvereinen

4.1   Einnahmequellen

Die Umsätze von Fußballvereinen bestehen aus der TV-Vermarktung (zu ungefähr 20%), dem Sponsoring (zu ungefähr 30 %), dem Ticketing (zu ungefähr 20%) sowie dem Merchandisingverkauf und den Transfererlösen, die zusammen die restlichen Erlöse bilden.[1] Die Transfererlöse sind dabei nicht als feste gleich bleibende Größe zu sehen, da im Spielerverkauf keine Regelmäßigkeiten zu erkennen sind[2].

4.1.1   TV-Einnahmen

Die TV-Vermarktung ist zwischen den einzelnen Wettbewerben (Liga, DFB-Pokal, UEFA-Cup und Champions League) verschieden, so dass sich auch die Zuständigkeit zwischen Verein und Verband abwechselt.

TV-Vermarktung in der Bundesliga
Die Deutsche Fußball Liga ist für den Spielbetrieb und Lizenzierung der ersten und zweiten Bundesliga verantwortlich. Ab der Spielzeit 2004/05 übernahm die Deutsche Fußball Liga die eigenständige Vermarktung der medialen Rechte der **Fußballbundesliga im Inland**. Während vorher die Vermarktungsagentur Infront als Rechtevermarkter zwischen dem Rechteanbieter in Form von der Deutschen Fußball Liga und Rechteverwerter in Form von ARD, ZDF, Premiere, DSF oder anderen auftrat, war es von nun an die Deutsche Fußball Liga selbst.[3] Der im Dezember 2005 abgeschlossene Dreijahres-Vertrag[4] mit den Rechteverwertern war auf 1,26 Milliarden Euro votiert. Dies entspricht einem jährlichen Erlös von 420

---

[1]   Vgl. o.V. Borussia Dortmund [Geschäftsbericht, 2005], S. 37.

[2]   Vgl. von Freyberg, B. [Transfergeschäfte der Fußballbundesliga, 2005], S. 154.

[3]   Vgl. Süßmilch, I./ Elter, V.-C. [FC €uro AG, 2004], S. 62.

[4]   Anmerkung: Die Verwertungsverträge sind auf eine maximale Laufzeit von drei Jahren beschränkt. Vgl. Süßmilch, I./ Elter, V.-C. [FC €uro AG, 2004], S. 59.

Millionen Euro.[1,2,3] Die 420 Millionen Euro sind auf die erste und zweite Liga im Verhältnis 79:21 zu verteilen.[4] In England und Frankreich liegen die Erlöse aus der TV-Vermarktung für die Saison 2007/08 bei einer Milliarde bzw. mindestens 600 Millionen Euro[5].

Die Verteilung der inländischen TV-Einnahmen aus der Bundesliga an die Vereine ist mit Hilfe eines Faktors (siehe 4:3:2:1) zu ermitteln. Die durchschnittlichen Platzierungen der letzten vier Spielzeiten werden hierfür herangezogen, wobei die aktuelle Platzierung den Faktor vier und älteste Platzierung die Gewichtung eins hat. Die jährlichen Einnahmen aus der Inlandsvermarktung werden nach der jeweiligen Tabellenplatzierung verteilt. Der Deutsche Meister erhält 5,8% der jährlichen TV-Vermarktungseinnahmen, während der Tabellenletzte lediglich 2,9% vereinnahmen kann.[6]. Der Deutsche Meister der Saison 2006/07 VFB Stuttgart erzielt demzufolge 26,18 Millionen Euro aus der inländischen Vermarktung der Bundesliga.

Ausgewählte Vereine und deren TV-Einnahmen aus der inländischen Vermarktung der Bundesliga aus der Spielzeit 2006/07

Verein	TV-Einnahmen
VFB Stuttgart	26,18 Mio.
Schalke 04	25,85 Mio.
Werder Bremen	25,52 Mio.
Bayern München	25,19 Mio.
Energie Cottbus	12,45 Mio.

Tabelle 4-1: TV-Einnahmeübersicht ausgewählter Bundesligavereine aus der Saison 2006/07 (vgl. http://www.spiegel.de [Rechteverwerter mit Dreijahresvertrag, 29.5.2007], (Stand: 2.11.2007; 16:14 MEZ)).

Im Gegensatz zum Inland übernimmt die Verwertung der **Bundesliga im Ausland** die Vermarktungsagentur Sportfive. Die Auslandsvermarktung hat eine Größenordnung von 16,5 Millionen[7]. Für die Verteilung der ausländischen TV-Einnahmen ist ausschließlich die aktu-

---

[1] Vgl. o.V. Borussia Dortmund [Geschäftsbericht, 2006], S. 46.

[2] Vgl. http://www.spiegel.de [Rechteverwerter mit Dreijahresvertrag, 29.5.2007], (Stand: 2.11.2007; 16:14 MEZ).

[3] Anmerkung: Laut Zeitungsmeldung vom 8.10.2007 bietet Leo Kirch 1,5 Milliarden Euro für einen Dreijahresvertrag. Vgl. http://www.satundkabel.de [Leo Kirchs Gebot, 8.10.2007], (Stand: 3.11.2007; 16:50 MEZ).

[4] Vgl. http://de.eurosport.yahoo.com [VfB, 22.5.2007], (Stand: 17.11.2007; 0:35 MEZ).

[5] Vgl. http://www.medienmaerkte.de [Fußball-Rechte, 11.8.2006], (Stand: 2.11.2007; 16:31 MEZ).

[6] Vgl. http://www.medienmaerkte.de [Fußball-Rechte, 11.8.2006], (Stand: 2.11.2007; 16:31 MEZ).

[7] Vgl. http://www.abendblatt.de [HSV, TV-Gelder, 3.2.2006], (Stand: .4.11.2007; 12:53 MEZ).

elle Saison von Bedeutung.[1] Der Meister erhält vier Millionen, Vize-Meister drei Millionen, Drittplazierte zwei Millionen und der Tabellenletzte durchschnittlich 518 Tausend Euro aus der Verwertung der Bundesliga im Ausland[2].

TV-Vermarktung im UEFA-Cup
Die Verwertung der **UEFA-Cup-Spiele** liegt in den ersten Runden beim jeweiligen Fußball-verein selbst bzw. dieser beauftragt eventuell eine Vermarktungsagentur für diese Zwecke. Der Verein vollzieht das Recht, direkt mit einer nationalen und internationalen Fernsehan-stalt Verträge abzuschließen[3]. Der FC Bayern München erzielt im UEFA-Cup 2007/08 für die ersten fünf Heimspiele (einschließlich Achtelfinale) zehn Millionen Euro aus Eigenver-marktung mit dem Privatsender Pro 7. Eine Vermarktungsagentur wie Sportfive oder DSM ist beim FC Bayern München nicht zwischengeschaltet[4]. Ab dem Viertelfinale ist die Ver-wertung der Übertragungsrechte zentral von der UEFA geregelt. Für die Spielzeit 2006/07 schätzte die UEFA mit Erlösen für die Verwertung in Höhe von 45 Millionen Euro. 75%, dies entspricht 33,75 Millionen Euro, werden an die Vereine verteilt, die an der Gruppenpha-se teilnehmen sowie an die acht Drittplazierten aus der Gruppenphase der Champions Lea-gue, die später dazu stoßen. In der Gruppenphase befinden sich 40 Vereine in acht Gruppen, wobei lediglich die ersten drei und die acht Drittplazierten aus der Champions-League-Vorrunde für das Sechzehntelfinale qualifiziert sind. In der Gruppenphase können neben dem Startgeld in Höhe von 70.000 Euro zusätzlich 40.000 Euro für einen Sieg und 20.000 Euro für ein Unentschieden erwirtschaftet werden.[5] Das entspricht einem maximalen Betrag an Prämien von 230.000 Euro in der Gruppenphase.

Für das Weiterkommen sind folgende Prämien vorgesehen:
- Sechstelfinale (70.000 Euro nur für die Vereine, die aus der UEFA-Cup-Vorrunde ein-ziehen)
- Achtelfinale (70.000 Euro)
- Viertelfinale (300.000 Euro)
- Halbfinale (600.000 Euro)
- Unterlegender Finalist (1,5 Million Euro)
- Sieger des UEFA-Cups (2,5 Million Euro)

Neben diesen Prämien sind mithilfe des Marktpools 13,5 Millionen Euro an die Vereine verteilt, die im Viertelfinale stehen. Die Hälfte des Betrages wird nach einem bestimmten Verfahren verteilt. Hierbei ist die Anzahl der Vereine einer Nation von Bedeutung. Je mehr Vereine einer Nation im Viertelfinale stehen, desto mehr wird insgesamt an die Vereine einer

---

[1]   Vgl. o.V. DFL-Report [Bundesliga Report, 2006], S. 105 – 106.

[2]   Vgl. o.V. Borussia Dortmund [Geschäftsbericht 2007], S. 47.

[3]   Vgl. o.V. Arminia Bielefeld [Prospekt zur Emission einer Anleihe, 2006], S. 23.

[4]   Vgl. Kicker-Sportmagazin [Sonderheft, UEFA-Cup, 2007/08], S. 15.

[5]   Vgl. Kicker-Sportmagazin [Sonderheft, UEFA-Cup, 2007/08], S. 15)

Nation ausgeschüttet. Jedoch nimmt der prozentuale Anteil je Verein ab. Die anderen 50% sind verhältnismäßig zum TV-Marktwert zu verteilen.[1]

TV-Vermarktung in der UEFA Champions League
Die UEFA schließt direkt TV- und Werbeverträge mit den Rechteverwertern für **UEFA Champions League** ab. Die Vermarktung über die Neuen-Medien bedarf einer vertraglichen Grundlage mit der UEFA. Hierzu gehören Dienste wie das Mobile Devices[2] und das UMTS. In der Spielzeit 2006/07 sind Umsätze in der Größenordnung von 772,8 Millionen Euro erzielt und 579,6 Millionen Euro an die Champions League Teilnehmer verteilt worden.[3]

Jeder Champions League Teilnehmer erhält ein Startgeld in Höhe von 3,0 Millionen Euro. In der Gruppenphase können zusätzlich neben der Auflaufprämie i.H.v 2,4 Millionen Euro auch eine Prämie für den Spielausgang erzielt werden: für einen Sieg gibt es 600.000 Euro und für ein Unentschieden 300.000 Euro. Lediglich in der Gruppenphase sind Auflaufprämien und Punktprämie zu vereinnahmen. Allein der FC Chelsea erzielt in dieser Phase 8,1 Millionen Euro, in dem er vier Siege, ein Unentschieden und eine Niederlage auf sein Konto verzeichnen konnte.[4]

Für das Erreichen des Achtel-, Viertel-, Halb- und Finale sind weitere Prämien zu verbuchen. Alle Vereine erhalten, die sich für das Achtelfinale (Tabellenerster und -zweiter einer der acht Gruppen) qualifizieren, 2,2 Millionen Euro. Für das Viertelfinale sind 2,5 Millionen und für das Halbfinale 3,0 Millionen Euro vorgesehen. Während der Sieger der UEFA Champions League 7,0 Millionen erhält, bekommt der im Finale Unterlegende 4,0 Millionen Euro überwiesen.[5]

Neben diesen Einnahmen erhalten die Vereine einen Betrag, der abhängig vom jeweiligen Fernsehmarkt ist. Ebenso relevant sind hierbei die Anzahl der Vereine einer Nation, die in der Champions League teilnehmen. Je mehr Vereine einer Nation in der Champions League vorhanden sind, desto weniger erhalten die einzelnen Vereine.[6]

---

[1] Vgl. o.V. UEFA [Vorabinformation zur Verteilung der Einnahmen, 2006], S. 2

[2] Anmerkung: Mobile Devices als Oberbegriff für Notebooks, Handys, PDA, Pocket PCs, Flatpads, Communicators etc.

[3] Vgl. Kicker-Sportmagazin [Heft 55, 5.07.2007], S. 26.

[4] Vgl. Kicker-Sportmagazin [Heft 55, 5.07.2007], S. 26.

[5] Vgl. Kicker-Sportmagazin [Heft 55, 5.7.2007], S. 26.

[6] Vgl. o.V. UEFA [Vorabinformation zur Verteilung der Einnahmen, 2006], S. 1-3.

Prozentuale Verteilung des Marktpools auf die Teilnehmer derselben Nation

	4 Teams	3 Teams	2 Teams	1 Team
Meister	40%	45%	55%	100%
Vizemeister	30%	35%	45%	
Drittplaziert	15%	20%		
Viertplaziert	15%			

Tabelle 4-2: Prozentuale Verteilung des Marktpools an die Teilnehmer derselben Nation (Vgl. o.V. UEFA [Vorabinformation zur Verteilung der Einnahmen, 2006], S. 3).

In der Champions League Saison 2006/07 wurden 271 Millionen Euro im Form der Marktpoolverteilung ausgeschüttet.

Die Zuschauereinnahmen sind individuelle und direkte Erlöse der Vereine.[1]

Borussia Dortmund hatte aufgrund des Ausscheidens im Qualifikationsspiel für die Champions League in der Saison 2003/04[2] einen Mindererlös in Höhe von 33,7 Millionen Euro. Durch den UEFA-Cup wurden stattdessen für zwei Heimspiele (inklusive der TV-Übertragung des Qualifikationsspiels für die Champions League) 2,9 Millionen Euro aus der internationalen TV-Vermarktung erzielt.[3] Paul Sibianu spricht von mindestens 15 Millionen Euro, die ein Verein in der Champions League erhält[4].

TV-Vermarktung im DFB-Pokal

Beim DFB-Pokal erhält der austragende Verein für eine Live-Übertragung im Achtelfinale über 650.000 Euro von dem Fernsehsender. Für die Übertragung des DFB-Pokalspieles des Hamburger SV gegen Bayern München im Dezember 2005 zahlte die ARD 677.000 Euro. In der nächsten Pokalrunde steigen die TV-Gelder auf ungefähr einer Million Euro.[5] „Derzeit bekommt jeder der 64 Teilnehmer an der ersten DFB-Pokalhauptrunde 52 000 Euro aus dem TV-Topf. Mit dem Vordringen in jede weitere Runde verdoppelt sich dieser Betrag jeweils. Darüber hinaus wird bei jedem live übertragenden Pokalspiel mindestens eine Million Euro ausgeschüttet, die im Verhältnis 6:4 zwischen Gastgeber und Gast aufgeteilt werden."[6]

---

[1]   Vgl. o.V. Arminia Bielefeld [Prospekt zur Emission einer Anleihe, 2006], S. 23.

[2]   Anmerkung: Borussia Dortmund schied am 27.8.2003 i. E. gegen FC Brügge aus.

[3]   Vgl. o.V. Borussia Dortmund [Geschäftsbericht, 2004], S. 86.

[4]   Vgl. http://www.abendblatt.de [Millionenspiel, 29.8.2003], (Stand: 22.11.2007; 13:54 MEZ).

[5]   Vgl. http://www.stern.de [Finanzspritze DFB-Pokal, 22.12.2005], Stand: 7.11.2007; 22;18 MEZ).

[6]   Zitat: Kicker-Sportmagazin [Heft 5, 16.1.2006].

4.1.2   Vermarktungsstruktur

Einige Fußballvereine beauftragen externe Unternehmen, die sich um die Vermarktung kümmern. Diese Vermarktungsagenturen sind Dienstleistungsunternehmen, die im Bereich Trikotwerbung, Banden-, Stadionwerbung, Hospitality (Gastronomie), Website- oder internationale TV-Rechtesvermarktung aktiv werden. Ein großes Unternehmen dieser Branche ist die Sportfive GmbH, die neben der Vermittlung eines Trikotsponsors für SV Werder Bremen auch die Verhandlung mit Fernsehunternehmen für die internationale Bühne der „Grünwei-ßen" übernehmen[1]. Die Verträge zwischen den Fußball-Unternehmen und eines Vermarkters sind sehr vielseitig. Neben Festpreisen sind auch Erlössplitting (80% Verein, 20% Vermarkter) oder Garantien mit prozentualer Beteiligung ab einer bestimmten Größe möglich. Während einige Vereine ihre komplette Vermarktung an externe Unternehmen ausgelagert haben, gibt es Vereine, die unabhängig handeln.[2]

Auszug ausgewählter Bundesligisten der Saison 2004/2005 und deren Vermarktung

Fußballunternehmen	Vermarkter	Vermarktungsrechte
SV Werder Bremen	Sportfive	Intern. TV-Rechte, Trikotwerbung
	DSM	Banden- und Stadionwerbung
	eigen	Hospitality
FC Bayern München	eigen	Komplettwermarktung
Hertha BSC Berlin	Sportfive	Komplettwermarktung
Bayer 04 Leverkusen	Sportfive	Intern. TV-Rechte
	eigen	Banden-, Stadionwerbung
	eigen	Trikotwerbung und Ticketing
Borussia Dortmund	Sportfive	Intern. TV-Rechte, Banden-, Stadion-, Trikotwerbung und Ticketing

Tabelle 4-3: Vermarktungslandschaft der Bundesligavereine (Vgl. Süßmilch, I./ Elter, V.-C.[FC €uro AG, 2004], S. 6).

4.1.3   Zuschauereinnahmen

Die Zuschauereinnahmen bilden nach den Sponsoren und TV-Erlöse die dritt- manchmal auch die zweitwichtigste Umsatzgruppe eines Vereins. Der Ballspielverein Borussia Dortmund nahm das Ticketing in der Spielzeit 2006/07 mit 18,3 Millionen Euro den dritten Platz,

---

[1]   Anmerkung: Sportfive [Interview, 10.10.2007].

[2]   Vgl. Süßmilch, I./ Elter, V.-C. [FC €uro AG, 2004], S. 34 – 36.

hinter 30,5 Millionen Euro für Sponsoring sowie 21,5 Millionen Euro für die TV-Vermarktung, ein[1].

Die Zuschauereinnahmen in der Champions League sind aufgrund von höheren Eintrittspreisen beim FC Bayern auf ungefähr zwei Millionen Euro zu schätzen. Für die vier Heimspiele (drei Spiele in der Gruppenphase sowie ein Heimspiel im Achtelfinale) sind mit Zuschauereinnahmen in Höhe von acht Millionen Euro zu kalkulieren.[2]

4.1.4   Trikotwerbung

In der Spielzeit 1973/74 lief Eintracht Braunschweig als erster Bundesligist mit einer Trikotwerbung auf. Zu sehen war die Abbildung eines Hirschkopfes, das Logo eines Wolfenbütteler Spirituosen-Unternehmens, dass das gelbblaue Trikot von nun an zierte und 160.000 DM in die Vereinskasse spielte.[3] Dies kann als Grundstein der Werbung im Fußball angesehen werden. Die Sponsoringeinnahmen haben im Laufe der Jahre zu genommen und betragen heute ein Vielfaches der damaligen Beträge.

Ab der Spielzeit 2007/08 trägt der SV Werder Bremen auf seinen Trikot das Firmenlogo des Düsseldorfer Bankhauses. Der Vermarktungspartner ISPR/ Sportfive fädelte diesen Vertrag ein. Die Laufzeit des Sponsoringvertrages beträgt drei Jahre zuzüglich einer Verlängerungsmöglichkeit von einem Jahr. Neben der Trikotwerbung soll das Firmenlogo auf den Banden, in den VIP-Lounges, auf der Eintrittskarte und bei Promotionsveranstaltung der Hanseaten sichtbar sein.[4]

Verein	Sponser	Einnahmen	
Bayern München	T-Home	bis zu	20,0 Mio.
Borussia Dortmund	Evonik	bis zu	12,0 Mio.
Werder Bremen	Citibank	bis zu	9,5 Mio.
Hertha BSC Berlin	Deutsche Bahn	bis zu	8,0 Mio.
VFB Stuttgart	EnWB	ca.	6,5 Mio.
Hamburger SV	Emirates	ca.	5,0 Mio.
Bayer 04 Leverkusen	TelDaFax	ca.	K.A.

Tabelle 4-4: Einnahmen aus Trikotsponsoring anhand ausgewählter Bundesligavereine (Eigene Darstellung, vgl. http://www.sportbild.de [Trikotsponsoren, 10.7.2007], vgl. http://www.sport-rekord.de [Trikotsponsoren, 2007/2008]).

---

[1]   Vgl. o.V. Borussia Dortmund [Geschäftsbericht 2007], S. 55.

[2]   Vgl. http://www.fussball24.de [FC Bayern, 23.11.2005], (Stand: 29.11.2007; 19:20 MEZ).

[3]   Vgl. http://www.netzeitung.de [Braunschweig, 25.7.2005], (Stand: 31.10.2007; 22.25 MEZ).

[4]   Vgl. http://www.finanznachrichten.de [Citibank, 18.5.2007], (Stand: 2.11.2007; 13:13 MEZ).

4.1.5 Merchandising

Die Erlöse aus Merchandisingverkauf, hierzu zählen der Vertrieb von: Trikots, Schals, T-Shirts, Tassen etc. beliefen sich bei der Borussia Dortmund GmbH & Co KG in der Saison 2006/07 auf 5,2 Millionen Euro (Vorjahr 4,1 Mio. Euro)[1]. Der Merchandisingverkauf dient als lukrative Zusatzeinnahme der Vereine. Aufgrund der immer größer werdenden Popularität der Fußballspieler können immer größere Umsätze aus diesem Bereich erzielt werden. In der Spielzeit 2002/03 verzeichneten die Erstligisten durchschnittlich 4,2 Millionen Euro Erlöse aus dem Merchandisingbereich.[2]

4.2 Ausgaben

4.2.1 Stadionmiete

Während einige Fußball-Unternehmen wie FC Bayern München, VFL Wolfsburg oder Bayer 04 Leverkusen Eigentümer des Stadions sind, mieten andere die Sportstätte lediglich für ihre Spiele. Die Kosten für die Stadionmiete des Signal-Iduna-Park (Zuschauerkapazität: 80.708[3]) betragen 11,7 Millionen Euro, die Borussia Dortmund an die 100%tige Tochtergesellschaft BVB Stadionmanagement GmbH zahlt[4]. Andere Vereine wie die Frankfurter Eintracht oder der Karlsruher Sport-Club sind Mieter während des jeweiligen Spieltages.

Eine Auswahl von Fußballunternehmen, die zurzeit nicht Eigentümer ihrer Spielstätte sind[5]

Verein	Stadionname	Kapazität	Kosten pro Saison
Eintracht Frankfurt	Commerzbank-Arena	52.300	7 bis 8 Mio. inklusive UEFA-Cup-Spiele
Karlsruher SC	Wildparkstadion	29.699	3,5 Mio. (Warmmiete) 35 % der Einnahmen
1. FC Kaiserslautern	Fritz-Walter-Stadion	48.500	3,2 Mio.

Tabelle 4-5: Stadionmiete ausgewählter Vereine in der Bundesliga (Eigene Darstellung; Vgl. http://www.fr-online.de [Eintracht Frankfurt, 14.2.2007], vgl. http://www.ksc.de [KSC, Stadionmiete, 6.9.2007], vgl. http://www.faz.net [Kaiserslautern, 26.9.2007]).

---

[1] Vgl. o.V. Borussia Dortmund [Geschäftsbericht 2007], S. 44.

[2] Vgl. Süßmilch, I./ Elter, V.-C. [FC €uro AG, 2004], S. 44.

[3] Vgl. o.V. Borussia Dortmund [Geschäftsbericht, 2007], S. 16.

[4] Vgl. http://www.fussball24.de [BVB, 16.3.2005], (Stand: 1.11.2007; 18:33 MEZ).

[5] Anmerkung: Der Karlsruher SC muss 35% der Trikoteinnahme als Miete bezahlen.

4.2.2   Spielergehälter

Die Spielergehälter nehmen einen großen Teil der Aufwendungen in der Gewinn- und Verlustrechnung ein. In der Spielzeit 2005/06 nahmen die Personalkosten 39,7% der Gesamterträge ein. Durchschnittlich zahlen die Vereine der ersten Bundesliga 28,4 Millionen Euro für Spielergehälter, dies entspricht einem Anstieg um 3% gegenüber der Vorsaison, 2004/05.[1] Bei Borussia Dortmund reduzierte das Management innerhalb eines Jahres von 67 Millionen Euro in der Saison 2002/03 auf 40 Millionen Euro.[2] Derzeit beträgt der Personalaufwand 34,26 Millionen Euro pro Saison.[3] Die Personalkosten von Hertha BSC Berlin liegen bei 27,7 Millionen Euro.[4] Neben Fixgehältern werden auch Leistungsprämien an die Spieler ausgezahlt. So betrugen die gesamten Spielergehälter des 1.FC Nürnberg in der Spielzeit 2006/07 25 Millionen Euro, von denen neun Millionen Euro auf Prämien zurückzuführen sind.[5]

4.2.3   Sonstige betriebliche Aufwendungen

Neben der Stadionmiete und den Gehältern fällen zusätzlich u.a. Kosten für den Spielbetrieb, für Werbemaßnahmen und die Verwaltung an. In der Spielzeit 2004/05 machte dies über 85,8 Millionen Euro bei Borussia Dortmund aus. Zwar sind die sonstigen betrieblichen Aufwendungen in der Spielzeit 2006/07 auf 42,7 Millionen Euro reduziert worden, sie bilden trotz allem immer noch den größten Kostenblock des Unternehmens.[6]

---

[1]   Vgl. o.V. DFL-Report [Bundesliga Report, 2007], S. 56.

[2]   Vgl. http://www.stern.de [Ausverkauf, 2.6.2005], (Stand: 7.11.2007; 21:25 MEZ).

[3]   Vgl. o.V. Borussia Dortmund [Geschäftsbericht, 2007], S. 92.

[4]   Vgl. http://www.fussball24.de [Hertha BSC, 1.7.2007], (Stand: 16.11.2007; 16:42 MEZ).

[5]   Vgl. http://www.sportgate.de [Roth, 8.10.2007], (Stand: 29.11.2007; 19:27 MEZ).

[6]   Vgl. o.V. Borussia Dortmund [Geschäftsbericht, 2007], S. 93.

Sonstige betriebliche Aufwendungen von Borussia Dortmund in der Spielzeit 2004/05

(in T€)	Borussia Dortmund GmbH & Co. KGaA		Borussia Dortmund Konzern	
	30.06.2005	30.06.2004	30.06.2005	30.06.2004
Spielbetrieb	26.603	30.261	26.553	30.112
Werbung	13.084	12.188	12.735	12.186
Transfer	2.763	18.511	2.763	18.511
Medien und Drucker- zeugnisse	1.929	2.092	1.949	2.518
Verwaltung	11.734	8.891	11.849	8.294
Übrige	29.735	4.262	29.833	4.612
	85.848	76.205	85.682	76.233

Abbildung 4-7: Sonstige betriebliche Aufwendungen der Borussia Dortmund GmbH & Co. KGaA sowie des Borussia Dortmund Konzerns in der Spielzeit 2004/05 (Vgl. o.V. Borussia Dortmund [Geschäftsbericht, 2005], S. 73).

5 Bilanzielle Erfassung des Spielervermögens

5.1 Definition: Immaterielle Vermögensgegenstände

Unter „immateriell" ist allgemein „unkörperlich und unstofflich" zu verstehen[1]. Hierzu zählen unter anderem gewerbliche Schutzrechte, Konzessionen und ähnliche Rechte. Auch der Kauf eines Fußballspielers zählt nach IAS 38.8 zu den immateriellen Vermögenswerten. In der internationalen Rechnungslegung ist der Begriff des immateriellen Vermögenswertes durch „Intangible Assets" ersetzt. Diese beiden Begriffe gelten als Synonyme[2]. Ein immaterieller Vermögenswert muss zudem feststellbar und nicht monetär sein.[3,4] Finanzinstrumente gehören, obwohl sie der Beschreibung kurzweilig entsprechen, nicht zu den „Intangible As-

---

[1] Vgl. o.V. Meyers Enzyklopädisches Lexikon [Band 12, 1980], S. 478.

[2] Anmerkung: Im HGB wird der Begriff „Vermögensgegenstand" und im Steuerrecht „Wirtschaftsgut" verwendet. Vgl. Lüdenbach, N./ Hoffmann [Der Betrieb, Heft 27/ 28, 2004], S. 1442.

[3] Vgl. Lüdenbach, N./ Hoffmann, W.-D. [IFRS Praxis Kommentar, 2007], S. 530.

[4] Vgl. Lüdenbach, N./ Hoffmann, W.-D. [IFRS Praxis Kommentar, 2007], S. 512.

sets" nach IAS 38, sondern unterliegen den Regelungen nach IAS 32[1]. Neben der Identifizierbarkeit durch das bilanzierende Unternehmen ist die Kontrolle über den Vermögenswert und die Existenz eines zukünftigen wirtschaftlichen Erfolges diesem zuzuordnen (abstrakte Bilanzierbarkeit). Die Identifizierbarkeit beinhaltet die Trennung vom Firmenwert (IAS 38.11).[2]

5.2   Exkurs: Aktivierungsgrundsatz nach HGB[3]

Der Aktivierungsgrundsatz bestimmt inwiefern es sich um einen anzusetzenden Vermögensgegenstand handelt und in der Bilanz aktiviert werden darf oder muss. Hierbei wird zwischen der abstrakten und konkreten Aktivierungsfähigkeit unterschieden.

Voraussetzungen der abstrakten Aktivierungsfähigkeit sind:

- Der Vermögensgegenstand muss einen wirtschaftlichen Wert für das bilanzierende Unternehmen darstellen.
- Der Vermögensgegenstand muss selbständig bewertbar sein (Verbundeffekte, die sich nicht einzeln bestimmbar lassen, erfüllen nicht die selbständige Bewertbarkeit).
- Der Vermögensgegenstand muss selbständig verkehrsfähig sein (der zu aktivierende Posten muss ein einzelnes Objekt des Rechtsverkehrs sein können, die Einzelverwertbarkeit reicht aus.).

Die konkrete Aktivierungsfähigkeit bezieht sich explizit auf die gesetzlichen Vorschriften. Daher ist es möglich, dass ein Gegenstand, der nicht als Vermögensgegenstand die abstrakte Aktivierungsfähigkeit erlangt, auf der Aktivseite wieder zu finden ist. Beispiel hierfür sind die Ingangsetzungsaufwendungen bei der Gründung eines Unternehmens. Nach § 269 S. 1 HGB besteht ein Wahlrecht für die Aktivierung und die konkrete Aktivierungsfähigkeit und ist daher zu bejahen. Andererseits kann trotz einer abstrakten Aktivierungsfähigkeit ein Aktivierungsverbot vorliegen.[4]

Beispiel

Um für das nächste Heimspiel eines Fußballvereins mehr Zuschauer zu gewinnen, wird die Wall AG beauftragt, Plakate mit Terminen, Gegnern und Uhrzeiten zu produzieren und in die Buswartehäuser der Stadt zu hängen.

---

[1]   Vgl. Küting, K./ Dawo, S. [BFuP, Heft 4, 2003], S. 397.

[2]   Vgl. Coenenberg, A. G. [Jahresabschluss und Jahresabschlussanalyse, 2005], S. 144 – 145.

[3]   Vgl. Ruhnke, K. [Rechnungslegung nach IFRS und HGB, 2005], S. 204 – 206.

[4]   Vgl. Ruhnke, K. [Rechnungslegung nach IFRS und HGB, 2005], S. 204 – 206.

Lösung

Ein wirtschaftlicher Wert lässt sich aus der Plakatierung belegen, da m.E. mehr Zuschauer in die Stadien kommen, wenn sie stärker informiert werden.

Die selbständige Bewertbarkeit ist erfüllt, da Materialkosten, Personalkosten und Mietkosten eindeutig ermittelt werden können.

Die selbständige Verwertbarkeit ist gleichfalls erfüllt, da die Anzahl der Werbeflächen frei wählbar ist und sie einzeln verkauft werden.

Die Voraussetzungen der abstrakten Aktivierbarkeit liegen zwar vor, jedoch dürfen die Werbekosten nach § 255 Abs. 2 S. 6 HGB nicht den Herstellungskosten hinzugerechnet werden. Vertriebskosten müssen daher erfolgswirksam verbucht werden. In wie weit es sich um Einzelkosten oder Gemeinkosten handelt, ist nicht relevant. Neben Werbekosten sind auch Kosten für Verkäuferumschulung, Muster und Warenproben sowie Reisekosten im Vertriebsbereich dazuzuzählen.[1]

5.3   Prüfung der Ansatzmöglichkeit des Spielervermögens nach IAS 38

5.3.1   Abstrakte Aktivierungsfähigkeit

Ein Vermögenswert („Asset") definiert sich im Sinne des F.49(a)

-    als eine ökonomische Ressource, die unter der Kontrolle des bilanzierenden Unternehmens steht,

-    die basierend auf Ereignissen der Vergangenheit und

-    unter der Erwartung des Unternehmens einen künftigen wirtschaftlichen Nutzen generiert.

Der Spielerwert stellt, obwohl die Fußball-Kapitalgesellschaften keine gesetzliche Verfügungsmacht oder Eigentumsrechte besitzen, eine kontrollierbare ökonomische Ressource dar[2]. Der § 13 Lizenzspielerordnung besagt, dass einem Profispieler eine Spielerlaubnis für den neuen Verein erst erteilt wird, wenn dieser keine alten Vertragsbeziehungen zu seinem vorherigen Verein mehr hat. Durch dieses exklusive Recht in den Verbandsstatuten hat der aufnehmende Verein für den Zeitraum der Vertragsbindung das alleinige Recht den Spieler an offiziellen Begegnungen einzusetzen. Diese Regelung bleibt bei Länderspielen und offiziellen Turnieren für die Abstellung von Nationalspielern unangetastet.[3]

---

[1]   Vgl. Koller, I./ Roth, W.-H./ Morck, W. [HGB-Kommentar, 2006]: § 255 HGB.

[2]   Anmerkung: „Spielerwert als Analogie zum Sklavenhandel", vgl. Hoffmann, W.-D. [BC, Heft 6, 2006], S. 130.

[3]   Vgl. Wehrheim, M./ Zulauf, C. [PiR, Heft 8, 2007], S. 222.

Nach § 26a Lizenzspielerstatut erteilt der DFB bei Vorliegen eines Arbeitsvertrages und eines bestandenen Gesundheitstests automatisch die Spielerlaubnis. Die Gegenstandseigenschaft im Sinne des § 90 BGB sowie im deutschen Bilanzrecht ist irrelevant. Daher ist die gesetzliche Auffassung der Deklaration, Sachen sind nur körperliche Gegenstände, nicht anzuwenden.[1] Ferner weist Kaiser darauf hin, da die Berufsfußballspieler nicht mit § 90 BGB im Einklang zu bringen sind, dass sie auch kein Vermögensgegenstand nach § 240 HGB darstellen.[2]

Bei dem Erwerb eines Fußballspielers steht zwischen dem aufnehmenden und dem abgebenden Unternehmen kein Kaufvertrag im herkömmlichen Sinne nach § 433ff. BGB. Die Ablösesumme, als Aufhebungszahlung definiert, dient lediglich der Auflösung des bestehenden Vertrages beim abgebenden Unternehmen. Diese Zahlung gilt als notwendige Bedingung, damit das aufnehmende Unternehmen die Grundlage zur Antragsstellung der Spielberechtigung für den neuen Spieler beim DFB erlangt. Die kaufmännische Einigung bildet lediglich die Grundlage für die wirtschaftliche Erfassung, während der Erhalt der Spielerlaubnis als „Asset" bilanziert wird. Ein „Asset" liegt des Weiteren nur vor, wenn der zu bilanzierende Gegenstand ein Ergebnis darstellt, dass durch die Erteilung der Spielerlaubnis (in Höhe der Aufhebungszahlung) resultiert. Die Erteilung der Spielerlaubnis ist als Ergebnis vergangener Ereignisse anzusehen. Der „Asset" muss vor Bilanzstichtag unter der Kontrolle des Unternehmens gestanden haben.[3] In der Regel ist der 30. Juni der Bilanzstichtag für Fußball-Gesellschaften. Börsennotierte Vereine, die mit Aktien auf dem Parkett vertreten sind, legen des Weiteren einen IFRS-Konzernabschluss zum 30. Juni sowie eine Eröffnungsbilanz zum 1. Juli vor. Für Emittenten von Anleihen gilt die Pflicht zur Vorlage eines IFRS-Konzernabschluss erst zum 30.6.2008.[4,5]

Eingangsbuchung (Nettobetrachtung)

Erwerb eines Mittelfeldspielers				Soll	Haben
01. Juli 2007	Spielerwerte	an	Bank	5 Mio €	5 Mio €

Durch den späteren Einsatz bei Fußballveranstaltungen[6], Erlöserzielung aus dem Verkauf des immateriellen Vermögenswertes oder auch durch andere Vorteile bei der Eigenverwendung wie Werbeauftritte oder Pressekonferenzen, werden künftige wirtschaftliche Nutzen generiert.[7] Basierend auf der Tatsache der Erteilung der Spielberechtigung und der daraus resultierenden Folge, dass der Spieler von nun an für den Verein eingesetzt wird, bejahen Lüden-

---

[1] Vgl. Lüdenbach, N./ Hoffmann [Der Betrieb, Heft 27/ 28, 2004, S. 1443.

[2] Vgl. Kaiser, T. [Der Betrieb, Heft 21, 2004], S. 1109.

[3] Vgl. Wehrheim, M./ Zulauf, C. [PiR, Heft 8, 2007], S. 222.

[4] Vgl. Lüdenbach, N./ Hoffmann, W.-D. [IFRS Praxis Kommentar, 2007], IFRS 6.

[5] Vgl. Lüdenbach, N./ Hoffmann [Der Betrieb, Heft 27/ 28, 2004], S. 1442.

[6] Vgl. Lüdenbach, N./ Hoffmann [Der Betrieb, Heft 27/ 28, 2004], S. 1443.

[7] Vgl. Wehrheim, M./ Zulauf, C. [PiR, Heft 8, 2007], S. 222.

bach/ Hoffmann, dass von einem zukünftigen Nutzen auszugehen ist. Ein künftiger wirtschaftlicher Nutzen liegt nicht vor, wenn der erwerbende Verein von einer mentalen oder körperlichen Verschlechterung gar von einer Sportinvalidität auszugehen ist.[1] Die Erwartungshaltung eines künftigen wirtschaftlichen Nutzens ist daher nach IAS 38.17 gegeben.[2]

5.3.2 Konkrete Aktivierungsfähigkeit

Nach F.83 muss neben den Bedingungen der abstrakten Aktivierungsfähigkeit die konkrete Aktivierungsfähigkeit erfüllt sein. Die letztere besteht aus zwei Bedingungen, die beide erfüllt sein müssen:

- Hinreichende Wahrscheinlichkeit eines Nutzenzuflusses
- Erforderlichkeit einer verlässlichen Mess- und Bewertbarkeit des Vermögenswertes

Da für Investoren nur entscheidungsrelevante Informationen in der Bilanz dargestellt werden, bedarf es der Prüfung der Wesentlichkeits-Bestimmung aus dem F.29(f) i. V. m. F.25. Die Wesentlichkeit ist laut F.29 relevant, da das Weglassen oder die Falschdarstellung das wirtschaftliche Handeln beeinflussen könnten.[3] Nach IAS 38.22 soll die Wahrscheinlichkeit eines zukünftigen wirtschaftlichen Nutzens mit Hilfe vernünftiger und belegbarer Annahmen zum Bilanzstichtag eingeschätzt werden. Der wirtschaftliche Nutzungszeitraum des „Assets" lässt sich daher bestmöglich prognostizieren. Für die „zuverlässige Bewertbarkeit" kann die Ermittlung durch die Kosten oder ein nach F.86 auf fundierte Schätzungen ermittelten willkürfreien Wert veranschlagt werden.[4,5]

Neben den zwei Voraussetzungen regelt IAS 38.8 zwei zusätzliche Kriterien für immaterielle Vermögensgegenstände, da es sich um einen Vermögensgegenstand ohne physische Substanz, identifizierbarer, kontrollierbarer, nichtmonetärer bzw. keine finanziellen[6] (im Sinne des IAS 32) handelt.[7,8] Im Folgenden liegt das Augenmerk auf der Identifizierbarkeit und die Beherrschbarkeit des Vermögensgegenstandes. Bei der Identifizierbarkeit findet die Prüfung über die Abgrenzung des immateriellen Vermögenswerts vom Goodwill statt.[9] Die Festlegung erfolgt über ein zweistufiges Schema.

---

[1] Vgl. von Keitz, I. [Immaterielle Güter, 1997], S. 183.

[2] Vgl. Wehrheim, M./ Zulauf, C. [PiR, Heft 8, 2007], S. 222.

[3] Vgl. o.V. Deloitte/ IAS PLUS [Framework], (Stand 8.10.2007; 13:29 MEZ).

[4] Vgl. Coenenberg, A. G. [Jahresabschluss und Jahresabschlussanalyse, 2005], S. 146.

[5] Vgl. Wehrheim, M./ Zulauf, C. [PiR, Heft 8, 2007], S. 222.

[6] Vgl. Küting, K./ Dawo, S. [BFuP, Heft 4, 2003] S. 397.

[7] Vgl. Lüdenbach, N./ Hoffmann, W.-D. [IFRS Praxis Kommentar, 2007], S. 530.

[8] Vgl. Lüdenbach, N./ Hoffmann, W.-D. [IFRS Praxis Kommentar, 2007], S. 512.

[9] Vgl. Coenenberg, A.G. [Jahresabschluss und Jahresabschlussanalyse, 2005], S. 144 – 145.

Prüfung der Spielerlaubnis[1]

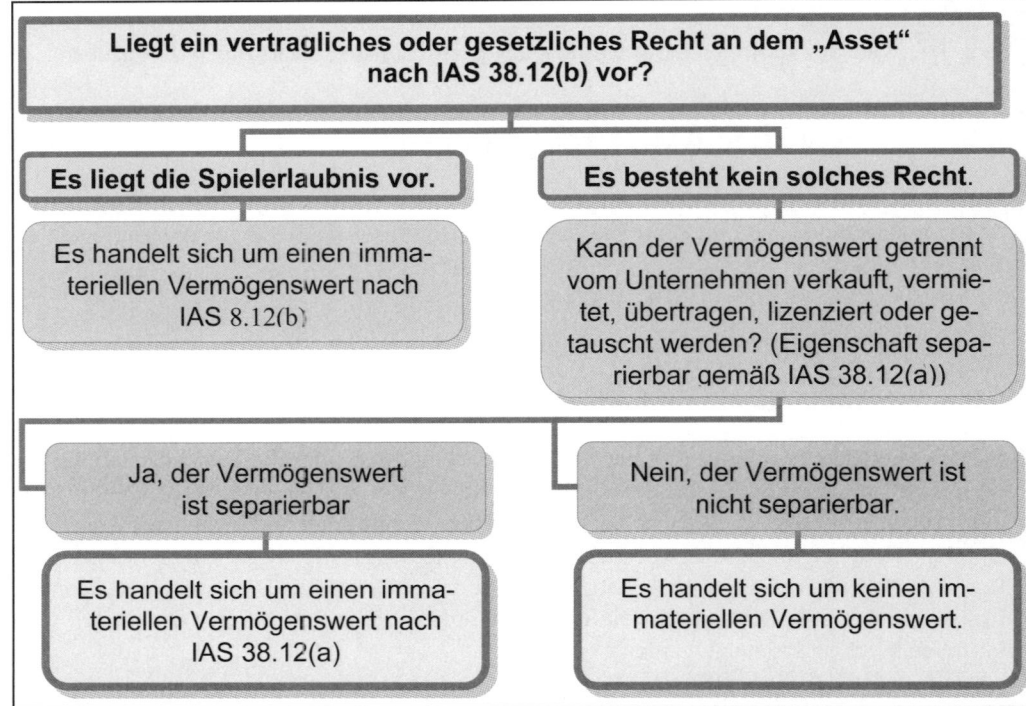

Abbildung 4-8: Prüfung der Ansatzvoraussetzung der Spielerlaubnis.

Durch die Erteilung der Spielerlaubnis erhält der Verein ein vertragliches Recht. Der Spieler ist spielberechtigt und darf eingesetzt werden. Das vertragliche Recht gilt als Erfüllung des Kriteriums der Identifizierbarkeit.[2]

Die Prüfung auf Beherrschbarkeit erweitert die Kontrolle der ökonomischen Ressourcen der abstrakten Aktivierungsfähigkeit. Zingel spricht hier von einer Verfügungsmacht des bilanzierenden Unternehmens[3]. Nach IAS 38.13 wird von Beherrschung ausgegangen, wenn die Nutzung einen wirtschaftlichen Vorteil erzielt und die Zugriffsmöglichkeiten Dritten während der Vertragslaufzeit verwehrt werden kann. Bilanziert wird statt des Humankapitals der Spielerwert, der sich in der Höhe der Anschaffungskosten widerspiegelt.[4,5] Der zukünftige ökonomische Nutzen des Know-hows eines Mitarbeiterstammes gilt nicht als ausreichend

---

[1]   Vgl. Wehrheim, M./ Zulauf, C. [PiR, Heft 8, 2007], S. 223.

[2]   Vgl. Homberg, A./ Elter, V.-C./ Rothenburger, M. [KoR, Heft 6, 2004], S. 253.

[3]   Vgl. Zingel, H. [IFRS und IAS, 2007], S. 86.

[4]   Vgl. Wehrheim, M./ Zulauf, C. [PiR, Heft 8, 2007], S. 223.

[5]   Vgl. Lüdenbach, N./ Hoffmann [Der Betrieb, Heft 27/ 28, 2004], S. 1443.

kontrollierbar nach IAS 38.15, da die Mitarbeiter jederzeit kündigen können.[1] Daher gilt die Beherrschbarkeit über die Fußballspieler als erfüllt an.

Prüfung der hinreichenden Wahrscheinlichkeit eines Nutzenzuflusses
Nach IAS 38.21 muss objektiv von einem Nutzenzufluss des „Intangible Asset" ausgegangen werden. Hierbei bedarf es für den Nutzenzuflusses nach IAS 38.20 der Vorlage von realistischen und begründeten Annahmen. Interne und externe Anhaltspunkte bieten Grundlagen für die Beurteilung, wobei ein besonderes Gewicht den externen Anhaltspunkten zukommt.[2] Laut Dawo führen Vermögenswerte nur zu Rückflüssen, wenn sie in ihrem Verwendungszweck eingesetzt sind.[3] Die Spielerlaubnis allein liefert keine Wahrscheinlichkeit eines zukünftigen Nutzenzuflusses. Jedoch zuzüglich der Tatsache, dass der Spieler bei offiziellen Spielveranstaltungen eingesetzt wird, erfüllt es das Wahrscheinlichkeits-Kriterium. Auch wenn der Spieler nicht an offiziellen Begegnungen teilnimmt, so reicht der Einsatz beim Training für das Kriterium aus. Wehrheim spricht hier vom „betrieblichen Leistungserstellungsprozess", der erfüllt sein muss. Eine genaue Zurechenbarkeit der Einnahmen aus Spielveranstaltungen auf einzelne Spieler, ist laut Wehrheim nicht monetär bestimmbar. Die Aufhebungszahlung ist als „gesonderte Anschaffungskosten" nach IAS 38.25 zu definieren, da sie ein Indiz für einen zukünftigen Nutzen des Vereins darstellt.[4]

Prüfung einer verlässlichen Mess- und Bewertbarkeit des Vermögenswertes
Der F.86 regelt die verlässliche Messbarkeit für den Wert eines Vermögensgegenstandes. Das Framework schreibt vor, dass der Vermögenswert aus Herstellungs- und Anschaffungskosten oder aus einem anderen an deren Stelle tretenden Wert sich zusammensetzt. Die begründete Bewertung ist auch durch Schätzung von Kosten oder Werten nicht ausgeschlossen.[5] Ein Jahresabschluss muss auf verlässlichen Informationen basieren. Von Verlässlichkeit wird nach F.31(f) ausgegangen, wenn die Informationen keine essentiellen Fehler und keine verzerrenden Einflüsse enthalten[6]. F.33 benutzt das Wort „Faithful Representation", welches meint, dass die Verlässlichkeit der Informationen nur besteht, wenn eine glaubwürdige Darstellung der tatsächlichen Geschäftsvorfälle in der Bilanz steht. Die Neutralität des Jahresabschlusses ist zu bewahren, damit nicht die Auswahl bestimmter Vorgänge die Entscheidung beeinflusst. Verankert ist dies in F.36. Eine 100%-ige übereinstimmende Darstellung der Vorgänge in der Bilanz ist jedoch unwahrscheinlich[7]. So bedarf es bei der Bilanzierung, der „Prudence" unter unsicheren Ereignissen der Vorsicht. Allerdings sind eine manipulierte Überbewertung von Verbindlichkeiten oder Aufwendungen sowie eine Unterbewer-

---

[1] Vgl. Lüdenbach, N./ Hoffmann, W.-D. [IFRS Praxis Kommentar, 2007], S. 514.

[2] Vgl. K Küting, K./ Dawo, S. [BFuP, Heft 4, 2003], S. 397.

[3] Vgl. Dawo, S. [Immaterielle Güter in der Rechnungslegung, 2003], S. 200.

[4] Vgl. Wehrheim, M./ Zulauf, C. [PiR, Heft 8, 2007], S. 223.

[5] Vgl. von Keitz, I. [Immaterielle Güter, 1997], S. 185.

[6] Vgl. http://www.eskript.unibas.ch [Framework, Verlässlichkeit], (Stand: 11.10.2007; 22:31 MEZ).

[7] Vgl. von Keitz, I. [Immaterielle Güter, 1997], S. 185.

tung der Vermögenswerte oder Erträge verboten und erfüllen nicht die Verlässlichkeit und Neutralität nach F.37.[1]

Erfüllen die „Intangible Items" nicht die Anforderungen der abstrakten und konkreten Bilanzierungsfähigkeit, so erfolgt der Aufwand über eine Verrechnung in der Gewinn- und Verlustrechnung. Nach IAS 38.68 werden die GuV-wirksamen Aufwendungen in der Periode erfasst, in der sie entstanden sind. Eine spätere Aktivierung von früheren GuV-wirksamen Aufwendungen ist nach IAS 38.71 ausgeschlossen[2].

5.4 Selbstgeschaffene immaterielle Vermögensgegenstände

Die Lizenzspielerordnung schreibt für die Saison 2006/2007 zum Zwecke der Nachwuchsförderung vor, dass mindestens vier Spieler im Bundesligalizenzkader sein müssen, die die Spielgenehmigung im Sinne des sog. „Eigenbau-Spieler" erhalten haben. Nach § 5a Lizenzspielerordnung erhalten die Bundesligavereine unter dem Begriff „Eigenbau-Spieler" Spielerlaubnis für lokal ausgebildete Spieler zwischen 15 und 21 Jahren. Eine wertere Voraussetzung ist, dass der Spieler mindestens drei Spielzeiten im Verein oder einem Verband im Bundesgebiet der Bundesrepublik Deutschland spielberechtigt war. Für die Spielzeit 2008/2009 ist die Mindestanzahl von „Eigenbau-Spieler" auf acht Spieler aufgestockt worden.[3]

Übersicht der vier „Eigenbau-Spieler" vom FC Bayern München[4]

	Rückennummer/Name	geb. am
ABW	32 Hummels, Mats	16.12.1988
MF	36 Fürstner, Stephan	11.09.1987
MF	39 Kroos, Toni	04.01.1990
ANG	34 Wagner, Sandro	29.11.1987

Abbildung 4-9: Nachwuchsspieler des FC Bayern München.

---

[1]   Vgl. Karai, É. [Rechnungslegungsgrundsätze, 2002], S. 84.

[2]   Vgl. Coenenberg, A. G. [Jahresabschluss und Jahresabschlussanalyse, 2005], S. 145.

[3]   Vgl. Wehrheim, M./ Zulauf, C. [PiR, Heft 8, 2007], S. 224.

[4]   Vgl. Kicker-Sportmagazin [Sonderheft, Bundesliga, 2007/08], S. 79.

5.4.1 Ansatzvoraussetzungen nach HGB

Nach § 248 Abs. 2 HGB dürfen nicht entgeltlich erworbene immaterielle Vermögensgegenstände des Anlagevermögens nicht aktiviert werden.[1] Folglich besteht ein Aktivierungsverbot für selbst ausgebildete Fußballspieler.

5.4.2 Ansatzvoraussetzungen nach IAS/ IFRS

Neben den Anforderungen eines immateriellen Vermögensgegenstandes müssen für selbst geschaffene „Intangible Assets" bestimmte Zusatzbedingungen erfüllt sein. Diese Zusatzbedingungen sind unter IAS 38.51 bis 38.67 verankert und dienen der Abgrenzbarkeit vom Goodwill. Wie beim Forschen und Entwickeln im herkömmlichen Bereich (Erfindung von Produkten, Arzneimitteln, Websitelayouts usw.), sind diese auch im Humankapitalbereich in diese zwei Phasen unterteilt[2]. Durch die Trennung der Forschungs- und Entwicklungskosten wird geprüft, ob der immaterielle Vermögenswert in Form des „Eigenbau-Spielers" in der Lage ist, einen zukünftigen wirtschaftlichen Nutzen zu generieren sowie ob die anfallenden Ausbildungskosten verlässlich zu bestimmen sind.[3] Nach IAS 38.57ff. müssen einige Voraussetzungen erfüllt sein[4]:

- Nach IAS 38.57(a) muss nachgewiesen sein, dass die Fertigstellung realisierbar ist und einen kommenden Nutzen (auch in Form von Vermarktung möglich) erzeugt.
- Nach IAS 38.57(b) muss die Absicht des Managements bestehen, das „Produkt" – den Spieler zum Stammspieler zu formen.
- Nach IAS 38.57(c) muss der Verein die Kompetenz besitzen den Spieler zu fördern.[5]
- Wenn der „Eigenbau-Spieler" einen voraussichtlichen ökonomischen Nutzen nach IAS 38.57(d) mit direkt zurechenbaren Erträgen erzeugt[6]. Des Weiteren i.V.m. IAS 38.60 sind nachträgliche Ausgaben, die nach der Feststellung anfallen und die ursprünglich geschätzte Ertragskraft positiv beeinflussen, nicht ergebniswirksam sondern auf der Aktivseite zu erfassen[7]. Die Ermittlung der erzielbaren Erträge muss jährlich durchgeführt werden, da es sich um immaterielle Vermögenswerte handelt, die noch nicht zum Gebrauch verfügbar sind[8].

---

[1] Vgl. § 248 Abs. 2 HGB.

[2] Vgl. Lüdenbach, N./ Hoffmann [Der Betrieb, Heft 27/ 28, 2004], S. 1444.

[3] Vgl. Wehrheim, M./ Zulauf, C. [PiR, Heft 8, 2007], S. 224.

[4] Vgl. Kirsch, H. [Internationale Rechnungslegung nach IAS/IFRS 2003], S. 55.

[5] Anmerkung: Die Initiative des Deutschen Fußball-Bundes heißt „Talente fordern und fördern", vgl. http://www.dfb.de [Talente fordern und fördern], (Stand: 13:10:2007; 15:22 MEZ).

[6] Vgl. o.V. Deloitte/ IAS PLUS [SIC-32], (Stand: 14.10.2007; 16:12 MEZ).

[7] Vgl. o.V. Deloitte/ IAS PLUS [IAS 38], (Stand: 14.10.2007; 16:17 MEZ).

[8] Vgl. o.V. Deloitte/ IAS PLUS [IAS 36], (Stand: 14.10.2007; 16:22 MEZ).

- Der Verein muss über angemessene Ressourcen in technischer, ökonomischer und sonstiger Hinsicht verfügen, um die Entwicklung des Spielers abzuschließen. Die Nutzung und Vermarktung nach Vollendung muss gewährleistet sein (IAS 38.57(e)).
- Nach IAS 38.57(f) bedarf es der Kompetenz zur zuverlässigen Feststellung der angefallenen Entwicklungskosten.[1]

Bilanzielle Erfassung der Aufwendungen in zeitlicher Veränderung

	Forschungskosten		Entwicklungskosten
t_0	Aufwendungen sind		
t_1	ergebniswirksam		
t_2		Bundesligatauglichkeit	Aufwendungen sind
t_3			aktivierungsfähig

Tabelle 4-6: Abgrenzung von Forschungs- und Entwicklungskosten.

Nach IAS 38.54 müssen Aufwendungen für immaterielle Vermögenswerte, die in der Forschungsphase angefallen, ergebniswirksam in der Periode gebucht werden, in der sie angefallen sind. Laut Schellhorn ist zu diesem frühen Zeitpunkt nicht von einem zukünftigen ökonomischen Nutzen auszugehen. Wehrheim stimmt diesem zu, da die Praxis belegt, dass nur wenige Spielertalente später einen Lizenzspieler-Vertrag unterschreiben. Die sichere Beherrschbarkeit der talentierten Spieler nach IAS 38.15 sowie der damit verbundene zukünftige Nutzen sind daher zweifelhaft.[2]

Die später in der Entwicklungsphase, in der von einer Bundesligatauglichkeit ausgegangen wird, anfallenden Ausbildungskosten sind nach IAS 38.57 zu aktivieren. Das Aktivierungsverbot nach IAS 38.67 findet keine Anwendung. Ausbildungskosten sind als Forschungs- und Entwicklungskosten anzusehen, da Fußballvereine im frühzeitigen Alter Spieler unter Vertrag nehmen und diese entsprechend fördern.[3] Ein Beispiel ist der niederländische Klub Ajax Amsterdam, der durch seine Nachwuchsförderung den Grundstein für eine erfolgreiche internationale Ära geschaffen hatte. Schon in der Jugendausbildungszeit lernen die zukünftigen Arbeitnehmer das Spielsystem der Lizenzspieler.[4] Die Ausbildung endet nicht mit der Volljährigkeit. Der Abschluss des ersten Lizenzvertrages und der Erteilung der Spielerlaubnis durch den DFB gilt als Zeichen der Bundesligatauglichkeit. Die bezweifelte Beherrschbarkeit nach IAS 38.15 ist daher nicht mehr standhaft und ein Nutzenzufluss durch den Einsatz in offiziellen Veranstaltungen ist absehbar. Die Vorschriften des IAS 38.57ff. gelten als erfüllt, wenn der Verein Beweise für die ökonomische und technische Qualität des „Intan-

---

[1] Vgl. Kirsch, H. [Internationale Rechnungslegung nach IAS/IFRS, 2003], S. 55.

[2] Vgl. Wehrheim, M./ Zulauf, C. [PiR, Heft 8, 2007], S. 224.

[3] Vgl. Wehrheim, M./ Zulauf, C. [PiR, Heft 8, 2007], S. 224.

[4] Vgl. Schwendowius, D. [Finanzierungs- und Organisationskonzept, 2002], S. 85.

gible Assets" in der Entwicklungsphase sowie des Unternehmens selbst liefert. Ein Ansatz in der Bilanz ist daher als zulässig.[1]

Die Zielsetzung des Managements ist Maßstab für die Erfüllung der Entwicklung des Spielers. Ist das Ziel erreicht, so gilt die Entwicklung nach IAS 38.97 als abgeschlossen und die Ausbildung als beendet.[2]

Beispiel:[3]
Für die Ausbildung eines Jugendspielers investiert der 1. FC Champions 250.000 Euro. Nach der Volljährigkeit des Spielers wird ein langfristiger Arbeitsvertrag abgeschlossen. Viele Fußballexperten meinen, dass der Spieler in naher Zukunft Stammspieler in der Bundesliga sein wird.

Lösung:
Mit Unterzeichnung des Kontrakts verfügt der Klub über die erforderliche Kontrolle (Verfügungsmacht) des Spielerwertes. Aufgrund von Expertenmeinung ist der Spieler bundesligatauglich („Technical Feasability"). Mit der Bundesligatauglichkeit ist der zukünftige wirtschaftliche Nutzen hinreichend wahrscheinlich. Ab diesem Zeitpunkt sind die anfallenden Ausbildungskosten nicht mehr den Forschungskosten hinzuzuzählen, sondern als Entwicklungskosten zu aktivieren. Die Entwicklung ist zu dem Zeitpunkt abgeschlossen (IAS 38.53), sobald der Spieler als Stammspieler in der Bundesliga aufläuft bzw. zu dem Zeitpunkt das gesetzte Ziel des Managements als erfüllt angesehen kann (IAS 38.97). Obwohl der Spieler im Aufgebot der Nationalmannschaft steht, spricht dies nicht nach Meinung von Lüdenbach/ Hoffmann für die Bundesligatauglichkeit.[4,5] Eine andere Argumentation verfolgen Homberg/ Elter/ Rothenburger. Ihrer Meinung nach lassen sich die Herstellungskosten nicht genau ermitteln. Die Trennung der Kosten für Rehabilitationsmaßnahmen und Aufbautraining sind unabhängig ermittelbar, jedoch sind die Kosten für das gewohnte Training nicht nach Gesundung und Fortbildung bestimmbar.[6] Daher sind die Entwicklungskosten für einen Eigenbau-Spieler nicht aktivierbar.

---

[1] Vgl. Lüdenbach, N./ Hoffmann [Der Betrieb, Heft 27/ 28, 2004], S. 1444.

[2] Vgl. Lüdenbach, N./ Hoffmann [Der Betrieb, Heft 27/ 28, 2004], S. 1444 – 1445.

[3] Vgl. Lüdenbach, N./ Hoffmann [Der Betrieb, Heft 27/ 28, 2004], S. 1444 – 1445.

[4] Vgl. Lüdenbach, N./ Hoffmann [Der Betrieb, Heft 27/ 28, 2004], S. 1444 – 1445.

[5] Vgl. Wehrheim, M./ Zulauf, C. [PiR, Heft 8, 2007], S. 225.

[6] Vgl. Homberg, A./ Elter, V.-C./ Rothenburger, M. [KoR, Heft 6, 2004], S. 262.

5.5   Zugangsbewertung des „Intangible Assets"

Nach IAS 38.24 ist der Zugang der immateriellen Vermögensgegenstände mit den Anschaffungs- oder Herstellungskosten anzusetzen. Bei dem Kauf eines Spielers sind die Anschaffungskosten zu ermitteln.[1] Das BFH-Urteil vom 26. August 1992 entschied, dass Transferentschädigungen nicht als sofort abzugsfähige Betriebsausgaben anzusehen sind.[2] Der Kaufpreis bzw. die Aufhebungszahlung bildet das Fundament nach IAS 38.27(a). Zu dem Kaufpreis nach IAS 38.27 gehören auch die nicht erstattungsfähige Umatzsteuer sowie Preisminderungen aus vorzeitiger Zahlung oder aus mengenbedingten Preisnachlässen. Die Vermittlungszahlung für Spielerberater und das Handgeld sind ebenfalls dem Kaufpreis hinzuzurechnen und zu aktivieren. Nach IAS 1.68 ist das Handgeld nicht getrennt von der Aufhebungszahlung zu erfassen. Es reichen lediglich die Mindestposteninhalte aus diesem Standard[3]. Jedoch ist das Handgeld unter „Other Assets" bzw. sonstige Vermögensgegenstände in der Bilanz, also getrennt von der Aufhebungszahlung, wieder zu finden. Die Provisionszahlung an den Spielervermittler sind als Honorare nach IAS 38.28(b) definiert. Dies steht im Gegensatz zum Aktivierungsverbot nach § 248 HGB, der die Vermittlungsprovision als eine nicht direkte Gegenleistung erklärt und eine Aktivierung verneint.[4] Das Handgeld, das den wechselwilligen Spieler für die Unterschrift – daher „Signing Fee" genannt – gezahlt wird, richtet sich nach IAS 38.28(a).[5] Der IAS 38.71 untersagt die nach HGB § 255 Abs. 2 S. 2 gültige Hinzurechnung von nachträglichen Anschaffungskosten.[6]

5.5.1   Handgeld bzw. „Signing Fee"

Im Zug des Bosman-Urteils von 1995 hat die Verhandlungsmacht der Spieler bei Vertragsverhandlung zugenommen. Schwendowius unterscheidet die Spieler hinsichtlich ihrer Qualität in Starspieler und Durchschnittsspieler. Wobei die Anzahl der Starspieler knapp bemessen ist und die Starspieler dies zu ihrem Vorteil nutzen.[7] Ideenfindung, angewandte Spielintelligenz und Kreativität sind die Kennzeichen eines Spielers, der über hohe Führungsqualitäten verfügt. Durchschnittsspieler versuchen diese Mängel durch Ausdauer, Fleiß und Disziplin auszugleichen. Die Höhe der Ablösesummen und Gehälter der Starspieler sind im Verhältnis zu einem Durchschnittsspieler um ein Vielfaches höher. Um auf Grund von unterschiedlicher Bezahlung keine Arbeitsunzufriedenheit zwischen den Spielern zu fabrizieren, wird in einigen Fällen versucht den Starspielern Handgelder als finanziellen Ersatz zu zah-

---

[1]   Vgl. Ruhnke, K. [Rechnungslegung nach IFRS und HGB, 2005], S. 242.

[2]   Vgl. Jansen, R. [FR, 13/95], S. 464.

[3]   Vgl. Ruhnke, K. [Rechnungslegung nach IFRS und HGB, 2005], S. 242.

[4]   Vgl. Baetge, J./ Kirsch, H.-J./ Thiele, S. [Bilanzrecht-online, IAS, Kommentar], S. 27.

[5]   Vgl. http://www2.jura.uni-hamburg.de [Immaterielle Vermögenswerte, 2005], (Stand: 17.10.2006; 20:57 MEZ), S. 15.

[6]   Vgl. http://www.fibumarkt.de [Anschaffungskosten], (Stand: 18.10.2007; 13:15 MEZ).

[7]   Vgl. Schwendowius, D. [Finanzierungs- und Organisationskonzept, 2002], S. 97.

len. Durch diesen Schachzug besteht zwischen den Durchschnittspielern und den Starspielern keine zu große Gehaltsdifferenz.[1]

Verhandlungsmacht bei Spielerverträgen[2]

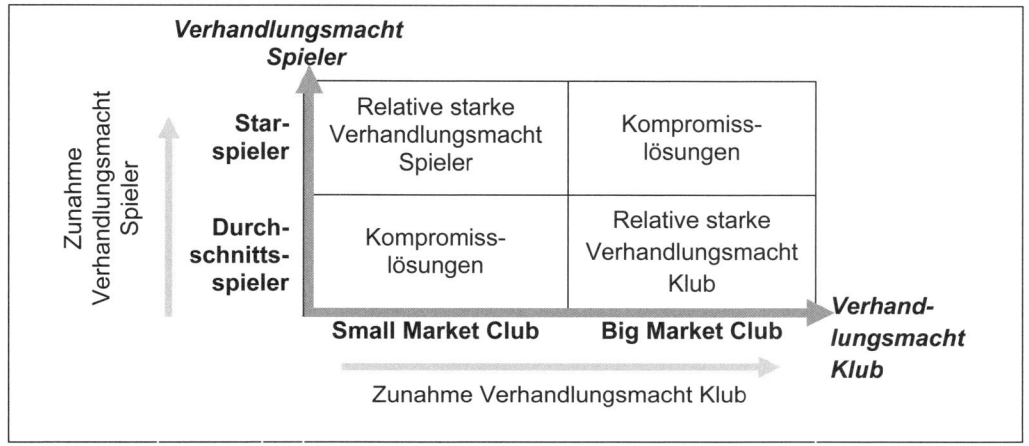

Abbildung 4-10: Verhandlungsmacht von Starspieler (Vgl. Schwendowius, D. [Finanzierungs- und Organisationskonzept, 2002], S. 90).

Schwendowius unterscheidet die Vereine zwischen „Small Market Club" und „Big Market Club". Die Größe und die Attraktivität des Vereins sind von Bedeutung. So haben Vereine, die in einer wirtschaftlich besser gestellten Region liegen, historische und aktuelle Erfolge vorzeigen können und Vereine, die über ein großes Kundeneinzugsgebiet verfügen, eine größere Verhandlungsmacht.[3]

In der Regel wird das Handgeld einmalig bei Vertragsunterzeichnung dem Spieler übergeben[4]. Die Kosten des Handgeldes sind über die Vertragsdauer abzuschreiben. Dies entspricht dem Konzept der Periodenabgrenzung nach IAS 1.25(f).[5] Zahlungsmittelabflüsse und – zuflüsse sind der Periode auszuweisen, zu der sie zuzurechnen sind.[6]

---

[1] Vgl. Schwendowius D. [Finanzierungs- und Organisationskonzept, 2002], S. 71, S. 101.

[2] Vgl. Schwendowius, D. [Finanzierungs- und Organisationskonzept, 2002], S. 90.

[3] Vgl. Schwendowius, D. [Finanzierungs- und Organisationskonzept, 2002], S. 8.

[4] Vgl. Schwendowius, D. [Finanzierungs- und Organisationskonzept, 2002], S. 97.

[5] Vgl. Wehrheim, M./ Zulauf, C. [PiR, Heft 8, 2007], S. 225.

[6] Vgl. o.V. Deloitte/ IAS PLUS [Framework], (Stand: 22.10.2007; 19:03 MEZ).

Beispiel[1]

Sebastian Deisler (geboren 5. Januar 1980), ein Profifußballspieler von Hertha BSC Berlin wechselt im Alter von 22 Jahren für ein Handgeld von geschätzten zehn Millionen Euro von seinem Berliner Verein zum deutschen Rekordmeister FC Bayern München.

5.5.2   Spielervermittler und Vermittlungsprovision

Zurzeit ist die Anzahl der Spielervermittler auf rund 800 angestiegen. Der erste professionelle Spielervermittler war Wolfgang Fahrian, der in den Siebzigerjahren damit begann. Neben einigen großen der Branche wie Rogon GmbH & Co. KG[2] oder „Stars & Friends[3]" finden sich immer mehr kleine Spielervermittler wie „CT Creative Talent[4]", eine Tochtergesellschaft der DEAG Deutsche Entertainment AG, im Dschungel als Schnittstelle zwischen Spielern und Vereinen wieder. Neben diesen seriösen lizenzierten Spielervermittlern finden sich immer mehr schwarze Schafe, die auf schnellen Profit abzielen. Ein jüngstes Beispiel ist der Spielerberater von Timo Hildebrand, einem jungen Torhüter, der zur Saison 2007/08 von seinem sicheren Stammplatz beim amtierenden deutschem Meister VFB Stuttgart, auf die Ersatzbank von FC Valencia gewechselt war.[5]

Die Vertragsbeziehung zwischen Spieler und Vermittler ist rechtlich wie ein Maklervertrag (§§ 652 - 655 BGB) anzusehen. Bei erfolgreicher Tätigkeit bzw. Abschluss eines Arbeitsvertrages zwischen Spieler und Verein erhält der Vermittler eine Provision in Höhe von maximal 14% des Jahressalärs des Spielers.[6] „Wer […] für die Vermittlung eines Vertrags einen Maklerlohn verspricht, ist zur Entrichtung des Lohnes nur verpflichtet, wenn der Vertrag infolge […] der Vermittlung des Maklers zustande kommt."[7]. Neben den Vorschriften des Maklerrechtes sind die Bestimmungen des §§ 296 bis 298 SGB III für Arbeitsvermittlung, soweit sie auf die Personengruppe „Profiathlet" anwendbar sind,[8] einzuhalten.

Seit März 2002 dürfen auch nicht lizenzierte Vermittler an diesem Geschäft teilnehmen. Die Streichung des § 291 SGB III, hat dies bewirkt. Zuvor mussten angehende Spielervermittler eine Prüfung ablegen, durch die sie eine Lizenz erhielten. Mit dieser Lizenz konnten sie einen Antrag auf Erlaubnis zur Durchführung der Tätigkeit bei der Bundesanstalt für Arbeit einreichen. Zwar fordert die FIFA in ihren Statuen nur lizenzierte Vermittler zuzulassen und

---

[1]   Vgl. http://www.fd21.de [Starspieler], (Stand: 18.10.2007; 14:48 MEZ).

[2]   Vgl. http://www.rogon.tv [Spielervermittler], (Stand: 20.10.2007; 13:08 MEZ).

[3]   Vgl. http://www.starsandfriends.net [Spielervermittler], (Stand: 20.10.2007; 13:10 MEZ).

[4]   Vgl. http://www.creative-talent.net [Spielervermittler], (Stand: 18.10.2007; 23:21 MEZ).

[5]   Vgl. Die Zeit [Nr. 33, 9.8 2007], S. 23.

[6]   Vgl. Schmeilzl, B. [Rechtliche Rahmenbedingungen, 2004], (Stand: 18.10.2007; 23:33 MEZ), S. 3.

[7]   Vgl. § 652 Abs. 1 S.1 BGB.

[8]   Anmerkung: § 296 Abs. 3 SGB III i.V.m. § 421g Abs. 2 SGB III findet keine Anwendung auf die Personengruppe „Athlet".

droht mit Strafen, jedoch verstößt dies laut vieler Juristen gegen das Grundgesetz im Art. 12 – der Berufsfreiheit und wird daher praktiziert. [1]

Spielervermittler führen neben der Vermittlung keine weiteren Rechtsgeschäfte mit dem Spieler. Vertragserstellung und –änderung sowie die Verhandlung gehören nicht zu seinen Tätigkeiten, da abgesehen von einem Rechtsanwalt als Spielervermittler keine Erlaubnis für die Besorgung fremder Rechtsangelegenheiten und Rechtsberatung besteht. Für diese Zwecke werden Rechtsanwälte[2] oder Notare hinzugezogen. Widersetzt sich der Vermittler dieser Regelung, so liegt ein Verstoß nach § 1 RBerG vor. Ordnungswidrigkeit mit Geldbußen, die Unwirksamkeit des Beratervertrages aufgrund des Verstoßes gegen ein gesetzliches Verbot nach § 134 BGB und die Rückzahlung des Honorars sind die Folgen. Des Weiteren sind Exklusivitätsklauseln (Verstoß gegen § 297 Ziffer 2 SGB III) und Verträge mit einer längern Bindung nichtig und führen zur Nichtigkeit des gesamten Vertragsverhältnisses (§ 139 BGB). An dieser Stelle sind auch Knebelverträge oder überhöhte Honorare einzubeziehen.[3]

Heutzutage lassen sich fast alle Spieler durch Berater vertreten bzw. vermitteln. Holger Hiernonyms, Geschäftsführer der Deutschen Fußball Liga, nennt die Vermittlerlandschaft in der Bundesliga einen „Graumarkt", in denen die Vereinsmanager die Vermittler als „Waffenhändler" ansehen. Ein professioneller Berater ist für die zukünftige Laufbahn eines Spielers wichtig, da er gute Kenntnisse über die Bedürfnisse und Gehaltsbudgetvorstellung der Vereine verfügt.[4] Die Vermittlungskosten werden vom kaufenden Verein bezahlt.

So erwirtschaftete der Spielervermittler von Michael Ballack bei dessen Wechsel zu FC Chelsea eine Vermittlungsprovision (unter der Annahme von des Höchstprozentsatzes von 14%) in Höhe von geschätzten 1,29 Mio. bis 1,45 Mio. Euro (inkl. USt).[5]

5.5.3 Umsatzsteuerliche Handhabung der Ablösezahlung und der Vermittlungsprovision

Umsatzsteuerliche Handhabung der Aufhebungszahlung
Nach UStR 1 Abs. 4 ist die „[...] Freigabe eines Fußballspielers oder Lizenzspielers gegen Zahlung einer Ablöseentschädigung [...]" als Leistungsaustausch [...] zwischen abgebenden und aufnehmenden Verein [...]"[6] anzusehen. Auch der Wechsel eines Spielers ins Ausland

---

[1] Anmerkung: Ein zugelassener Rechtsanwalt eingeschlossen; vgl. Schmeilzl, B. [Rechtliche Rahmenbedingungen, 2004], (Stand: 18.10.2007; 23:33 MEZ), S. 4 – 5.

[2] Anmerkung: Rechtsanwälte sind durch die Berufshaftpflichtversicherung weitgehend abgesichert.

[3] Anmerkung: Es besteht jederzeit die Möglichkeit den Vermittler aufgrund von unlautern Wettbewerb (§ 1 UWG) kostenpflichtig abzumahnen; vgl. Schmeilzl, B. [Rechtliche Rahmenbedingungen, 2004], (Stand: 18.10.2007; 23:33 MEZ), S. 5 - 6.

[4] Vgl. Die Zeit [Nr. 33, 9.8.2007], S. 23.

[5] Vgl. http://www.sport.ard.de [Ballack, 28.2.2006], (Stand: 20.10.2007; 12:45 MEZ), vgl. http://www.br-online.de [Ballack, 2006], (Stand: 20.10.2007; 12:47 MEZ).

[6] Zitat: UStR [Besteuerung von Transferzahlungen, 31.8.1955], (Stand: 23.11.2007; 13:46 MEZ).

entspricht einer sonstigen Leistung in Inland. Dem zur Folge ist der Ort der sonstigen Leistung nach § 3a UStG anzuwenden. „Die Überlassung von Fernsehübertragungen und die Freigabe eines Berufsfußballspielers gegen Ablösezahlung sind als ähnliche Rechte im Sinne des § 3a Abs. 4 Nr. 1 UStG anzusehen."[1] Der Ort der sonstigen Leistung ist nach § 3a Abs. 3 UStG der Ort, an dem der Empfänger der sonstigen Leistung bzw. des Spielers seinen Sitz hat[2]. Der Umsatz ist daher steuerbar. Eine Steuerbefreiung ist nach § 4 UStG lediglich für einen Wechsel ins Ausland vorgesehen. Der Wechsel eines Spielers innerhalb der Bundesliga ist steuerpflichtig und unterliegt der Umsatzsteuer von 19%. Die Bemessungsgrundlage für die Umsatzsteuer ist gemäß § 10 Abs. 1 UStG die Ablösezahlung in Höhe des Entgelts.

Umsatzsteuerliche Handhabung der Vermittlungsprovision
Die Umsatzsteuer für die Vermittlung eines Sportlers richtet sich nach dem Zielland der Transaktion. Annahme ist der Wechsel eines Spielers innerhalb Deutschlands. Die Vermittlungsprovision entspricht einer sonstigen Leistung nach § 1 Abs.1 Nr. 1 i. V. m. § 3 Abs. 9 i. V. m. § 3a Abs. 4 S.1 UStG. Der Vermittler erfüllt die Vorgaben des § 2 Abs. 1 UStG und der Vermittler ist als Unternehmer anzusehen. Ort der Leistung ist die Dienstleistung im Inland nach § 3a Abs. 4 Nr. 10 i. V. m. § 3a Abs.1 UStG. Da ein Entgelt vorliegt, ist der Vorgang steuerbar. Eine Steuerbefreiung ist für eine Vermittlung innerhalb Deutschlands nicht vorgesehen. Somit ist Bezahlung steuerpflichtig. Die Bemessungsgrundlage ist die Umsatzsteuer ist gemäß § 10 Abs. 1 UStG die Vermittlungsprovision in Höhe des Entgelts. Die Umsatzsteuer beträgt 19%.

5.6   Folgebewertung des „Intangible Assets"

Bei der Abschreibung eines immateriellen Vermögensgegenstandes stehen zwei Wahlmöglichkeiten zur Verfügung. Neben dem Amortised cost-Modell (IAS 38.74) ist auch das Revaluation-Modell (IAS 38.97ff.) möglich. Das erstgenannte Modell basiert auf Grundlage der Anschaffungskosten. Die Anschaffungskosten bestehen aus:
- Aufhebungszahlung
- Vermittlungsprovision
- Eventuelles Handgeld („Signing Fee") an den Spieler

Sie werden über die Vertragslaufzeit abgeschrieben und ergebniswirksam verbucht.

Das zuletzt genannte Modell benutzt zur Ansetzung den beizulegenden Zeitwert. Dieser „Fair Value" wird zum Zeitpunkt der Neubewertung ermittelt. Der Vermögensgegenstand muss vor Anwendung dieses Verfahrens mindestens einmal zu seinen Anschaffungs- und

---

[1]   Zitat: o.V. Beck'sche Textausgaben [Umsatzsteuer, 1999], UStR 39, Leistungskatalog des § 3a Abs. 4 Nr. 1 bis 11 UStG.

[2]   Anmerkung: Unter der Annahme, dass es sich bei dem Empfänger um einen Unternehmer nach § 2 UStG handelt.

Herstellungskosten bilanziert worden sein (IAS 38.64). Somit kann frühestens im zweiten Jahr der Anschaffung dieses Verfahrens angewendet werden. Als Voraussetzung ist das Vorhandensein eines aktiven Marktes (IAS 38.75). Die Schätzung des Marktwertes ist bei einem „Intangible Asset" nicht zulässig.[1] Der Spielermarkt im Fußballbereich entspricht nicht den Voraussetzungen eines aktiven Marktes. Dem Spielermarkt mangelt es an der Fungibilität des Vermögenswertes, da der Wert einer Spielgenehmigung nicht jederzeit durch genügend Nachfrager und Anbieter ermittelt werden kann.[2] Eine Ermittlung des „Fair Value" durch das Neubewertungsmodell ist daher nicht anwendbar. Demgemäß ist die Folgebewertung nach dem Amortised cost-Modell vorzunehmen.

Einbuchung:

Erwerb eines Mittelfeldspielers				SOLL	HABEN
01. Juli 07	Spielerwerte	an	Bank	5,0 Mio €	5,8 Mio €
	Vorsteuer (19%)			0,8 Mio €	
01. Juli 07	Handgeld	an	Bank	1,3 Mio €	1,3 Mio €
01. Juli 07	Vermittlungsprovision			0,7 Mio €	0,833 Mio €
	Vorsteuer (19%)	an	Bank	0,133 Mio €	

Tabelle 4-7: Aktivierung des Spielers in der Bilanz

5.7   Planmäßige Wertminderung

Bei der Abschreibung eines „Intangible Assets" ist nach IAS 38.98 zwischen drei Methoden zu wählen. Neben einer leistungsabhängigen und degressiven ist in der Regel die lineare Methode anzuwenden. Da der wirtschaftliche Nutzenverlauf[3] nicht zuverlässig bestimmbar ist, ist in der Praxis häufig die lineare Methode nach IAS 38.88 vorzufinden.[4] Bei der linearen Abschreibungsmethode berechnet sich der ergebniswirksame Wert aus den Anschaffungskosten dividiert durch die Nutzungsdauer. Jährlich ist so ein konstanter Abschreibungsbetrag zu verbuchen.[5] Die Nutzungsdauer entspricht der Vertragsdauer, da mit dem Auslaufen des Vertrages die Spielerlaubnis nach § 13 Nr. 5 Lizenzspielerordnung ungültig ist.[6] Hierdurch ist eine genaue Nutzungsdauer festgelegt. Bei den Faktoren nach IAS 38.90(a) bis (h), die die Bestimmung der Nutzungsdauer festlegen, ist IAS 38.90(g) Grundlage für die

---

[1]   Vgl. Ruhnke, K. [Rechnungslegung nach IFRS und HGB, 2005], S. 465 – 466.

[2]   Vgl. Wehrheim, M./ Zulauf, C. [PiR, Heft 8, 2007], S. 226.

[3]   Vgl. Kirsch, H. [Internationale Rechnungslegung nach IAS/IFRS, 2003], S. 62.

[4]   Vgl. Dawo, S. [Immaterielle Güter in der Rechungslegung, 2003], S. 222.

[5]   Vgl. Coenenberg, A. G. [Jahresabschluss und Jahresabschlussanalyse, 2005], S. 169 – 170.

[6]   Vgl. Wehrheim, M./ Zulauf, C. [PiR, Heft 8, 2007], S. 226.

Anwendung der Vertragsdauer als Nutzungsdauer anzusehen. Die Verfügungsmacht des Vereins über den Spieler ist ausschlaggebend.[1] Eine Nutzungsdauer, die länger als die Verfügungsmacht gewählt wird, ist nicht konform mit IAS 38.94. Gemäß IAS 38.94 muss die Vertragsdauer bzw. die Nutzungsdauer jährlich festgestellt werden. Der Abschluss einer Vertragsverlängerung eines auslaufenden Vertrages führt zu einer Anpassung der jährlichen Abschreibung.[2] Anders ist dies bei einer Vertragsverlängerungsklausel. Im BFH-Urteil vom 26. August 1992 ist für Arbeitsverträge mit derartigen Optionsklauseln die Wahrscheinlichkeit des möglichen Eintritts zu bestimmen. Ist eine solche Wahrscheinlichkeit nicht zu ermitteln, führt dies zu einer längeren Abschreibungsdauer (Vertragsdauer plus Option).[3]

Buchungssatz für Abschreibung einer dreijährigen Vertragsdauer

Abschreibung des Mittelfeldspielers			SOLL	HABEN
30. Jun 08	AFA	an	Spielerwerte	1,67 Mio €	1,67 Mio €
30. Jun 08	AFA	an	Handgeld	0,43 Mio €	0,43 Mio €
30. Jun 08	AFA	an	Vermittlungsprovision	0,23 Mio €	0,23 Mio €

Tabelle 4-8: Abschreibungsbuchung des Spielers nach dem ersten Geschäftsjahr.

Zum Zeitpunkt des Eintritts der erstmaligen Verwendung oder Nutzung des Spielers beginnt die planmäßige Abschreibung. Die erstmalige Abschreibung eines transferierten Spielers zur neuen Saison beginnt frühestens zum 1. Juli eines Jahres. Die bloße Vertragsunterzeichnung für die nächste Spielzeit stellt noch keinen Aufwand in der Gewinn- und Verlustrechnung dar.

Zum Ende der Nutzungsdauer ist der Restwert auf null abgeschrieben[4]. Liegt jedoch ein Restwert vor, so ist die Abschreibung anzupassen. Da nach dem Bosman-Urteil keine Ablösesummen für auslaufende Verträge anfallen[5], ist eine Berücksichtigung des Restwertes für solche Fälle nicht anwendbar. Ein Restwert entsteht lediglich, wenn ein Dritter den Spieler aus seinem laufenden Vertrag heraus kauft oder bei jungen Fußballspielern, für den eine Ausbildungsentschädigung[6] anfällt. Für beide Fälle ist die Abschreibung unter Berücksichtigung des Restwertes nach IAS 38.100(b) anzupassen. Eine Berücksichtigung nach IAS 38.100(a) ist durch das Nichtvorhandensein eines aktiven Marktes nicht anwendbar. Nach

---

[1]   Vgl. Kirsch, H. [Internationale Rechnungslegung nach IAS/IFRS, 2003], S. 62.

[2]   Vgl. Dawo, S. [Immaterielle Güter in der Rechnungslegung, 2003], S. 220.

[3]   Vgl. BFH-Urteil [I R 24/91, 26.8.1992], (Stand: 25.10.2007; 13:51 MEZ).

[4]   Vgl. Dawo, S. [Immaterielle Güter in der Rechnungslegung, 2003], S. 220.

[5]   Vgl. Pflister, B. [Bosman-Urteil, 1998], (Stand: 25.10.2007; 15:02 MEZ), vgl. o.V. EuGH [Bosman, 15.12.1995].

[6]   Vgl. http://www.anwaltzentrale.de [Ausbildungsentschädigung, 12.7.2006], (Stand: 25.10.2007; 15:17 MEZ).

IAS 38.104 ist die Abschreibungsdauer sowie Abschreibungsmethode mindestens einmal im Jahr zu überprüfen und gegebenenfalls anzupassen.[1]

5.8   Außerplanmäßige Abschreibung

Bei der Prüfung einer außerplanmäßigen Wertminderung weist IAS 38.97 auf den Impairment-Test in IAS 36 hin. Durch dieses Verfahren wird bei einem Fußball-Unternehmen zum Bilanzstichtag (30. Juni des jeweiligen Jahres) die Werthaltigkeit der immateriellen Vermögenswerte überprüft. Der IAS 36.9 enthält Indikatoren, die für die Feststellung einer außerplanmäßigen Abschreibung angewandt werden. So führt bei einem börsennotierten Unternehmen eine geringere Marktkapitalisierung als der Buchwert des Eigenkapitals zur Überprüfung der Werthaltigkeit des Anlagevermögens. Neben diesen Entwicklungen ist in Bezug auf ein humankapitalintensives Unternehmen von großem Interesse, ob physische Schäden aufgetreten sind. Es findet ein Vergleich mit den Vergangenheitswerten nach IAS 36.12 statt.[2]

Eine außerplanmäßige Wertminderung lässt sich bei einem Fußballspieler recht schwer feststellen. Das Fehlen eines aktiven Marktes führt zu dem Problem, dass die genaue Höhe nicht zu bestimmen ist. Der IAS 36.20 bietet hierfür Abhilfe, in dem er eine weitere Möglichkeit der Bestimmung des „Fair Value" in Betracht zieht. Wenn der „Fair Value" vermindert um die Veräußerungskosten nicht bestimmt werden kann, so ist die Ermittlung des Betrages mit Hilfe des Nutzungswertes zu ermitteln.[3] Hier sieht Wehrheim das Problem, dass der gesamte Nutzungswert einer Lizenzspielerabteilung nicht objektiv auf jeden Spieler zurechenbar ist. Lediglich genau erkennbare Ereignisse wie eine „Sportinvalidität" führen zu einer außerplanmäßigen Abschreibung nach IAS 36.12(f). Die Folge ist, dass der Buchwert des Spielers mit null in der Bilanz steht. Die planmäßige Abschreibung ist nicht mehr durchzuführen.[4]

5.9   Zuschreibungen

Bei der Zuschreibung zum Buchwert ist der Impairment-Test anzuwenden. Dadurch wird geprüft, ob die außerplanmäßige Wertminderung noch besteht oder ob von einer Besserung auszugehen ist. Der vorher außerplanmäßige abgeschriebene Wert ist zuzuschreiben, wenn in Bezug auf den Fußballspieler nicht mehr von einer Sportinvalidität ausgegangen werden kann.[5] Die Überprüfung muss jährlich durchgeführt werden (IAS 36.96)[1]. Ein bekanntes

---

[1]   Vgl. Wehrheim, M./ Zulauf, C. [PiR, Heft 8, 2007], S. 226.

[2]   Vgl. Dawo, S. [Immaterielle Güter in der Rechnungslegung, 2003], S. 224-226.

[3]   Vgl. o.V. Deloitte/ IAS PLUS [IAS 36], (Stand: 25.10.2007; 18:22 MEZ).

[4]   Vgl. Wehrheim, M./ Zulauf, C. [PiR, Heft 8, 2007], S. 226-227.

[5]   Vgl. o.V. Deloitte/ IAS PLUS [IAS 36], (Stand: 25.10.2007; 18:22 MEZ).

Beispiel ist der Bundesligaspieler Gerald Asamoah, damals in Diensten von Hannover 96. Im Alter von 20 Jahren fanden Ärzte heraus, dass er an einer chronischen Verdickung der Herz-scheidewand leidet. Unter eigener Verantwortung steht daher ein Defibrillator für den Fall des Herzstillstandes am Spielfeldrand für ihn bereit.[2] Die Wertaufholung ist um den Betrag der außerplanmäßigen Abschreibung begrenzt (IAS 36.117), so dass der neue Buchwert dem entspricht, der aus einer vorhinein planmäßigen Abschreibung resultiert worden wäre[3]. Sind bei Vertragsverlängerung Handgelder geflossen, so sind diese ebenfalls zu aktiveren[4].

Beispiel

Die Vertragsdauer eines Spielers beträgt drei Jahre. Der Verein hatte damals Anschaffungs-kosten in Höhe von neun Millionen Euro. Zu Beginn seines zweiten Jahres besteht großes Interesse eines renommierten Vereins den Spieler für zehn Millionen Euro zu verpflichten. Zu diesem Zeitpunkt beträgt der Buchwert sechs Millionen Euro.

Lösung

Aufgrund des Fehlens eines aktiven Marktes kann keine Zuschreibung auf den „Fair Value" durchgeführt werden. Erst beim Verkauf des Spielers erfolgt eine ergebniswirksame Bu-chung in der Gewinn- und Verlustrechnung. Jedoch besteht die Möglichkeit, bei vorhanden sein eines Restwertes die Abschreibung anzupassen. Ein Restwert besteht, wenn der abge-bende Verein zum Verkauf an eine dritte Partei verpflichtet ist.[5] Gemäß IAS 38.103 kann der „Restwert eines Vermögensgegenwertes [...] bis zu einem Betrag ansteigen, der entweder dem Buchwert entspricht oder ihn übersteigt. Wenn dies der Fall ist, fällt der Abschrei-bungsbetrag des Vermögenswert auf Null, solange der Restwert anschließend nicht unter den Buchwert des Vermögenswertes gefallen ist."[6]

5.10   Vertragsbindung

Die Fußballspieler schließen mit dem Fußballunternehmen einen Arbeitsvertrag ab. Fußball-spieler sind Arbeitnehmer des Vereins und beziehen daher Einkünfte aus nichtselbständiger Arbeit nach § 19 Abs. 1 S. 1 Nr. 1 EStG. Grund hierfür ist die Weisungsgebundenheit und die lange festgelegte Vertragsdauer.[7] Die Arbeitsverträge zwischen dem Fußballunternehmen

---

[1]   Vgl. Dawo, S. [Immaterielle Güter in der Rechnungslegung, 2003], S. 244.

[2]   Vgl. http://www.ndr.de [Gerald Asamoah], (Stand: 27.10.2007; 19:49 MEZ).

[3]   Vgl. o.V. Deloitte/ IAS PLUS [IAS 36], (Stand: 27.10.2007; 20:50 MEZ).

[4]   Vgl. Dawo, S. [Immaterielle Güter in der Rechnungslegung, 2003], S. 220.

[5]   Vgl. o.V. IDW [IFRS/ IAS, 2006], IAS 38.100.

[6]   Zitat: o.V. IDW [IFRS/ IAS, 2006], IAS 38.103.

[7]   Vgl. Jansen, R. [FR, 13/95], S. 461.

und Spieler sind befristet. Laut der 2001 geänderten Transferordnung ist die Vertragslaufzeit zwischen einem und fünf Jahren vorgegeben.[1] Während vor dem Bosman-Urteil[2] die hohen Ablöseforderungen nach auslaufenden Verträgen vom Weggang abhielten und Opportunitätsrisiken beschränkt wurden, ist dies heute nicht mehr der Fall. Der erhöhte Konkurrenzdruck unter den Vereinen führt daher zu längeren Vertragslaufzeiten mit festgeschriebenen Ablösesummen. Durch die verlängerten Vertragslaufzeiten versuchen sich die Vereine vor Vermögens- sowie Ertragswertverlusten zu schützen[3].[4]

5.10.1 Inhalte von Arbeitsverträgen

Das rechtliche Verhältnis zwischen Spieler und Verein ist ein Angestelltenverhältnis[5]. Nach Vertragsunterzeichnung ist dieser bei der Passstelle des entsprechenden Landesverbandes einzureichen. Bei dem Arbeitsvertrag, einer Unterart des Dienstvertrages sind die §§ 611ff.[6] BGB anzuwenden. Für Spielerverträge sind weitere Vertragsinhalte von großer Bedeutung.[7] Der Mustervertrag enthält unter anderem folgende Punkte, die auf die Spielordnung des DFB hinweisen und somit die Angaben eines „normalen" Arbeitsvertrages erweitern. Die beiden Vertragsparteien sind mit den folgenden Inhalten einverstanden:

- Über die Bestimmung des Status eines Fußballspielers nach § 8 Spielordnung, in denen zwischen Amateur, Nicht-Amateuren[8] ohne und Nicht-Amateuren mit Lizenz unterschieden wird.

- Über die Erteilung der Spielerlaubnis des DFB. Hierunter fallen Regelungen über die Spielberechtigung bei Pflicht- und Freundschaftsspielen sowie die Angaben in dem Spielerpass (§ 10 Spielordnung).

- Die Vertragslaufzeit dauert bis zum Ende einer Spielzeit (30. Juni). Vertragsverlängerungen sind dem Verband mitzuteilen (§ 22 Spielordnung).

- Zur Schlichtung von Streitigkeiten bezüglich der Transferbestimmungen sind Schlichtungsstellen des DFB bzw. ein regionaler Mitgliedsverband aufzusuchen (§ 26a Spielordnung).[9]

---

[1] Vgl. o.V. FAZ [Ausgabe 56, 7.3.2001], S. 46.

[2] Vgl. BFH-Urteil [I R 24/91, 26.8.1992], (Stand: 25.10.2007; 13:51 MEZ).

[3] Vgl. o.V. Deloitte & Touche [Annual Review of Football Finance, 1999], S. 23.

[4] Vgl. Schwendowius, D. [Finanzierungs- und Organisationskonzept, 2002], S. 90 – 91.

[5] Vgl. Kaiser, T. [Der Betrieb, Heft 21, 2004], S. 1110.

[6] Anmerkung: Einige Paragraphen sind nicht im Bezug auf einen Spielervertrag anwendbar. So sind z.B. Verträge über fünf Jahre nicht möglich, daher die §§ 624 – 625 BGB ohne Bedeutung.

[7] Vgl. http://www3.mkd.de [Spielervertrag], (Stand: 29.10.2007; 16:40 MEZ).

[8] Anmerkung: Der Begriff „Nicht-Amateur" ist sukzessive durch den Begriff „Berufsspieler ersetzt, vgl. o.V. FIFA-Reglement [Kommentar, 2006], S. 10 – 11.

[9] Vgl. o.V. Deutscher Fußball-Bund [DFB-Statuten].

- Anwesenheit bei jeglichen vorgesehenen Veranstaltungen des Vereines (insbesondere sind Spiele[1], Trainingseinheiten, Besprechungen und sonstige darunter zu verstehen) muss Folge geleistet werden.

- Das Tragen der Sportbekleidung des Ausrüsters ist zwingend.

- Verbot von Sportwetten[2] bei Spielen an denen der Spieler beteiligt ist. Hierzu zählen auch Spieler von anderen Mannschaften des Vereins.

- Der Verein ist berechtigt die Persönlichkeitsrechte des Spielers, hierzu zählen: Name (auch Spitz und Künstlername), Unterschrift, Photographien (bei Gruppen- oder Einzelaufnahmen) und Spielaufnahmen (Spielszenen und ganze Spiele) zu nutzen sowie kommerziell für Multimedia-Anwendungen (PC-Spiele, Internet, Online-Dienste usw.), Übertragungen oder sonstige Merchandising-Produkte zu verwerten.

- Urlaub ist nur in der pflichtspielfreien Zeit zu wählen.[3]

5.10.2   Ausbildungsentschädigung

Bei dem Wechsel eines Amateurs zu einem Profi-Verein ist eine Ausbildungsentschädigung nach §§ 27 – 28 Lizenzspielerstatut fällig[4]. Das Bosman-Urteil änderte die Transfermodalitäten innerhalb der EWU. Die Regelungen der Sportvereine besagten, dass bei Ablauf des Vertrages eines Sportlers eine Transfer-, Ausbildungs- oder Förderungsentschädigungen fällig ist. Dies verstößt gegen den Artikel 48 des EWU-Vertrages. Im Zuge der Durchsetzung des Artikel 48 EWU-Vertrag im Sportbereich fiel die Ausländerklausel für Bürger der Mitgliedsstaaten. Eine Zahlung von Transfer-, Ausbildungs- oder Förderungsentschädigungen, die vor dem Urteil geleistet wurden, sind nicht zurückzuverlangen.[5] Der Weltfußballverband, FIFA, entschied am 1. April 1997 eine Ausweitung dieses Urteils auf EU/EWR-Ausländer, die in Europa spielen.[6] Ausbildungsentschädigung ist an frühere Vereine zu zahlen:

- Wenn der Spieler einen Profivertrag unterschreibt

- Für jeden Transfer bis der Spieler das 23. Lebensjahr erreicht. Ist das 23. Lebensjahr innerhalb einer Spielzeit, so endet die Forderung nach Entschädigungszahlung zum Saisonende.[7]

Das 23. Lebensjahr gilt als Ende der Ausbildung. Kann nachgewiesen werden oder ist öffentlich bekannt, dass der Spieler vor dem 21. Lebensjahr die Ausbildung beendet hat, so ist das

---

[1]   Anmerkung: Anwesenheit als Ersatzspieler gehört ebenfalls dazu.

[2]   Anmerkung: Verstöße gehören zur Vertragsverletzung und unterliegen dem Tatbestand des unsportlichen Verhaltens gemäß § 1 Nr. 2 der Rechts- und Verfahrensordnung des DFB, vgl. http://www3.mkd.de [Spielervertrag], (Stand: 29.10.2007; 18:49 MEZ), S. 4.

[3]   Vgl. http://www3.mkd.de [Spielervertrag], (Stand: 29.10.2007; 16:40 MEZ).

[4]   Vgl. Kaiser, T. [Der Betrieb, Heft 21, 2004], S. 1110.

[5]   Vgl. o.V. EuGH [Bosman, 15.12.1995], S. 25f.

[6]   Vgl. Galli, A. [Rechnungswesen, 1997], S. 239.

[7]   Vgl. o.V. FIFA-Reglement [Kommentar, 2006], S 61.

21. Lebensjahr maßgebend. Bei talentierten Spielern, die z.B. mit 17 Jahren einen Profiver-trag abschließen und Kurzeinsätze im Profifußball erhalten, ist das Ende der Ausbildung bei 18 Jahren zur Berechnung maßgebend. Es zählt der effektive Abschluss der Ausbildung.[1]

Die Ausbildungsentschädigung ist fällig, sobald der Jugendspieler seinen ersten Profivertrag unterzeichnet oder als Profispieler unter 23 Jahren zu einem Verein nicht desselben Verban-des wechselt. Bei dem Wechsel eines Profispielers zu einem Amateurverein ist keine Ausbil-dungsentschädigung fällig. Löst der abgebende Verein ohne triftigen Grund den Vertrag auf, so sind nur die Zahlungen an die früheren Vereine zu begleichen und der abgebende Verein erhält keine Entschädigung.[2]

Sobald der Spieler seinen ersten Profivertrag unterzeichnet hat, ist bei einem Wechsel unter dem 23. Lebensjahr lediglich an den ehemaligen Verein eine Ausbildungsentschädigung zu zahlen. In anderen Fällen erhalten die ausbildenden Vereine, bei denen der Spieler zwischen dem 12. und 23. Lebensjahr gespielt hat, für jede Spielzeit einen entsprechenden Betrag. Für die Berechnung der Trainingskosten und somit für die Ausbildung eines Spielers, sind alle Vereine in vier nationale Kategorien unterteilt. Die Ausbildungsentschädigung dient als Solidaritätsbeitrag für Amateurvereine.[3]

Mit der Ausbildungsentschädigung ist buchhalterisch wie mit der Ablösezahlung vorzuge-hen[4].

5.10.3   Ablösezahlung

Die Ablöse für die Aufhebung eines bestehenden Vertrages wird an den abgebenden Verein gezahlt[5]. Der Marktwert eines Spielers, dessen Verein absteigt, ist in der Regel geringer. Als Maßstab, der Aufschlüsse über die Qualität eines Spielers liefert, dient der Tabellenplatz des Klubs. In Folge einer angespannten Liquiditätslage werden so potentielle Käufer des Spielers versuchen den Preis zu drücken.[6]

Während Anfang der 1990er Jahre die Höhe der Ablösesumme aus eigener gezahlter Ablöse-summe, Leistungen und der Ruf des Spielers den Marktwert bestimmten, sind heutzutage viele Faktoren von Bedeutung.[7] Neben den sportlichen Leistungen des Profifußballspielers nehmen die Glamour-Faktoren einen immer größeren Stellenwert ein.

---

[1]   Vgl. o.V. FIFA-Reglement [Kommentar, 2006], S. 111 – 112.

[2]   Vgl. o.V. FIFA-Reglement [Kommentar, 2006], S. 117.

[3]   Vgl. o.V. FIFA-Reglement [Kommentar, 2006], S. 117 – 127.

[4]   Vgl. Kaiser, T. [Der Betrieb, Heft 21, 2004], S. 1110.

[5]   Vgl. Jansen, R. [FR, 13/95], S. 464 – 465.

[6]   Vgl. Schwendowius, D. [Finanzierungs- und Organisationskonzept, 2002], S. 81.

[7]   Anmerkung: Fleischmann, C. [CT Creative Talent GmbH, Interview, 2007].

Bespiel[1]
Der spanische Verein, Real Madrid, verpflichtet im Sommer 2003 den englischen National-
spieler David Beckham für 36 Millionen Euro. Dies führt zu einem gestiegenen Umsatz im
Merchandising-Bereich (Steigerung um 60% bzw. 53 Millionen Euro), zu einer höheren
Zuschauerzahl, zu einer höheren Sponsorenzahlung (Steigerung um 137% bzw. 44 Millionen
Euro) sowie zu einem Anstieg des Bekanntheitsgrades des Vereins weltweit. Nach Angaben
der Prüfungs- und Beratungsgesellschaft Deloitte Touche Tohmatsu hat der Verein durch die
Verpflichtung zurechenbare 440 Millionen Euro erzielt.

Die fünf teuersten Transfers in der deutschen Fußballbundesliga (Stand 2005)

Jahr	Ablöse	Name	Alter Verein	Neuer Verein
2001	25,6 Mio. €	Marcio Amoroso	AC Parma	Borussia Dortmund
2003	17,5 Mio. €	Roy Makaay	La Coruna	FC Bayern München
2001	12,8 Mio. €	Tomas Rosicky	Sparta Prag	Borussia Dortmund
2004	12,0 Mio. €	Lucio	Leverkusen	FC Bayern München
2001	10,7 Mio. €	Jan Kollar	Porto Alegre	Borussia Dortmund

*Tabelle 4-9: Die fünf teuersten Transfers im deutschen Profifußballbereich (vgl. CA$H-L€AGUE (2005),
S. 48 – 49).*

5.11 Spezielle Darstellung der Spielerwerte in der Bilanz

Der Kauf von Berufs- und Amateurspielern erfordert spezielle Positionen in der Bilanz. Des
Weiteren wird eine Kaution auf Grund der Mitgliedschaft am Ligaverband unter Finanzanlagen aktiviert.[2] Daher unterscheidet sich ein Fußballunternehmen von Unternehmen aus anderen Branchen.

---

[1] Vgl. http://www.diepresse.com [Beckham, 6.7.2007], (Stand: 19.11.2007; 0:29 MEZ).

[2] Vgl. Littkemann, J./ Brast, C./ Stübinger, T. [StuB, Heft 24, 2002], S. 1197.

Verkürztes Gliederungsschema der Bilanz nach Anhang VII LO

Bilanz	
Aktiva	**Passiva**
A. Anlagevermögen	**A. Vereinsvermögen/ Eigenkapital**
I. Immaterielle Vermögensgegenstände	I. Gezeichnetes Kapital
...	II. Kapitalrücklage
2. Geschäfts- und Firmenwert	III. Gewinnrücklage
3. Spielerwerte[709]	....
4. Geleistete Anzahlungen auf Spieler	IV. Gewinn-/ Verlustvortrag
II. Sachanlagen	V. Jahresüberschuss/ Verlustvortrag
III. Finanzanlagen	**B. Rückstellungen**
...	**C. Verbindlichkeiten**
7. Kaution – Ligaverband	...
B. Umlaufvermögen	5. Verbindlichkeiten aus Ausbildungs und Förderungsentschädigungen
I. Vorräte	...
II. Forderungen und sonstige Vermögensgegenstände	
...	
2. Forderungen aus Ausbildungs- und Förderungsentschädigungen	
...	
5. Forderungen gegen juristische und/oder natürliche Personen, die direkt mit Mitgliedern von Organen des Lizensnehmers verbunden sind	
III. Wertpapiere	
IV: Schecks, Kassenbestand, Bundesbank- und Postgiroguthaben, Guthaben bei Kreditinstituten	
C. Rechnungsabgrenzungen	**D. Rechnungsabgrenzungen**

Tabelle 4-10: Verkürze Version einer Bilanz eines Bundesligavereins (vgl. Littkemann, J./ Brast, C./ Stübinger, T. [StuB, Heft 24, 2002], S. 1197).

---

[709] Vgl. BFH vom 26.8.1992 – IR 24/91, BStBI II, S. 977.

5.12   Zwischenfazit

Hinsichtlich gekaufter Spieler ist eine Bilanzierung nach IAS 38 vorgeschrieben. Eine Aktivierung von Eigenbau-Spielern ist nicht möglich, da die Entwicklungskosten nicht genau zu ermitteln sind.

Die Abschreibung richtet sich nach der Vertragslaufzeit. Bei Vertragsverlängerung ist der Abschreibungsbetrag entsprechend anzupassen. Zu den Anschaffungskosten gehört neben der Transferzahlung und der Spielervermittlungsprovision auch das Handgeld. Seit März 2002 benötigen die Vermittler keine Lizenz zur Spielervermittlung, da dies gegen das deutsche Grundgesetz verstößt. Die FIFA rät jedoch nur Verträge mit lizenzierten Vermittlern abzuschließen. Bei der Vermittlungstätigkeit handelt es sich um einen Maklervertrag.

Der Spielerwert kann nicht durch Angebote anderer Vereine zugeschrieben werden. Der Spielertransfermarkt entspricht nicht einem aktiven Markt, so dass eine Neubewertung aufgrund von Angeboten anderer Vereine nicht möglich ist. Ein aktiver Markt zeichnet sich durch homogene Güter aus, dies ist bei einer Spielererlaubnis nicht gegeben. Daher bilden die planmäßig fortgeschriebenen Anschaffungskosten die Wertobergrenze. Erst bei Gefahrenübergang ist der Buchwertgewinn ergebniswirksam zu verbuchen. Anzumerken ist, dass im Falle einer vertraglichen Verpflichtung seitens einer dritten Partei, ein Restwert (in Höhe einer Aufhebungszahlung) zustande kommt. Aufgrund dieses Restwertes muss der Buchwert angepasst werden. Übersteigt der Restwert den Buchwert, so dass kein angepasster Buchwert bilanziert werden kann, ohne eine Zuschreibung durchzuführen, so ist mit der Abschreibung gänzlich zu verzichten.

Bei Tauschgeschäften, bei denen neben dem Spielerwechsel auch eine Differenzzahlung fließt, ist der Spielwert manipulierbar. Da lediglich der Ausgleichzahlung festgelegt ist, ist die Größenordnung frei wählbar. Solche Geschäfte können eine Gefahr beinhalten, da der Aktivposten „Spielerwert" überbewertet sein kann.

Hier setzt die Berliner Balanced Scorecard an, die einen Spielerwert jedes einzelnen Spielers ermittelt, der den jeweiligen Marktwert widerspiegelt. Dadurch entsteht eine genauere Darstellung der Vermögenslage des Unternehmens.

6   Balanced Scorecard

6.1   Definition

Die Balanced Scorecard ist ein Controlling-Instrument, das von Robert S. Kaplan und David P. Norton in Zusammenarbeit mit der Unternehmensberatung KPMG Anfang der 1990er Jahre entwickelt wurde[710]. Im Jahr 1992 erschien in der Harvard Business Review ein Aufsatz mit dem Titel „The balanced scorecard – measures that drive performance". In diesem Aufsatz stellten die beiden US-Amerikaner zum ersten Mal die Balanced Scorecard vor.[711] „Mit dem Begriff „Balanced Scorecard" wird ein strategisches Managementsystem bezeichnet, das eine ganzheitliche Steuerung des Unternehmens durch ausgewogene Berücksichtigung aller erfolgsrelevanten Perspektiven bzw. Dimensionen ermöglicht. Sie bildet den Rahmen zur Umsetzung der Vision und Strategie in Aktionen."[712] „The balanced scorecard […] provides executives with a comprehensive framework that translates a company's strategic objectives into a coherent set of performance measures."[713]

6.2   Aufbau

Das Modell besteht standardmäßig aus vier Perspektiven, die miteinander in Abhängigkeiten stehen.

---

[710] Vgl. http://www.controllingportal.de [Balanced Scorecard], (Stand: 5.11.2007; 14:54 MEZ).

[711] Vgl. Kaplan, R. S./ /Norton, D. P. [Balanced Scorecard, 1992], S. 71.

[712] Zitat: Ackermann, K.-F. [Balanced Scorecard, 2000], S. 18.

[713] Zitat: Kaplan. R. S./ /Norton, D. P. [Balanced Scorecard, 1992], S. 134.

Aufbau eines Standardmodells der Balanced Scorecard

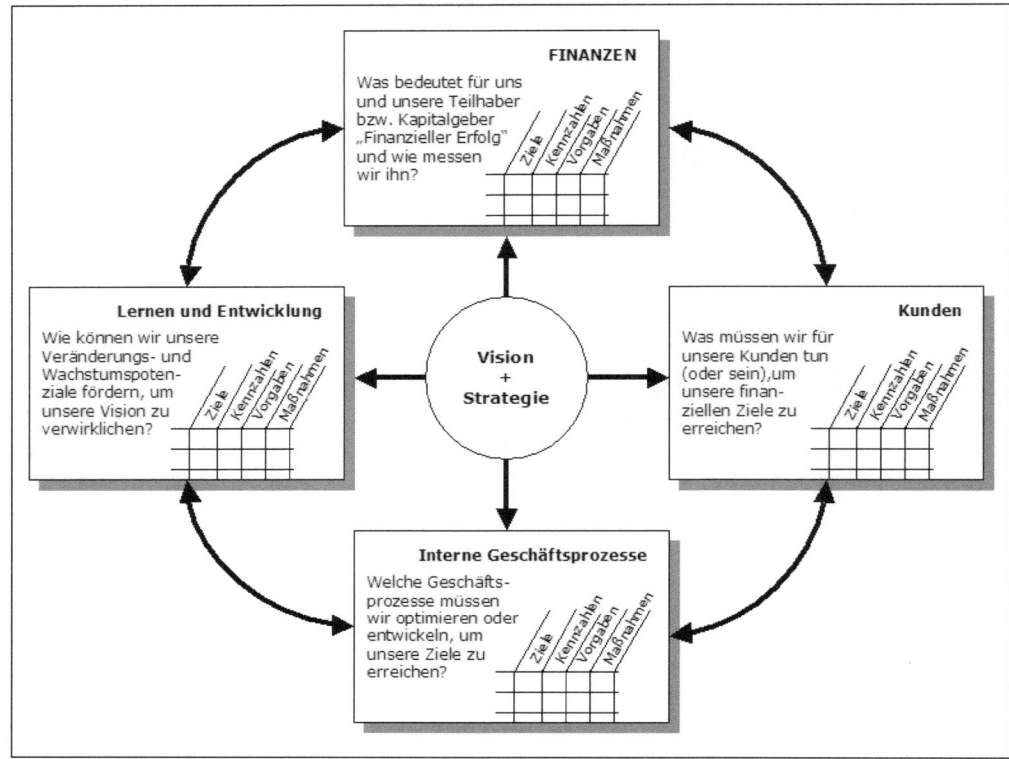

Abbildung 4-11: Balanced Scorecard (Vgl. Kaplan, R. S./ Norton, D. P. [Balanced Scorecard, 1997], S. 9).

Die Balanced Scorecard ergänzt die monetären Steuerungssysteme. So entstehen Ziele und Kennzahlen nicht monetärer Natur in Bezug zu finanziellen Kennzahlen. Um diese in ein Verhältnis zu bringen, sind Ursache-Wirkungs-Beziehungen zu analysieren. Finanzielle Kennzahlen sind wenig geeignet, bestimmte Ziele und Motivationen im ausführenden Bereich zu steuern. Daher vervollständigen die nicht monetären Kennzahlen die monetären Kennzahlen durch die Betrachtung aus weiteren Perspektiven.[714] „Die Leistung einer Organisation im Ganzen wird damit als Gleichgewicht („Balance") zwischen den vier Perspektiven auf einer übersichtlichen Anzeigetafel („Scorecard") abgebildet – daher der Name „Balanced Scorecard"."[715]

---

[714] Vgl. Ackermann, K.-F. [Balanced Scorecard, 2000], S. 15.

[715] Zitat: Horváth, P./ Kaufmann, L. [Balanced Scorecard, 1/2004], S. 9.

6.3 Die sieben Leitideen der Balanced Scorecard

Die Formulierung der Unternehmensstrategie ist für die Planung sämtlicher Einzelziele notwendig. Für die Zukunftsgestaltung geht die Balanced Scorecard von einem agierenden Unternehmen aus, das Strategien konzipiert und Zielvorgaben festlegt. Die Ziele sollen kurz-, mittel- oder langfristiger Natur sein. Es gilt nicht der Messung von historischen Leistungen.[1]

Die Shareholder-Betrachtung ist durch eine Stakeholder-Betrachtung zu ersetzen. Die Erweiterung führt zur Berücksichtigung der Interessen der Kunden und der Einbeziehung des Personals, da ohne diese beiden kein dauerhafter Erfolg möglich ist. Für den Systemgedanken ist die Verknüpfung der vier Perspektiven in unterschiedlicher Art erforderlich. Neben der horizontalen, die die Perspektiven und deren Ziele verbindet, konzentriert sich die vertikale auf die speziellen Entscheidungen. Hierbei besteht eine Verknüpfung der Unternehmensstrategie mit den operativen und taktischen Maßnahmen der einzelnen Perspektiven. Zuletzt bedarf es der Zielfestlegung und der Auswahl der adäquaten Einzelziele. Diese sind bedeutend für die Realisierung der Unternehmensziele.[2]

Die Balanced Scorecard ist auf die wesentlichen Perspektiven beschränkt. Der Fokus liegt dabei auf den wichtigsten Unternehmenszielen. Für das Erreichen der Zielvorgabe ist die Betrachtung der wichtigsten Aktionen innerhalb des festgelegten Zeitraums von Bedeutung.[3]

Zu den Leitideen der Balanced Scorecard gehört ebenfalls, dass die Balanced Scorecard unabhängig von der Branche und Größe auf viele Unternehmen anwendbar ist. Der formale Orientierungsrahmen lässt sich individuell anpassen.[4]

6.4 Standardmodell

Das Standardmodell besteht aus vier Perspektiven sowie der Vision und Strategie als Ausgangspunkt. Zwischen der Vision und der Strategie ist die Mission als Bindeglied geschaltet. Neben diesen Elementen sind die Ziele, die Maßnahmen und die Kennzahlen, die bei der Durchführung angewendet werden.

---

[1] Vgl. Ackermann, K.-F. [Balanced Scorecard, 2000], S. 15 – 16.

[2] Vgl. Ackermann, K.-F. [Balanced Scorecard, 2000], S. 17.

[3] Vgl. Ackermann, K.-F. [Balanced Scorecard, 2000], S. 17.

[4] Vgl. Ackermann, K.-F. [Balanced Scorecard, 2000], S. 17.

6.4.1   Vision

Unter der Version eines Unternehmens ist die Vorstellung der zukünftigen Stellung des Unternehmens zu verstehen. In naher Zeit kann aus dieser Vorstellung ein Leitbild entstehen. Neben dieser Zukunftsvorstellung gehören auch die Idealposition und der zukünftige Fortschritt sowie die Geschäftsideen zu den grundlegenden Visionen eines Unternehmens.[1] Hierzu zählen auch außerökonomische Gesichtspunkte. Die Vision unterliegt keiner zeitlichen Begrenzung[2]. Visionen sollen nicht wirklichkeitsfremd sein, jedoch eine Herausforderung darstellen[3].

Die Vision dient nach Ackermann als Motivations-, Identifikations-, Steuerungs- und Koordinationsfunktion. Bestimmte Visionen führen zum Ansporn des Personals.[4]

Beispiel

Der Manager des Karlsruher Sportclubs verkündet in der jährlichen Vereinssitzung Mitte November, dass trotz der überraschend guten Leistung das Saisonziel der Klassenerhalt ist.

Die Identifikationsfunktion bewirkt, dass Involvierte die gleichen Ziele verfolgen und eine Gemeinschaft bilden. Die Identifizierung mit dem Unternehmen bzw. dem Verein entsteht.[5] Bezogen auf den Fußballverein ist Steuerungs- und Koordinationsfunktion anhand der Rotation ersichtlich. So ist bei Vereinen, deren Kader eine bestimmte Größe angenommen hat, der Trainer dafür zuständig, dass keine Unzufriedenheit bei den Ersatzspielern aufkommt. Die Rotation schafft hierbei Abhilfe. Durch gleichmäßige körperliche Beanspruchung aller Spieler sinkt das Verletzungsrisiko jedes einzelnen. Zusätzlich entsteht durch die Einwechselung eines Spielers in eine laufende Partie ein Lenkungspotential. Durch Äußerungen der Trainer, dass es nicht das Saisonziel ist einen bestimmten Pokal zu gewinnen, wählt dieser die Steuerungsfunktion, um den Druck, der auf der Mannschaft lastet, zu lösen sowie das Verletzungsrisiko zu reduzieren.

6.4.2   Mission

Die Unternehmensmission gibt wieder, welche Bedeutung das Unternehmen in der Gesellschaft und Wirtschaft einnehmen möchte. Der Unterschied von gewinnorientierten Unternehmen und Non-Profit-Organisationen beinhaltet daher auch eine andere Unternehmensmission. Während auf der einen Seite die Steigerung des Shareholder Value angestrebt wird, liegen auf der anderen Seite gesellschaftliche, kulturelle und soziale Ziele an vorderster Stelle. Die Mission ist daher stark an der Unternehmensvision gekoppelt.[6] Im Gegensatz zur

---

[1]   Vgl. Ackermann, K.-F. [Balanced Scorecard, 2000], S. 20 – 21.

[2]   Vgl. http://www.controllingportal.de [Balanced Scorecard, Skript], S. 27.

[3]   Vgl. Ehrmann, H. [Balanced Scorecard, 2007], S. 21.

[4]   Vgl. Ackermann, K.-F. [Balanced Scorecard, 2000], S. 21.

[5]   Vgl. Ackermann, K.-F. [Balanced Scorecard, 2000], S. 20 – 19.

[6]   Vgl. Ackermann, K.-F. [Balanced Scorecard, 2000], S. 22.

Vision, die innerhalb des Unternehmens ihre Zielgruppe hat, ist die Mission nach außen gerichtet. Die Mission sollte eine prägnante positive Darstellung des Unternehmens verkörpern. Zu den Empfängern einer Mission eines Fußball-Unternehmens gehören viele unterschiedliche Gruppen, wie:

- Medien (Fernsehen, Hörfunk, Printmedien)
- Geschäftspartner (Kreditinstitute, Vermarktungsagenturen, Ligaverband, Lieferanten, Versicherungen, konkurrierende und befreundete Vereine)
- Gesellschaftlich relevante Gemeinschaften (Fußballspielergewerkschaft, eigene und fremde organisierte Fanclubs, Parteien, Kirchen)
- Sonstige Zielgruppen (Jugendliche in Schulen, unorganisierte Fans, Bildungseinrichtungen)
- Fußballspieler (zukünftige, derzeitige und ehemalige Spieler des Vereins)

Eine auf den Verein passende Mission bewirkt bei den Spielern eine fördernde Wirkung.[1]

Beispiel

Ein im Ruhrgebiet ansässiger sehr beliebter Verein verfolgt die Mission: „FC Schalke 04 – im Herzen des Ruhrpotts"

Die Mission bildet mit der Vision die Basis für die Strategie eines Unternehmens.[2]

6.4.3   Strategien

In der Betriebswirtschaft ist die Entwicklung von Strategien eine Festlegung von Grundsätzen, die ausnahmslos alle Abteilungen eines Unternehmens berühren. Allein durch die Strategien werden die betrieblichen Vorhaben in die Realität umgesetzt. Sie dienen, dazu sich positiv von konkurrierenden Unternehmen abzuheben. Die Strategie gibt Auskunft, wie bei eintretenden Wandlungen der Umwelt die Potenziale des Unternehmens eingesetzt werden.[3]

Erfolgspotenziale sind die Stärke des Unternehmens. Sie beinhalten strategische Erfolgsfaktoren, die externe und interne Quellen umfassen und den Erfolg beeinflussen.[4] Unter externen Quellen fallen z.B. der Marktanteil eines Fußball-Unternehmens oder der Wachstum des Spielermarktes. Zum Stand April hatte der FC Bayern München 19,23% (7,9 Mio. Fans) Marktanteil bei Fußball begeisterten Bundesbürgern, während Eintracht Frankfurt lediglich 3,18% (1,3 Millionen Fans) zu verzeichnen hatte[5]. Auch ist die Entwicklung der TV-Vermarktungseinnahmen hierbei zu erwähnen. Der Erlöseinbruch in diesem Bereich, der

---

[1] Vgl. Ehrmann, H. [Balanced Scorecard, 2007], S. 23.

[2] Vgl. Rehbein, R. [Balanced Scorecard, Diplomarbeit, 2003], S. 12.

[3] Vgl. Ehrmann, H. [Balanced Scorecard, 2007], S. 24 – 25.

[4] Vgl. Ehrmann, H. [Balanced Scorecard, 2007], S. 24 – 25.

[5] Vgl. Mrazek, K. [CA$H-LEAGUE, 2005], S. 174.

aufgrund der Kirch-Insolvenz 2002 hervorgerufen wurde, führte zu geringeren monetären Transfertätigkeiten der Bundesligavereine in den darauf folgenden Spielzeiten[1]. Die internen Quellen der strategischen Erfolgsfaktoren sind u.a. die Managementqualität, die Spielerqualität, die Trainingsmethoden, der Entwicklungs- und Forschungsstand der Spielstrategie und Spieltaktik sowie die Investitionsintensität des Vereins. Die Strategie basiert auf diesen Erfolgsfaktoren[2]. Strategien bedürfen der Planung, um Möglichkeiten ausfindig zu machen und anzuwenden. Des Weiteren müssen Wagnisse mithilfe von Strategien möglichst ausgeschaltet und mangelnde Leistungsfähigkeiten reduziert werden. Die eigenen Potenziale müssen gehalten oder vergrößert werden.[3]

Strategieeinteilung hinsichtlich des Umfanges

Unternehmensstrategie
Unternehmensstrategien umfassen im einzelnen Strategien des gesamten Unternehmens, die in Tätigkeits- und Funktionsbereichen aufgegliedert sind. Die Unternehmensstrategie richtet sich auf essentielle Festlegungen, die das Unternehmen für eine längere, definierte Zeit verfolgt. Für diese Dauer legt der Verein das Leistungsprogramm, die Gewinnpolitik, den sportlichen Weg, das gewollte Ansehen des Vereins sowie die Marktbearbeitung grundlegend fest. Neben diesen Bereichen liegt die grundsätzliche Einstellung, wie der Verein zu horizontalen oder vertikalen Kooperationen zwischen den Wettbewerbern und mit der direkten Konkurrenz umgehen wird.[4] Auch ist die Finanzierungs- oder Beschaffungspolitik von Nachwuchs-, Durchschnitts- oder Starspielern von großer Bedeutung. Wie sollen die Trainingsbedingungen sein? Reicht ein einfacher Rasen aus oder ist zum Schutz der Gelenke und Standfestigkeit der Kunstrasen besser? Diese Konkretisierungen finden in den Geschäftsbereichsstrategien Anwendung. Vorteile durch Kostenführerschaft, attraktiven Fußball und besondere Zielgruppen zählen darunter[5].

„Die Fußballkapitalgesellschaft Borussia Dortmund GmbH & Co. KG verfolgt die Unternehmensstrategie, […] sich mittelfristig hinter dem FC Bayern München als einer der führenden deutschen Fußballclubs zu etablieren."[6]

Geschäftsbereichsstrategien
Die Geschäftsbereichsstrategien vertiefen die Unternehmensstrategien. So wenden einige Fußballvereine Kooperationen für ihren talentierten, aber noch nicht erfahrenen Spieler an. Seit 1998 besteht ein Kooperationsvertrag zwischen den englischen Premier-League-Club Manchester United und dem belgischen Verein Royal Antwerp Football Club. Langfristig

---

[1]   Vgl. Mrazek, K. [CA$H-LEAGUE, 2005], S. 62.

[2]   Vgl. Ehrmann, H. [Balanced Scorecard, 2007], S. 25.

[3]   Vgl. Ehrmann, H. [Balanced Scorecard, 2007], S. 26.

[4]   Vgl. Ehrmann, H. [Balanced Scorecard, 2007], S. 27.

[5]   Vgl. Rehbein, R. [Balanced Scorecard, Diplomarbeit, 2003], S. 18.

[6]   Vgl. o.V. Borussia Dortmund [Geschäftsbericht 2007] S. 53.

erhalten Talente von der Insel Spielpraxis in der belgischen Jupiler League. Im Gegenzug fördert der englische Verein den Nachwuchs des belgischen Vereins in seinen Ausbildungs-camps.[1] In der Finanzierungspolitik verfolgt Arminia Bielefeld die Einbindung der eigenen Fans durch die Emission von Anleihen. Durch diese Form der Aufnahme von Fremdkapital versuchen sich die Ostwestfalen als Emittent bis zu drei Millionen Euro zu beschaffen.[2]

Funktionsbereichsstrategien
Unter Funktionsbereichsstrategien ist das Anpassen bzw. Verbinden von Geschäftsstrategien zu verstehen. Insbesondere sind Personal-, Investitions-, Marketingstrategien, aber auch Forschungs- und Entwicklungsstrategien sowie Organisationsstrategien von Bedeutung.[3] Ein exemplarisches Beispiel ist die Investitionstätigkeit vom FC Bayern München und des TSV 1860 München, die sich 2001 zusammenschlossen, um ein Stadion im Münchner Stadtteil Schwabing-Freimann zu errichten.[4] Für einen erfolgreichen Saisonverlauf benötigen heutzu-tage die Fußballvereine Informationen über den Gegner. Diese beinhalten die Formation, das Stellungsspiel bei besonderen Spielsituationen und die speziellen Informationen über einzel-ne Spieler.[5] Für diese Zwecke wenden sich die Vereine an Anbieter wie die IMPIRE AG, ein Unternehmen, das mit über 70 Mitarbeitern in den Stadien der Bundesliga die Daten und Fakten zu allen Fußballspielern tagtäglich aufnehmen.[6,7]

Strategieeinteilung hinsichtlich des Ranges
Strategien lassen sich nach Normstrategien und abgeleiteten Strategien unterteilen. Norm-strategien lassen sich in Wachstums-, Abschöpfungs- und selektive Strategien untergliedern.[8] Im Bezug auf Fußballunternehmen sind Abschöpfungsstrategien, die zu einem einmaligen Effekt führen, grundsätzlich nicht vorstellbar. Ausnahmen bilden lediglich Vereine, die aus sportlichen, finanziellen oder rechtlichen Gründen absteigen und durch Spielerverkäufe Kos-ten reduzieren müssen. Erfolgreiche Vereine verfolgen in der Regel eine Wachstums- und Investitionsstrategie, während Vereine im unteren Drittel der Tabellenregion häufig eine Mischung aus Wachstum- und Desinvestitionsstrategie in Erwähnung ziehen.

Die abgeleiteten Strategien dienen zur Realisierung der Normstrategien. Hierzu zählen unter anderem Beschaffungs-, Marketing und Personalstrategien.[9]

---

[1]   Vgl. http://derStandard.at [Antwerp, 20.8.2002], (Stand: 9.11.2007; 21:07 MEZ).

[2]   Vgl. o.V. Arminia Bielefeld [Prospekt zur Emission einer Anleihe, 2006], S. 1ff.

[3]   Vgl. Ehrmann, H. [Balanced Scorecard, 2007], S. 28.

[4]   Vgl. http://www.allianz-arena.de [Imagebroschüre, 19.4.2007].

[5]   Vgl. http://sports.fim.uni-linz.ac.at [Statistik, 2001], (Stand: 10.11.2007; 14:53 MEZ),S. 24 – 31.

[6]   Vgl. http://www.bundesliga-datenbank.de [Fußballdaten].

[7]   Vgl. http://www.stern.de [Fußballflüsterer, 11.09.2005].

[8]   Vgl. Ehrmann, H. [Balanced Scorecard, 2007], S. 27.

[9]   Vgl. Ehrmann, H. [Balanced Scorecard, 2007], S. 28.

Strategieeinteilung hinsichtlich des Marktverhaltens
Aufgrund von Wettbewerbssituationen muss sich das Untenehmen überlegen, wie es sich zu
Konkurrenten verhalten soll. Hier sind neben der Angriffs- und Verdrängungsstrategie auch
Status-Quo-Strategien und Konfliktvermeidungsstrategien verfolgbar. Bei der Angriffsstra-
tegie werden Konflikte mit der Konkurrenz in Kauf genommen. So sind Produktdifferenzie-
rungen, Produktinnovationen, Preissenkungen, Veränderungen des Designs bis hin zu der
Verwicklung in Rechtsstreitigkeiten denkbar. Die Verdrängungsstrategie ist eine Steigerung
dessen und zielt auf die Erhöhung des Markanteils ab. Die Status-Quo-Strategien sollen den
Erhalt einer bestimmten Marktposition unterstützen. Diese sind häufig nach Erreichen einer
Marktposition anzuwenden und richten sich an kleine Industrieunternehmen. Die Konflikt-
vermeidungsstrategie verfolgt ein Ausweichen des Konkurrenzkampfes und das Verteidigen
von Marktnischen.[1,2] Während Fußballunternehmen in der Zweiten Liga oder in der Regionalliga ihre Kunden im Nischenmarkt suchen, richtet sich der Fokus der Bundesligavereine
auf die Befriedigung sämtlicher Fußballfans. Da die Fußballfans sehr häufig einen bestimmten Verein erkoren haben, sind Preissenkungen nur bedingt anwendbar. Hinsichtlich von
Guerillastrategien, die zu den Angriffsstrategien gehört, können diese durchaus auch in Frage
kommen. Diese richten sich jedoch nicht an die Gewinnung von Fußballfans, sondern an die
sportlichen Entwicklungen.[3]

6.4.4   Die vier Zielperspektiven

Die Balanced Scorecard beinhaltet vier Grundperspektiven. In der Regel sind dies die finanzwirtschaftliche Perspektive, die Kundenperspektive, die interne Prozessperspektive
sowie die Lern- und Entwicklungsperspektive. Für Fußballvereine eignet sich eine Veränderung, in der die Lern- und Entwicklungsperspektive die Prozessperspektive zugefügt wird
und eine vierte, die sportliche Perspektive entsteht.[4]

Finanzperspektive
Die Finanzperspektive ist die wichtigste Perspektive. In dieser wird verdeutlicht, wie sich die
Maßnahmen der anderen Perspektiven wirschaftlich auf das Unternehmen ausgewirkt haben. Neben diesem Maßstab für die Ziele und Kennzahlen der anderen Perspektiven, dient
sie als Übersetzung der strategischen Ziele für die Anteilseigner[5]. Über die Ursache-

---

[1]   Vgl. Ehrmann, H. [Balanced Scorecard, 2007], S. 28 – 29.

[2]   Vgl. Weis, C. [Marketing, 2001], S. 91.

[3]   Anmerkung: Von Zeit zu Zeit sind Dispute zwischen den Top-Vereinen in der Bundesliga auszumachen, die auf
       die sportliche Leistung des Konkurrenten abzielen. Da die sportliche Leistung auswirken auf die Finanzen des
       Vereins haben, sind m.E. diese als Guerilla-Strategien zu verstehen.

[4]   Vgl. Staudt, E. [Balanced Scorecard, 2004], S. 6.

[5]   Vgl. Pietsch, T./ Memmler, T. [Balanced Scorecard erstellen, 2003], S 39.

Wirkungsbeziehungen sind die Kennzahlen der restlichen Perspektiven mit den Zielen der Finanzperspektive verbunden.[1]

„Die finanzwirtschaftliche Perspektive ermöglicht die Einsicht, ob die Realisierung der Unternehmensstrategie eine Ergebnisverbesserung bedeutet."[2] Die Unternehmensstrategie bestimmt die Auswahl der Kennzahlen. In der Finanzperspektive finden sich daher Finanzkennzahlen, die stark mit der Strategie verbunden sind, wieder.[3] Hierzu zählen neuere und traditionelle Kennzahlen wie:

- Shareholder Value
- Return on Investment
- Discounted Cash-Flow-Rendite
- Umsatzrentabilität
- Eigenkapitalrentabilität
- Umsatzwachstum

Die Auswahl der Ziele und Kennzahlen ist von den Unternehmensgegebenheiten und der Situation abhängig.[4]

Kundenperspektive

Diese Perspektive richtet ihren Fokus auf unternehmensrelevante Kunden- und Marktsegmente. „Die Forderung nach konsequenter Kundenorientierung aller Unternehmensaktivitäten und –prozesse als existenzielle Vorbedingung für die Gewinnung und Sicherung im Markt findet ihren Niederschlag in der Berücksichtung einer eigenständigen BSC-Perspektive „Kunde".[5]" Zur Bearbeitung dieser Zielgruppen müssen Ziele, Kennzahlen und Maßnahmen festgelegt werden.[6]

Beispiel[7]

Die Zielgruppe eines Bundesligavereins ist im Gegensatz zu einem regionalen Amateurverein verschieden. Während der Bundesligaverein die Zielgruppen der Fußballbegeisterten im In- und Ausland anspricht, ist der regionale Verbands- oder Kreisligist eher auf die Region, womöglich jedoch auch auf das Inland konzentriert.

---

[1] Vgl. Ehrmann, H. [Balanced Scorecard, 2007], S. 34.

[2] Zitat: Ehrmann, H. [Balanced Scorecard, 2007], S. 33.

[3] Vgl. Pietsch, T./ Memmler, T. [Balanced Scorecard erstellen, 2003], S 39.

[4] Vgl. Ackermann, K.-F. [Balanced Scorecard, 2000], S. 27 - 28.

[5] Zitat: Ackermann, K.-F. [Balanced Scorecard, 2000], S. 28.

[6] Vgl. Ehrmann, H. [Balanced Scorecard, 2007], S. 34.

[7] Anmerkung: Türkiyemspor Berlin verfügt über die Stadtgrenze Berlins hinaus über Anhänger des Vereins. Daher ist die Zielgruppe des Oberligisten nicht ausschließlich auf Berlin begrenzt. Vgl. Tuncay, F. [Türkiyemspor Berlin, Interview, 2007].

Es gibt allgemeine und spezifische Kennzahlen. Marktanteile, Kundenzufriedenheit oder –
treue sowie Deckungsbeiträge und Rentabilität sind den allgemeinen Kennzahlen zuzuordnen. Die spezifischen Kennzahlen stellen z.B. fest, wie weit die Treue der Kunden geht und
ab welchem Punkt der Kunde abwandert. Die Ermittlung der Durchlaufzeiten, Lieferpünkt-
lichkeit, Reaktionsfähigkeit sowie die Geschwindigkeit auf Kundenwünsche zu reagieren,
können wichtige Erkenntnisse liefern. Diese Perspektive muss daher einer wichtigen Bedeutung eingeräumt werden. Ohne die Verfolgung der Kundenziele können die Ziele der Finanzperspektive nicht erfüllt werden.[1]

Interne Prozessperspektive
Hierbei ist festzulegen, welche Ziele in der Prozessperspektive verfolgt werden müssen, um
die Ziele der Finanz- und Kundenperspektive zu ermöglichen.[2]

Durch die interne Prozessperspektive entsteht eine weitere Veränderung des Steuerungssys-
tems im traditionellen Bereich. Dieser zeichnet sich durch große Bedeutung der finanziellen
Sichtweise aus. Der interne Prozess verfügt über einen hohen Einfluss auf die Sicherung und
die Gewinnung der dauerhaften Wettbewerbsvorteile.[3]

Nach D'Aveni kommt es im Wettbewerb durch Entwicklungen des Wettbewerbes zu vier
möglichen Wettbewerbsvorteilen, die bereits bestehen oder noch erreicht werden:[4]
-   Zeit- und Wissensvorteile
-   Kosten- und Qualitätsvorteile
-   Große finanzielle Möglichkeiten
-   Einzigartige Marktpositionen

In dieser Perspektive geht es darum, die Prozesse zu ermitteln, die für eine bestmögliche
Umsetzung der Unternehmensstrategie erforderlich sind. Es bedarf nicht der Kontrolle vorhandener Prozesse und deren Verbesserung.[5]

Das Unternehmen ist als eine Wertschöpfungskette anzusehen, in der einzelne Wertaktivitäten miteinander verbunden sind. Als Wertaktivitäten sind z.B. die Ein- und Ausgangslogistik,
das Marketing und der Vertrieb, das Personalmanagement sowie die Unternehmensinfra-
struktur anzusehen. Um Wettbewerbsvorteile gegenüber der Konkurrenz zu erzielen, müssen
diese Wertaktivitäten ressourcensparsamer sein (für die Kostenführerschaft) oder so gestaltet
sein, dass sie sich von den Konkurrenzprodukten sichtbar unterscheiden.[6]

---

[1]   Vgl. Ehrmann, H. [Balanced Scorecard, 2007], S. 34.

[2]   Vgl. Horváth, P. & Partners [Balanced Scorecard, 2004], S. 4.

[3]   Vgl. Ackermann, K.-F. [Balanced Scorecard, 2000], S. 29.

[4]   Vgl. Weis, C. [Marketing, 2001], S. 91.

[5]   Vgl. Ehrmann, H. [Balanced Scorecard, 2007], S. 35.

[6]   Vgl. Ackermann, K.-F. [Balanced Scorecard, 2000], S. 29 – 30.

Modellierung der internen Prozessperspektive durch die Wertkette

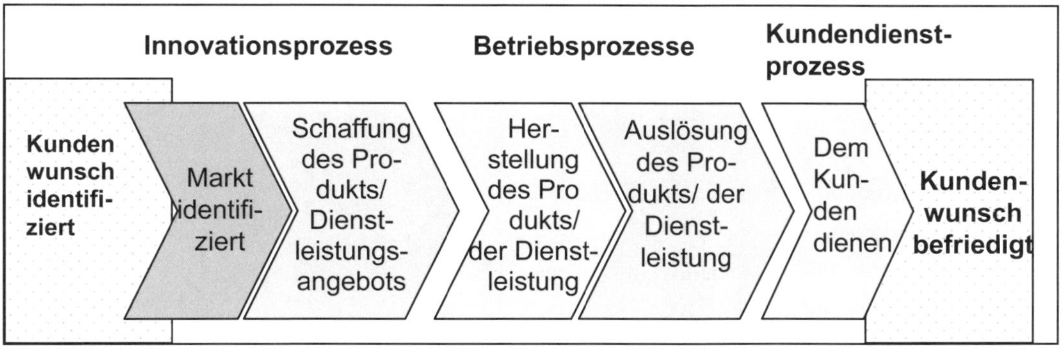

Abbildung 4-12: Modellierung der internen Prozessperspektive durch die Wertkette (vgl. Kaplan, R. S./ Norton, D. P. [Balanced Scorecard, 1997], S. 93).

Für die Erreichung der finanziellen und kundenspezifischen Ziele ist die Wertkette in drei Hauptprozesse untergliedert. Neben dem Innovationsprozess finden sich der Betriebsprozess und der Kundendienstprozess.[1] Die Berücksichtigung der Innovationsprozesse ist ein wichtiges Kriterium in der internen Prozessperspektive, da durch die Ermittlung der Kundenwünsche neue Produkte oder Dienstleistungen entwickelt werden können.[2,3] Der Betriebsprozess beinhaltet die Herstellung und die spätere Lieferung bzw. Ausführung der Produkte bzw. Dienstleistung. Im Kundendienstprozess sind jegliche Formen von Serviceleistungen, die nach dem Kauf in Anspruch genommen werden können, zusammengefasst. Hierzu gehören u.a. die Wartung, Nachbesserung, Garantie, Reklamation sowie Schulungsleistungen von Mitarbeitern des Kundenunternehmens.[4]

Die interne Prozessperspektive verfolgt die Ziele:[5]

- Verkürzung der Prozesszeiten
- Verbesserung der Prozessqualität
- Senkung der Prozesskosten

Beispiel
Durch Reduzierung der Prozesszeiten werden die Kundenaufträge schnell bearbeitet, dem zur Folge steigt die Kundenzufriedenheit und es erfolgt ein vorzeitiger Rückfluss in Form der Bezahlung.

---

[1] Vgl. Ackermann, K.-F. [Balanced Scorecard, 2000], S. 29 – 31.

[2] Vgl. Ackermann, K.-F. [Balanced Scorecard, 2000], S. 30 – 31.

[3] Vgl. Ehrmann, H. [Balanced Scorecard, 2007], S. 35.

[4] Vgl. Ackermann, K.-F. [Balanced Scorecard, 2000], S. 31.

[5] Vgl. Ackermann, K.-F. [Balanced Scorecard, 2000], S. 31.

Durch Verbesserung der Prozessqualität entstehen weniger Rücksprachen mit dem Kunden, wodurch die Kundenzufriedenheit steigt und die finanzielle Situation nicht negativ beeindruckt wird.

Die Senkung der Prozesskosten wirkt sich positiv auf die Gewinn- und Verlustrechnung aus.

Für den internen Prozess werden u.a. Kennzahlen wie:[1]

- Durchlaufzeiten,

- Innovationen im Verhältnis zur Konkurrenz,

- Fehlerquote,

- Anteil der Innovationen am Umsatz und

- Materialabfall

verwendet.

Potentialperspektive

Die Potentialperspektive ist ein Synonym für Lern- und Entwicklungsperspektive. Die Aufgabe dieser Perspektive ist es, die erforderliche Infrastruktur für die Zielereichung der anderen drei Perspektiven bereit zu stellen. Die Infrastruktur besteht aus Prozessen, Systemen und der wichtigen Ressource – dem Personal, welches eine entsprechende Wichtigkeit einnimmt. In wie weit die Ziele und Sollwerte der restlichen Perspektiven erlangt werden, ist von dem Personal abhängig[2]. Daher sind die Ziele der Potentialperspektive essentiell für die Resultate der restlichen Perspektiven.[3]

---

[1]   Vgl. Kaplan, R. S./ Norton, D. P. [Balanced Scorecard, 1997], S. 97ff.

[2]   Vgl. Ackermann, K.-F. [Balanced Scorecard, 2000], S. 32 – 33.

[3]   Vgl. Pietsch, T./ Memmler, T. [Balanced Scorecard erstellen, 2003], S 42.

Der Rahmen für die Kennzahlen der Potentialperspektive

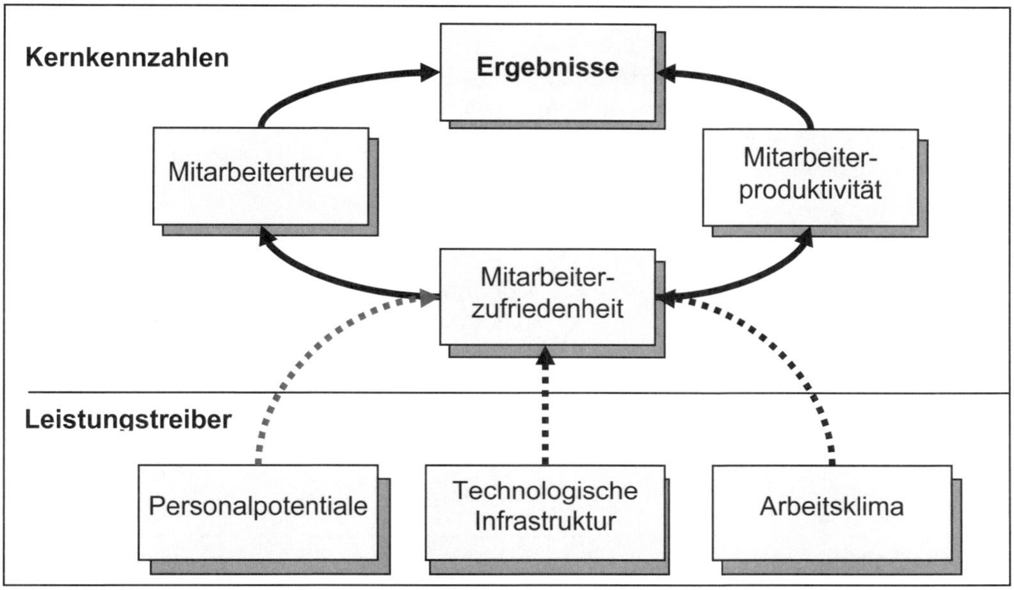

Abbildung 4-13: Kennzahlen der Potentialperspektive (Vgl. Kaplan, R. S./ Norton, D. P. [Balanced Scorecard, 1997], S. 124).

Da die Potentialperspektive als Treiber für die Unternehmensentwicklung gilt, sind die Ziele dieser Perspektive von zentraler Bedeutung. Diese Ziele unterscheiden sich in personalbezogene Ziele und situationsspezifische Antriebskräfte. Zu den personalbezogenen Zielen gehören die Mitarbeitertreue, Mitarbeiterproduktivität sowie die Mitarbeiterzufriedenheit. Die situationsspezifischen Antriebskräfte sind Einflüssen die auf die Mitarbeiterzufriedenheit einwirken. Diese sind die Leistungsträger der Unternehmung. Durch Weiterbildungsmaßnahmen, Einbindung der Mitarbeiter in finanzwirtschaftliche Bereiche, Verantwortungsübertragung und Motivation lässt sich die Mitarbeiterzufriedenheit beeinflussen.[1]

6.4.5 Ursache-Wirkungsbeziehungen

Die strategischen Ziele und Kennzahlen der vier Perspektiven sind miteinander verbunden und stehen im Einfluss zueinander.[2] In wie weit die einzelnen Ziele sich beeinflussen, wird in der Strategy Map deutlich, wobei die Ziele mit „Wenn-Dann-Aussagen" in Abhängigkeit stehen.[3]

---

[1] Vgl. Ackermann, K.-F. [Balanced Scorecard, 2000], S. 33 – 34.

[2] Vgl. Horváth, P. & Partners [Balanced Scorecard, 2004], S. 205.

[3] Vgl. Ehrmann, H. [Balanced Scorecard, 2007], S. 113.

Schematische Darstellung einer Ursache-Wirkungskette

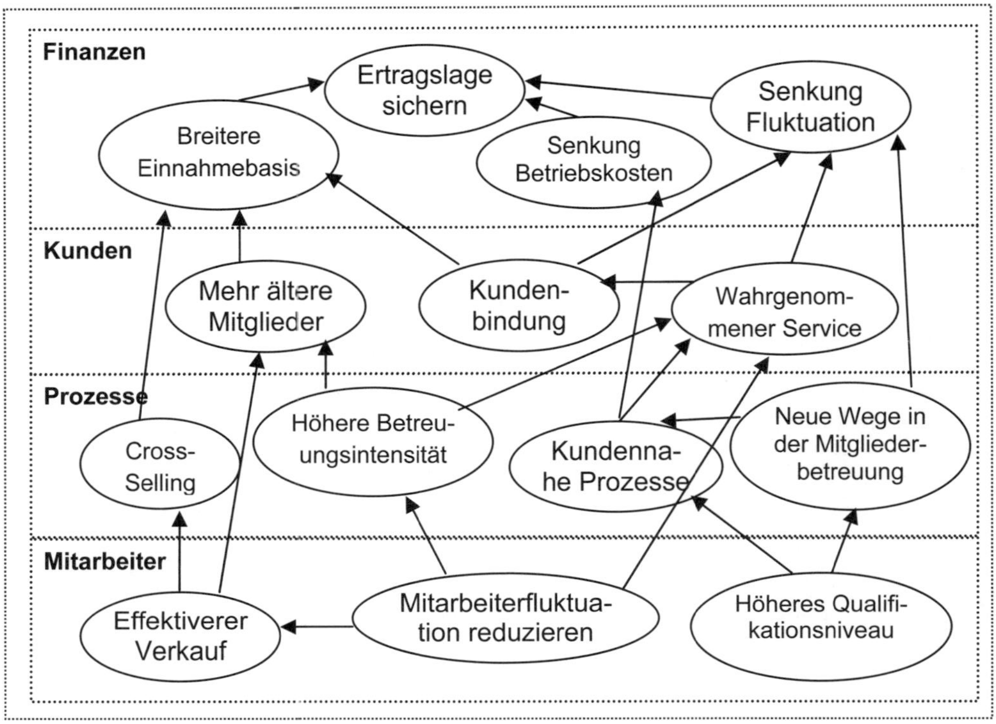

Abbildung 4-14: Schematische Darstellung einer Ursache-Wirkungskette (Vgl. http://fitnesstribune.com/arc/img/ ft101_4b.gif).

Beispiel

Die Reparatur eines Gerätes ist in Zukunft beim Kunden durchzuführen. Das direkte Sehen des Services an Ort und Stelle steigert die Kundenzufriedenheit, die zu einer längeren Kundenbindung führen kann. Zusätzlich entstehen weniger Transportkosten des Unternehmens, was sich auch auf den Preis auswirkt. Ein niedriger Preis kann dazu führen, dass das Unternehmen auch in Zukunft für bestimmte Dienstleistungen beauftragt wird.

„Die Messung des Zielereichungsgrades wird dadurch möglich, dass die strategischen Ziele und die Maßnahmen zur Zielerreichung mit den Kennzahlen kombiniert werden. Die dabei verwendeten Kennzahlen sind [...] in nachlaufende Ergebnisgrößen (Spätindikatoren) und vorlaufende Treibergrößen (Leistungstreiber) unterteilt."[1] In wie weit die Unternehmensstrategie des Unternehmens widerspruchsfrei ist, wird durch die einzelnen Wirkungs-

---

[1]   Zitat: Pietsch, T./ Memmler, T. [Balanced Scorecard erstellen, 2003], S 43.

zusammenhänge (Ketten) deutlich. Die Ziele der Finanzperspektive nehmen hierbei eine besondere Rolle ein, wodurch sich alle Maßnahmen der Perspektiven an ihnen orientieren.[1]

7   Fallbeispiel: Balanced Scorecard anhand eines Fußballvereins

7.1   Rahmenbedingungen

Für das Fallbeispiel ist ein fiktiver Verein gewählt, der sich durch die Einführung der Balanced Scorecard eine bessere Steuerung sowie Kontrolle über die sportlichen und finanzwirtschaftlichen Entwicklungen erhofft. Die Balanced Scorecard ist vorerst für einen Zeitraum von fünf Jahren festgelegt. Zur Vereinfachung ist der Verein mit „FC Hagen 09" zu bezeichnen und firmiert als Kapitalgesellschaft „Hagen 09 AG". Dieser Verein ist in der Region Nordrhein-Westfalen beheimat und spielt seit Anfang 2000 in der höchsten deutschen Spielklasse. Nachdem der Verein in den letzten beiden Jahren im UEFA-Cup vertreten war, ist es dem Verein gelungen, sich als Drittplazierter für die Champions League zu qualifizieren.

7.1.1   Räumlichkeiten, Verwaltungsstab und Besonderheiten

Das Stadion gehört der Stadt Hagen, mit welcher der Verein einen Vertrag zur Nutzung des Stadions abgeschlossen hat. Das Stadion verfügt über eine Kapazität von 40.000 Plätzen. Die Warmmiete beträgt 30% der Ticketeinnahmen.[2]

In der Geschäftsstelle des Vereins sind neben der Geschäftsführung vier Mitarbeiter angestellt. Jährlich fallen somit 144.000 Euro für Gehälter der Mitarbeiter an. Während der Geschäftsführer ehrenamtlich tätig ist, erhält der einzige Manager des Vereins zwei Millionen Euro jährlich. Für die Tätigkeit des Geschäftsführers ist eine Aufwandsentschädigung in Höhe von 10.000 Euro jährlich fällig. Die Geschäftsstelle befindet sich in der Nähe des Stadionkomplexes und ist im Besitz des Vereins, so dass keine zusätzliche Miete anfällt. Ein Fanshop befindet sich in den Räumen der Geschäftsstelle. Das Gebäude besitzt einen Buchwert von 40 Millionen Euro.

Im operativen Bereich eines Spieltages entstehen Aufwendungen für den Sicherheitsdienst, die Stadtreinigung und für den Rettungsdienst in Höhe von 30.000 Euro. Die Jugend-

---

[1] Vgl. Kaplan, R. S./ Norton, D. P. [Balanced Scorecard, 1997], S. 142ff.

[2] Anmerkung: In Anlehnung an die Stadionmiete des Karlsruher Sport Clubs.

abteilung erhält zu den Mitgliedsbeiträgen einen jährlichen Zuschuss in Höhe von 2,5 Millionen Euro.

Aufgrund des Konkurses der Kirch Media GmbH&Co.KGaA und KirchPayTV GmbH musste der Verein im Jahr 2005 ein Darlehen bei der Hausbank aufnehmen. Ein geringer Teil des Betrages wurde schon zurückgezahlt, so dass ein Betrag in Höhe von 30 Millionen Euro als Verbindlichkeiten bilanziert wurde. Die Tilgung der Verbindlichkeiten erstreckt sich über 12 Jahre zu je 3 Millionen Euro. Die Rückzahlung des Darlehensbetrages ist in zehn Jahren abgeschlossen.

Bilanz der Hagen 09 AG zum 30.6.2007

Aktiva		Passiva	
Anlagevermögen		**Eigenkapital**	
Gebäude	40.000.000	Stammkapital	30.000.000
Spielerwerte	20.000.000	Jahresüberschuss	6.003.000
Umlaufvermögen		**Fremdkapital**	
Bank	6.003.000	Darlehen	30.000.000
Bilanzsumme:	**66.003.000**	**Bilanzsumme:**	**66.003.000**

Tabelle 4-11: Bilanz der Kapitalgesellschaft „Hagen 09 AG" zum 30.6.2007 für das Geschäftsjahr 2007/08, ohne Berücksichtung von Steuern.

7.1.2   Vereinsmannschaft

Der Verein „FC Hagen 09" verfügt über 18 Spieler[1]. Durchschnittlich nehmen 13 Spieler an einem Spiel teil. Die Spielergehälter betragen 27 Millionen Euro jährlich. Neben diesen Fixbeträgen wurden für die Champions League und dem UEFA-Cup sowie dem DFB-Pokal noch keine einzelnen Prämien ausgehandelt. Der Trainer inklusive Trainerstab und Betreuer erhalten ein Festgehalt in Höhe von einer Million Euro jährlich.

---

[1]   Anmerkung: In der Bundesliga besteht der Kader eines Vereins über 20 Spieler, aus Vereinfachungsgründen wurde der Kader verkleinert.

7.1.3 Einnahmen- und Ausgabenstruktur

Erlöse und Aufwendungen des FC Hagen 09 noch einmal aufgelistet:

	in Euro
Sponsoring (fixe Erlöse, jährlich)	
Hauptsponsor und Ausrüster („SADIDS")	7.500.000
Sponsoringpool	7.500.000
Zuschauereinnahmen (variable Erlöse, pro Spiel)	
Eintrittskarte (Bundesliga)	18 pro Ticket
Eintrittskarte (international) Stand: Saison 2006/07	25 pro Ticket
TV-Einnahmen (variable Erlöse, pro Spiel/Saison)	
Bundesliga	k. A.
International (in Form von Prämien)	k. A.
Verpachtung (fixe Erlöse, pro Spiel)	
Restaurants, Snackbars, Getränkestände etc.	25.000
Vertrieb/Fanshop (Verkaufspreis pro Stück)	
Trikot (Heim/Auswärts)	70
Hosen	20
Stützen	10

Tabelle 4-12: Einnahmenübersicht des „FC Hagen 09" laut der Saison 2006/07.

	in Euro
Verwaltung (fixe Kosten, jährlich)	
Geschäftsführung	10.000
Management	2.000.000
4 Mitarbeiter	144.000
Sonstiges	16.000
Spielerkader (fixe Kosten, jährlich)	
Trainer	1.000.000
Mannschaft	27.000.000
Veranstaltungskosten (fixe Kosten, pro Spiel)	
Sicherheitsdienst, Stadtreinigung, Rettungsdienst	30.000
Veranstaltungskosten (variable Kosten, pro Spiel)	
Stadionmiete	30% d. Kartenerlösen
Vertrieb/Fanshop (variable Kosten, pro Stück)	
Kosten für Merchandisingartikel	10% d. Nettoverkaufspreises
Verbindlichkeiten (fixe Kosten, jährlich)	
Tilgung des Darlehens (Tilgungsbetrag jährlich 3 Millionen Euro, Dauer 12 Jahre)	3.000.000

Tabelle 4-13: Zusammenfassung der Ausgaben des Vereins „FC Hagen 09".

Zu den Ausgaben sind jährlich fünf Millionen Euro als Abschreibung auf Spielerwerte in der Bilanz zu erfassen. Des Weiteren sind zusätzlich Aufwendungen, die in Verbindung zu den nationalen und internationalen Pokalwettbewerben stehen und für die Prämien gezahlt werden, zu berücksichtigen.

7.2   Balanced Scorecard des „FC Hagen 09 e.V."

Bei der Balanced Scorecard des „FC Hagen 09" sind leichte Modifizierungen gegenüber dem Standardmodell vorgenommen worden. So besteht neben der Finanz- und Kundenperspektive eine dritte entscheidende Perspektive, die sportliche Ziele berücksichtigt. Des Weiteren sind die interne Prozessperspektive und die Potentialperspektive zu einer Perspektive zusammengefasst, so dass wie ursprünglich vier Perspektiven betrachtet werden.

7.2.1   Unternehmensstrategie

Nach dem Aufstieg in die Bundesliga hat der „FC Hagen 09" die Vision, einmal Deutscher Meister zu werden. Für die Region wäre dies ein enormer Erfolg. Zu diesem Zweck wurden ausschließlich Spieler erworben, die sich mit dem Verein und der Vision identifizieren.

Zurzeit ist die Aufmerksamkeit des Vereins in der Region sehr gering. Dies soll sich jedoch in der Zukunft ändern. Durch einen steigenden sportlichen Erfolg will der Verein eine größere Bedeutung in der Stadt und im Umland einnehmen. Hierzu wurde ein Slogan entwickelt, der lautet: „In Hagen wird nicht nur mit den Händen, sondern auch mit den Füssen gespielt!"

Durch attraktiven Fußball sollen mehr Zuschauer in das Stadion kommen. Um sportlich Erfolge zu erzielen, muss kurz- sowie langfristig investiert werden. Zur Erfüllung des kurzfristigen Erfolges sind Starspieler unter Vertrag genommen worden. Um den langfristigen Erfolg zu sichern, ist eine Sportakademie ins Leben gerufen worden. Da der finanzielle Erfolg vom sportlichen Erfolg abhängt sowie umgekehrt, verfolgt der Verein zusätzlich gewinnorientierte Ziele. Um einen hohen wirtschaftlichen Erfolg zu generieren, ist der Eintritt in den europäischen Vereinpokal unumgänglich. Durch eine leistungsstarke Mannschaft soll diese ermöglicht werden.

7.2.2   Finanzperspektive

Die Steuerungsgrößen der Finanzperspektive eines Fußballunternehmens unterscheiden sich nicht zu denen von Unternehmen anderer Branchen. Jedoch sind aufgrund der großen sportlichen Entwicklung Zielkonflikte zwischen der sportlichen Perspektive nicht auszuschließen.

Einnahmen- und Ausgabenübersicht in der Saison 2006/07
Die Umsatzerlöse der letzten Saison beliefen sich auf 55,39 Millionen Euro bei Aufwendungen in Höhe von 49,39 Millionen Euro.

Einnahmen	in Euro
Sponsoring	15.000.000
Zuschauereinnahmen (Bundesliga)	9.180.000
Zuschauereinnahmen (DFB-Pokal)	0
Zuschauereinnahmen (International)	1.800.000
TV-Einnahmen (Bundesliga)	24.630.000
TV-Einnahmen (International, eigene Vermarktung)	3.000.000
TV-Einnahmen (International, zentral)	0
Prämien (DFB-Pokal)	52.000
Prämien (UEFA-Pokal)	230.000
Merchandisingverkauf	1.000.000
Verpachtung (Restaurants, Snackbars etc. an 20 Heimspielen)	500.000
Gesamteinnahmen	**55.392.000**

Tabelle 4-14: Einnahmenübersicht des „FC Hagen 09" 2006/07.

Ausgaben	in Euro
Spielergehälter (Fixe Kosten)	27.000.000
Spielergehälter (Prämienzahlung, international, bei durch-schnittlich 13 eingesetzten Spielern)	39.000
Trainerstab	1.000.000
Stadionmiete (30% der Zuschauereinnahmen)	10.980.000
Fremdunternehmen (Sicherheitsdienst, Stadtreinigung, Rettungsdienst etc)	600.000
Geschäftsführung (Aufwandsentschädigung)	10.000
Management	2.000.000
Verwaltung (Gehälter)	144.000
Verwaltung (sonstiges)	16.000
Merchandisingaufwand	100.000
Jugendabteilung	2.500.000
Tilgung Darlehen (Darlehenstand 1.7.2007: 3 Millionen Euro)	3.000.000
Gesamtausgaben	**47.389.000**
+ Abschreibungen auf Spielerwerte	5.000.000
- Tilgung des Darlehen	-3.000.000
Gesamtaufwendungen	**49.389.000**

Tabelle 4-15: Ausgaben- und Aufwandsübersicht des „FC Hagen 09" 2006/07.

Ziele der Finanzperspektive

Die Ziele der Finanzperspektive sind:
- Steigerung der Umsatzrendite auf [15% bis 30 %]
- Steigerung des Umsatzes um [18% bis 30%]
- Steigerung des Gewinns um [300% bis 600%]
- Senkung des Verschuldungsgrades auf 0,8
- Reduzierung der Stadionmiete um 10%
- Senkung sowie umsatzspezifische Anpassung der Spielergehälter

Aus der letzten Saison sind folgende Kennzahlen ermittelt worden:

Kennzahlen des „FC Hagen 09" aus der Spielzeit 2006/07

Kennzahlen: (Kategorie 1)	
Umsatz	55.392.000
Kosten	49.389.000
Gewinn	**6.003.000**
Kennzahlen: (Kategorie 2)	
Umsatzrendite	**10,84%**
Kennzahlen: (Kategorie 3)	
Eigenkapital	33.003.000
Fremdkapital (Darlehen)	30.000.000
Verschuldungsgrad (FK/EK)	**0,91**
Kennzahlen: Kategorie 4)	
Spieler- und Trainerausgaben	28.039.000
Spielerspezifische Einnahmen (TV, Zuschauer sowie Prämien von DFB und UEFA)	38.892.000
Operative Einnahmen/Ausgaben-Quote	**1,39**

Tabelle 4-16: Kennzahlen des „FC Hagen 09" aus der Saison 2006/07.

Die Berechnung der Umsatzrentabilität des „FC Hagen 09" unter der Annahme einer Umsatzrendite von 15%

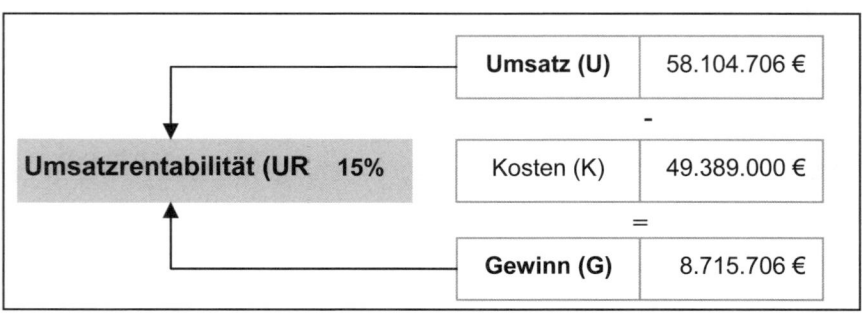

Abbildung 4-15: Umsatzrentabilitätsberechung des „FC Hagen 09".

Das oberste Ziel des „FC Hagen 09" ist die Steigerung der Umsatzrentabilität auf mindestens 15%. Da die Auswirkungen der Anpassung der Spielergehälter nur einen minimalen Anteil einnehmen, ist die Steigerung der Rentabilität über den Umsatz zu erzeugen. Die Kennzahl „Gehaltszahlungen pro Spiel" dient der Ergebnisüberprüfung im operativen Geschäft, so dass durch die Steigerung der Spielanzahl eine Reduzierung der Fixkosten stattfindet. Eine weitere Maßnahme ist die Reduzierung des prozentualen Anteils von Berufsfußballern im Kader.

Die Steigerung des Umsatzes muss aus den Bereichen Ticketing, Sponsoring, europäische TV-Vermarktung, Prämien aus dem DFB-Pokal sowie Champions League und im Merchandising-Verkauf erzielt werden.

Zusätzlich wurde mit der Stadt Hagen über die Stadionmiete neu verhandelt. Die Verhandlungen ergaben, dass im Fall des Erreichens der Champions League die Stadionmiete um 10% auf 27% reduziert wird. Die Argumentation von höheren Champions League Ticketpreisen hat sich bei den Verhandlungen durchgesetzt. Erreicht der Verein nicht die Champions League, bleibt es bei den alten Vereinbarungen. Die Senkung betrifft jegliche Art von Veranstaltungen in dem Stadion und somit auch für Bundesliga- und DFB-Pokal-Spiele. Für das Erreichen der Champions League sind qualitative Verstärkungen des Mannschaftskaders erforderlich.

Scorecard „Finanzen

Ziel	Kennzahl	Plan (€)	Vorjahr	Ist (€)	Maßnahmen
Steigerung des Umsatzes um 18% bis 30%	Umsatz = Gewinn + Kosten	58,10 Mio.	55,39 Mio.		Mehreinnahmen durch Sponsoring, TV-Vermarktung, Merchandising, Steigerung der Zuschauerzahl, Reduzierung der Tranferausgaben, Anpassung der Spielergehälter an Umsatzsteigerung
Steigerung der Umsatzrendite auf 15% bis 30 %	Gewinn/ Umsatz* 100%	15%	5,42%		
Steigerung des Gewinns um 300% bis 600%	Umsatz - Kosten	8,7 Mio.	3 Mio.		
Senkung des Verschuldungsgrades	Fremdkapital/ Eigenkapital	0,80	0,91		
Senkung der Stadionmiete um 10%	Umsatzbeteiligung beim Ticketing reduzieren	27 %	30 %		Verstärken des Teams, um länger in der Champions League zu spielen
Senkung der Spielergehälter pro Spiel (VJ: 28 Millionen Euro für 41 Spiele)	Gehaltszahlungen/pro Spiel	650.000	683.878		Von der fixen zur variablen Gehaltsstruktur, Reduzierung des Kaders um einen Berufsfußballer

Tabelle 4-17: Scorecard „Finanzen" .

7.2.3   Kundenperspektive

Die Steuerungsgrößen der Kundenperspektive eines Fußballunternehmens unterscheiden sich im Gegensatz zu denen von Unternehmen anderer Branchen. Die strategischen Ziele hinsichtlich der Kundenperspektive sind:

- Erlöse aus Zuschauerkarten (Ticketing) steigern
- Erlöse aus TV-Vermarktung steigern
- Erlöse aus Merchandising steigern
- Erlöse aus Sponsoring steigern
- Marktanteil bei den Fußballfans steigern
- Betreuung der Fans erhöhen

Strategische Ziel: Steigerung des Ticketing
Die Zuschaueranzahl ist im Zeitraum zwischen der Saison 2001/02 und der Saison 2006/07 um durchschnittlich 6.587 angestiegen. Im Vergleich zum Vorjahr bedeutet dies jedoch ein Rückgang von 1,43%.[1] Die Stadionauslastung lag in der abgelaufenen Saison 2006/07 bei durchschnittlich 78,27% (Vorjahr: 74,81%)[2][3].

---

[1]   Eigene Berechnung, vgl. Kicker-Sportmagazin [Sonderheft, Bundesliga, 2007/08], S. 149.

[2]   Eigene Berechnung, vgl. Kicker-Sportmagazin [Sonderheft, Finale, 2006/07], S. 28 – 96.

[3]   Eigene Berechnung, vgl. Kicker-Sportmagazin [Sonderheft, Finale, 2005/06], S. 26 – 98.

Durchschnittliche Entwicklung der Stadionbesuche in der 1. Fußballbundesliga seit der Saison 2001/02[1]

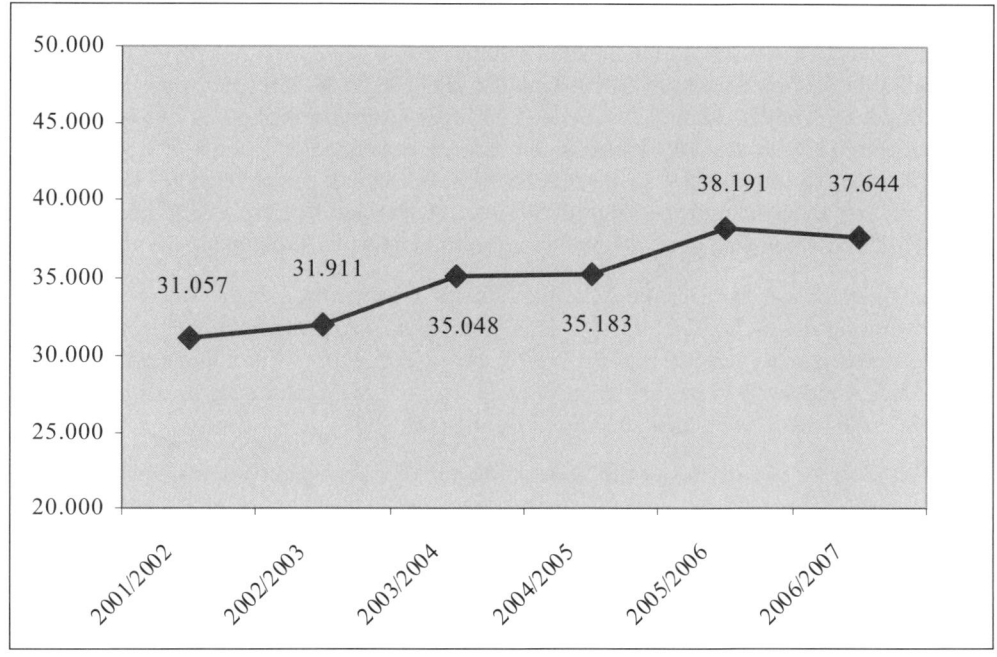

Abbildung 4-16: Durchschnittliche Entwicklung der Stadionbesuche (vgl. Kicker-Sportmagazin [Kicker, 2007/08], S. 149).

Aus der Abbildung ist ersichtlich, dass in der letzten Spielzeit 2006/07 durchschnittlich 37.644 Zuschauer in die Stadien der ersten Bundesliga kamen. Im Durchschnitt bezahlt dieser Zuschauer für einen Stadionbesuch 18,63 Euro[2].

Steigerung des Ticketing in Bundesligapartien
Der „FC Hagen 09" verzeichnete letzte Saison einen Zuschauerschnitt in den Bundesligapartien von 30.000 zahlenden Besuchern. Bei einem durchschnittlichen Eintrittspreis von 18 Euro entspricht dies einem Umsatz in Höhe von 9,18 Millionen Euro[3]. Das strategische Ziel ist eine Erhöhung des Umsatzes um 15% bei gleich bleibender Kostenentwicklung. Dies bedeutet eine Steigerung der Zuschaueranzahl pro Spiel um 4.500 Stadionbesucher. Der

1   Vgl. Kicker-Sportmagazin [Sonderheft, Bundesliga, 2007/08], S. 149.

2   Vgl. o.V. DFL-Report [Bundesliga Report, 2007], S. 34 – 35; Anmerkung: Im Vergleich zu den anderen europäischen Ligen wie Englang (48,00€) oder Spanien (32,00€) sind die Eintrittspreise weitaus günstiger. Vgl. o.V. DFL-Report [Bundesliga Report, 2007], S. 34.

3   Anmerkung: Berechnung aus 17 Heimspielen á 30.000 Zuschauern zu je 18,00 Euro Eintritt.

Umsatz aus dem Ticketverkauf würde daraufhin von 9,18 Millionen Euro auf 10,56 Millionen ansteigen. Dem entspricht eine Steigerung des Umsatzes um 1,38 Millionen Euro.

Steigerung des Ticketing im internationalen Wettbewerb

Während in der letzten Saison im UEFA-Cup der „FC Hagen 09" drei Heimspiele absolviert hat, ist in der Champions League, im Falle des Sieges in der Qualifikation, mit vier Spielen zu kalkulieren.[1] In den drei Heimspielen sind Karteneinnahmen in Höhe von 1,8 Millionen Euro erzielt worden. Im Durchschnitt sind 30.000 Zuschauer zu den Spielen des UEFA-Cups erschienen. Der durchschnittliche Eintrittspreis belief sich auf 18 Euro. Auch sind aufgrund von durchschnittlichen Gegnern keine höheren Eintrittspreise zu verlangen gewesen.

In dieser Spielzeit ist das Ziel die Qualifikation zur Champions League sowie die spätere Qualifikation für das Achtelfinale. Da in der Champions League mit hochkarätigen Vereinen gerechnet werden kann, sind die Eintrittspreise von 18 Euro auf 45 Euro[2] angehoben worden. Unter dieser Annahme ist mit Einnahmen in Höhe von 5,4 Millionen Euro zu rechnen.[3] Dies entspricht einer Umsatzsteigerung in diesem Bereich um 200%[4].

Um dieses Ziel zu erreichen, ist die Dauerkarte für die Gruppenphase ins Leben gerufen worden. Zusätzlich erhält der Dauerkartenbesitzer einen Gutschein in Höhe von 15 Euro, falls die Mannschaft sich für das Achtelfinale qualifiziert.[5] Der Gutschein wird beim Kauf eines Merchandisingproduktes verrechnet. Hier sind die Aufwendungen in Höhe von maximal 504.201,68 Euro mit einzukalkulieren.[6]

Steigerung des Ticketing im DFB-Pokal

Da der „FC Hagen 09" in der letzten Saison in der ersten Runde gegen einen Amateurverein aus dem Wettbewerb ausgeschieden ist, sind auch keine Einnahmen entstanden. Da die Karteneinnahmen beim DFB-Pokal ausschließlich dem gastgebenden Verein gehören, kann der Gastverein keine Umsätze vereinnahmen. Ziel ist es daher, mindestens ein Heimspiel auszu-

---

[1]   Anmerkung: Der Drittplazierte muss sich für die Gruppenphase der UEFA-Champions League erst qualifizieren. Verliert der Verein dieses Spiel, so spielt er im UEFA-Cup. In der Gruppenphase der Champions League sind drei Heim- und drei Auswärtsspiele. Für das Achtelfinale qualifizieren sind die beiden Ersten der Gruppen, während der Dritte zum Sechzehntelfinale des UEFA-Cups dazukommt.

[2]   Anmerkung: Beim FC Schalke 04 beträgt der Durchschnittspreis für eine Eintrittskarte zu einem Champions League Spiele des Klub 48,87 Euro (allerdings sind hier nur die Kategorien 1-7 berücksichtigt. Die Hospitalityplätze in den Bereichen LaOla, Schalker Markt, Logen etc. sind nicht mit eingerechnet.). Vgl. siehe Anhang Tabellenblatt „Schalke 04".

[3]   Anmerkung: Vier Heimspiele mit durchschnittlich 30.000 Zuschauern und einem Eintrittspreis von 45 Euro.

[4]   Anmerkung: Vorjahr: 1,8 Millionen Euro, dieses Jahr: 5,4 Millionen Euro, Anstieg um 3,6 Millionen Euro entspricht einen Anstieg um 200 %.

[5]   Anmerkung: Für diese Zwecke ist eine Registrierung des Fans nötig. Später kann auf diese Daten zurückgegriffen werden.

[6]   Anmerkung: Die Kapazität das Stadion beträgt 40.000 Plätze von denen jeder Besucher beim Erreichen den Achtelfinales einen Gutschein von 15 Euro erhält. Folglich sind maximal 600.000 Euro Bruttolistenpreis als Ausgabe zu verbuchen. Dies entspricht einen Nettobetrag in Höhe von 504.201,68 Euro.

tragen. Da der DFB-Pokal nicht so gut besucht ist wie ein Bundesligaspiel, rechnet der Verein im Falle eines Heimspieles mit 50% der regulären Zuschauerzahl des vergangenen Jahres. Dies entspricht 15.000 Stadionbesuchern und entspricht einem Umsatz in Höhe von 270.000 Euro bei 18 Euro Eintritt. Maßnahmen für eine höhere Besucherzahl ist eine „2 for 1"-Aktion sowie ein Sitzkissen mit der Beschriftung „Wir fahren nach Berlin" für jeden Zuschauer. Hierdurch entstehen Aufwendungen pro Besucher in Höhe von zwei Euro (Netto).

Strategisches Ziel: Erlöse aus TV-Vermarktung steigern

TV-Vermarktungserlöse für die Bundesligaspiele
Die TV-Vermarktungserlöse in der Bundesliga sind abhängig von der durchschnittlichen Platzierung in den letzten drei Spielzeiten sowie der derzeitigen durchschnittlichen Platzierung in der laufenden Saison. Der „FC Hagen 09" ist in der Saison 2003/04 durchschnittlich auf dem fünften, in der Saison 2004/05 auf dem vierten, in der Saison 2005/06 auf dem vierten und in der letzten Saison auf dem dritten Platz gewesen. Unter der Gewichtung (4-3-2-1) erhielt der Verein für die letzte Saison 22,63 Millionen Euro für die inländische Vermarktung[1]. Für die Auslandsvermarktung sind aufgrund der Platzierung aus der letzten Saison dem Verein zwei Millionen Euro zugeflossen. Eine Steigerung dieser Einnahmen ist ausschließlich durch eine Platzierung zwischen dem ersten und dritten Platz möglich, da die schlechte Platzierung aus der Saison 2003/04 dadurch aus der Bewertung fällt. Für die gesamte TV-Vermarktung erzielt der Verein 24,63 Millionen Euro. Als Saisonziel fokussiert der Verein den Tabellenplatz. Die TV-Vermarktungserlöse würden daraufhin auf 24,92 Millionen Euro (inklusive 2 Millionen Euro für die Auslandsvermarktung) ansteigen. Dies entspricht 1,18%[2].

Eine eventuelle Maßnahme zur Erzielung von höheren Erlösen ist durch die Eigenvermarktung zurzeit nicht möglich. Eine andere Maßnahme ist die Verhandlung eines neuen Vertrages. Der jetzige Vertrag über die Übertragungsrechte endet im Sommer 2009, wodurch Möglichkeiten eines höher notierten Vertrages für die Zukunft besteht[3,4].

TV-Vermarktungserlöse im Internationalen Wettbewerb
In der letzten Saison hatte der Verein drei UEFA-Cup-Heimspiele, für die eine externe Vermarktungsagentur beauftragt wurde. Diese Vermarktungsagentur betreut mehrere große deutsche Vereine, wenn diese internationale Spiele austragen. Für die TV-Übertragung sind

---

[1] Anmerkung: Eigene Berechung; Unter der Annahme der TV-Vermarktung für das Inland in Höhe von 420 Millionen pro Saison; siehe Anhang, Tabellenblatt „TV-Vermarktungseinnahmen".

[2] Anmerkung: (24,92-24,63)/24,63*100%=1,18%.

[3] Anmerkung: Ab der Saison 2009/10 übernimmt die Agentur Sirius (ein Unternehmen von Leo Kirch) die Vermarktungsrechte der Bundesliga. Der Vertrag ist auf sechs Jahre fixiert und garantiert den Bundesligavereinen der ersten und zweiten Liga Einnahmen von mindestens 500 Millionen Euro. Vgl. http://www.ftd.de [Leo Kirch, 9.10.2007], (Stand: 17.11.2007; 0:24 MEZ).

[4] Vgl. o.V. Borussia Dortmund [Geschäftsbericht 2006] S. 46.

drei Millionen Euro eingenommen worden. Da sich der Verein aufgrund von zwei Niederlagen, einem Unentschieden und einem Sieg nicht für die Endrunde qualifizieren konnte, sind keine weiteren Spiele angefallen. Die UEFA zahlte daraufhin 230.000 Euro als Prämie an den Verein[1].

Für das Qualifikationsspiel, für die Gruppenphase der UEFA Champions League, sind Verträge mit der externen Vermarktungsagentur abgeschlossen. Für die Übertragung sind eine Million Euro veranschlagt. In der Gruppenphase wird fest mit drei Heimspielen gerechnet, die 1,8 Millionen Euro als Prämie bedeuten. Des Weiteren erhält jeder Teilnehmer der Gruppenphase neben dem Startgeld in Höhe von drei Millionen Euro auch eine Auflaufprämie von insgesamt 2,4 Millionen Euro. Somit sind für das Erreichen der Gruppenphase Einnahmen in Höhe von 10,2 Millionen Euro zu kalkulieren. Zusätzlich sind Einnahmen in Höhe der Verteilung des Marktpools zu berücksichtigen[2]. Als Drittplazierter der Bundesliga ist mit Einnahmen in Höhe von 8,3 Millionen Euro zu rechnen.

Um in der Champions League in der Gruppenphase erfolgreich zu sein, muss der Verein die Spielerqualität erhöhen.

TV-Vermarktungserlöse für die DFB-Pokalspiele

In der letzten Saison ist der Verein „FC Hagen 09" in der ersten Runde ausgeschieden. Somit ist nur die Prämie in Höhe von 52.000 Euro aus dem TV-Topf als Einnahmen zu verzeichnen gewesen[3]. In dieser Saison erhofft sich der Verein ein langes Weiterkommen und hat sich als Ziel das Viertelfinale gesetzt. Die TV-Übertragungen sind von der jeweiligen Paarung abhängig, so dass nicht grundsätzlich mit einer Übertragung gerecht werden kann[4]. Die Einnahmen aus der Live-Übertragung sind im Verhältnis 6:4 zwischen dem Gastgeber und dem Gast zu verteilen. Die Prämie, die die DFL ausschüttet liegt für das Erreichen des Viertelfinales bei 416.000 Euro.[5] Für eine Live-Übertragung und nach Teilung mit der Gästemannschaft erhöht sich dieser Betrag um 600.000 Euro. Somit ist mit dem Erreichen des Ziels (Viertelfinale) ein Umsatz von 1,16 Millionen Euro verbunden.

Um dieses Ziel zu erreichen ist es nötig, den Kader neben der Qualität auch quantitativ anzupassen, um die höhere körperliche Belastung zu kompensieren.

---

[1] Anmerkung: Summe aus Stargeld (70.000 Euro), Siegprämie (40.000 Euro), Unentschiedenprämie (20.000 Euro) sowie 100.000 Euro aus dem Marktpool. Vgl. http://www.tagesspiegel.de [Krösus Bayern, 2.7.2007], (Stand: 17.11.2007; 12:26).

[2] Anmerkung: Die Verteilung des Marktpools richtet sich an die TV-Marktungsstellung des jeweiligen Landes, die ins Verhältnis zu den anderen Ländern. Hierbei ist die Platzierung aus dem nationalen Wettkampf (Bundesliga) von Bedeutung. So erhielt der SV Werder Bremen 10,9 Millionen Euro und der Hamburger Sportclub 8,3 Millionen Euro nach dem Ausscheiden aus der Champions League. Vgl. Kicker-Sportmagazin [Heft 55, 5.7.2007], S. 26.

[3] Vgl. Kicker-Sportmagazin [Heft 5, 16.1.2006].

[4] Anmerkung: Im DFB-Pokal haben Amateurvereine (einschließlich Regionalliga und niedriger) ein Heimrecht, das zur Folge hat, dass die TV-Einnahmen ausschließlich beim Heimverein als Erlöse zu verbuchen sind.

[5] Anmerkung: 1. Runde (52.000 Euro), 2. Runde (104.000 Euro), Achtelfinale (208.000 Euro), Viertelfinale (416.000 Euro).

Strategische Ziel: Erlöse aus Merchandising steigern

Der Verein verfügt über ein sehr kleines Sortiment. Neben den Heim- und Auswärtstrikots sind lediglich Hosen und Stützen im Fanshop zu finden. In dem letzten Geschäftsjahr sind hier lediglich eine Million Euro umgesetzt worden. Im Verhältnis zu großen Vereinen wie Borussia Dortmund, deren Umsatz bei Merchandising-Produkten 11,7 Millionen betrug, besteht hier Nachholbedarf[1]. Ziel ist eine 150%ige Steigerung auf 2,5 Millionen Euro. In den nächsten fünf Jahren soll dann die 5-Millionen-Grenze durchbrochen werden.

Um dieses Ziel zu verfolgen, ist ein Vertrag mit einem großen Textil-Hersteller im Raum Nordrhein-Westfalen abgeschlossen worden. Neben Trikots, Hosen und Stützen sollen von nun T-Shirts, Polo-T-Shirts, Krawatten, Jacken, Trainingskleidung und Mützen die Auswahl vergrößern. Des Weiteren ist geplant ein Trikot eigens für die Champions League Partien anzubieten. Auch sind Beflockungen mit Spieler- oder dem eigenen Namen von nun ab erhältlich.

Zusätzlich wurden Fahnen, Banner, Schirme, Kissen, Decken, Handschuhe, Kordeln, Schals usw. ins Sortiment mit aufgenommen.[2] Zu diesem Zweck wurde eine benachbarte Näherei beauftragt. Für Gläser, Krüge, Trinkbecher und Aschenbecher ist ein Vertrag mit einer Glasbläserei abgeschlossen worden.

Um die Umsatzsteigerung zu erzielen, ist zusätzlich neben dem Fanshop am Stadion auch eine Internetplattform entwickelt worden. Unter www.fc-hagen-09.de/fanshop sind die Artikel auch außerhalb der Öffnungszeiten des Fanshops erhältlich.

Strategische Ziel: Erlöse aus Sponsoring steigern

Der Hauptsponsor „SADIDS" ist zusätzlich der Ausrüster. Der Vertrag ist bis zum Ende der Saison 2009/10 fixiert. Jährlich überweist der französische Sportartikel-Konzern 7,5 Millionen Euro. Zusätzlich fließen wiederum 7,5 Millionen Euro aus einem Sponsoringpool. Im Sponsoringpool sind alle Business-Partner des Vereins versammelt. Diese sind auf den Banden und auf den Werbetafeln bei Interviews abgebildet[3]. Ziel des Vereins ist es die Einnahmen in Höhe von 15 Millionen Euro jährlich auf 17,5 Millionen Euro zu erhöhen.

Im Rahmen dieser Umsetzung sind neue Verhandlungen mit den Business-Partnern notwendig. Aufgrund der Tatsache, dass der Verein bei Bestehen der Qualifikation in der Champions League spielt, fordert der Verein vom Sponsoringpool eine Erhöhung um 33,33% auf 10 Millionen Euro (vorher 7,5 Millionen Euro). Diese Bedingung ist an die Qualifikation für die Gruppenphase gekoppelt.

---

[1]   Vgl. o.V. Borussia Dortmund [Geschäftsbericht, 2006] S. 48.

[2]   Vgl. http://shop.fcbayern.de [Fanshop, FC Bayern München], (Stand: 17.11.2007; 15:54 MEZ).

[3]   Vgl. http://ww.bayer04.de [Business-Partner, 2007], (Stand: 17.11.2007; 16:21 MEZ).

Strategische Ziel: Marktanteil bei den Fußballfans steigern
In Deutschland leben 34,59 Millionen Fußballinteressierte.[1] Während der Marktanteil des FC Bayern München bei 19,32%, der von Borussia Dortmund bei 16,14%, der vom SV Werder Bremen bei 9,29% und der vom FC Schalke 04 bei 6,11% beträgt[2], liegt der Marktanteil des „FC Hagen 09" bei 1,96%. Dies entspricht einer Anzahl von 677.954 Fans. Da der Verein im Einzugsgebiet von Borussia Dortmund liegt, ist es schwer, im direkten Umfeld Zuschauer abzuwerben.

Ziel ist es, den Marktanteil um 15% auf 2,25% zu erhöhen. Um dieses Ziel zu verfolgen, müssen neben den vorhandenen Kunden andere Fankulturen angesprochen werden. Zum einem ist es die Zielgruppe der Grundschüler in dieser und der Nachbarregion. Durch Autogrammstunden in den Schulen und Kooperationen mit den öffentlichen Einrichtungen wird gezielt um die Gunst der zukünftigen Zuschauer geworben. Zusätzlich werden Familienkarten eingeführt und Stadionblöcke ausschließlich für „Eltern mit Kind" eingeführt. Darüber hinaus müssen die Fußballfans angesprochen werden, deren Verein nicht im direkten Umfeld beheimatet ist[3]. Um diese Personengruppe anzusprechen, müssen zusätzlich die sportliche Leistung und der Service im Stadion verbessert werden[4].

Strategische Ziel: Betreuung der Fans erhöhen
Zurzeit findet eine geringe Betreuung der Fans statt. Es werden lediglich einmal in der Woche die Fanbriefe in Empfang genommen und Autogrammkarten verschickt. Dies gehört zu den Nebentätigkeiten einer Buchhalterin. Eine richtige Betreuung findet derzeit nicht statt. Ziel ist es die Qualität der Betreuung zu verbessern, um so mehr Zuschauer in das Stadion zu bekommen. Um den postalischen zeitaufwendigen Weg zu umgehen, muss eine Internetseite eingerichtet werden, auf derer sich die Fans direkt an einen Fanbetreuer wenden können. Hierdurch wird die Schnittstelle zwischen Fans und Verein geschlossen. Der Fanbetreuer übernimmt auch die Betreuung für Auswärtsspiele und hilft bei organisatorischen Belangen.

Scorecard „Kunden"
Zusammenfassend sind die Ziele, Kennzahlen und Maßnahmen der Kundenperspektive wie folgt darstellt:

---

[1]   Vgl. o.V. DFL-Report [Bundesliga Report, 2007], S. 29.

[2]   Vgl. Mrazek, K. [CA$H-LEAGUE, 2005], S. 174.

[3]   Anmerkung: Ansprechen von FC Bayern München Fans, die im Ruhrgebiet wohnen und arbeiten.

[4]   Anmerkung: Nach dem Motto: „Ohne uns verpassen Sie ein Fußballerlebnis".

Ziel	Kennzahl	Plan (€)	Vorjahr	Ist (€)	Maßnahmen
Steigerung der Zuschauerzahl / Zuschauereinnahmen					
in der Bundesliga	Einnahmen	10,56 Mio.	9,18 Mio.		Familientickets, 5-Karte,
in der Champions-League/ UEFA-Cup Gruppenphase überstehen	Einnahmen	5,4 Mio	1,8 Mio		Sammelkarte für Gruppenphase, Karten inkl. Merchandisingartikel
im DFB-Pokal (1 Heimspiel)	Einnahmen	135.000	0		„2 für 1"-Aktionen, Sitzkissen für jeden Besucher
Steigerung der TV-Vermarktungserlöse					
in der Bundesliga	Erlöse	22,92 Mio	22,63 Mio		Saisonziel: Dritter Platz
in der Champions-League/ UEFA-Cup Gruppenphase überstehen	Erlöse	18,5 Mio	3,23 Mio		Gezielte Spielerinvestition tätigen, um die Qualität zu verbessern
Im DFB-Pokal Viertelfinale (Prämie und eine Live-Übertragung)	Erlöse	1,16 Mio	0		Vergrößerung des Kaders zur Reduzierung der körperlichen Belastung
Steigerung der Merchandising-Erlöse					
Fanartikelumsatz um 150% steigern	Prozent	250%	100 %		Vergrößerung des Sortiments und Anpassung an individuelle Bedürfnisse; Internetpräsenz
Steigerung der Sponsoring-Erlöse					
Steigerung der Sponsoring-Erlöse um 16,67 %	Erlöse	17,5 Mio	15 Mio		Qualifikation für die Gruppenphase der Champions-League
Steigerung des Marktanteils					
Marktanteil erhöhen	Prozent	2,25%	1,96%		Autogrammstunden in Schulen, Familienblöcke, Familienkarten, attraktiver Fußball
Steigerung der Betreuung der Fans					
Täglicher Fankontakt	Anzahl	50	4		Einstellung eines Fanbetreuers, Internetseite einrichten, unverzügliche Antwort auf Fanwünsche

Tabelle 4-18: Scorecard „Kundenperspektive"

7.2.4   Interne Prozessperspektive und Mitarbeiterperspektive

Während sich die interne Prozessperspektive speziell auf die kunden- und finanzspezifische Prozesse konzentriert, verfolgt die Lern- und Entwicklungsperspektive die Sicherung der Mitarbeiterpotentiale.

Prozessperspektive

Um die Unternehmensstrategie, einer Steigerung der Umsatzrendite sowie einer Steigerung des sportlichen Erfolges zu erzielen, müssen die Prozesse auf diese Ziele auszurichtet werden. Ziel der Prozessperspektive sind:

- Effektivitätssteigerung im Marketing
- Talentsichtung bessern

Anhand der Wertschöpfungskette bei einem Fußballspiel lässt sich der Einsatz der Finanzmittel und Sachmittel sowie der Mitarbeiter bis hin zu den Rückflüssen erkennen.

Leistungserbringung Fußballspiel in der Wertschöpfungskette

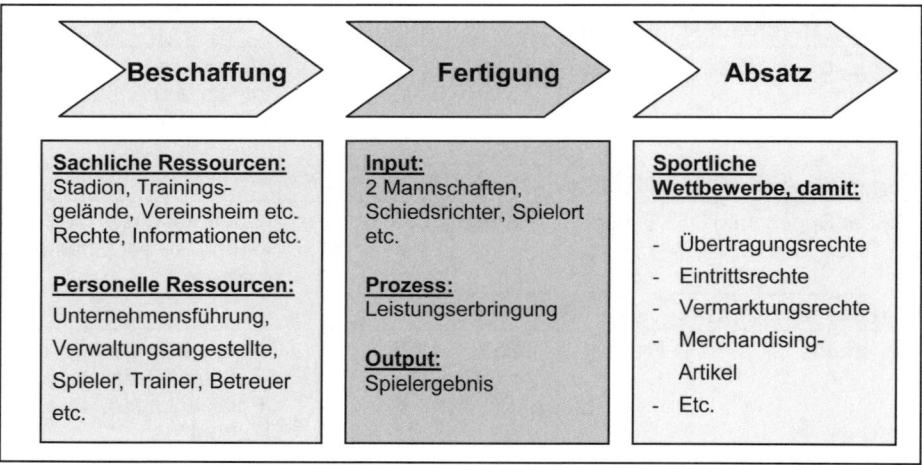

Abbildung 4-16: Leistungserbringung Fußballspiel in der Wertschöpfungskette (Vgl. von Freyberg, B. [Transfergeschäfte in der Fußballbundesliga, 2005], S. 10).

Zur Steigerung des Merchandisingverkaufs ist die Installation einer Kundendatenbank notwendig. Durch Speicherung dieser Daten erhält der Verein eine Übersicht, welche Artikel verkauft wurden. So erhält der Verein die Information, welcher Spieler der Lieblingsspieler von bestimmten Kunden ist. Dadurch lässt sich ein direktes Angebot an die Kunden offerieren. Zum Beispiel besteht die Möglichkeit beim Kauf einer Dauerkarte ein Trikot des Spielers anzubieten, welcher der Lieblingsspieler des Kunden ist. Auch können bestimmte Rückschlüsse getroffen werden, wenn ein bestimmter Spieler den Verein verlässt. So werden Spieler den Verein verlassen, wenn zusätzlich zur schlechten sportlichen Leistung deren

Trikotverkauf unterdurchschnittlich war. Durch Einführung solch eines Systems besteht eine engere Bindung zu den Kunden.

Um die Talentsichtung zu verbessern, sind Kooperationen mit Schulen abzuschließen. Monatlich erscheinen Jugendtrainer des Vereins auf den Höfen und in den Hallen der Grundschulen der Stadt. Durch stattfindende Turniere auf dem Jugendgelände des Vereins finden jährlich Sichtungen von vereinsfremden Jugendlichen statt.

Mitarbeiterperspektive

Die Ziele der Mitarbeiterperspektive beziehen sich auf:

- Verstärkung der Mannschaft
- Leistungssteigerung der Mannschaft
- Anzahl der Jugend aus der eigenen Fußballakademie erhöhen
- Verstärkung des Managements

Der Verein ist auf dem Transfermarkt aktiv geworden. So haben drei Durchschnittsspieler (Buchwert sechs Millionen Euro) für zusammen acht Millionen Euro den Verein verlassen. Verstärkt hat sich der Klub „FC Hagen 09" mit einem Stürmer für acht Millionen Euro, einem Mittelfeldspieler für zehn Millionen Euro und einem Mittelfeldspieler für drei Millionen Euro. Die Vertragslaufzeit beträgt vier Jahre. Neben diesen Profispielern sind zwei Jugendspieler zu dem Kader gestoßen, so dass der Kader auf 20 Spieler vergrößert wurde. Für die Jugendspieler aus der eigenen Fußballakademie sind keine Kosten angefallen. Aufgrund dieser neuen Kadersituation haben sich die Spielergehälter um drei Millionen Euro auf 30 Millionen Euro erhöht.

Für die Leistungssteigerung der Berufsfußballspieler ist zusätzlich ein Konditionstrainer eingestellt worden. Die Kosten belaufen sich auf 50.000 Euro im Jahr. In der letzten Saison ist es durchschnittlich zu 40 Krankheitstagen gekommen, die um 50% reduziert werden müssen. Zusätzlich wurden Prämienzahlungen vereinbart, die im Fall von Erfolgen im Europapokal und im nationalen Pokal an die Spieler ausgeschüttet werden.

	in Euro
Champions League	
Siegprämie	10.000
Unentschieden	3.000
Niederlage	0
UEFA-Cup	
Siegprämie	2.000
Unentschieden	1.000
Niederlage	0
DFB-Pokal	
Siegprämie	1.000
Niederlage	0

Tabelle 4-19: Prämienkatalog des „FC Hagen 09"

Des Weiteren werden fünf Millionen Euro an die Spieler ausgeschüttet, wenn die Gruppen-phase der Champions League erreicht wird.

Neben der Betreuung der Profispieler kümmert sich der Konditionstrainer um die Talente aus dem Jugendbereich. Eine weitere Maßnahme ist die Erhöhung der Zuwendungen von zwei-einhalb auf drei Millionen Euro, die in einen Kraftraum investiert werden.

Für den Merchandisingbereich und die Fanbetreuung ist ein ehemaliger Profispieler ange-stellt worden. Seine Aufgaben sind neben der Betreuung der Fanklubs der Merchandising-verkauf über das Internet. Durch die Einführung einer Software, die alle Informationen über die Kundenwünsche speichert, verfügt das Unternehmen über die Möglichkeit individuell die Wünsche zu befriedigen.

Das Management muss verstärkt werden. Zurzeit ist das Management ausschließlich für den Spielertransfer verantwortlich. Um den Manager in diesem Bereich zu unterstützen, ist ein Scout eingestellt worden. Während das Management überwiegend mit entwickelten Profis Verträge abschließt, hat der Scout die Aufgabe, talentierte Jugendspieler von anderen Verei-nen für den Klub zu gewinnen. So entsteht eine Entlastung des Managements. Die Kosten des Scouts betragen 300.000 Euro jährlich. Durch die Erfahrung des Scouts, der selbst ein ehemaliger Bundesligaprofi war, entsteht eine Qualitätsverbesserung.

Scorecard „Prozess und Potentiale"

Ziel	Kennzahl	Plan	Vorjahr	Ist	Maßnahmen
Effektivitätssteigerung im Marketing					
Verkaufte Artikel in Stück		20.000	15.748		Enge Bindung an den Verein, Kooperationen mit Schulen, Datenbank über die Kunden einführen, Direktmarketing
Kartenverkauf in Stück		35.000	30.000		
Talentsichtung verbessern					
Mehr talentierte Spieler in der Jugend-abteilung	Talent/ Jugendkader	2	0		Kooperationen mit Schulen schließen, Sichtungen in Schulen, eigene Turniere veranstalten
Verstärkung der Mannschaft (Qualitätssteigerung)					
in der Bundesliga	Abschneiden	3. Platz	3. Platz		Verkauf von drei Durchschnittsspieler für 8 Millionen Euro, Kauf eines Stürmers für 8, eines Mittelfeldspielers für 10 und einen für 3 Millionen Euro, zusätzlich Zugang von zwei Jugendspielern
im Europapokal	Abschneiden	Champions League Gruppen-phase	UEFA-Cup Gruppen-phase		
im DFB-Pokal	Abschneiden	202.500	0		
Leistungssteigerung der Mannschaft (körperlich/Einsatzbereitschaft)					
Krankheitstage / Jahr (während der Saison)		20 Tage	40 Tage		Zur schnelleren Erreichung des Leistungsstandes wird ein Konditionstrainer eingestellt.
im Europapokal	Abschneiden	Achtelfinale	Gruppen-phase		Einführung einer Prämien-zahlung für das Erreichen bestimmter sportlicher Ziele
im DFB-Pokal	Abschneiden	1. Runde	1. Runde		
Anzahl der Jugendspieler erhöhen					
	Jugendspieler/ Gesamtkader	10%	0%		Durch Einstellung des Konditionstrainers, Bau eines Kraftraums im Jugendbereich sowie Erhöhung der jährlichen Zuwendungen
Verstärkung des Management					
	Talent/Jahr	1	0		Einstellung eines Scout, der die Jugendabteilungen anderer Vereine untersucht

Tabelle 4-20: Scorecard „Prozess- und Potentialperspektive"

7.2.5   Sportliche Perspektive

Für ein Fußballunternehmen ist die Berücksichtigung der sportlichen Ziele erforderlich. Daher ist eine Sportliche Perspektive in die Balanced Scorecard des „FC Hagen 09" mit aufzunehmen.

Die sportlichen Ziele des „FC Hagen 09" betreffen den nationalen, internationalen sowie vereinsinternen Bereich. Somit wurden die Ziele für diese Spielzeit wie folgt festgelegt:

- Endplatzierung aus der vergangenen Saison in der Bundesliga halten oder steigern
- Im nationaler und internationaler Wettbewerb erfolgreich sein
- Steigerung des Teamwertes
- Beständigkeit des Trainerstabes

Festigen und steigern der Bundesligaplatzierung
In der Spielzeit 1991/92 ist der „FC Hagen 09" als zweiter Aufsteiger in die Bundesliga gelangt. Seit der Saison 2004/05 ist der Klub im internationalen Wettbewerb vertreten. In der letzten Saison hat der Verein den dritten Platz in der nationalen Liga erreicht, wodurch sich der Verein erstmals für die Champions League qualifizieren konnte.

Der Lauf der Platzierung des „FC Hagen 09 e.V." seit der Saison 2001/02

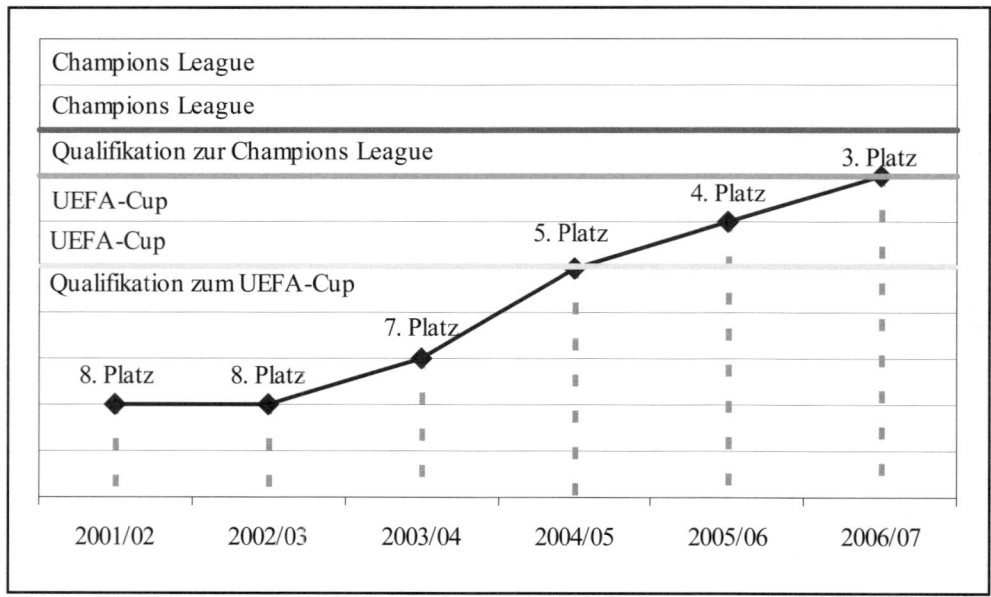

Abbildung 4-17: Verlauf der Platzierung des „FC Hagen 09" seit der Spielzeit 2001/02

Das Saisonziel dieser Spielzeit ist mindestens der dritte Tabellenplatz in der Bundesliga. Um dieses Ziel zu verfolgen, muss die Qualität des Spielerkaders erhöht werden. Die Maßnahmen sind:

- Abgang von drei Durchschnittsspielern
- Zugang von drei Führungsspielern
- Zugang von zwei Jugendspielern

National und international erfolgreich sein
Die sportlichen Ziele in den nationalen und internationalen Pokal-Wettbewerben (DFB-Pokal und Champions League) unterscheiden sich in der Anzahl der als Ziel gesetzten Runden. Die Maßnahmen sind jedoch identisch. So ist eine höhere Spielerqualität notwendig, um die gesetzten Ziele zu erreichen.

Nationale Wettbewerb (DFB-Pokal)
Im DFB-Pokal ist der Verein in der letzten Spielzeit in der ersten Runde ausgeschieden. Für die Saison 2007/08 ist das Viertelfinale als Ziel vorgegeben.

Internationaler Wettbewerb (Champions League)
In der letzten Saison ist der „FC Hagen 09" in der Gruppenphase des UEFA-Cups ausgeschieden. Das Ziel für die Saison 2007/08 ist das Erreichen des Achtelfinales in der Champions League.

Steigerung des Teamwertes
„Elf Freunde müsst ihr sein!", heißt der Spruch des ehemaligen Nationaltrainers Sepp Herberger.[1,2] Ein guter Teamgeist in der Mannschaft steigert die Spielqualität. Auch bei der Wahl der Neuzugänge muss auf den Spielertyp geachtet werden, dass dieser zur Mannschaft passt. Es werden zukünftig nur Spieler verpflichtet, die sich schnell integrieren können. Um den Neuzugängen dieses schneller zu ermöglichen, sind spezielle Maßnahmen geplant. So werden Jugendspieler schon mit Abschluss des Vertrages an den Profikader herangeführt und absolvieren das gemeinsame Training. Für ausländische Profispieler werden zusätzlich der Trainer und der Konditionstrainer stärker in die Verantwortung genommen. Die Integration von Neuzugängen muss von einem Jahr auf ein halbes Jahr verkürzt werden. Durch Stärkung des Teamgeistes sind zusätzliche Potentiale zu erzielen.

---

[1] Vgl. http://www.seppl-herberger.de [Elf Freunde], (Stand: 25.11.2007; 16:26 MEZ).

[2] Anmerkung: Ein Beispiel ist der Gewinn der Europameisterschaft 2004 von Griechenland, die durch Teamgeist gegen Portugal (ein Mannschaft mit vielen Einzelspielern) im Finale gewonnen haben.

Beständigkeit des Trainerstabes

Der Trainer ist seit vier Jahren beim Verein angestellt. Seine Aufgaben konzentrieren sich ausschließlich auf das Training, die Spieleraufstellung und die Spieltaktik. Um einen lang-fristigen sportlichen Erfolg zu erzielen, muss die Trainerposition beständig sein[1]. Um den Trainer enger an den Verein zu binden, muss sich der Trainer mit dem Verein identifizieren[2]. Für die Integration des Trainers sind folgende Maßnahmen durchzuführen:

- Mehr Einfluss im Transferwesen

- Eigene Wahl des Co-Trainers

- Mitbestimmungsrecht bei Vereininvestitionen im sportlichen Bereich (z.B. Fußballaka-demie)

- Zeit zum Experimentieren

Die Kontinuität des Trainerstabes muss auch bezüglich der Spielweise gegeben sein. Ein häufiger Wechsel der Spieltaktik wirkt sich negativ auf die Motivation der Spieler aus. Jeder Spieler muss wissen, für welchen Bereich er verpflichtet wurde bzw. auf welcher Position der Trainer den Spieler langfristig einsetzen will.[3]

Der Abschluss von kurzfristigen Trainerverträgen (unter einem Jahr) lässt keine beständige Zusammenarbeit zu. Bei Vertragsverlängerungen sollte daher die Vertragsdauer über min-destens drei Jahre abgeschlossen werden, um von einer kontinuierlichen Zusammenarbeit zu sprechen.

---

[1] Anmerkung: Ein Wechsel eines Trainers führt zu Umstellungen in der Mannschaft. Der Kontakt zu den Spieler muss von Neuen aufgebaut werden und das Vertrautheit bedarf einer bestimmen Zeit. Langfristig muss Konti-nuität verfolgt werden, da der Trainer bestimmte Spielvorstellungen hat und dementsprechend seine Wünsche an das Management weiterleitet.

[2] Anmerkung: Nur ein Trainer, der sich mit dem Verein identifiziert, verfolgt die Interessen des Vereins und führt langfristig zum sportlichen Erfolg.

[3] Anmerkung: Permanentes Experimentieren führt zur Unglaubwürdigkeit bei den Spielern, wodurch eventuell Demotivation entsteht.

Scorecard „Sport"

Ziel	Kennzahl	Plan	Vorjahr	Ist	Maßnahmen
Halten oder Steigerung des Tabellenplatzes in der Bundesliga					
Mindestens dritter Tabellenplatz	Platzierung	x<3	3		Verstärkung des Kaders
Steigerung beim Abschneiden im nationalen und internationalen Wettbewerb					
DFB-Pokal	Runden	1/4-Finale	1.Runde		Erzielen von gemeinsamen Erfolgen, Teamabend, Bei dem Spielerkauf auf den Charakter des Spielers achten und nur passende Typen verpflichten
Champions League/UEFA-Cup	Runden	1/8-Finale	Gruppen-phase		
Steigerung des Teamwertes					
Integration von neuen Spielern	Monate	6 Monate	12 Monate		Erzielen von gemeinsamen Erfolgen, Teamabend, beim Kauf auf den Charakter des Spielers achten und nur passende Typen verpflichten
Teamgeist fördern	Spielweise, Erfolg	Nicht direkt messbar	Nicht direkt messbar		Gruppenabende, gemeinsame Erfolge feiern
Beständigkeit des Trainerstabes					
Langfristige Bindung	Jahre	3	1		Identifikation mit dem Verein: Mehr Einfluss des Trainers

Tabelle 4-21: Scorecard „Sport"

7.2.6   Ursache-Wirkungsbeziehungen

Der sportliche Erfolg bewirkt eine Steigerung der Einnahmen sowie einen Imageanstieg. Wiederum ist durch eine hohe Finanzkraft ein Imageanstieg durch Kauf von Spielerpersönlichkeiten möglich. Des Weiteren können größere finanzielle Mittel in Werbung sowie Stadionsicherheit investiert werden. Ein hohes Image wirkt sich auf ein höheres Interesse des fußballbegeisterten Teils der Bevölkerung aus, so dass ein Anstieg des Medieninteresses zu verzeichnen ist. Neben einer höheren TV-Vermarktung können höhere Umsätze im Merchandising, Sponsoring und im Ticketing erwirtschaftet werden. Der Aufbau von eigenen Spielern beruht aus einem früheren sportlichen Erfolg und bietet zudem eine kostengünstigere Spielerbeschaffung. Langfristig lässt sich dadurch ein sportlicher Erfolg erreichen, jedoch bedarf es finanzieller Mittel, um die Ausbildung der Jugendspieler zu ermöglichen. Letztendlich ist der wirtschaftliche Erfolg für die Lizenzvergabe von essentieller Bedeutung, da ohne diesen kein sportlicher Erfolg langfristig finanziert werden kann.

Ursache-Wirkungsbeziehungen eines Fußballvereins[1]

		Wirkung		
		Sportlicher Erfolg	**Wirtschaftlicher Erfolg**	**Imagebezogener Erfolg**
Ursache	**Sportlicher Erfolg**		+ TV-Einnahmen + Zuschauereinnahmen + Einnahmen aus dem Merchandising-geschäft + Sponsoreneinnahmen etc.	+ Aufbau von Reputation
	Wirtschaftlicher Erfolg	+ Voraussetzung für Lizenz + Verstärkung der Mannschaft + Schaffung besserer Ausbildungs-möglichkeiten etc.		+ Verpflichtung von Stars + Investitionen in die Stadionsicherheit + Werbung etc.
	Imagebezoge-ner Erfolg	+ Verstärkte Mediengunst + Auslastung der Stadien	+ TV-Einnahmen + Zuschauereinnahmen + Einnahmen aus dem Merchandising-geschäft + Sponsoreinnahmen etc.	

Abbildung 4-18: Überprüfung der Zielinterdependenz von sportlichen, wirtschaftlichen und imagebezogenem Erfolg (Vgl. Von Freyberg, B. [Transfergeschäfte in der Fußballbundesliga, 2005], S. 18).

Die Ursache-Wirkungsbeziehung des „FC Hagen 09" ist vorrangig auf die Umsatzrendite ausgerichtet. Da die Umsatzrendite maßgeblich vom sportlichen Erfolg sowie der Spielerpotentiale abhängig ist, ergibt sich die folgende Abbildung.

---

[1]   Vgl. von Freyberg, B. [Transfergeschäfte in der Fußballbundesliga, 2005], S. 18.

Ursache-Wirkungsbeziehung des „FC Hagen 09"

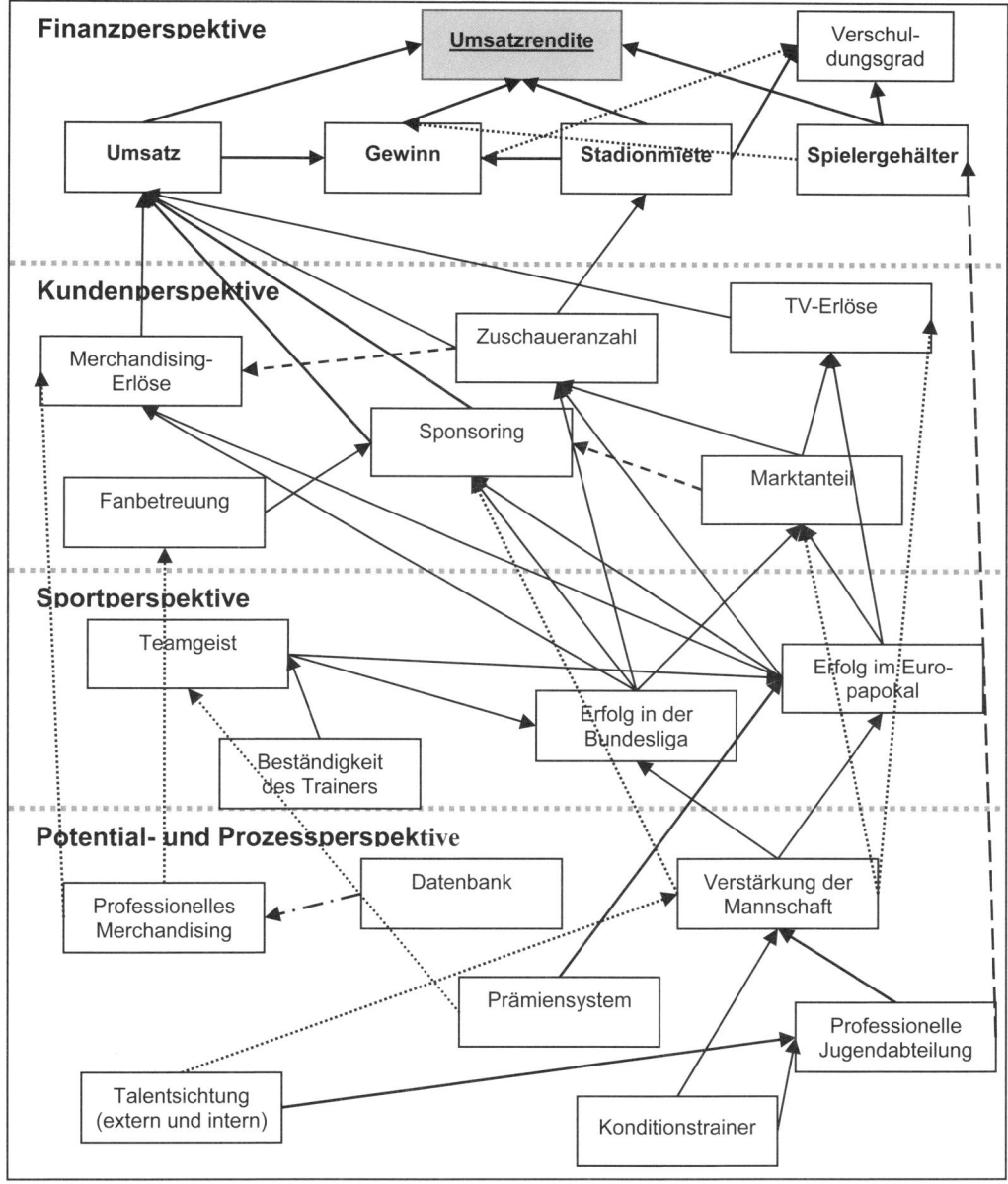

Abbildung 4-19: Ursache-Wirkungszusammenhänge des „FC Hagen 09"

Eine professionelle Jugendarbeit kann langfristig zu einer Reduzierung der Spielergehälter und einer Verstärkung des Profikaders führen. Neben dem sportlichen Erfolg sind der Marktanteil und das Image entscheidend für die Aufmerksamkeit in den Medien sowie bei der

Verhandlung mit den Sponsoren, TV-Vermarktungsagenturen etc. Die Zuschaueranzahl resultiert aus der sportlichen Leistung der Mannschaft sowie aus dem Image des Vereins[1].

Die Berechnung der Umsatzrentabilität des „FC Hagen 09" unter der Betrachtung von Ursache-Wirkungsbeziehungen[2]

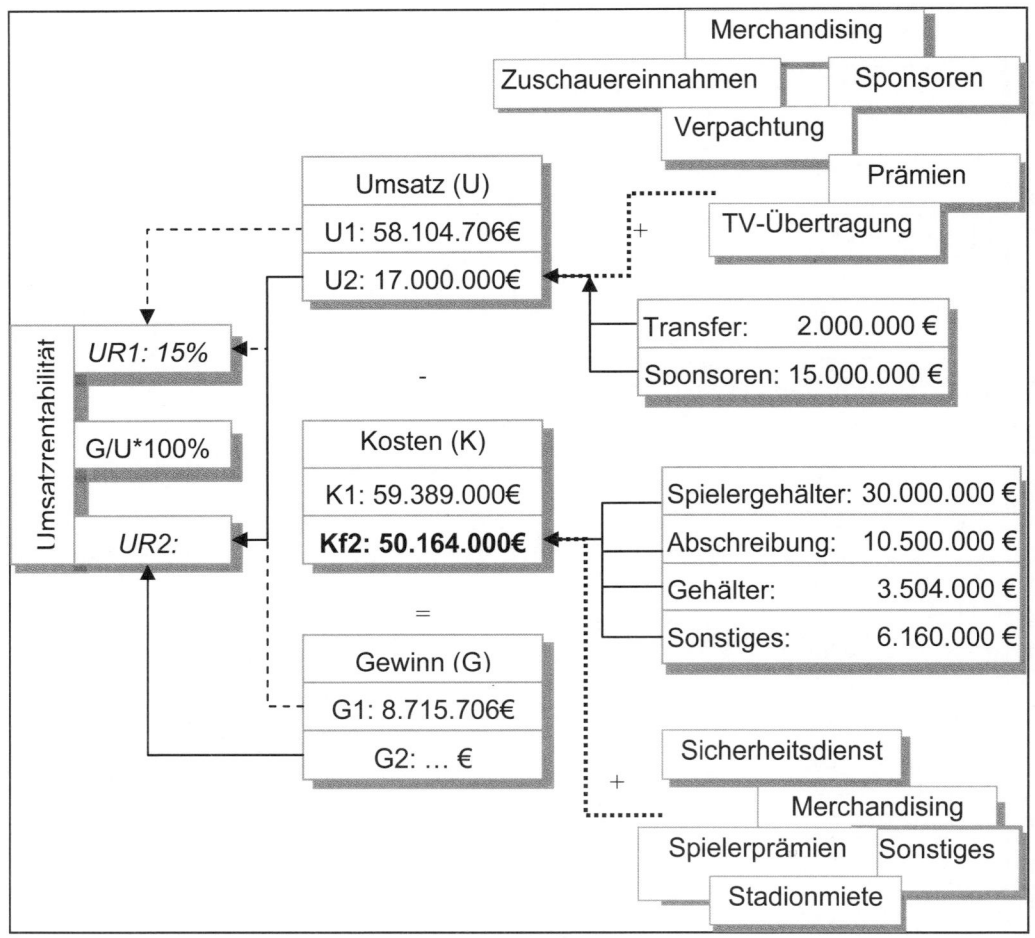

Abbildung 4-20: Umsatzrentabilitätsberechung des „FC Hagen 09"

---

[1] Anmerkung: Obwohl manche Vereine sportlich nicht erfolgreich sind, gelten sie jedoch als enormer Zuschauermagnet. Hierzu zählen Traditionsvereine der Regionalliga oder Vereine, die spezielle Zielgruppen ansprechen wie Türkiyemspor Berlin.

[2] Anmerkung: Abschreibungen sind keine Kosten, jedoch sind für die Berechung die Abschreibungen mit einzubeziehen.

Version 1

Unter Annahme, dass die Rentabilitätssteigerung ausschließlich über den Umsatz generiert werden soll, müsste

- der Umsatz um 15,62%[1] (entspricht 15,62 Millionen Euro) auf 77,25 Millionen Euro gesteigert werden,
- die Kosten konstant bleiben und
- der Gewinn um 207,87%[2] gesteigert werden.

Unter dieser Annahme ist die Umsatzsteigerung durch das Erreichen der Champions League erfüllt. In der Champions League sind Einnahmen in Höhe von mindestens 15 Millionen Euro zu erzielen.[3]

Version 2

Da eine Umsatzsteigerung auch zu einer Erhöhung der Gesamtkosten führen kann, müssen diese Auswirkungen berücksichtigt werden. Die Kosten sind nach Fixkosten (Spielergehälter, Personal und Abschreibung), Heimspieltagen (Stadionmiete und Produktionskosten) sowie nach dem Spielergebnis (Spielerprämien) aufgegliedert. Durch die Transfertätigkeit sind die Fixkosten aufgrund von Abschreibungen auf 50,16 Millionen Euro angestiegen.

Formel zur Berechnung der Umsatzrendite (UR=G/U*100%)

1)	0,15=G/U | *U	3)	G=U-K
2)	**0,15U=G**	4)	**0,15U=U-K | nach U auflösen**
	=>links einsetzen	5)	**K/0,85=U**

Mit Hilfe der Break-Even-Analyse ist ersichtlich, dass die Einnahmen aus der Champions-League für den Verein von großer Bedeutung sind. Nur durch die Einnahmen in der Bundesliga ist der Kader nicht finanzierbar. Die Einnahmen aus der Vermarktung der Champions League weisen einen Deckungsbeitrag auf, der im Fall des Erreichen des Halbfinales 38,3 Millionen Euro[4] beträgt. Der DFB-Pokal führt mit einem Deckungsbeitrag in Höhe von 368.000 Euro positiv zum Ergebnis bei. Nicht berücksichtig sind die Fernsehübertragungen, die in Höhe von 600.000 bzw. 400.000 Euro zusätzlich den Umsatz erhöhen können[5]. Auch sind die Erlöse aus dem Merchandising-Verkauf nicht miteinbezogen. Für das Erreichen der Gruppenphase der Champions League ist mit Erlösen in Höhe von 25,2 Millionen Euro zu rechnen[6].

---

[1]   Anmerkung: (58.104.706€-55.392.000€)/55.392.000€*100%=11,29%.

[2]   Anmerkung: (9.245.117€-3.003.000€)/3.003.000€*100%=207,86%.

[3]   Vgl. http://www.abendblatt.de [Millionenspiel, 29.8.2003], (Stand: 22.11.2007; 13:54 MEZ).

[4]   Anmerkung: (42.900.000€- 4.600.000€)=38.300.000€.

[5]   Anmerkung: Die Erlöse aus TV-Vermarktung werden im Verhältnis 6:4 zwischen den Heim- und Gastverein verteilt.

[6]   Anmerkung: Sponsoren (7,5 Mio. €) + Startgeld (3 Mio. €) + Auflaufprämie (2,4 Mio. €) + Marktpool (8,3 Mio. €) + Zuschauereinnahmen (4 Mio. €) = 25,2 Mio. €.

Break-Even-Analyse des FC Hagen 09

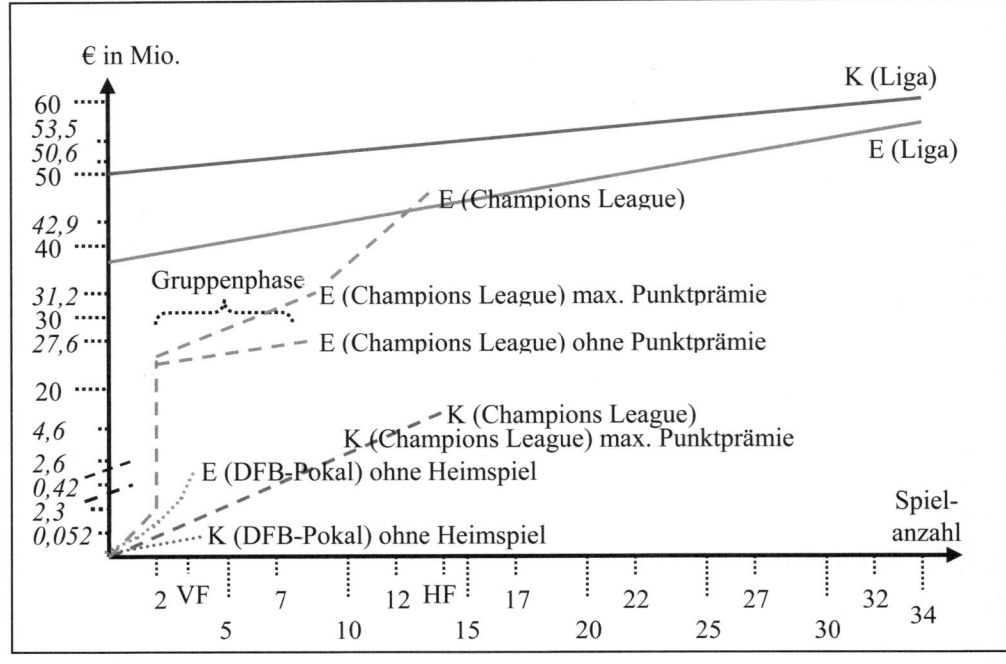

Abbildung 4-21: Break-Even-Analyse des FC Hagen 09

Die Gehälter der Spieler sind ausschließlich in den Kosten der Bundesliga kalkuliert. Hierzu zählen auch die Trainer-, Angestellten- Gebäude- und sonstige Kosten[1].

7.3   Szenario

Die Balanced Scorecard des „FC Hagen 09" ist für einen Zeitraum von fünf Jahren entwickelt worden. Für das erste Jahr haben die vorgenommenen Maßnahmen in den einzelnen Betrachtungsebenen die folgenden Wirkungen in sportlicher sowie finanzieller Sicht.

7.3.1   Sportliche Ziele

Für die Verfolgung der sportlichen Ziele waren hohe Investitionen in den Spielerkader erforderlich. Bei der Spielerauswahl wurde auf Spieler geachtet, die charakterlich zur Mannschaft passen. Durch die Aufstockung des Spielerkaders fand eine Reduzierung der sportlichen

---

[1]   Anmerkung: Zusätzlich sind die Aufwendungen für die Abschreibung von Spielerwerten zu berücksichtigen. Daher spiegelt dieser Gewinn vor Abschreibung wider, nicht jedoch den bilanziellen Gewinn.

Belastung jedes einzelnen Spielers statt. Die folgende Tabelle zeigt die sportlichen Ziel vor der Saison sowie den Stand nach Saisonende.

Plan-Ist-Analyse der sportlichen Ziele des „FC Hagen 09"

	Bundesliga	DFB-Pokal	Champions League
Zielvorstellung	3. Platz	Viertelfinale	Achtelfinale
Zusatzziel		1 Heimspiel	
Zuschauer (durchschnittlich)	34.500	15.000	30.000
Erreichtes Ziel	2. Platz	Halbfinale	Viertelfinale
		2 Heimspiele	5+1 Heimspiele
Gruppenphase			
Anzahl der Siege	/	4	3
Anzahl der Remis	/	0	1
Achtelfinale			2 Siege
Viertelfinale			1 Sieg / 1 Niederlage
Zuschauer (durchschnittlich)	35.000	35.000	35.000

Tabelle 4-22: Plan-Ist-Analyse der sportlichen Ziele

Die sportlichen Ziele gelten daher als erfüllt. Die Neuzugänge haben sich schnell in die Mannschaft integriert. Grund hierfür ist die direkte Betreuung durch den Konditionstrainer sowie ausgewählter Spieler der Mannschaft. Die Spielerabende und die sportlichen Erfolge förderten den Teamgeist. Durch den Abschluss eines längerfristigen Vertrages kann der Trainer nun jüngere Spieler kontinuierlich aufbauen. Zusätzlich wurden Ideen des Trainers, die Spielkultur der Profispieler auch im Jugendbereich anzuwenden, vollzogen. So entsteht für die Jugendspieler, die in den Profikader dazu stoßen, keine längere Integrationsphase.

7.3.2   Interne Prozess- und Potentialperspektive

Während im letzten Jahr der Merchandisingumsatz bei einer Stückzahl von 15.748 eine Million Euro betrug,[1] ist der Umsatz in dieser Saison auf fünf Millionen Euro angestiegen. Die Plangröße von 20.000 Stück ist deutlich verbessert worden. Durch den Aufbau einer Fandatenbank, konnte das Marketing gezielt bestimmte Fans ansprechen. So ließ sich die Stück-

---

[1]   Anmerkung: Die Stückzahl berechnet sich aus 90% Trikot, 5% Hosen und 5% Stützen bei einem Nettoumsatz von einer Million Euro.

zahl der Merchandisingartikel auf 231.496 erhöhen[1]. Als ein weiterer Grund für den Anstieg des Merchandisingumsatzes gilt die hohe Beliebtheit der Neuzugänge und sowie der Verkauf über den Internetshop. Neben den neuen Stars im Team identifizieren sich viele junge Zuschauer mit den Nachwuchsspielern, die aus der Jugendabteilung dazu gestoßen sind. In den letzten Monaten verzeichnet der Verein einen größeren Zulauf junger Spieler in der Jugendabteilung. Durch die Einstellung eines Scouts wurden einige talentierte Jugendliche entdeckt, die vorerst im Jugendbereich des Vereins untergebracht wurden. So wird in Zukunft intensiver auf eigene Jugendspieler im Profikader gesetzt. Für die nächste Saison werden zwei weitere Jugendspieler zum Profikader hinzukommen.

Die Maßnahmen, die für eine Verstärkung der Mannschaft unternommen wurden, sind durch das Erreichen der sportlichen Ziele in dieser Saison erfüllt worden.

Durch die Einstellung eines Konditionstrainers ist es gelungen, verletzte und körperlich ermüdete Spieler früher als bisher wieder einsatzfähig zu bekommen. Zur Messung wurde der Laktat-Test angewandt. Dies ergab, dass verletzte oder erkrankte Spieler nach der ersten Trainingswoche wieder für Spiele eingesetzt werden konnten. Zu 85% konnte ein ermüdeter Spieler in der darauf folgenden Woche zum Spiel erscheinen.

---

[1] Anmerkung: 50% des Umsatzes entfallen auf Artikel, die einen durchschnittlichen Preis von 25 Euro betragen. 40% des Umsatzes entfallen auf einen Durchschnittspreis von 63,5 Euro (hierzu zählen Trikot, Hosen und Stutzen). Die übrigen 10% entfallen auf Artikel mit einem Durchschnittspreis von fünf Euro (Autogrammkarten, Gläser usw.).

Kundenperspektive
Plan-Ist-Analyse der Kundenziele des „FC Hagen 09"[1]

Steigerung der Zuschauerzahl	Eintritt	Plan	IST	Abweichung
Bundesliga		586.500	595.000	8.500
DFB-Pokal		15.000	70.000	55.000
Champions League		150.000	210.000	60.000
Steigerung des Ticketing				
Bundesliga	18 €	10.557.000	10.710.000	153.000
DFB-Pokal	9 €	135.000	630.000	495.000
Champions League	45 €	6.750.000	9.450.000	2.700.000
Gesamt (€)		**17.442.000**	**20.790.000**	
Steigerung der TV-Erlöse		**Plan**	**IST**	**Abweichung**
Bundesliga		22.920.000	26.204.314	3.284.314
DFB-Pokal		600.000	1.200.000	600.000
DFB-Pokal (Prämien)		416.000	832.000	416.000
Champions League (Prämie)		18.500.000	28.132.000	9.632.000
Champions League (Qualifikation)			1.000.000	1.000.000
Gesamt (€)		**42.436.000**	**57.368.314**	
Steigerung des Merchandising		**Plan**	**IST**	**Abweichung**
Gesamt		**2.500.000**	**5.000.000**	**2.500.000**
Steigerung des Sponsoring- Erlöse		**Plan**	**IST**	**Abweichung**
Gesamt		**17.500.000**	**17.500.000**	**0**
Gesamtsumme		**79.878.000**	**100.658.314**	**20.780.314**

Tabelle 4-23: Plan-Ist-Analyse der Kundenziele des „FC Hagen 09"

Die Dauerkarten für die Gruppenphase der Champions League wurde 25.000 Mal verkauft, so dass Aufwendungen in Höhe von 315.126,05 Euro in Form von Gutscheinen angefallen sind.[2] Im DFB-Pokal sind aufgrund der „2 for 1"-Aktion bei der Nachkalkulation ein durch-

---

[1] Anmerkung: Berechung des Umsatzes in der Champions League = 15.932.000 (Marktpool) + 3.000.000 (Startgeld) + 2.200.000 (Achtelfinale) + 2.500.000 (Viertelfinale) + 2.400.000 (Antrittsgeld in der Gruppenphase) + 2.100.000 (Prämien für drei Siege und ein Unentschieden in der Gruppenphase).

[2] Anmerkung: Zur Berechnung: (25.000 Dauerkarten * 15,00 Euro)/1,19 = 315.126,05 Euro.

schnittlicher Eintrittspreis von neun Euro ermittelt worden, zudem beliefen sich die Kosten für die Sitzkissen auf 140.000 Euro[1].

Die Fanbetreuung wurde durch die Einstellung eines Fanbeauftragten verbessert. Die Einrichtung einer Fan-Emailadresse sowie Fansite im Internet erfreut sich großer Beliebtheit. So werden täglich über sechzig Emails beantwortet. Zusätzlich bietet die Internetseite eine Rubrik mit „Fragen und Antworten". Die Zahl der Internetbesucher beträgt durchschnittlich hundert am Tag.

Finanzperspektive
Das oberste Ziel der Finanzperspektive ist die Steigerung der Umsatzrentabilität in der Größenordnung von 15 bis 30 %. Der Umsatz stieg in der Saison auf 102.658.314 Euro (Vorjahr: 55.392.000 Euro). Dies bedeutet eine Steigerung um 85,33% (47,27 Millionen Euro). Neben den Erlösen aus Ticketing, TV-Vermarktung, Sponsoring sowie Merchandising sind Buchwertgewinne bei Spielerabgängen zu verzeichnen gewesen. Diese beliefen sich auf zwei Millionen Euro.

Umsatz des „FC Hagen 09" in der Spielzeit 2007/08

	in Euro
Steigerung des Ticketing	20.790.000
Steigerung der TV-Erlöse	57.368.314
Steigerung des Merchandising	5.000.000
Steigerung des Sponsoring-Erlöse	17.500.000
Erlöse aus Spielerverkäufen	2.000.000
Gesamtumsatz	**102.658.314**

Tabelle 4-24: Umsatz des „FC Hagen 09" in der Saison 2007/08

Die Kosten in Höhe von 60.209.426 Euro der Saison 2007/08 setzen sich aus den folgenden Positionen zusammen. Aufgrund des Weiterkommens in der Champions League sowie im DFB-Pokal sind Prämien an die Spieler geflossen. Für die Champions League betragen die Prämien 5.819.000 Euro[2]. Für das Erreichen des Halbfinales sind 52.000 Euro an die Spieler zusätzlich gezahlt worden[3]. Die Prämie wurde lediglich an Spieler ausgeschüttet, die beim Spiel aufgelaufen sind. Die Kennzahl „Gehaltszahlungen pro Spiel" ist aufgrund von gestiegener Prämienzahlungen von 683.878 Euro auf 702.333 Euro pro Spiel nicht eingehalten worden.

---

[1] Anmerkung: Zur Berechnung: (70.000 Besucher * 2 Euro (Netto) für ein Kissen) = 140.000 Euro.

[2] Anmerkung: Fünf Millionen Euro als Prämie für das Erreichen der Gruppenphase sowie Punktprämie, die sich für sechs Siege und ein Remis bei durchschnittlich 13 eingesetzten Spielern ergibt.

[3] Anmerkung: Durchschnittlich 13 Spieler bei vier Siegen.

Durch die Qualifikation für die Gruppenphase der Champions League ist die Stadionmiete um 10% gesenkt worden. Neben den Fixkosten wie Spielergehältern, Verwaltungsaufgaben, Darlehenstilgung sowie Stadionnebenkosten sind Aufwendungen für die Marketingmaßnahmen in Bezug auf die Gutschein-Aktionen und die „Give-away"-Verteilung angefallen. In der Champions League sind 25.000 Dauerkarten für die Gruppenphase verkauft worden. Dies entspricht einem Wert des Gutscheins in Höhe von 63.025 Euro. Die Gesamtkosten sind im Vergleich zum Vorjahr (49,39 Millionen Euro) um 10,82 Millionen Euro angestiegen, dies entspricht einem Anstieg um 21,9%.

Kosten bzw. Aufwendungen des „FC Hagen 09" in der Spielzeit 2007/08

	in Euro
Spielergehälter	30.000.000
Spielerprämien	5.871.000
Abschreibung auf den Spielerwert	10.500.000
Verwaltungsausgaben (Manager, Trainer, Personal etc.)	3.520.000
Jugendabteilung	3.000.000
Stadionmiete (27% vom Ticketing)	5.613.300
Merchandisingaufwendungen (10% von Nettoumsatz)	500.000
Stadionnebenkosten (Sicherheitsdienst etc.) 25 Spiele	750.000
Gutschein-Aktion (15 Euro brutto, 25.000 Dauerkarten)	315.126
Sitzkissen-Aktion (2 Euro netto, 70.000 Zuschauer)	140.000
Gesamtkosten / Gesamtaufwendungen	**60.209.426**

Tabelle 4-25: Übersicht der Kosten bzw. Aufwendungen des „FC Hagen 09" in der Spielzeit 2007/08

Auf die Umsatzrentabilität wirkt der Zunahme der Umsätze und Kosten mit einem Anstieg auf 38,43% (Vorjahr: 10,84%; Plan: 15%) aus.

Umsatzrentabilität de s „FC Hagen 09" in der Saison 2007/08

	Umsatz (U)	**102.658.314 €**
	-	
Umsatzrentabilität (UR) 38,43%	**Kosten (K)**	**60.209.426 €**
	=	
	Gewinn (G)	**42.448.888 €**

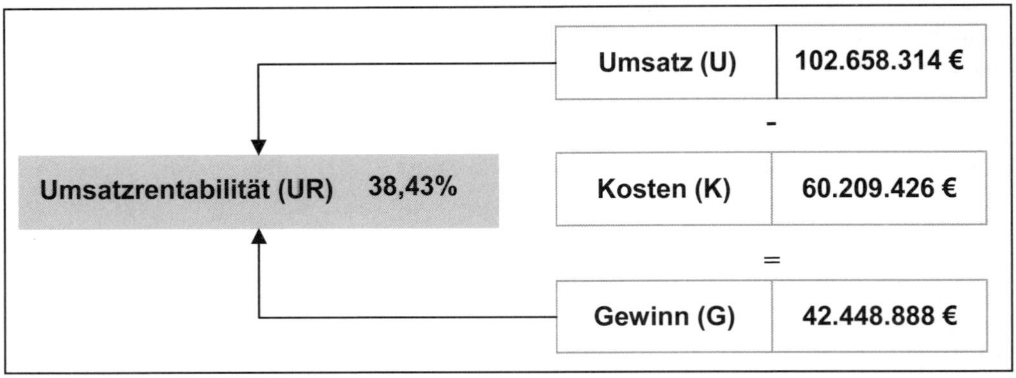

Abbildung 4-22: Umsatzrentabilität des „FC Hagen 09" in der Saison 2007/08

Das EBITA stieg in der Spielzeit 2007/08 auf 55,95 Millionen Euro. Im Vergleich zum Vorjahr (14 Millionen Euro) entspricht dies einem Anstieg um 41,95 Millionen Euro. Das Ergebnis vor Zinsen, Steuern und Abschreibungen auf immaterielle Vermögensgegenstände verzeichnet einen Anstieg um 299,55%.

Ein weiteres Finanzziel ist die Reduzierung des Verschuldungsgrades auf unter 0,8. Der Verschuldungsgrad betrug im Vorjahr 0,91. Durch den 2007/08 erwirtschafteten Gewinn in Höhe von rund 42,45 Millionen Euro wurden die folgenden Zahlen für den Jahresabschluss ermittelt, wobei es gelang den Verschuldungsgrad auf 0,34 zureduzieren.

Gewinn- und Verlustrechnung der Hagen 09 AG zum 30.6.2008

Haben			Soll
Abschreibung		Umsatz	100.658.314
auf Spielerwert	3.500.000	Spielerverkauf	2.000.000
auf Spielerwert (Neuzugänge)	7.000.000		
Gesamtkosten	49.709.426		
Gewinn	42.448.888		
	102.658.314		102.658.314

Tabelle 4-26: Gewinn und Verlustrechnung der Kapitalgesellschaft „Hagen 09" im Geschäftsjahr 2007/08, ohne Berücksichtigung von Steuern

Bilanz der Hagen 09 AG zum 30.6.2008

Aktvia		Passiva	
Anlagevermögen		**Eigenkapital**	
Gebäude	40.000.000	Stammkapital	30.000.000
Spielerwerte	24.500.000	Gewinnrücklage	6.003.000
		Jahresüberschuss	42.448.888
Umlaufvermögen		**Fremdkapital**	
Forderungen	8.000.000	Darlehen	27.000.000
Kasse	6.003.000		
Bank	26.948.888		
Bilanzsumme:	**105.451.888**	**Bilanzsumme:**	**105.451.888**

Tabelle 4-27: Bilanz der Kapitalgesellschaft „Hagen 09 AG" zum 30.6.2008 für das Geschäftsjahr 2007/08, ohne Berücksichtung von Steuern

8 Fallbeispiel: Anwendung der Berliner Balanced Scorecard

8.1 Ansatz der Berliner Balanced Scorecard

Der Berliner Ansatz von Schmeisser zur Rechenbarkeit der Balanced Scorecard dient zur Rechenbarkeit und Verknüpfung der BSC-Perspektiven[1]. Die Verknüpfung erfolgt über Instrumente des internen und externen Rechnungswesens. Z.B. ermöglicht die Break-Even-Analyse eine Verbindung zwischen der Kunden- und Finanzperspektive.[2] Zur Wertbestimmung der spielerischen Leistung eines Fußballbundesligaspielers muss mit Hilfe einer Nutzwert-Analyse der Anteil jedes einzelnen Spielers am sportlichen Erfolg ermittelt werden

---

[1]   Vgl. Schmeisser, W./ et al. [Berliner Balanced Scorecard, 2006], S. 57.

[2]   Vgl. Schmeisser, W./ et al. [Berliner Balanced Scorecard, 2006], S. 49, S. 111.

Durch den „Return on Investment" entsteht eine Verknüpfung zwischen dem Spielerwert und der Finanzperspektive der Balanced Scorecard.

8.2   Bewertung der Spielerleistung

Der Verein verfügt über achtzehn Feldspieler und zwei Torwarte. Bei einem 3-5-2-System, bei denen zwei Defensivspieler zentral angeordnet sind, übernimmt der Spielmacher keine Defensivarbeit. Auf den Außenbahnen ist je ein Spieler, der für Flanken und Passspiel zuständig ist. Der Spielmacher ist die Schaltstelle zwischen Mittelfeld und Sturm. Die Abwehr besteht aus einer Dreierkette.

Übersicht des Spielsystems und der Spielpositionen aller Spieler

Tor 1	Verteidigung 3	Defensives Mittelfeld 2	Außenbahn Mittelfeld 2	Spielmacher Mittelfeld 1	Stürmer 2
T1 T2	V1 V2 V3 V4	D1 D2 D3 D4	A1 A2 A3 A4	M1 M2	S1 S2 S3 S4

Abbildung 4-23: Übersicht des Spielsystems und der Spielpositionen aller Spieler

Mit Hilfe einer Nutzwertanalyse lässt sich die Spielerleistung bestimmen. Die Leistung eines Spielers ist in Torgefährlichkeit, Mannschaftsspiel, Defensivarbeit und Torwartarbeit unterteilt. Diese Kriterien sind in ihrer Gewichtung abhängig von dem Spielertyp (Feldspieler oder Torwart).

Kriterien zur Ermittlung des direkt zurechenbaren Spielernutzwertes

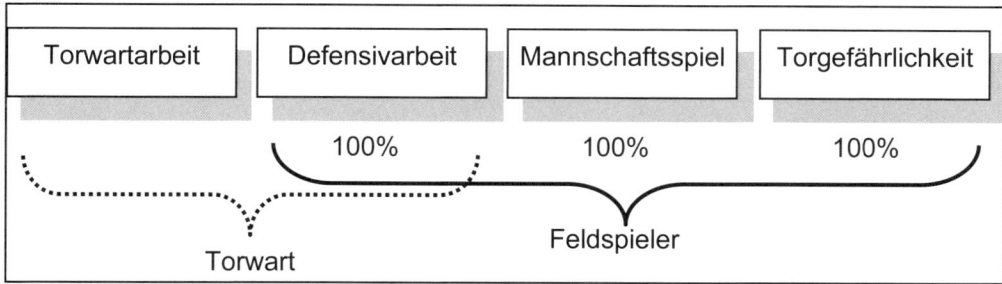

Abbildung 4-241: Zuordnung der Kriterien anhand des Spielertyp

Für die einzelnen Kriterien sind drei Ausprägungsklassen festgelegt, zu denen jeder Spieler, abhängig vom Spielertyp, zugeordnet wird. Für jede Ausprägungsklasse sind Punkte hinterlegt, die von eins bis drei reichen. Die Bewertung im Rahmen der Nutzwertanalyse richtet sich an die Durchschnittsnutzwerte eines Spieles aus.

Nutzwertverfahren mit den einzelnen Gewichtungen und den dazugehörigen Ausprägungsklassen

K-Kriterien	Gewichtung der k-Kriterien			Ausprägungsklassen		
				AK 1	AK 2	AK 3
Torgefährlichkeit	100%	40%	Anzahl Tore	0 bis 0,2	0,2 bis 0,4	> 0,4
		15%	Anzahl Torschüsse	0 bis 2	2 bis 4	> 4
		30%	Anzahl Torvorbereitungen	0 bis 0,2	0,2 bis 0,4	> 0,4
		10%	Anzahl Flanken in Strafraum	0 bis 2	2 bis 4	> 4
		5%	Spiel im vorderen Drittel	0% bis 30%	30% bis 60%	> 60%
Mannschaftsspiel	100%	40%	Anzahl angekommener Pässe	0 bis 10	10 bis 20	> 20
		20%	Anzahl Doppelpässe	0 bis 2	2 bis 4	> 4
		10%	Anzahl Freistöße und Ecken	0 bis 1	1 bis 3	> 3
		20%	Anzahl Flanken aus Strafraum	0 bis 5	5 bis 10	> 10
		10%	Spiel im mittleren Drittel	0% bis 30%	30% bis 60%	> 60%
Defensivarbeit	100%	20%	Anzahl gewonnene Zweikämpfe	0 bis 3	3 bis 7	> 7
		10%	Anzahl Fouls	> 10	7 bis 10	0 bis 7
		20%	Spielaufbau aus eigenem Drittel	0 bis 5	5 bis 10	> 10
		30%	Anzahl Befreiungsschläge	0 bis 1	1 bis 2	> 2
		20%	Spiel im hinteren Drittel	0% bis 30%	30% bis 60%	> 60%
Torwartarbeit	200%	60%	Anzahl abgewehrter Bälle	0 bis 3	3 bis 7	> 7
		80%	Anzahl von Gegentoren	> 2	1 bis 2	0 bis 1
		20%	Ballsicherheit bei Rückpässen	0% bis 30%	30% bis 60%	> 60%
		20%	Fangsicherheit bei Ecken	0% bis 30%	30% bis 60%	> 60%
		20%	Fangsicherheit bei Freistößen	0% bis 30%	30% bis 60%	> 60%
Bepunktung				**1 Punkt**	**3 Punkte**	**6 Punkte**

Abbildung 4-25: Ausprägungsklassen der Kriterien im Nutzwertverfahren (In Anlehnung an von Freyberg, B. [Transfergeschäfte in der Fußballbundesliga, 2005], S. 225).

Innerhalb der vier Hauptkriterien (K-Kriterien) sind fünf Unterkriterien (k-Kriterien), die einzelne Spielereigenschaften enthalten. Diese k-Kriterien sind unterschiedlich gewichtet und spiegeln die Bedeutung der jeweiligen Eigenschaft wider. So ist die „Anzahl der Gegentore" von größerer Bedeutung als die „Fangsicherheit nach einer Ecke". Da Stürmer in der Regel eine geringere Defensivarbeit als Abwehrspieler leisten, gleicht sich dies durch eine höhere „Anzahl der Tore pro Spiel" aus. Mittelfeldspieler verfügen, je nach Taktik und Spielerstärke, über ein gleiches Maß an Defensivarbeit und Torgefährlichkeit.

Ermittlung des Nutzwertes des Spielers „S1"

Kriterien	Gewichtung der Kriterien			S1		
Torgefährlichkeit	100%	40% Anzahl Tore	0,64	2,4	28
		15% Anzahl Torschüsse	8	0,9	
		30% Anzahl Torvorbereitungen	0,36	0,9	16
		10% Anzahl Flanken in Strafraum	5	0,6	
		5% Spiel im vorderen Drittel	85%	0,3	
Mannschaftsspiel	100%	40% Anzahl angekommener Pässe	22	2,4	
		20% Anzahl Doppelpässe	6	1,2	
		10% Anzahl Freistöße und Ecken	0,1	0,1	
		20% Anzahl Flanken aus Strafraum	8	0,6	
		10% Spiel im mittleren Drittel	15%	0,1	
Defensivarbeit	100%	20% Anzahl gewonnene Zweikämpfe	8	1,2	
		10% Anzahl Fouls	3	0,6	
		20% Spielaufbau aus eigenem Drittel	0	0,2	
		30% Anzahl Befreiungsschläge	0,1	0,3	
		20% Spiel im hinteren Drittel	0%	0,2	
Torwartarbeit	200%	60% Anzahl abgewehrter Bälle			
		80% Anzahl von Gegentoren			
		20% Ballsicherheit bei Rückpässen			
		20% Fangsicherheit bei Ecken			
		20% Fangsicherheit bei Freistößen			
Bepunktung				12,00	

Abbildung 4-26: Nutzwertberechnung des Spielers „S1" (Eigene Darstellung, Anmerkung: Berechnung im Anhang, Tabellenblatt „Leistungsmessung").

Anhand der Nutzwertanalyse wurde für die Spieler „S1" der Wert 12,00 ermittelt. Dieser Wert spiegelt den persönlichen Spielerwert wider. Neben diesem Wert geht ein Faktor, der den sportlichen Erfolg einer Spielerposition vereint, in die Bewertung ein.

Gewichtung der Punkte hinsichtlich der Spielerposition

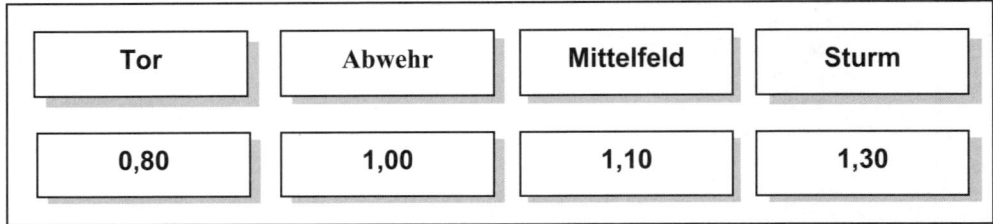

Tor	Abwehr	Mittelfeld	Sturm
0,80	1,00	1,10	1,30

Abbildung 4-27: Gewichtung der Bepunktung im Hinblick auf die Spielerposition bzw. Spielbedeutung

Anhand dieser Angaben lässt sich der Anteil jedes einzelnen Spielers am sportlichen Erfolg ermitteln.

Ermittlung des persönlichen Spielerwertes der einzelnen Spieler des FC Hagen 09

Spieler	Nutzwert X	Spielminuten Y	Spielertyp Faktor	Gesamter Nutzwert (X*Y*Faktor)	Anteil am Erfolg
T1	16,80	4.005	0,8	53.827	9,37%
T2	12,00	585	0,8	5.616	0,98%
V1	11,20	4.140	1,0	46.368	8,07%
V2	8,20	3.780	1,0	30.996	5,40%
V3	7,90	3.915	1,0	30.929	5,39%
V4	14,40	1.935	1,0	27.864	4,85%
D1	8,60	3.960	1,1	37.462	6,52%
D2	9,20	3.735	1,1	37.798	6,58%
D3	5,20	1.035	1,1	5.920	1,03%
D4	4,90	450	1,1	2.426	0,42%
A1	11,50	3.645	1,1	46.109	8,03%
A2	9,35	3.555	1,1	36.563	6,37%
A3	7,80	1.080	1,1	9.266	1,61%
A4	6,55	900	1,1	6.485	1,13%
M1	14,40	4.050	1,1	64.152	11,17%
M2	5,65	540	1,1	3.356	0,58%
S1	12,00	3.870	1,3	60.372	10,51%
S2	11,90	3.330	1,3	51.515	8,97%
S3	7,65	1.260	1,3	12.531	2,18%
S4	5,05	720	1,3	4.727	0,82%
Gesamt	190,25	50.490		574.281	100%

Abbildung 4-28: Nutzwertermittlung der einzelnen Spieler des FC Hagen 09 .

Zusammensetzung des Spielerwertes

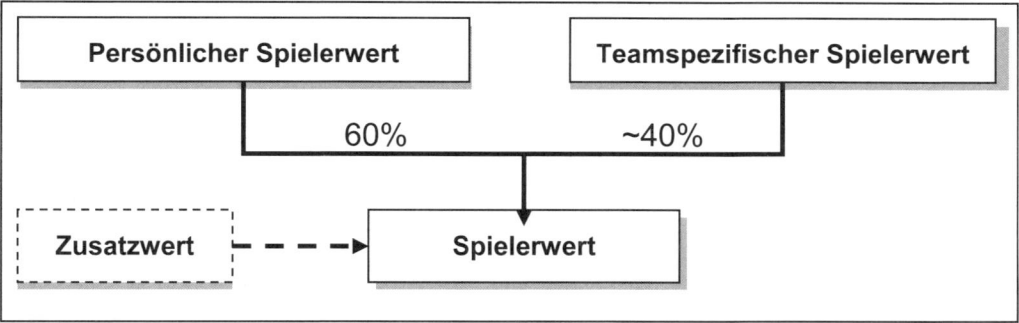

Abbildung 4-29: Zusammensetzung des Spielerwertes

Die Leistung eines Spielers wird anhand des Umsatzes des Vereins gemessen. Als Grundlage dienen alle Umsätze, die aus der Spielaustragungen und dem Merchandisingverkauf resultieren. Die persönliche Spielerleistung fließt in einer Gewichtung von 60% des Umsatzes in den Spielerwert ein. Die restlichen 40% sind um den Zusatzwert zu reduzieren und werden durch die Anzahl der Spieler dividiert (Verteilung „nach Köpfen"). Der Zusatzwert ermittelt sich aus direkt zurechenbaren Erlösen, die in Form von Merchandisingartikel vereinnahmt wurden.

8.3   Ermittlung des Zusatzwertes

Die Umsätze aus dem Merchandisingverkauf lassen sich direkt auf die einzelnen Spieler zu rechnen. Diese einzeln zurechenbaren Umsätze entsprechen den „Zusatzwert" eines Spielers.

Personenbezogener Umsatz aus Merchandising

Spieler	Personenbezogene Umsätze aus Merchandising (in €)	Personenbezogene Umsätze aus Merchandising (in %)
T1	100.000,00	5,00%
V1	45.000,00	2,25%
V4	210.000,00	10,50%
D1	50.000,00	2,50%
D2	15.000,00	0,75%
A1	300.000,00	15,00%
A2	30.000,00	1,50%
M1	500.000,00	25,00%
S1	500.000,00	25,00%
S2	250.000,00	12,50%
Gesamt	**2.000.000,00**	100,00%

Tabelle 4-28: Umsatzanteil der einzelnen Spieler, die direkt dem Spieler zugerechnet werden kann..

Leistungsstarke Spieler oder Sympathieträger werden einen relativen größeren Einzelumsatz erzielen als weniger erfolgreiche oder unscheinbare Spieler. Eine besondere Aufmerksamkeit bedarf des Spielmachers, Stürmers sowie eines möglichen Kapitäns auf einer anderen Position.

Der restliche Umsatz aus Merchandising in Höhe von drei Millionen Euro wird nach Spieleranzahl verteilt und fließt in den teamspezifischen Spielerwert.

8.4   Ermittlung des Spielerwertes

In der Saison sind Einnahmen in Höhe von 100.658.314 Euro erzielt worden, die entsprechend auf die einzelnen Spieler zugerechnet werden.

Spielerwerte der einzelnen Spieler

Spieler	Persönlicher Spielerwert		Merchandising-Verkauf	Teamwert nach Köpfen	Spielerwert	Anteil am Umsatz
T1	9,37%	5.660.803,41	100.000,00	1.913.166,28	7.673.969,69	7,62%
T2	0,98%	590.613,52	0,00	1.913.166,28	2.503.779,80	2,49%
V1	8,07%	4.876.347,51	45.000,00	1.913.166,28	6.834.513,79	6,79%
V2	5,40%	3.259.732,30	0,00	1.913.166,28	5.172.898,58	5,14%
V3	5,39%	3.252.633,58	0,00	1.913.166,28	5.165.799,86	5,13%
V4	4,85%	2.930.351,69	210.000,00	1.913.166,28	5.053.517,97	5,02%
D1	6,52%	3.939.695,05	50.000,00	1.913.166,28	5.902.861,33	5,86%
D2	6,58%	3.975.094,00	15.000,00	1.913.166,28	5.903.260,28	5,86%
D3	1,03%	622.605,08	0,00	1.913.166,28	2.535.771,36	2,52%
D4	0,42%	255.080,68	0,00	1.913.166,28	2.168.246,96	2,15%
A1	8,03%	4.849.135,75	300.000,00	1.913.166,28	7.062.302,03	7,02%
A2	6,37%	3.845.211,08	30.000,00	1.913.166,28	5.788.377,36	5,75%
A3	1,61%	974.512,31	0,00	1.913.166,28	2.887.678,59	2,87%
A4	1,13%	681.950,38	0,00	1.913.166,28	2.595.116,66	2,58%
M1	11,17%	6.746.623,65	500.000,00	1.913.166,28	9.159.789,93	9,10%
M2	0,58%	352.948,37	0,00	1.913.166,28	2.266.114,65	2,25%
S1	10,51%	6.349.095,32	500.000,00	1.913.166,28	8.762.261,60	8,70%
S2	8,97%	5.417.648,59	250.000,00	1.913.166,28	7.580.814,87	7,53%
S3	2,18%	1.317.806,41	0,00	1.913.166,28	3.230.972,69	3,21%
S4	0,82%	497.099,71	0,00	1.913.166,28	2.410.265,99	2,39%
Gesamt	100%	60.394.988,40	2.000.000,00	38.263.325,60	**100.658.314,00**	100,00%

Tabelle 4-29: Spielerwerte der einzelnen Spieler

Anhand dieser Abbildung wird deutlich wie unterschiedlich die sportliche Leistung sowie die imagebezogenen Parameter einzelnen Spieler Umsätze generieren.

8.5   Verknüpfung des Spielerwerts mit der Finanzperspektive

Die Bewertung der Spieler findet über den Return on Investment (RoI) eine Verbindung zu der Finanzperspektive der Balanced Scorecard.

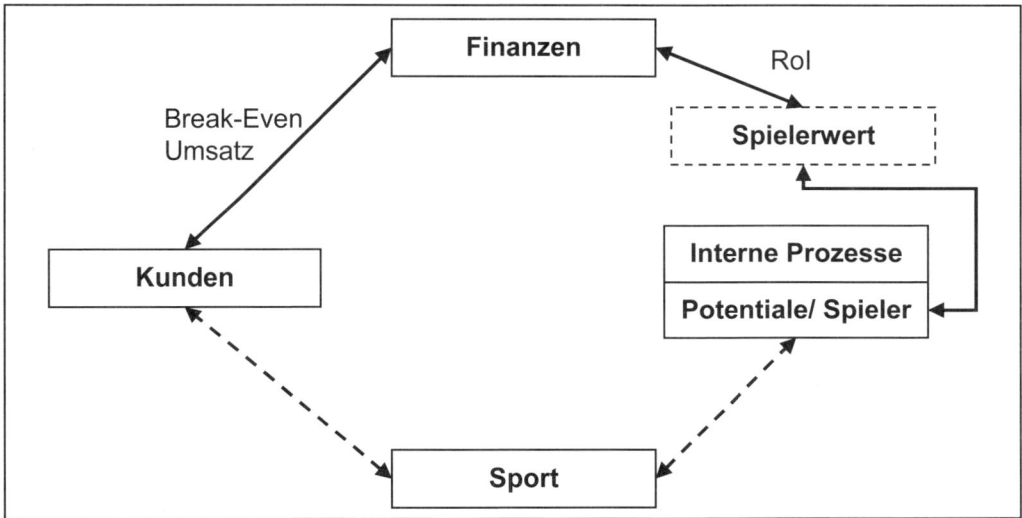

Abbildung 4-29: Berliner Ansatz zur Rechenbarkeit der Balanced Scorecard (In Anlehnung an Schmeisser, W. [Balanced Scorecard, 2002], S. 30.

Durch diese Dynamisierung lässt sich eine Quantifizierung der Potential-/ Spielerperspektive herstellen. Der RoI des Lizenzspielerkaders liefert einen Wert von 264,44%.

Return on Investment des Lizenzspielerkaders des FC Hagen 09

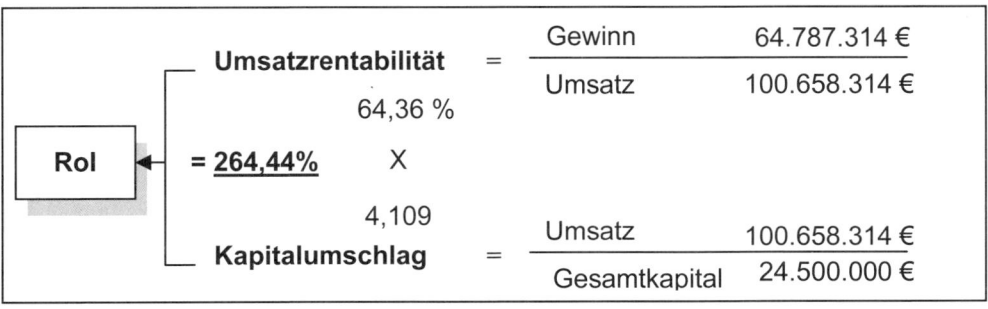

Abbildung 4-30: Berechnung des Return on Investment des Lizenzspielerkaders.

9   Fazit

Das Ziel dieses Teils ist die Humankapitalbewertung von Fußballbundesligaspielern mittels des Ansatzes der Berliner Balanced Scorecard bzw. mittels des Berliner Humankapitalbewertungsmodells durchzuführen. Bezüglich der bilanziellen Erfassung und des Nutzungswertes eines Fußballspielers bestehen Unterschiede, die durch den Ansatz der Berliner Balanced Scorecard aufgezeigt werden.

Die bilanzielle Erfassung nach IAS/ IFRS erfolgt anhand der gezahlten Ablösesumme sowie der damit verbundenen Anschaffungsnebenkosten. Zu den Anschaffungsnebenkosten gehören das Handgeld und die Spielervermittlungsprovision. Bei ablösefreien Spielern werden lediglich das Handgeld und die Vermittlungsprovision aktiviert. Die Bilanzierung von Eigenbau-Spielern ist nicht möglich, da eine genaue Ermittlung der Entwicklungskosten nicht durchgeführt werden kann. Probleme entstehen, wenn ein Spielertausch zwischen zwei Vereinen stattfindet und ein Differenzbetrag gezahlt wird. Der Grund hierfür ist, dass die Ausgleichzahlung in ihrer Höhe beliebig variieren kann. Höhere Spielerwerte führen daher zu einer höheren Abschreibung und somit zu einer niedrigeren Steuerbemessungsgrundlage. Die Abschreibung erfolgt linear über die Vertragsdauer des jeweiligen Spielers. Von der Abschreibung kann jedoch abgesehen werden, wenn durch eine vertragliche Grundlage ein Restwert entsteht, der über dem derzeitigen Buchwert liegt. Die vertragliche Grundlage kann ein Vertragsabkommen zwischen zwei Vereinen sein, den Spieler nach Vertragsende für einen bestimmten Betrag zu verpflichten. Eine Zuschreibung, die zu einem Buchwert, der über die planmäßig fortgeschriebenen Anschaffungskosten liegt, ist nicht möglich. Hieraus entstehen große Diskrepanzen zwischen der Bilanzposition „Spielerwert" und den tatsächlich im Kader befindlichen Spielermarktwerten. Verfolgt eine Fußballkapitalgesellschaft häufiger als die Konkurrenz die Strategie ablösefreie Spieler zu verpflichten oder eigene Nachwuchsspieler aufzubauen, so weist die Gesellschaft ein niedrigeres Humankapital in der Bilanz aus, obwohl die spielerische Gesamtleistung mit dem konkurrierenden Verein als gleichwertig anzusehen ist.

Hier setzt die Ermittlung der Spielerbewertung und die Integration in den Berliner Ansatz der Balanced Scorecard an. Der Berliner Ansatz der Balanced Scorecard verknüpft die Perspektiven der Balanced Scorecard mit monetären Messgrößen. Die Balanced Scorecard eines Fußballvereins besteht aus einer Finanz-, Kunden-, Prozess-, Mitarbeiter- sowie einer Sportperspektive. Anhand einer Nutzwertspielerermittlung besteht eine Verflechtung zwischen der Mitarbeiter- und der Finanzperspektive. Verknüpft werden die Perspektiven durch den Return on Investment. Das Nutzwertverfahren ist ein eigenständiges Instrument. Dieses Verfahren enthält leistungsbezogene Kriterien, die in ihren Gewichtungen und Ausprägungen subjektiver Natur sind. Die Ermittlung erfolgt jedoch nach objektiven Beobachtungen für jeden Spieler getrennt. Da sich der Spielerwert aus einer Gewichtung aus Einzel- und Teamwert zusammensetzt, liegt ebenfalls eine subjektive Beeinflussung vor. Das Verhältnis von Einzel- und Teamwert ist schwer zu bestimmen. Für diese Arbeit wurde eine größere Gewichtung auf den Einzelwert gelegt, dies kann jedoch von Person zu Person unterschiedlich gesehen werden. Hieraus lassen sich Nutzungswerte jedes einzelnen Spielers ermitteln. Die Spieler verfügen über einen Nutzungswert, deren Anschaffungskosten aus bilanzrechtlichen Vorschriften nicht erfasst werden kann oder aus Tauschgeschäften der Manipulation unterliegen.

Die ermittelten Spielerwerte der Humankapitalbewertung sind für die Steuerung von Investitionsentscheidungen von großer Bedeutung. Aufgrund der strengen Regeln der IAS/ IFRS ist eine Bilanzierung dieser Spielerwerte als „Fair Value" nicht möglich, da kein aktiver Markt vorliegt. In wie weit in der Zukunft mit dem Nutzungswert eines Fußballspielers verfahren wird, ist ungewiss. Hiermit kann nur die Diskussion weiter vertieft werden.

Sollte es in Zukunft zu einer Offenlegung der Spielernutzungswerte in der internationalen Rechnungslegung kommen, ist mit Gehaltsnachverhandlungen zu rechnen. Die Transparenz kann zusätzlich zu Konflikten innerhalb der Mannschaft führen, da sich eventuell einige Spieler aus der Spielerwertermittlung benachteiligt fühlen können. Der Ansatz der Berliner Balanced Scorecard dient als ein gelungenes Instrument, um die Spielerwerte der Mannschaft zu ermitteln und das Controlling in ihrer Budgetierung zu unterstützen.

10   Literatur- und Quellenverzeichnis

Ackermann, Karl-Friedrich [Balanced Scorecard, 2000]: Balanced Scorecard für Personalmanagement und Personalführung – Praxisansätze und Diskussion, 1. Auflage, Gabler Verlag, Wiesbaden 2000.

Balzer, Peter [Umwandlung von Vereinen, 2001]: Die Umwandlung von Vereinen der Fußball-Bundesligen in Kapitalgesellschaften zwischen Gesellschafts-, Vereins- und Verbandsrecht, in: Zeitschrift für Wirtschaftsrecht 2001.

Bäune, Stefan [Kapitalgesellschaften im bundesdeutschen Lizenzfußball 2001]: Kapitalgesellschaften im bundesdeutschen Lizenzfußball – Die Rechtslage nach den DFB-Reformen vom 23./ 24.10.1998, Dissertation, Shaker Verlag, Halle (Saale) 2001.

Baetge, Jörg/ Kirsch, Hans-Jürgen/ Thiele, Stefan [Bilanzrecht-online, IAS, Kommentar]: Bilanzrecht – Handelsrecht – Steuerrecht – International Accounting Standards – Kommentar – Leseprobe, im Internet abrufbar: URL http://www.bilanzrecht-online.de/images/bilanzrecht.pdf (Stand: 18.10.2007; 13:43 MEZ).

Bormann, Matthias [Umwandlung, 2004]: Die Umwandlung von Unternehmen als Instrument der Sanierung in Krise und Insolvenz, in: Handbuch Krisen- und Insolvenzmanagement, Wie mittelständische Unternehmen die Wende schaffen, hrsg. Wilhelm Schmeisser et al., Schäffer Poeschel Verlag, Stuttgart 2004.

Coenenberg, Adolf G. [Jahresabschluss und Jahresabschlussanalyse, 2005]: Jahresabschluss und Jahresabschlussanalyse – Betriebswirtschaftliche, handelrechtliche, steuerrechtliche und internationale Grundsätze – HGB, IFRS und US-GAAP, 20., überarbeitete Auflage, Schäffer Poeschel Verlag, Stuttgart 2005.

Dawo, Sascha [Immaterielle Güter in der Rechnungslegung, 2003]: Immaterielle Güter in der Rechnungslegung nach HGB, IAS/ IFRS und US-GAAP – Aktuelle Rechtslage und neue Wege der Bilanzierung und Berichterstattung, hrsg. Von Küting, Karlheinz/ Weber, Claus-Peter, Verlag Neue Wirtschafts-Briefe, Herne/ Berlin 2003.

Dehesselles, Thomas [Vereinführung 2002]: Vereinsführung: Rechtliche und steuerliche Grundlagen in: Sportmanagement Grundlagen der unternehmerischen Führung im Sport aus Betriebswirtschaftslehre – Steuern und Recht für den Sportmanager, hrsg. Von Galli, Albert/ Gömmel, Rainer/ Holzhäuser, Wolfgang/ Straub, Wilfried, Sport Management, München 2002, S. 5-43.

Ehrmann, Harald [Balanced Scorecard, 2007]: Kompakt-Training – Balanced Scorecard, hrsg. Von Olfert, Klaus, 4., durchgesehene Auflage KiehlVerlag, Ludwigshafen (Rhein) 2007.

Galli, Albert [Rechnungswesen 1997]: Das Rechnungswesen im Berufsfußball, IDW-Verlag, Düsseldorf 1997.

Heermann, Peter W./ Schießl, Harald Herbert [Idealverein als Konzernspitze]: „Der Ideal verein als Konzernspitze" – Konzern-, vereins-, verbands- und steuerrechtliche Problemfelder bei der Konzernbildung durch Ausgliederung, im Internet abrufbar: URL http://www.sportrecht.org/Publikationen/Heermann-schie%DFL.pdf (Stand: 10.9.2007; 16:43 MEZ).

Hoffmann, Wolf-Dieter [BC, Heft 6, 2006]: Die Bilanzierung von Fußballspielern, in: Bilanzbuchhalter und Controller, Zeitschrift für Führungskräfte im Finanz- und Rechnungswesen und Controlling, Heft 6, Beck-Verlag, München 2006.

Homberg, Andreas/ Elter, Vera-Carina/ Rothenburger, Manuel [KoR, Heft 6, 2004]: Bilanzierung von Humankapital nach IFRS am Beispiel des Spielervermögens im Profisport, in: Zeitschrift für internationale und kapitalmarktorientierte Rechnungslegung, Fachverlag der Verlagsgruppe Handelsblatt, Düsseldorf 2004.

Horváth, Peter/ Kaufmann, Lutz [Balanced Scorecard, 1/2004]: Balanced Scorecard – ein Werkzeug zur Umsetzung von Strategien, in: Harvard Business manager, Heft 1/2004, S. 7 – 17.

Horváth, Peter & Partners [Balanced Scorecard umsetzen, 2004]: Balanced Scorecard umsetzen, 3., vollständig überarbeitete Auflage, Schäffer-Poeschel Verlag Stuttgart 2004.

Hovemann, Gregor [Perspektiven von Börsengängen im Profisport]: Bedingungen und Perspektiven von Börsengängen im Profisport im europäischen Kontext – Der Fall BVB GmbH & Co. KGaA, im Internet abrufbar: URL http://www.uni-mainz.de/FB/Sport/alumni/pdffiles/gvHOVEMANN03BOERSE.pdf (Stand: 6.12.2007; 22:48 MEZ).

Jansen, Rudolf [FR, 13/95]: Steuerfragen bei Sportlervergütungen und Ablösezahlungen, in: Zeitschrift: Finanz-Rundschau für Einkommensteuer 13/95, Verlag Dr. Otto Schmidt, Köln 1995.

Kaiser, Thomas [Der Betrieb, Heft 21, 2004]: Die Behandlung von Spielerwerten in der Handelsbilanz und im Überschuldungsstatus im Profifußball, in: Zeitschrift: Der Betrieb, Heft 21 vom 21.5.2004, Verlag Recht und Wirtschaft, Frankfurt am Main 2004.

Kaplan, Robert S./ Norton, David P. [Balanced Scorecard, 1992]: The balanced scorecard – measures that drive performance, in: Harvard Business Review, 70. Jg., Nr. 1, S. 71 – 79.

Kaplan, Robert S./ Norton, David P. [Balanced Scorecard, 1993]: Putting the balanced scorecard to work, in: Harvard Business Review, 71. Jg., Nr. 1, S. 134 – 147.

Kaplan, Robert S./ Norton, David P. [Balanced Scorecard, 1997]: Balanced Scorecard – Strategien erfolgreich umsetzen, Schäffer Poeschel Verlag, Stuttgart 1997.

Karai, Éva [Rechnungslegungsgrundsätze, 2002]: Rechnungslegungsgrundsätze, Technische und Wirtschaftswissenschaftliche Universität in Budapest, im Internet abrufbar: URL http://www.pp.bme.hu/so/2002_1/pdf/so2002_1_07.pdf (Stand, 13.10.2007; 13:55 MEZ).

Kipler, Ingo [Investitionsaspekte beim Börsengang von Sportunternehmen]: Corporate Governance – und Investitionsaspekte beim Börsengang von Sportunternehmen – am Beispiel der Fußball-Bundesliga, im Internet abrufbar: URL http://stefan-t-launer.de/stefan-t-launer/weitere%20arbeiten/KSK_Corporate_Governance_d.pdf (Stand: 6.12.2007; 22:48 MEZ).

Kirsch, Hanno [Internationale Rechnungslegung nach IAS/IFRS, 2003]: Einführung in die internationale Rechnungslegung nach IAS/IFRS – Grundzüge der IAS/ IFRS – Anwendung im Konzernabschluss – Folgerungen für den Einzelabschluss, hrsg. Von Däumler, Grabe, 2., wesentlich erweiterte Auflage, Verlag Neue Wirtschafts-Briefe Herne/ Berlin 2005.

Koller, Ingo/ Roth, Wulf-Henning/ Morck, Winfried [HGB-Kommentar, 2006]: HGB – Handelsgesetzbuch – Kommentar, 6. Auflage, Beck Juristischer Verlag, München 2006.

Küting, Karlheinz/ Dawo, Sascha [BFuP, Heft 4, 2003]: Bilanzierung immaterieller Vermögenswerte nach IAS 38 – gegenwärtige Regelungen und geplante Änderungen: Ein Beispiel für die Polarität von Vollständigkeitsprinzip und Objektivierungsprinzip, in: Betriebswirtschaftliche Forschung und Praxis, Heft 4, Verlag Neue Wirtschafts-Briefe, Herne/ Berlin 2003.

Littkemann, Jörn/ Brast, Christoph/ Stübinger, Tim [StuB, Heft 24, 2002]: Neuregelungen der Rechnungslegungsvorschriften für die Fußball-Bundesliga, in: Steuern und Bilanzpraxis, Heft 24/2002, nwb-Verlag, Herne 2002.

Lüdenbach, Norbert/ Hoffmann, Wolf-Dieter [IFRS Praxis Kommentar, 2007]: IFRS – Praxis Kommentar, 5. Auflage, Haufe Verlag, Freiburg i. Br. 2007.

Lüdenbach, Norbert/ Hoffmann, Wolf-Dieter [Der Betrieb, Heft 27/28, 2004]: „Der Ball bleibt rund" – Der Profifußball als Anwendungsfeld der IFRS-Rechnungslegung, in: Der Betrieb, Heft 27/ 28 vom 9.7.2004, Verlag Recht und Wirtschaft, Frankfurt am Main 2004.

Malatos, Andreas [Berufsfußball, 1988]: Berufsfußball im europäischen Rechtsvergleich, Kehl-Straßburg-Arlington 1988.

Mrazek, Karlheinz [CA$H-L€AGU€, 2005]: CA$H-L€AGU€ – Wie das Geld den Lauf des Balles bestimmt, Copress Verlag, München 2005.

Ott, Christian/ Rummel, Marc [Verschmelzung von Unternehmen, 2003]: Verschmelzung von Unternehmen – Seminararbeit im Seminar Unternehmensgründung und -finanzierung, im Internet abrufbar URL http://www.stud.uni-karlsruhe.de/~ub1z/papers/Verschmezungen.pdf (Stand: 12.9.2007; 14:27 MEZ).

o.V. Alpmann Brockhaus [Fachlexikon Recht, 2005]: Alpmann Brockhaus – Fachlexikon Recht – 2., aktualisierte und erweiterte Auflage, Mannheim 2005.

o.V. Arminia Bielefeld [Prospekt zur Emission einer Anleihe, 2006]: DSC Arminia Bielefeld – Die Blauen – Prospekt zur Emission der DSC Arminia Bielefeld 6,5% Anleihe von 2006/2011, 13.09.2006, im Internet abrufbar: URL http://www.bafin.de/database/VPInfo/prospektFileAnzeigen.do?prospektId=470155, (Stand: 18.9.2007; 10:14 MEZ).

o.V. Beck'sche Textausgaben [Umsatzsteuer, Dezember 1999]: Beck'sche Textausgaben – Steuergesetze, Beck Juristischer Verlag, München 1999.

o.V. BFH-Urteil [I R 24/91, 26.8.1992]: BFH-Urteil – I R 24/91 vom 26.8.1992, im Internet abrufbar: URL http://www.bfh.simons-moll.de/bfh_1992/XX920977.HTM, (Stand: 25.10.2007; 13:51 MEZ).

o.V. Deloitte/ IAS PLUS [Framework]: Rahmenkonzept für die Aufstellung und Darstellung von Abschlüssen – Framework, hrsg. Von Deloitte & Touche, im Internet abrufbar: URL http://www.iasplus.de/standards/framework.php, (Stand 8.10.2007; 13:29 MEZ).

o.V. Deloitte/ IAS PLUS [SIC-32]: SIC-32 – Immaterielle Vermögenswerte – Websitekosten, hrsg. Von Deloitte & Touche, im Internet abrufbar: URL http://www.iasplus.de/interps/sic_32.php, (Stand: 14.10.2007; 16:12 MEZ).

o.V. Deloitte/ IAS PLUS [IAS 38]: IAS 38 – Immaterielle Vermögenswerte, hrsg. Von Deloitte & Touche, im Internet abrufbar: URL http://www.iasplus.de/standards/ias_38.php, (Stand: 14.10.2007; 16:17 MEZ).

o.V. Deloitte/ IAS PLUS [IAS 36]: IAS 36 – Wertminderung von Vermögenswerten, hrsg. Von Deloitte & Touche, im Internet abrufbar: URL http://www.iasplus.de/standards/ias_36.php, (Stand: 14.10.2007; 16:22 MEZ).

o.V. Deloitte & Touche [Annual Review of Football Finance 1999]: Annual Review of Football Finance 1999 – Deutsche Übersetzung, hrsg. Von Deloitte & Touche, Manchester 1999.

o.V. Deutscher Fußball-Bund [DFB-Satzung]: Satzung, hrsg. Von Deutschen Fußball-Bund, im Internet abrufbar: URL http://www.dfb.de/uploads/media/Satzung.pdf (Stand: 8.12.2007; 17:04 MEZ).

o.V. Deutscher Fußball-Bund [DFB-Statuten]: DFB-Statuten – Spielordnung, hrsg. Von Deutschen Fußball-Bund im Internet abrufbar: URL http://www.fussballverband-rheinland.de/Satzung_und_Ordnungen/Satzung%20DFB111203.htm, (Stand: 29.10.2007; 18:14 MEZ).

o.V. DFL-Report [Bundesliga Report, 2006]: Bundesliga Report 2006, hrsg. Von DFL Deutsche Fußball Liga GmbH, Frankfurt am Main 2006.

o.V. DFL-Report [Bundesliga Report, 2007]: Bundesliga Report 2007, hrsg. Von DFL Deutsche Fußball Liga GmbH, Frankfurt am Main 2007.

o.V. Borussia Dortmund [Geschäftsbericht 2001]: Geschäftsbericht Juli 2000 – Juni 2001 der Borussia Dortmund GmbH & Co. KGaA, im Internet abrufbar: URL http://www.borussia-aktie.de/pdf/gb/BVB-GB-2001.pdf (Stand: 5.11.2007; 23:00 MEZ).

o.V. Borussia Dortmund [Geschäftsbericht 2002]: Geschäftsbericht Juli 2001 – Juni 2002 der Borussia Dortmund GmbH & Co. KGaA, im Internet abrufbar: URL http://www.borussia-aktie.de/pdf/gb/BVB-GB-2002.pdf (Stand: 5.11.2007; 23:00 MEZ)

o.V. Borussia Dortmund [Geschäftsbericht 2003]: Geschäftsbericht Juli 2002 – Juni 2003 der Borussia Dortmund GmbH & Co. KGaA, im Internet abrufbar: URL http://www.borussia-aktie.de/pdf/gb/BVB-GB-2003.pdf (Stand: 5.11.2007; 23:00 MEZ).

o.V. Borussia Dortmund [Geschäftsbericht 2004]: Geschäftsbericht Juli 2003 – Juni 2004 der Borussia Dortmund GmbH & Co. KGaA, im Internet abrufbar: URL http://www.borussia-aktie.de/pdf/gb/BVB-GB-2004.pdf (Stand: 5.11.2007; 23:00 MEZ).

o.V. Borussia Dortmund [Geschäftsbericht 2005]: Geschäftsbericht Juli 2004 – Juni 2005 der Borussia Dortmund GmbH & Co. KGaA, im Internet abrufbar: URL http://www.borussia-aktie.de/pdf/gb/BVB-GB-2005.pdf (Stand: 5.11.2007; 23:00 MEZ).

o.V. Borussia Dortmund [Geschäftsbericht 2006]: Geschäftsbericht Juli 2005 – Juni 2006 der Borussia Dortmund GmbH & Co. KGaA, im Internet abrufbar: URL http://www.borussia-aktie.de/pdf/gb/BVB-GB-2006.pdf (Stand: 5.11.2007; 23:00 MEZ)

o.V. Borussia Dortmund [Geschäftsbericht 2007]: Geschäftsbericht Juli 2006 – Juni 2007 der Borussia Dortmund GmbH & Co. KGaA, im Internet abrufbar: URL http://www.borussia-aktie.de/pdf/gb/BVB-GB-2007.pdf (Stand: 5.11.2007; 23:00 MEZ).

o.V. Bürgerliches Gesetzbuch: im Internet abrufbar: URL http://www.gesetze-im-internet.de/bgb/BJNR001950896.html (Stand: 6.12.2007; 16:05 MEZ).

o.V. EuGH [Bosman, 15.12.1995]: Bosman-Urteil, EuGH RS C-415/93, Slg 1995, I4921, Luxemburg 1995.

o.V. FAZ [Ausgabe 56, 7.3.2001]: Nach dem „Akt der Hilfslosigkeit" drohen neue Klagen – EU, FIFA und UEFA einig über die Grundzüge eines neuen Transfersystems/ Die Bundesliga kritisiert den Kompromiß, in der Frankfurter Allgemeinen Zeitung vom 7. März, Nr. 56, S. 46, Verlag Fazit-Stiftung 2001.

o. V. FIFA-Reglement [Kommentar, 2006]: Kommentar zum Reglement bezüglich Status und Transfer von Spielern, im Internet abrufbar: http://de.fifa.com/mm/document/affederation/admnistration/transfer%5fcommentary%5f06%5fde%ef1841.pdf, (Stand: 29.10.2007; 17:46 MEZ), Fédération Internationale de Football Association, Zürich 2006.

o.V. IDW [IFRS/ IAS, Übersetzung, 2006]: International Financial Reporting Standards IFRS – ein schließlich International Accounting Standards IAS und Interpretationen – Die amtlichen EU-Texte – Englisch-Deutsch, IDW-Textausgabe, 3., aktualisierte und erweiterte Auflage, IDW-Verlag, Düsseldorf 2006.

o.V. Meyers Enzyklopädisches Lexikon [Band 12, 1980]: Meyers Enzyklopädisches Lexikon – in 25 Bänden – Band 12, Neunte, völlig neu bearbeitete Auflage zum 150jährigen Bestehen des Verlages, Bibliographisches Institut, Mannheim 1980.

o.V. Meyers Enzyklopädisches Lexikon [Band 24, 1980]: Meyers Enzyklopädisches Lexikon – in 25 Bänden – Band 24, Neunte, völlig neu bearbeitete Auflage zum 150jährigen Bestehen des Verlages, Bibliographisches Institut, Mannheim 1980.

o.V. Kicker-Sportmagazin [Sonderheft, Bundesliga, 2007/08]: Kicker-Sportmagazin – Bundesliga – Sonderheft 2007/08, Olympia-Verlag, Nürnberg 2007.

o.V. Kicker-Sportmagazin [Sonderheft, UEFA-Cup, 2007/08]: Kicker-Sportmagazin – UEFA-Cup – Sonderheft 2007/08, Olympia-Verlag, Nürnberg 2007.

o.V. Kicker-Sportmagazin [Sonderheft, Finale, 2005/06]: Kicker-Sportmagazin – Finale – Sonderheft 2005/06, Olympia-Verlag, Nürnberg 2005.

o.V. Kicker-Sportmagazin [Sonderheft, Finale, 2006/07]: Kicker-Sportmagazin – Finale – Sonderheft 2006/07, Olympia-Verlag, Nürnberg 2006.

o.V. Kicker-Sportmagazin [Heft 5, 16.1.2006]: Kicker-Sportmagazin, Artikel: Pokalgelder für Absteiger, Olympia-Verlag, Nürnberg 2006.

o.V. Kicker-Sportmagazin [Heft 55, 5.7.2007]: Kicker-Sportmagazin – Olympia-Verlag, Nürnberg 2007.

o.V. UEFA [Vorabinformation zur Verteilung der Einnahmen, 2006]: Vorabinformation betreffend die Verteilung der Einnahmen aus der UEFA Champions League 2006/07, dem UEFA-Pokal 2006/07 und dem UEFA-Superpokal 2006 an die Vereine, Verfasser: Studer, Markus, im Internet abrufbar: URL http://www.uefa.com/newsfiles/574781.pdf (Stand: 12.12.2007; 0:04 MEZ).

o.V. UStR [Besteuerung von Transferzahlungen, 31.8.1955]: UStR 1 Abs. 4 – BFH-Urteil zur Behandlung der Umsatzsteuer bei Transferzahlungen, im Internet abrufbar: URL http://www.gesetze.2me.net/ustr/ustr0001.htm, (Stand: 23.11.2007; 13:46 MEZ).

Pflister, Bernhard [Bosman-Urteil, 1998]: Das Bosman-Urteil des EuGH und das Kienass-Urteil des BAG, hrsg. Von Tokarski, Walter EU-Recht und Sport, 1998, Seiten 151 – 171, im Internet abrufbar: URL http://www.sportrecht.org/Publikationen/PfiEURechtundSport1998-151.pdf, (Stand: 25.10.2007; 15:02 MEZ).

Pietsch, Thomas/ Memmler, Tobias [Balanced Scorecard erstellen, 2003]: Balanced Scorecard erstellen – Kennzahlenermittlung mit Data Mining, Erich Schmidt Verlag, Berlin 2003.

Preußer, Julia [Gesellschaftsrecht, 2004]: Gesellschaftsrecht – Basiswissen, Haufe Verlag, Planegg bei München 2004.

Rehbein, Ronny [Balanced Scorecard, Diplomarbeit, 2003]: Die Einführung und Anwendung der Balanced Scorecard für kleine und mittelständische Unternehmen, Diplomarbeit 2003, im Internet abrufbar: URL http://www.conho.de/skripte/bscluftfahrt.pdf, (Stand: 10.11.2007; 13:40 MEZ).

Ruhnke, Klaus [Rechnungslegung nach IFRS und HGB, 2005]: Rechnungslegung nach IFRS und HGB – Lehrbuch zur Theorie und Praxis der Unternehmenspublizität mit Beispielen und Übungen, Schäffer Poeschel Verlag, Stuttgart 2005.

Schmeilzl, Bernhard [Marketing des DBV, 2002]: Sportverbände, Marketing & Vermarktungsgesellschaften – Anhang 2 zum „Marketing Konzept Teil 3: 2002-2005", im Internet abrufbar: URL http://www.baseball-softball.de/data/content/00000649/Vermarktungsgesellschaft1.pdf (Stand: 9.12.2007; 12:43 MEZ).

Schmeilzl, Bernhard [Rechtliche Rahmenbedingungen, 2004]: Was dürfen Spielervermittler und Sportmanager? – Rechtliche Rahmenbedingungen für Berater, Vermittler und Manager von Profiathleten in Deutschland, im Internet abrufbar: URL http://www.berufsverband-spielervermittler/dl/Rechtlicher-Raum-fuer-Sportagenturen-Final-Version2003_DSB.pdf (Stand: 18.10.2007; 23:33 MEZ).

Schmeisser, Wilhelm [Balanced Scorecard, 2002]: Quantifizierung der Personalarbeit, in: HR-Services, Heft 2 und 4-5, S. 28-31 und S. 48-51.

Schmeisser, Wilhelm/ et al. [Berliner Balanced Scorecard, 2006]: Einführung in den Berliner Balanced Scorecard Ansatz – Ein Weg zur wertorientierten Performancemessung für Unternehmen, 1. Auflage, Hampp Verlag, Mering 2006.

Schmeisser, W: Finanzorientierte Personalwirtschaft. Oldenbourg Verlag, München 2008

Schwendowius, Daniel [Finanzierung- und Organisationskonzept, 2002]: Finanzierungs- und Organisationskonzept für den deutschen Profifußball – Eine Analyse der finanzierungsrelevanten Vertragsbeziehungen von Fußballklubs unter besonderer Berücksichtigung der Spielerfinanzierung, Diss. 2002, im Internet abrufbar: URL http://www.diss.fu-berlin.de/2003/21/index.html (Stand 31.8.2007, 11:26 MEZ).

Süßmilch, Ingo/ Elter, Vera-Carina [FC €uro AG, 2004]: FC €uro AG – Fußball und Finanzen, hrsg. Von WGZ-Bank/ KPMG Deutsche Treuhand-Gesellschaft, 4. Auflage 2004, im Internet abrufbar: URL http://www.kmpg.de/library/pdf/041102_fc_euro_ag_de.pdf (Stand: 31.10.2007; 18:33 MEZ).

Staudt, Erwin [Balanced Scorecard, 20.12.2004]: Das Management eines Fußballvereins über die Balanced Scorecard, hrsg. Vom Institut Arbeitswirtschaft und Organisation/ VFB Stuttgart, im Internet abrufbar: URL http://www.fit4service.de/files/veranstaltung_2004-12/Vortrag_Staudt_VFB.pdf, (Stand: 11.11.2007; 13:49 MEZ).

Von Billerbeck, Christoph [Einflußnahme an Kapitalgesellschaften in der Bundesliga, 2001]: Einflußnahme Dritter durch Beteiligung an verschiedenen Kapitalgesellschaften der Lizenzligen, in: Seminar zum Sportrecht an der Universität Bayreuth 2001, im Internet abrufbar: URL http://www.sportrecht.org/studarbeiten/billerbeck.pdf (Stand: 6.12.2007; 22:48 MEZ).

Von Freyberg, Burkhard [Transfergeschäfte der Fußballbundesliga, 2005]: Transfergeschäft der Fußballbundesliga – Preisfindung und Spielerwertbestimmung, Erich Schmidt Verlag, Berlin 2005.

Von Keitz, Isabel [Immaterielle Güter, 1997]: Immaterielle Güter in der internationalen Rechnungslegung, IDW-Verlag, Düsseldorf 1997.

Wehrheim, Michael/ Zulauf, Carsten [PiR, Heft 8, 2007]: Die Bilanzierung von Aufhebungszahlungen im Lizenzfußball nach IFRS, in: Praxis der internationalen Rechnungslegung, Zeitschrift zur IFRS-Bilanzierung, Heft 8/2007, nwb-Verlag, Herne 2007.

Weis, Hans Christian [Marketing, 2001]: Marketing, hrsg. Von Olfert, Klause, 12., überarbeitete und aktualisierte Auflage, Kiehl Verlag, Ludwigshafen (Rhein) 2001.

Zingel, Harry [IFRS und IAS, 2007]: International Financial Reporting Standards – IFRS und IAS 2007: Grundbegriffe der internationalen Rechnungslegung, im Internet abrufbar: http://www.zingel.de/pdf/03ias.pdf (Stand: 7.10.2007; 15:47 MEZ).

Weitere Quellen

Die Zeit [Nr. 33, 9.8.2007]: Makler ohne Lizenz von Hoppe, Till, 9.8.2007, S. 23, Zeitverlag Gerd Bucerius, Hamburg 2007.

http://de.eurosport.yahoo.com [VFB, 22.5.2007]: Bundesliga – VfB macht richtig Kasse, Zeitungsbericht vom 22.5.2007 – auf http://de.eurosport.yahoo.com, im Internet abrufbar: URL http://de.eurosport.yahoo.com/22052007/73/bundesliga-vfb-richtig-kasse.html, (Stand: 17.11.2007; 0:35 MEZ).

http://derstandard.at [Antwerp, 20.8.2002]: Royal Antwerp FC – „The Great Old", Zeitungsbericht vom 20.8.2002 – auf http://derstandard.at, im Internet abrufbar: URL http://derstandard.at/?url=/?id=765319, (Stand: 9.11.2007; 21:07 MEZ).

http://shop.fcbayern.de [Fanshop, FC Bayern München], Fanshop des FC Bayern München, im Internet abrufbar: URL http://shop.fcbayern.de/?adword=google/Bayern%20M%C3%BCnchen%20Fanshop, (Stand: 17.11.2007; 15:54 MEZ).

http://sports.fim.uni-linz.ac.at [Statistik, 2001]: Informatik im Sport – 10-stündiges Projekt – Fußballstatistiken, Miesbauer, Markus/ Wöss, Reinhard, im Internet abrufbar: URL http://sports.fim.uni-linz.ac.at/Fussballstat/Bericht.doc, (Stand: 10.11.2007; 14:53 MEZ).

http://www3.mkd.de [Spielervertrag]: Vertragsspielervertrag, im Internet abrufbar: URL http://www3.mkd.de/~hfv/_data/Vertragsspielervertrag.pdf, (Stand: 29.10.2007; 16:40 MEZ).

http://www.abendblatt.de [HSV, TV-Gelder, 3.2.2006]: HSV hofft auf fünf Millionen Euro mehr, Zeitungsbericht vom 3.2.2006 – auf http://www.abendblatt.de, im Internet abrufbar: URL http://www.abendblatt.de/daten/2006/02/03/529852.html, (Stand: .4.11.2007; 12:53 MEZ).

http://www.abendblatt.de [Millionenspiel, 29.8.2003]: Millionenspiel: Frust und Lust, Zeitungsbericht vom 29.8.2003 – auf http://www.abendblatt.de, im Internet abrufbar: URL http://www.abendblatt.de/daten/2003/08/29/201945.html, (Stand: 22.11.2007; 13:54 MEZ).

http://www.allianz-arena.de [Imagebroschüre, 19.4.2007] Mehr als ein Stadion. – DIE ALLIANZ ARENA, hrsg. Von der Allianz Arena München Stadion GmbH, im Internet abrufbar: URL http://www.allianz-arena.de/media/native/pdf_dateien/06009_msg_imbr_070419.pdf, (Stand: 10.11.2007; 14:27 MEZ).

http://www.anwaltzentrale.de [Ausbildungsentschädigung, 12.7.2006]: Ausbildungsentschädigung für junge Fussballer – § 23a der DFB Spielordnung im Aus?, Fachartikel vom 12.7.2006, im Internet abrufbar: URL http://www.anwaltzentrale.de/rechtsanwalt_fachartikel/fachartikel_detail.php?id=97&Fachgebiet_id=140, (Stand: 25.10.2007; 15:17 MEZ).

http://www.bayer04.de [Business-Partner, 2007]: Business-Partner von Bayer 04 Leverkusen – 2007, im Internet abrufbar: URL http://ww.bayer04.de/b04/de/977.aspx?guid=977-D92FFAF7-24DB-49E3-9F04-2FE474D737EB-573, (Stand: 17.11.2007; 16:21 MEZ).

http://www.br-online.de [Ballack, 2006]: Ballack auf die Insel – Zeitungsbericht vom 15.5.2006, im Internet abrufbar: URL http://www.br-online.de/sport-freizeit/artikel/0605/15-ballack-chelsea/index.xml (Stand: 20.10.2007; 12:47 MEZ).

http://www.bundesliga-datenbank.de [Fußballdaten]: IMPIRE AG, im Internet abrufbar: URL http://www.bundesliga-datenbank.de/index.php?language=deutsch&topic=Home Stand: 10.11.2007; 17:10 MEZ).

http://www.controllingportal.de [Balanced Scorecard]: Balanced Scorecard von Friedag, Schmidt – auf http://www.controllingportal.de, im Internet abrufbar: URL http://www.controllingportal.de/Fachinfo/BSC/Friedag-Schmidt-Balanced-Scorecard.html, (Stand: 5.11.2007; 14:54 MEZ).

http://www.controllingportal.de [Balanced Scorecard, Skript]: Die Balanced Scorecard als ein universelles Managementinstrument – Auszug: Kapital 3 – auf http://www.controllingportal.de, Friedag, Herwig R., im Internet abrufbar: URL http://www.controllingportal.de/upload/pdf/fachartikel/Instrumente/pdf_management_3.pdf, (Stand: 14.11.2007; 23:54 MEZ).

http://www.creative-talent [Spielervermittler]: CT Creative Talent GmbH, im Internet abrufbar: URL http://www.creative-talent.net/index.php?id=37 (Stand: 18.10.2007; 23:21 MEZ).

http://www.deloitte.com [Annual Review of Football Finance, 8.8.2003]: Annual Review of Football Finance – Bundesliga festigt ihre Position im europäischen 10 Milliarden Euro Fußballmarkt, Artikel vom 8.8.2003 – auf http://www.deloitte.com, im Internet abrufbar: URL http://www.deloitte.com/dtt/press_release/0,1014,sid%253D6272%2526cid%253D22587,00.html, (Stand: 29.12.2007; 20:58 MEZ).

http://www.diepresse.com [Beckham, 6.7.2007]: „Goldjunge" Beckham brachte Real Madrid 440 Mio. Euro Zusatzeinnahmen, Zeitungsartikel vom 6.7.2007 – auf http://www.diepresse.com, im Internet abrufbar: URL http://www.diepresse.com/home/wirtschaft/economist/315492/index.do?_vl_backlink=/home/wirtschaft/index.do, (Stand: 19.11.2007; 0:29 MEZ).

http://www.dfb.de [Talente fordern und fördern]: Konzept zur Nachwuchsförderung – Deutsche Fußball-Bund, im Internet abrufbar: URL http://www.dfb.de/index.php?id=11175 (Stand: 13:10:2007; 15:22 MEZ).

http://www.eskript.unibas.ch [Framework, Verlässlichkeit]: IAS/IFRS – Framework, Paragraph 31 f. – auf http://www.eskript.unibas.ch der Universität Basel, Handschin, Lukas, , im Internet abrufbar: URL http://www.eskript.unibas.ch/rechnungslegungsrecht/jahresabschluss/grundsaetze_ordn

ungsmaessiger_rechnungslegung/die_grundsaetze_im_einzelnen/verlaesslichkeit/ifrs, (Stand: 11.10.2007; 22:31 MEZ).

http://www.fd21.de   [Starspieler]:   Starspieler,   im   Internet   abrufbar: URL http://www.fd21.de/13811.asp (Stand: 18.10.2007; 14:48 MEZ).

http://www.finanznachrichten.de [Citibank, 18.5.2007]: SPONSORS / Nachfolger von bwin gefunden: Citibank neuer Hauptsponsor von Werder Bremen, Zeitungsbericht vom 18.5.2007 – auf http://www.finanznachrichten.de, im Internet abrufbar: URL http://www.finanznachrichten.de/nachrichten-2007-05/artikel-8267378.asp,   (Stand: 2.11.2007; 13:13 MEZ).

http://www.faz.net [Kaiserslautern, 26.9.2007]: Lautern droht die dritte Liga, Zeitungsbericht vom   26.9.2007   –   auf   http://www.faz.net,   im   Internet   abrufbar: URL http://www.faz.net/s/RubBC20E7BC6C204B29BADA5A79368B1E93/Doc~E1626D60 DE36B4EBF90116E68AF97289F~ATpl~Ecommon~Scontent.html, (Stand: 1.11.2007; 18:43 MEZ).

http://www.faz.net [Milliardengeschäft, 5.6.2007]: Milliardengeschäft Fußball, Zeitungsbericht vom 5.6.2007 – auf http://www.faz.net, im Internet abrufbar: URL http://www.faz.net/s/RubE2C6E0BCC2F04DD787CDC274993E94C1/Doc~EFCBB22 F390ED4140B9DE844AD2CE5E6F~ATpl~Ecommon~Scontent.html,   (Stand: 27.12.2007; 18:57 MEZ).

http://www.fibumarkt.de [Anschaffungskosten]: Anschaffungskosten, FIBUmarkt.de – Das Rechnungswesen-Portal,   im   Internet   abrufbar: URL http://www.fibumarkt.de/Fachinfo/Anlagevermögen/Anschaffungskosten.html (Stand: 18.10.2007; 13:15 MEZ).

http://www.football-research.org [Alex Ferguson, 1999]: A Game of Two Halves? The Business of Football, Artikel vom Mai 1999, auf http://www.football-research.org, im Internet abrufbar: URL http://www.football-research.org/gof2h/Gof2H-contents.htm, (Stand: 26.12.2007; 12:51 MEZ).

http://www.ftd.de [Leo Kirch, 9.10.2007]: Leo Kirch vermarktet Bundesliga im TV, Zeitungsbericht vom 9.10.2007 – auf http://www.ftd.de, im Internet abrufbar: URL http://www.ftd.de/technik/medien_internet/263560.html?nv=cd-rss1220,   (Stand: 17.11.2007; 0:24 MEZ).

http://www.fussball24.de [BVB, 16.3.2005]: BVB spart ab 2007 rund 5 Millionen Stadionmiete,   Zeitungsbericht   vom   16.3.2005,   im   Internet   abrufbar: URL http://www.fussball24.de/fussball/1/7/38/12149-bvb-spart-ab-2007-rund-5-millionen-stadionmiete, (Stand: 1.11.2007; 18:33 MEZ).

http://www.fussball24.de [FC Bayern, 23.11.2005]: FC Bayern: Mindestens 25 Millionen Euro Einnahmen, Zeitungsbericht vom 23.11.2005, im Internet abrufbar: URL http://www.fussball24.de/fussball/112/116/137/21002-fc-bayern-mindestens-25-millionen-euro-einnahmen, (Stand: 29.11.2007; 19:20 MEZ).

http://www.fussball24.de [Hertha BSC, 1.7.2007]: Hertha BSC: Neue Satzung mehr Personalkosten, Zeitungsbericht vom 1.7.2007 auf http://fussball24.de, im Internet abrufbar:
URL   http://www.fussball24.de/1/7/38/48494-hertha-bsc-neue-satzung-mehr-
personalkosten, (Stand: 16.11.2007; 16:42 MEZ).

http://www.fr-online.de [Eintracht Frankfurt, 14.2.2007]: „Die nächste Kategorie kostet das
Doppelte" – Interview mit Eintracht-Finanzvorstand Pröckl, Thomas, Zeitungsbericht
vom 14.2.2007 – auf http://fr-online.de, im Internet abrufbar: URL http://www.fr-
onli-
ne.de/in_und_ausland/sport/eintracht_frankfurt/?em_cnt=1074236&sid=c0f31d65cd431
2356787d9bdladfe78b, (Stand: 1.11.2007; 19:37 MEZ).

http://www.handelsblatt.com [Martin Kind, Interview, 13.12.2007]: Pro:"Wir brauchen mehr
Kapital" – Interview mit Martin Kind, Präsident von Hannover 96 Zeitungsartikel vom
13.12.2007   –   auf   http://www.handelsblatt.com,   im   Internet   abrufbar: URL
http://www.handelsblatt.com/News/Sport/Fussball/_pv/grid_id/903493/_p/300481/_t/ft/
_b/1365951/default.aspx/pro-wir-brauchen-mehr-kapital.html,   (Stand: 26.12.2007;
15:42 MEZ).

http://www.idw-online.de [Borussia Mönchengladbach, 19.6.2006]: Die „Borussia" – auch
Wirtschaftsfaktor und Werbeträger für den Niederrhein, Zeitungsartikel vom 19.6.2006
– auf http://www.idw-online.de, im Internet abrufbar: URL http://www.idw-
online.de/pages/de/news164464. (Stand: 27.12.2007; 13:57 MEZ).

http://www.ksc.de [KSC, Stadionmiete, 6.9.2007]: Stadionmiete soll sich an den Einnahmen
orientieren, Zeitungsbericht vom 6.9.2007 – auf http://www.ksc.de, im Internet abrufbar: URL   http://www.ksc.de/aktuelles/anzeigen/news/stadionmiete-soll-sich-an-den-
einnahmen-orientieren/81/neste/13.html (Stand: 1.11.2007; 18:41 MEZ).

http://www.medienmaerkte.de [Fußball-Rechte, 11.8.2006]: Fußball-Rechte so teuer wie nie
zuvor – In Frankreich und England aber muss noch mehr gezahlt werden, Zeitungsbericht   vom   11.8.2006,   im   Internet   abrufbar: URL
http://www.medienmaerkte.de/artikel/free/061108_fussball.html,   (Stand: 2.11.2007;
16:31 MEZ).

http://www.ndr.de   [Gerald   Asamoah]:   Gerald   Asamoah   –   Porträt,   Artikel   auf
http://www.ndr.de,   im   Internet   abrufbar: URL
http://www.ndr.de/cgi/mf/mannschaften/wm2002/mannschaften/spieler/detail.phtml?pid
=4457, (Stand: 27.10.2007; 19:49 MEZ).

http://www.netzeitung.de [Braunschweig, 25.7.2005]: Rekordeinnahmen durch Trikotwerbung, Zeitungsbericht vom 25.7.2005 – auf http://www.netzeitung.de, im Internet abrufbar: URL   .   http://www.netzeitung.de/sport/bundesliga/349977.html,   (Stand:
31.10.2007; 22.25 MEZ).

http://www.pressetext.de [Merchandising, 4.12.2007]: Merchandising: Rekord für Bundesli-
ga-Vereine, Zeitungsartikel vom 4.12.2007 – auf http://www.pressetext.de, im Internet

abrufbar: URL http://www.pressetext.de/pte.mc?pte=071204034, (Stand: 26.12.2007; 13:31 MEZ).

http://www.rogon.tv [Spielervermittler]: Rogon GmbH & Co. KG, im Internet abrufbar: URL http://www.rogon.tv/impressum.php (Stand: 20.10.2007; 13:08 MEZ).

http://www.satundkabel.de [Leo Kirchs Gebot, 8.10.2007]: Kirch bietet 1,5 Milliarden Euro – Verhandelt DFL mit dem Ex-Pleitier?, Zeitungsbericht vom 8.10.2007 – auf http://www.satundkabel.de, im Internet abrufbar: URL http://www.satundkabel.de/modules.php?op=modload&name=News&file=article&sid=25592&mode=thread&order=0&thold=0, (Stand: 3.11.2007; 16:50 MEZ).

http://www.seefelder.de [GmbH & Co KG auf Aktien]: Die GmbH & Co KG auf Aktien, im Internet abrufbar: URL http://www.seefelder.de/shop/kgaa.php, (Stand: 9.12.2007; 18:23).

http://www.seppl-herberger.de [Elf Freunde]: Die Helden von Bern, im Internet abrufbar: URL http://www.seppl-herberger.de/helden.htm, (Stand: 25.11.2007; 16:26 MEZ).

http://www.spiegel.de [Rechteverwerter mit Dreijahresvertrag, 29.5.2007]: Zeitungsbericht vom 29.5.2007 – auf http://www.spiegel.de, im Internet abrufbar: URL http://www.spiegel.de/sport/fussball/01518,485534,00.html, (Stand: 2.11.2007; 16:14 MEZ).

http://www.sport.ard.de [Ballack, 28.2.2006]: Chelsea lockt angeblich mit Traumgage, Zeitungsbericht vom 28.2.2006 – auf http://www.sport.ard.de, im Internet abrufbar: URL http://www.sport.ard.de/sp/fussball/news200602/28/chelsea_lock_angeblich_mit_traumgage.jhtml (Stand: 20.10.2007; 12:45 MEZ).

http://www.sportbild.de [Trikotsponsoren, 10.7.2007]: Rekord: Trikotsponsoren zahlen 123 Millionen, Zeitungsbericht vom 10.7.2007 – auf http://www.sportbild.de, im Internet abrufbar: URL http://sportbild.de/sportbild/generated/article/fussball/2007/07/10/6604800000.html, (Stand: 31.10.2007; 21:56 MEZ).

http://www.sportgate.de [Roth, 8.10.2007]: FCN-Mitglieder bestätigen Präsident Roth, Zeitungsbericht vom 8.10.2007 – auf http://www.sportgate.de, im Internet abrufbar: URL http://www.sportgate.de/fussball/bundesliga/artikel/fcn-mitglieder-bestaetigen-praesident-roth-1766, (Stand: 29.11.2007; 19:27 MEZ).

http://www.sport-rekord.de [Trikotsponsoren, 2007/2008]: Die etwas andere Bundesliga – Tabelle Saison 07/08 – auf http://www.sport-rekord.de, im Internet abrufbar: URL http://www.sport-rekord.de/tabelle_trikotsponsor.php, (Stand: 31.10.2007; 21:58 MEZ).

http://www.starsandfriends.net [Spielervermittler]: Stars & Friends International Holding GmbH, im Internet abrufbar: URL http://www.starsandfriends.net/stars/index.php (Stand: 20.10.2007; 13:10 MEZ).

http://www.stern.de [Fußballflüsterer, 11.9.2005]: „Die Fußballflüsterer", Zeitungsbericht vom 11.9.2005- von Erichsen, Björn – auf http://www.stern.de, im Internet abrufbar: URL   http://www.stern.de/sport-motor/fussball/:Bundesliga-Datenbank-Die_Fu%DFballfl%FCsterer/545533.html?nv=ct_cb und http://www.stern.de/sport-motor/fussball/:Bundesliga-Datenbank-Die_Fu%DFballfl%FCsterer/545533.html?p=2&nv=ct_cb, (Stand: 10.11.2007; 17:18 MEZ).

http://www.stern.de [Finanzspritze DFB-Pokal, 22.12.2005]: „Finanzspritze DFB-Pokal", Zeitungsbericht vom 22.12.2005 – auf http://www.stern.de, im Internet abrufbar: URL http://www.stern.de/sport-motor/fussball/:FC-St.-Pauli-Finanzspritze-DFB-Pokal/551946.html, (Stand: 7.11.2007; 22.18 MEZ).

http://www.stern.de [Ausverkauf, 2.6.2005]: „Dortmund vor dem Ausverkauf", Zeitungsbericht vom 2.6.2005 – auf http://www.stern.de, im Internet abrufbar: URL http://www.stern.de/sport-motor/fussball/536732.html?eid=527572; (Stand: 7.11.2007; 21:25 MEZ).

http://www.tagesspiegel.de [Krösus Bayern, 2.7.2007]: Krösus Bayern kassiert fast 30 Millionen, Zeitungsbericht vom 2.7.2007 – auf http://www.tagesspiegel.de, im Internet abrufbar: URL   http://www.tagesspiegel.de/sport/Fussball-Champions-League-Bundesliga;art133,2331901, (Stand: 17.11.2007; 12:26).

http://www.welt.de [Bosman-Urteil und die Folgen]: Das Bosman-Urteil und die Folgen, Zeitungsbericht vom 15.12.2005 – auf http://www.welt.de, im Internet abrufbar: URL http://www.welt.de/print-welt/article184432/Das_Bosman-Urteil_und_die_Folgen.html, (Stand: 28.12.2007; 16:15 MEZ).

http://www.zeit.de [Fußball als Markt, 26.1.2007]: Fußball als Markt, Zeitungsbericht vom 26.1.2007   –   auf   http://www.zeit.de,   im   Internet   abrufbar: URL http://www.zeit.de/online/2007/05/fussball-oekonomie-einleitung   und http://www.zeit.de/online/2007/05/fussball-oekonomie-einleitung?page=2,   (Stand: 26.12.2007; 14:53 MEZ).

http://www2.jura.uni-hamburg.de [Immaterielle Vermögenswerte, 2005]: Immaterielle Vermögenswerte und Goodwill nach IAS/IFRS in Abgrenzung zum HGB, Handout vom März   2005,   im   Internet   abrufbar: URL   http://www2.jura.uni-hamburg.de/hirte/seminar/0405/Immaterielle_Vermoegenswerte.pdf   (Stand: 17.10.2006; 20:57 MEZ).

Interviews

Sportfive [Interview, 10.10.2007]: Telefongespräch mit einem Mitarbeiter von der Sportfive GmbH, (Interview am 10.10.2007; 15:41 MEZ).

Fleischmann, Carlos [CT Creative Talent GmbH, Interview, 2007]: Gespräch vor Ort mit dem Geschäftsführer von CT Creative Talent GmbH, (Interview am 12.09.2007, 11:20 – 11:47 MEZ).

Tuncay, Firat [Türkiyemspor Berlin, Interview, 2007]: Telefongespräch mit dem Geschäftsführer des Berliner Vereins „Türkiyemspor Berlin", (Interview am 16.11.2007, 15:14
MEZ).

BILDMATERIAL

http://www.sgvw.ch/images/060503_bsc.jpg, (Stand. 5.11.2007; 15:38 MEZ).

http://www.fitnesstribune.com/arc/img/ft101_4b.gif (Stand: 23.11.2007; 10:51 MEZ).

Kapitel V

Wertsteigernde Performancesteuerung mit Hilfe des Berliner Balanced Scorecard Ansatzes: Weiterentwicklung der Finanzperspektive mittels der Kapitalflussrechnung und des Working-Capital-Managements

Mit dem Berliner Balanced Scorecard Ansatz[1] können einzelne Kennzahlen auf der Unternehmensgeschäftsebene, Abteilungsebene usw. bis hin zur Jahresabschlussanalyse überprüft werden. Mehr noch: Die einzelnen Perspektiven der Balanced Scorecard lassen sich mit den Techniken und Instrumenten des Rechnungswesens darstellen, berechnen und überprüfen. Sie decken Rationalisierungsansätze im leistungswirtschaftlichen Bereich auf. Darüber hinaus erkennen und analysieren sie bei den Finanzierungsinstrumenten der Unternehmung sowie in der Bilanz Schwachstellen.

1   Einleitung

Eine kontinuierliche Leistungsverbesserung muss heute mehr denn je die oberste Priorität international agierender Unternehmen sein. Unternehmen sind nicht nur mit den steigenden Anforderungen der Kunden und den wechselnden Rahmenbedingungen des Wettbewerbes konfrontiert, sondern gleichzeitig mit der geforderten Wertsteigerung von Eigentümern so-

---

[1]   Vgl. Schmeisser, W./ Schindler, F./ Clausen, L./ Lukowsky, M./ Görlitz, B.: Einführung in den Berliner Balanced Scorecard Ansatz 2006 und Schmeisser, W.Clermiont, A./ Hummel, Th. R. Krimphove, D. (Hrsg.): Einführung in die finanz- und kapitalmarktorientierte Personalwirtschaft. 2007.

wie erschwertem Kapitalzugang und verschärftem internationalen Wettbewerb. Diesen er-höhten Anforderungen kann nur mit hoher Innovationskraft, Kosteneinsparungspotentialen, flexiblen Strukturen, hoher Veränderungsbereitschaft und einem ganzheitlich geschlossenen Finanzmanagement begegnet werden.

Im Folgenden wird ein holistisches Finanzsteuerungs- und Controllingmodell im Bezugs-rahmen des Berliner Balanced Scorecard Ansatzes vorgestellt, dass sowohl den heterogenen Anforderungen einzelner Geschäftsbereiche als auch der ganzheitlichen finanziellen Unter-nehmenssteuerung gerecht wird. Mit Hilfe des Berliner Balanced Scorecard Ansatzes, als strategisch-operativer Bezugsrahmen, können alle Cash-Flow generierenden Unternehmens-bereiche in detaillierter Weise geplant, gesteuert und kontrolliert werden.

Durch die Verbindung von Kapitalflussrechnung, Working Capital, Cashflow-Rechnung und letztlich Shareholder Value-Ansatzes in der Finanzperspektive der Berliner Balanced Score-card ergibt sich ein Konzept, das unmittelbar die Wertsteigerung des Unternehmens aufzeigt. Durch die enge Anbindung des Konzeptes an das externe Rechnungswesen ist eine nahtlose Integration in den Planungs- und Finanzpublizitätsprozess des Jahresabschlusses der Unter-nehmung möglich. Ferner unterliegen die relevanten Bestimmungsgrößen der externen Ab-schlussprüfung, so dass die Glaubwürdigkeit und Akzeptanz des Konzeptes, auch für unter-nehmensexterne Analysten gegeben ist.

2   Kapitalflussrechnung

In einem nach IFRS erstellten Konzernabschluss stellt die Kapitalflussrechnung (KFR) ne-ben Bilanz, Gewinn- und Verlustrechnung, Eigenkapitalveränderungsrechnung und Anhang einen obligatorischen Bestandteil dar. Die für alle IFRS-Anwender relevante Norm zur Er-stellung einer Kapitalflussrechnung im Einzel- und Konzernabschluss ist der zuletzt 2005 angepasste IAS 7. In Verbindung mit den weiteren Jahresabschlussbestandteilen werden den Abschlussadressaten mit der Kapitalflussrechnung Informationen vermittelt, die es ihnen erlauben, einen Einblick in die Finanz- und Investitionslage des Unternehmens zu erhalten. Durch eine Gegenüberstellung mit Liquiditätsplanzahlen können so Rückschlüsse auf die Solvenz eines Unternehmens gezogen werden.[1]

Ferner kann durch Extrapolation des Cashflows vergangener Perioden die Einschätzung von Zeitpunkt und Höhe zukünftiger Zahlungsmittelströme ermöglicht werden und somit der Liquiditätsbedarf abgeschätzt werden.[2] Die in Bilanz und Gewinn- und Verlustrechnung

---

[1]   Vgl. Pellens, B./ Fülbier, R. U./ Gassen, J. (2004), S. 162.

[2]   Vgl. Pellens, B./ Fülbier, R. U./ Gassen, J. (2004), S. 163.

ausgewiesenen Beträge werden bei Anwendung von IFRS sowohl nach den Anschaffungs- und Herstellungskosten, zunehmend aber auch anhand von Zeitwerten (Fair Value) bewertet. Somit sind die ausgewiesenen Werte auch das Ergebnis von Interpretationen und Annahmen, wodurch die Zuverlässigkeit der Angaben tendenziell geschwächt wird. Durch die nach IFRS geforderte Periodenabgrenzung (accrual principle) fallen Aufwendungen und Auszahlungen sowie Erträge und Einzahlungen nicht zwingend in der gleichen Periode an. Zur Abbildung der Zahlungsströme einer Berichtsperiode bedarf es somit einer separaten Darstellung mittels einer Kapitalflussrechnung. Aufgrund der geforderten Periodenentsprechung ist die Kapitalfluss- rechnung einer der wenigen sogar normenübergreifend weitgehend vergleichbaren Abschluss- bestandteile. Darüber hinaus liefern zukünftige (Free-) Cashflows heute i.d.R. die Basis für die Bewertung von Unternehmen oder Unternehmensbereichen von morgen. Mit Hilfe von Dis- counted Cashflow-Methoden können über die Beurteilung der Finanzlage hinaus auch erste Hinweise auf Unternehmenswerte aus der Kapitalflussrechnung abgeleitet werden.[1]

2.1 Grundprinzipien zur Erstellung einer Kapitalflussrechnung

Die übergeordneten Rahmengrundsätze gelten auch für die Kapitalflussrechnung, da sie obligatorischer Bestandteil von IFRS-Abschlüssen ist. Im Wesentlichen bestehen sie aus folgenden Grundsätzen:[2]

Grundsatz der Verständlichkeit
Die Informationen sind für die Adressaten verständlich darzustellen. Die einzelnen Positio- nen sollen klar und unmissverständlich formuliert werden.

Grundsatz der Vergleichbarkeit
Gemäß IAS 1.36 sind in die Kapitalflussrechnung die Vorjahreszahlen einzubeziehen. Än- dert sich die Struktur oder Darstellung der Kapitalflussrechnung, so sind auch die Ver- gleichswerte der Vorperiode neu zu gliedern.

Grundsatz der Verlässlichkeit
Die Verlässlichkeit der Angaben setzt folgende Bedingungen voraus:
* Sie müssen frei von wesentlichen Fehlern sein.
* Neutralität – also frei von bewusster Verzerrung und Manipulation.
* Glaubwürdigkeit
* Die Ermittlung muss auf Basis einer wirtschaftlichen Betrachtungsweise erfolgen.
* Bei Unsicherheit müssen sie vorsichtig und unverzerrt ermittelt werden.
* Vollständigkeit.

---

[1] Ebenda.

[2] Vgl. Pellens, B./ Fülbier, R. U./ Gassen, J. (2004), S. 164 f.

Wichtig ist, dass alle Ein- und Auszahlungen des Unternehmens berücksichtigt werden.

Ferner ist für die Kapitalflussrechnung das Bruttoprinzip anzuwenden. Gemäß IAS 7.21 sind die Ein- und Auszahlungen unsaldiert abzubilden. Ausnahmen bilden lediglich folgende Fälle (IAS 7.22-23):

- „Ein- und Auszahlungen, die im Namen von Kunden durchgeführt werden und die Zahlungen eher auf Aktivitäten des Kunden als auf Aktivitäten des Unternehmens zurückzuführen sind,
- Ein- und Auszahlungen, die aus Posten mit großer Umschlaghäufigkeit, großen Beträgen und kurzen Laufzeiten resultieren.“[1]

2.2   Darstellung der Kapitalflussrechnung

Die Kapitalflussrechnung stellt detailliert die Veränderungen der liquiden Mittel während des vergangenen Geschäftsjahres dar. Die liquiden Mittel umfassen Zahlungsmittel und Zahlungsmitteläquivalente. Sie schließen Barmittel und Sichteinlagen sowie kurzfristige, äußerst liquide Finanzinvestitionen, die jederzeit in bestimmte Zahlungsmittelbeträge umgewandelt werden können und nur unwesentlichen Wertschwankungsrisiken unterliegen ein.[2] Folgende Abbildung zeigt eine schematische Zusammenfassung:

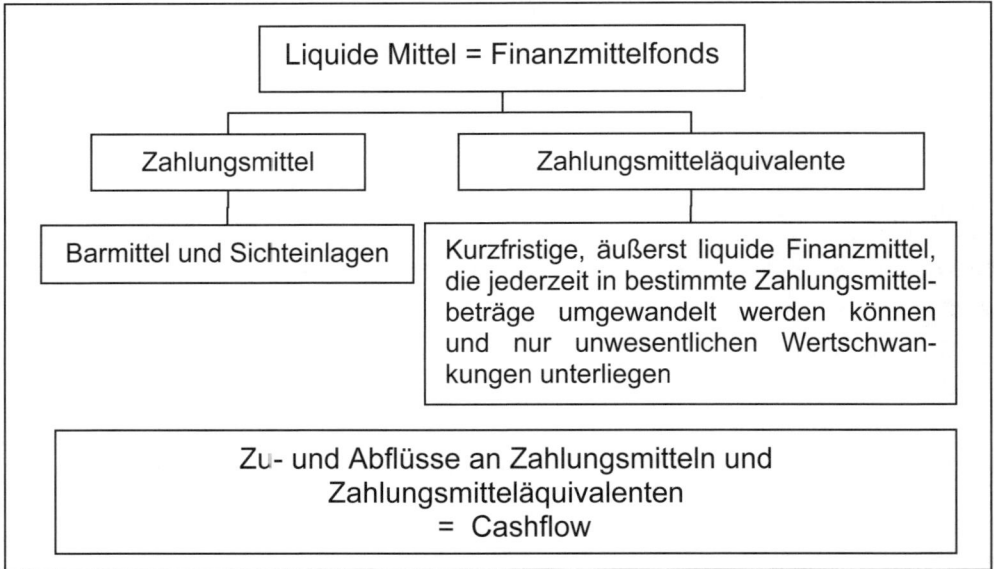

---

[1] Pellens, B./ Fülbier, R. U./ Gassen, J. (2004), S. 165. „Die speziell zum zweiten Punkt angeführten Beispiele des IASB beziehen sich vorrangig auf Kreditinstitute. So werden Darlehensbeträge gegenüber Kreditkartenkunden, der kauf oder Verkauf von Finanzinvestitionen oder Kredite mit einer Laufzeit von drei Monaten angeführt (IAS 7.23).“

[2] Vgl. Pellens, B./ Fülbier, R. U./ Gassen, J. (2004), S. 165 f.

Abbildung 5-1: Zusammensetzung des Finanzmittelfonds1

Gemäß IAS 7.6 umfassen Zahlungsmittel im Wesentlichen:

- „Kassenbestände in Euro und ausländischer Währung,
- Sichtguthaben bei inländischen und ausländischen Kreditinstituten (inklusive Zentral und Postbanken),
- Inländische und ausländische Postwertzeichen sowie verfügbare Frankiermöglichkeiten entsprechender Geräte,
- entgegengenommene, noch nicht eingelöste Bar- und Verrechnungsschecks, da Schecks unabhängig von einer eingetragenen Laufzeit stets bei Vorlage fällig sind (Art. 28 ScheckG).

Ausgestellte Schecks sind hingegen von den Sichtguthaben abzuziehen, auch wenn noch keine Belastung erfolgte."[2]

Finanzinvestitionen, die eine kurzfristige Laufzeit aufweisen, ohne weiteres in Zahlungsmittel transferiert werden können und unwesentlichen Wertschwankungsrisiken unterliegen, gehören zu den Zahlungsmitteläquivalenten (IAS 7.6). Als Restlaufzeit vom Erwerbszeitraum werden drei Monate angenommen (IAS 7.7). Ein Einbezug von Aktien in den Fonds ist grundsätzlich nicht zulässig. Ausnahmen gelten für Aktien, die ihrem wirtschaftlichen Gehalt nach Zahlungsmitteläquivalente darstellen (IAS 7.7). Verbindlichkeiten gegenüber Kreditinstituten (bank borrowings) sind nach IAS grundsätzlich der Finanzierungstätigkeit des Unternehmens zuzuordnen und daher nicht in den Finanzmittelfonds einzubeziehen. Im Fall kurzfristiger Verbindlichkeiten (bank overdrafts; Kontokorrentkredite) ist ein Einbezug in den Fonds vorgeschrieben, sofern diese einen eigenständigen Bestandteil des Cash Managements des Unternehmens darstellen (IAS 7.8).[3]

Zahlungsströme in Fremdwährungen sind grundsätzlich zum historischen Wechselkurs des jeweiligen Zahlungszeitpunktes in die Berichtswährung umzurechnen (IAS 7.25). Die Währungsumrechnung kann aus Vereinfachungsgründen mit wöchentlichen oder monatlichen Durchschnittskursen vorgenommen werden, sofern dem nicht starke Kursschwankungen entgegenstehen (IAS 7.27 i.V.m. 21.9 f.). Zahlungszuflüsse und -abflüsse aus außerordentlichen Geschäftsvorfällen sind separat auszuweisen (IAS 7.29).

2.3   Spezielle Zuordnungsfragen

Zinsen und Dividenden

---

[1]   Quelle: Pellens, B./ Fülbier, R. U./ Gassen, J. (2004), S. 165.

[2]   Pellens, B./ Fülbier, R. U./ Gassen, J. (2004), S. 165 f.

[3]   Vgl. Pellens, B./ Fülbier, R. U./ Gassen, J. (2004), S. 166.

Zahlungsmittelzuflüsse und -abflüsse aus Zinsen und Dividenden sind jeweils separat an-
zugeben. Der Ausweis der gezahlten Zinsen sowie erhaltenen Zinsen und Dividenden kann
entweder im Rahmen der laufenden Geschäftstätigkeit (Regelfall) oder der Investitions- und
Finanzierungstätigkeit erfolgen (IAS 7.33). Gezahlte Dividenden können alternativ dem
Finanzbereich (Regelfall) oder der laufenden Geschäftstätigkeit zugeordnet werden (IAS
7.34). Beim Ausweis ist jedoch das Stetigkeitsprinzip zu beachten (IAS 7.31).[1]

Ertragsteuern
Der Ausweis der Ertragsteuern hat grundsätzlich separat unter dem Bereich der laufenden
Geschäftsvorfälle zu erfolgen. Steuerzahlungen, die jedoch speziellen Investitions- und Fi-
nanzierungstätigkeiten zugeordnet werden können, sind in diesen Bereichen auszuweisen
(IAS 7.35-36).[2]

Erwerb und Verkauf von Tochterunternehmen und sonstigen Geschäftseinheiten
Zahlungsströme aus dem Erwerb und dem Verkauf von konsolidierten Unternehmen und
sonstigen Geschäftseinheiten sind als gesonderte Posten unter der Investitionstätigkeit auszuweisen (IAS 7.39).

Zahlungsunwirksame Transaktionen
Geschäftsvorfälle, die nicht zu einer Veränderung des Finanzmittelfonds führen, sind nicht
Bestandteil der Kapitalflussrechnung. Hierüber ist in zusätzlichen Erläuterungen zu berichten
(IAS 7.43).

2.4   Gliederung und Aufbau der Kapitalflussrechnung

IAS 7 legt für die Darstellung der Kapitalflussrechnung keine formalen Anforderungen fest.
Sie ist um die Vergleichswerte der Vorperiode zu ergänzen (IAS 1.38). Die Darstellung der
Cashflows ist in drei große Bereiche gegliedert (IAS 7.10), in denen die Zu- und Abflüsse
der Zahlungsmittel und Zahlungsmitteläquivalente einzuordnen sind. Die folgende Abbildung zeigt den Grobaufbau in Staffelform.[3]

---

[1]   Vgl. Pellens, B./ Fülbier, R. U./ Gassen, J. (2004), S. 169 f.

[2]   Vgl. Pellens, B./ Fülbier, R. U./ Gassen, J. (2004), S. 170.

[3]   Vgl. Pellens, B./ Fülbier, R. U./ Gassen, J. (2004), S. 171.

	betriebliche Einzahlungen
-	betriebliche Auszahlungen
=	**Cashflow aus betrieblicher Tätigkeit (1)**
	Desinvestitionen
-	Investitionsauszahlungen
=	**Cashflow aus Investitionstätigkeit (2)**
	Finanzierungseinzahlungen
-	Finanzierungsauszahlungen
=	**Cashflow aus Finanzierungstätigkeit (3)**
	Veränderung des Finanzmittelfonds ((1) + (2) + (3))

Abbildung 5-2: Grobaufbau der Kapitalflussrechnung[1]

Um der Informationsfunktion der Kapitalflussrechnung gerecht zu werden, sind die einzelnen Cashflows aus betrieblicher Tätigkeit, aus Investions- und Finanzierungstätigkeit weiter zu untergliedern.

Zahlungszuflüsse und -abflüsse aus betrieblicher Tätigkeit können nach der direkten oder indirekten Methode dargestellt werden (IAS 7.18 ff.). Für Zahlungszuflüsse und -abflüsse aus Investionstätigkeit und aus der Finanzierungstätigkeit ist nur die direkte Methode zulässig (IAS 7.21).

Für die Darstellung der Ein- und Auszahlungen gilt grundsätzlich das Bruttoprinzip sowie der Stetigkeitsgrundsatz. Eine Nettodarstellung ist für einzeln benannte Zahlungsströme jedoch zulässig (IAS 7.22 ff.).

2.4.1 Cashflow aus betrieblicher Tätigkeit

Wird bei der Ermittlung der Cashflows aus betrieblicher Tätigkeit das direkte Verfahren angewendet, so ist direkt auf der Basis von Zu- und Abflüssen von Zahlungsmitteln und Zahlungsmitteläquivalenten zu ermitteln. In Anlehnung an DRS 2 könnte die Darstellung wie folgt aussehen:

---

[1] Quelle: Pellens, B./ Fülbier, R. U./ Gassen, J. (2004), S. 171.

	Einzahlungen von Kunden
-	Auszahlungen an Lieferanten und Arbeitnehmer
+	Sonstige Einzahlungen, die nicht der Investitions- oder Finanzierungstätigkeit zuzuordnen sind
-	Sonstige Auszahlungen, die nicht der Investitions- oder Finanzierungstätigkeit zuzuordnen sind
-	Gezahlte Ertragssteuern
+/-	Ein- und Auszahlungen aus außerordentlichen Posten
=	**Cashflow aus betrieblicher Tätigkeit**

Abbildung 5-3: Direkte Darstellung des Cashflow aus betrieblicher Tätigkeit[1]

Die indirekte Methode greift bei der Ermittlung des Cashflows aus betrieblicher Tätigkeit auf die GuV zurück. Das Periodenergebnis vor außerordentlichen Posten und Ertragssteuern wird um nicht zahlungswirksame Geschäftsvorfälle korrigiert. Die notwendigen Korrekturschritte gemäß IAS 7 in Anlehnung an DRS 2 sind folgender Abbildung zu entnehmen:

	Periodenergebnis vor außerordentlichen Posten und Ertragssteuern
+/-	Ab-/Zuschreibungen auf Gegenstände des Anlagevermögens
+/-	Zu-/Abnahme Rückstellungen
+/-	Sonstige zahlungsunwirksame Aufwendungen/Erträge
-/+	Gewinn/Verlust aus Abgang Anlagevermögen
-/+	Zu-/Abnahme der Vorräte, der Forderungen aus LuL sowie anderer Aktiva, die nicht der Investitions- oder Finanzierungstätigkeit zuzuordnen sind
+/-	Zu-/Abnahme der Verbindlichkeiten aus Lieferungen und Leistungen sowie anderer Passiva, die nicht der Investitions- oder Finanzierungstätigkeit zuzuordnen sind
-	Ertragssteuerzahlungen
+/-	Ein- und Auszahlungen aus außerordentlichen Posten
=	**Cashflow aus dem operativen Bereich**

Abbildung 5-4: Indirekte Darstellung des Cashflow aus betrieblicher Tätigkeit[2]

[1]   Quelle: Pellens, B./ Fülbier, R. U./ Gassen, J. (2004), S. 173.
[2]   Quelle: Pellens, B./ Fülbier, R. U./ Gassen, J. (2004), S. 174.

2.4.2 Cashflow aus Investitionstätigkeit

Für die Darstellung des Cashflows aus Investitionstätigkeiten schreibt das IASB ebenfalls keine Mindestgliederung vor. Die anzuwendende direkte Methode zeigt separat jede Hauptklasse der Bruttoeinzahlungen und Bruttoauszahlungen. Bei Anwendung des Gliederungsschemas des DRS 2, zeigt sich folgendes Bild:

	Einzahlungen aus Abgängen von Vermögenswerten des Sachanlagevermögens
-	Auszahlungen für Investitionen in das Sachanlagevermögen
+	Einzahlungen aus Abgängen von Vermögenswerten des Immateriellen Anlagevermögens
-	Auszahlungen für Investitionen in das Immaterielle Anlagevermögen
+	Einzahlungen aus Abgängen von Vermögenswerten des Finanzanlagevermögens
-	Auszahlungen für Investitionen in das Finanzanlagevermögen
+/-	Ein- und Auszahlungen aus dem Erwerb und dem Verkauf von Tochterunternehmen und sonstigen Geschäftseinheiten
=	**Cashflow aus Investitionstätigkeit**

Abbildung 5-5: Direkte Darstellung des Cashflows aus Investitionstätigkeit[1]

Wie aus obiger Abbildung hervorgeht zählt auch der Erwerb bzw. Verkauf von Tochterunternehmen und sonstigen Geschäftseinheiten zur Investitionstätigkeit. Gemäß IAS 7.39 sind Zahlungsströme aus dem Erwerb/der Veräußerung von konsolidierten Unternehmen als Investitionstätigkeit zu klassifizieren und gesondert auszuweisen; ihr Betrag ermittelt sich aus dem Kauf-/ Verkaufspreis abzüglich erhaltener/ abgegebener Zahlungsmittel/ Zahlungsmitteläquivalente.[2]

Änderungen des Konsolidierungskreises sind keine zahlungswirksamen Vorgänge und daher nicht in der Kapitalflussrechnung zu erfassen.

2.4.3 Cashflow aus Finanzierungstätigkeit

Auch der Cashflow aus der Finanzierungstätigkeit wird ausschließlich nach der direkten Methode dargestellt; ihm sind die Zahlungsströme zuzuordnen, die aus Transaktionen mit den Unternehmenseignern und Minderheitsgesellschaftern konsolidierter Tochterunterneh-

---

[1] Quelle: Pellens, B./ Fülbier, R. U./ Gassen, J. (2004), S. 174.

[2] Vgl. Pellens, B./ Fülbier, R. U./ Gassen, J. (2004), S. 174 f.

men sowie aus der Aufnahme oder Tilgung von Kreditfinanzierungen resultieren.[1] DRS 2 gibt folgende Darstellungsempfehlung:

	Einzahlungen aus Eigenkapitalzuführungen
-	Auszahlungen an die Eigenkapitalgeber
+	Einzahlungen aus der Begebung von Anleihen und der Aufnahme von Krediten
-	Auszahlungen aus der Tilgung von Anleihen und Krediten
=	**Cashflow aus Finanzierungstätigkeit**

Abbildung 5-6: Direkte Darstellung des Cashflows aus Finanzierungstätigkeit[2]

3   Zum Working Capital

Das Working Capital ist eine Kennzahl zur Beurteilung der Liquidität eines Unternehmens. Es stellt jedoch keinen frei disponierbaren Teil des Umlaufvermögens dar, sondern handelt es sich um ein Potenzial zur Deckung zukünftiger Verbindlichkeiten.[3] Weitere gebräuchliche Begriffe sind Net Working Capital, Nettoumlaufvermögen und Betriebsvermögen.[4] Das Working Capital bringt zum Ausdruck, wie viel des kurzfristig freisetzbaren Umlaufvermögens langfristig und damit günstiger finanziert ist.[5] Das Working Capital stellt aus Liquiditätssicht dar, welcher Teil des Umlaufvermögens[6] nicht zur Bezahlung kurzfristiger Verbindlichkeiten benötigt wird.[7] Das Netto-Umlaufvermögen verändert sich nicht bei Geschäftsvorfällen, die lediglich die kurzfristigen Bilanzpositionen (z.B. Bezahlung kurzfristiger Verbindlichkeiten in bar oder mit Scheck) oder nur die langfristigen Bilanzpositionen (z.B. Rücklagenzuweisung) berühren. Beeinflusst wird es durch Entscheidungen, die langfristige und kurzfristige Bilanzpositionen tangieren (z.B. Barverkauf eines Grundstücks, Tilgung langfristiger Schulden aus Barmitteln).

---

[1]   Quelle: Pellens, B./ Fülbier, R. U./ Gassen, J. (2004), S. 175.

[2]   Quelle: Pellens, B./ Fülbier, R. U./ Gassen, J. (2004), S. 175.

[3]   Vgl. Corsten, H., 1993, S. 946.

[4]   Vgl. Schneider 2002, S. 540.

[5]   Vgl. Kralicek 2003, S. 62.

[6]   „Zum Umlaufvermögen gehören allgemein die Bestandteile des Vermögens eines Unternehmens, die erstens zur Veräußerung oder zum Verbrauch bestimmt sind, die zweitens im Zusammenhang mit der Abwicklung des Zahlungsverkehrs stehen oder die drittens einer vorübergehenden Geldanlage dienen." Corsten, H., 1993, S. 850.

[7]   Vgl. Blazek, Deyhle, Eiselmayer 2002, S. 127.

Das Working Capital sollte immer positiv sein, da negatives Working Capital auf die Nicht-einhaltung der goldenen Bilanzregel[1] hinweist (fehlende Deckung des Anlagevermögens und des langfristigen Umlaufvermögens durch das Eigenkapital und das langfristige Fremdkapital). Das Working Capital offenbart insbesondere, in welchem Umfang Teile des kurzfristig freisetzbaren Umlaufvermögens lang- bzw. mittelfristig finanziert sind. Dieser Part könnte zur Finanzierung langfristigen Kapitalbedarfs eingesetzt werden und somit Zinsaufwendungen verringern.

3.1 Ermittlung des Working Capital

Ähnlich der Vielzahl an Bezeichnungen werden auch verschiedene Möglichkeiten zur Ermittlung des Working Capital genutzt. Basis für alle Berechnungen sind verschiedene Größen aus der Bilanz eines Unternehmens:

Aktiva	Passiva
Vorräte	Verbindlichkeiten aus Lieferung und Leistung
Forderungen aus Lieferung und Leistung	Sonstige nicht verzinsliche Verbindlichkeiten
Liquide Mittel	
Wertpapiere des Umlaufvermögen	
Geleistete Anzahlungen	Erhaltene Anzahlungen

Abbildung 5-7: Bilanzielle Bestandteile des Working Capital

Das Working Capital kann wie folgt ermittelt werden:

(1) **Working Capital** = Umlaufvermögen - kurzfristige Verbindlichkeiten[2] oder
(2) **Working Capital** = Umlaufvermögen - nicht verzinsliche Verbindlichkeiten[3] oder
(3) Bestände (Roh-, Hilfs-, Betriebsstoffe, Fertigwaren)
+ Forderungen aus Lieferungen und Leistungen
 - Verbindlichkeiten aus Lieferungen und Leistungen
+ Erhaltene Anzahlungen
 - Geleistete Anzahlungen
= **Working Capital**[4]

---

[1] Vgl. Baetge, J., 1998, S. 241 ff.

[2] Vgl. Kralicek 2003, S. 62 und Coenenberg 2000, S. 929.

[3] Vgl. Schneider 2002, S. 540.

[4] Vgl. Wieselhuber (2005), S. 2.

Stellt man beide Einflussgrößen als Quotient dar, ergibt sich folgende Kennzahl:

$$\text{Working Capital} = \frac{\text{Umlaufvermögen}}{\text{kurzfristiges Fremdkapital}}$$

3.2   Zum Management des Working Capital

Das Working Capital Management beinhaltet, mittels geeigneter Maßnahmen zu planen, durchzuführen und zu kontrollieren. Das bedeutet, die Werttreiber zu identifizieren und mit geeigneten Kennzahlen eine Transparenz für das Unternehmensmanagement zu schaffen. Das Unternehmensmanagement sollte Maßnahmen mit dem Ziel festlegen, die finanzielle Unabhängigkeit und die Kreditfähigkeit zu verbessern sowie den Kapitalbedarf des Unternehmens zu reduzieren. Dabei stehen die Unternehmen vor der Aufgabe, den Cash-to-Cash-Zyklus zu minimieren.

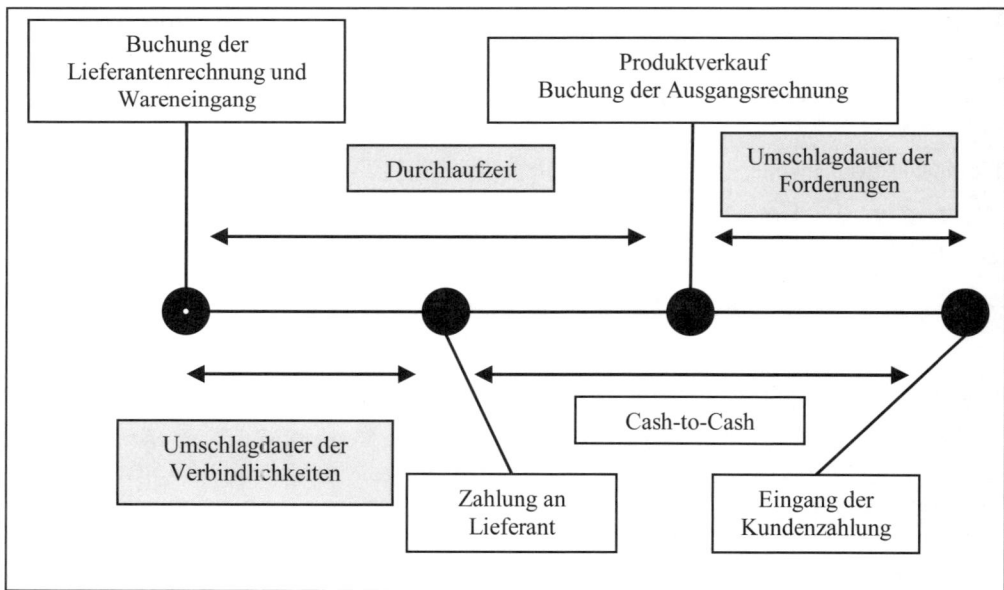

Abbildung 5-8: Cash-to-Cash-Zyklus[1]

Der Cash-to-Cash-Zyklus stellt die benötigte Zeit dar, um Auszahlungen an Lieferanten in Kundeneinzahlungen umzuwandeln. Gelingt es, die Umschlagsdauer der Forderungen und die Durchlaufzeit zu senken, stehen dem Unternehmen mehr liquide Mittel zur Verfügung.

---

[1]   Quelle: Kaplan, Norton (1997), S. 56 f.

Im Extremfall sind sogar negative Cash-to-Cash-Zyklen möglich. Dann wird das Working Capital vollständig durch die Lieferanten und Kunden bezahlt.[1] Letztlich geht es darum, finanzielle Mittel so lange wie möglich im eigenen Unternehmen zu behalten. Dazu ist es notwendig, die wesentlichen Ansatzpunkte zur Reduzierung des Working Capital unternehmensspezifisch abzuleiten.

Ziel des Working Capital Management ist es, das Working Capital zu vermindern, um eine Reduzierung des verzinslich finanzierten Teils des Umlaufvermögens zu erreichen. Auf diese Weise kann Kapital freigesetzt werden, was entweder wieder investiert oder auf dessen Einsatz zwecks Einsparung von Finanzierungskosten verzichtet werden kann. So lässt sich nicht nur die Liquiditätslage verbessern, sondern auch die Rentabilität steigern.

3.3 Aufgaben des Working Capital Management

Das Working Capital Management besteht im Wesentlichen aus den Bereichen:[2]

Forderungsmanagement: Möglichst schneller Abbau von Forderungen; Erhöhung des Forderungsumschlags.

Vorratsmanagement: Verringern der Bestände an Fertigprodukten, unfertigen Erzeugnissen sowie Roh-, Hilfs- und Betriebsstoffen; Erhöhung des Lagerumschlags.

Management der Verbindlichkeiten: Aushandeln möglichst langer Zahlungsziele; Vereinbarung angemessener Skonti bei rascher Begleichung von Verbindlichkeiten.

3.3.1 Forderungsmanagement

Im Rahmen des Forderungsmanagements soll erreicht werden, dass Forderungen möglichst schnell in „Cash" umgewandelt werden. Dies kann insbesondere durch eine zeitnahe Rechnungsstellung unterstützt werden. Darüber hinaus ist darauf zu achten, dass die ausgehenden Rechnungen sachlich und rechnerisch korrekt sind, da ansonsten infolge von Reklamationen Zahlungsverzögerungen auftreten können. Überfällige Forderungen sollten durch ein effektives Mahnwesen möglichst rasch eingezogen werden. Weiterhin sollten bei Geschäften mit hohen Volumina zur Vermeidung von Forderungsausfällen angemessene Sicherheiten, z.B. Bürgschaften oder Garantien, und Anzahlungen vereinbart werden. Schließlich beeinflussen auch die eingeräumten Zahlungsarten den Forderungsumschlag.[3] So kann die Liquidierung von Forderungen z.B. bei einer vom Kunden erteilten Einzugsermächtigung i.d.R. deutlich schneller realisiert werden als bei einer Bezahlung per Scheck, da die Prüfung und Einreichung der Schecks sowie die Gutschrift auf dem Bankkonto eine längere Bearbeitungszeit

---

[1] Vgl. Kaplan, Norton (1997), S. 56 f.

[2] Vgl. Schneider (2002), S. 540.

[3] Vgl. Schneider (2002), S. 542.

erfordern könnte. Auch der Verkauf von Forderungen z.B. in Form von Factoring oder ABS-Transaktionen[1] führt zu einer schnellen Freisetzung von gebundenem Kapital, wobei jedoch stets die Kosten mit dem durch die Kapitalfreisetzung erzielten Nutzen abzuwägen sind. Im Folgenden eine grafische Zusammenfassung des Forderungsmanagement.

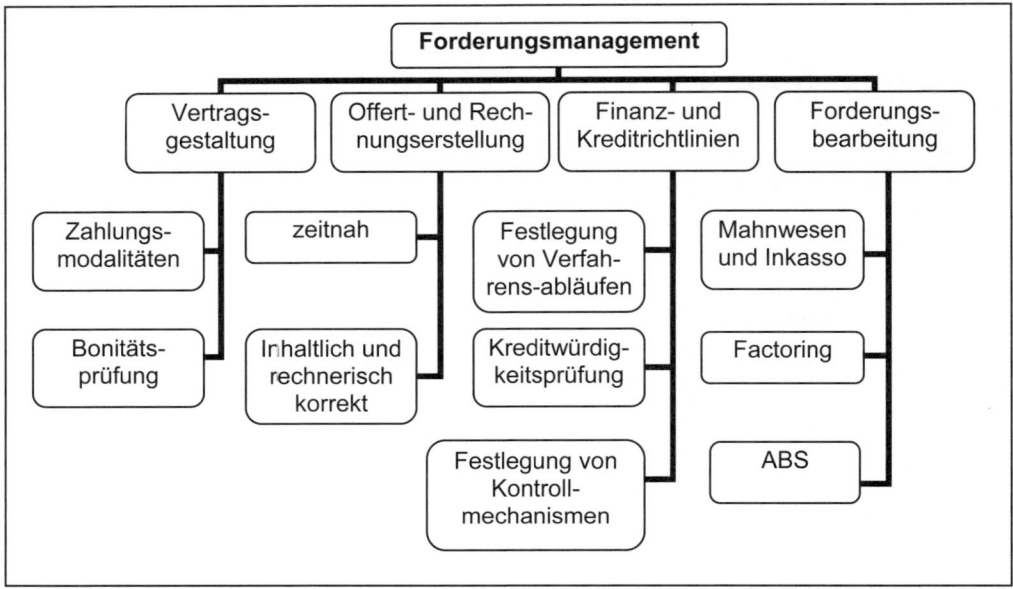

Abbildung 5- 9: Möglichkeiten des Forderungsmanagement[2]

3.3.2   Vorratsmanagement

Maßnahmen des Vorratsmanagements gehen meist mit einer Straffung des Produktionsprozesses einher und bewirken eine Verkürzung der Durchlaufzeiten. Da sie i.d.R. den gesamten Prozess der Leistungserstellung betreffen, sollten sie bereits bei der Planung neuer Produkte bzw. bei der Konzeption des Produktionsprogramms berücksichtigt werden. Beispielsweise lassen sich die Vorräte durch die Standardisierung und Modularisierung von Endprodukten und Baugruppen, durch Reduktion von Schnittstellen oder durch Just-in-time-Fertigung verringern. Auch durch Outsourcing von Erzeugniskomponenten lässt sich der Bestand an Vorräten senken. Bei allen Maßnahmen des Vorratsmanagements besteht jedoch ein Konflikt zwischen der Verringerung der Vorräte einerseits und der Erhaltung der Liefer- und Leistungsfähigkeit andererseits.

---

[1]   Vgl. Schmeisser, W. / Leonhardt: Asset-Backed-Securities-Transaktionen als Finanzierungsalternative für den deutschen Mittelstand. 2006.

[2]   Vgl. Schneider (2002), S. 542 und Pütz (2002), S. 50.

3.3.3 Management der Verbindlichkeiten

Das Management der Verbindlichkeiten hat zum Ziel, mit den Lieferanten möglichst lange Zahlungsziele bzw. bei schneller Bezahlung entsprechende Skonti zu vereinbaren. Ob dieses realisiert werden kann, hängt u.a. von der Marktmacht des Unternehmens ab. Des Weiteren ist sicherzustellen, dass das Durchsetzen von längeren Zahlungszielen nicht zu einer Verschlechterung der Lieferantenbeziehungen und damit ggf. zu Einschränkungen beim Service führt.[1] Notwendig für ein effizientes Management der Verbindlichkeiten ist eine aktuelle und vollständige Übersicht über Höhe und Fälligkeit der Verbindlichkeiten, die nur durch eine zeitnahe Verbuchung der eingehenden Rechnungen erzielt werden kann. Bei der Begleichung von Verbindlichkeiten sollte nach Möglichkeit nicht am Lastschriftverfahren teilgenommen werden, da bei dieser Zahlungsart nicht selbst über den Zahlungszeitpunkt bestimmt werden kann. Folgende Abbildung 10 gibt einen zusammenfassenden Überblick.

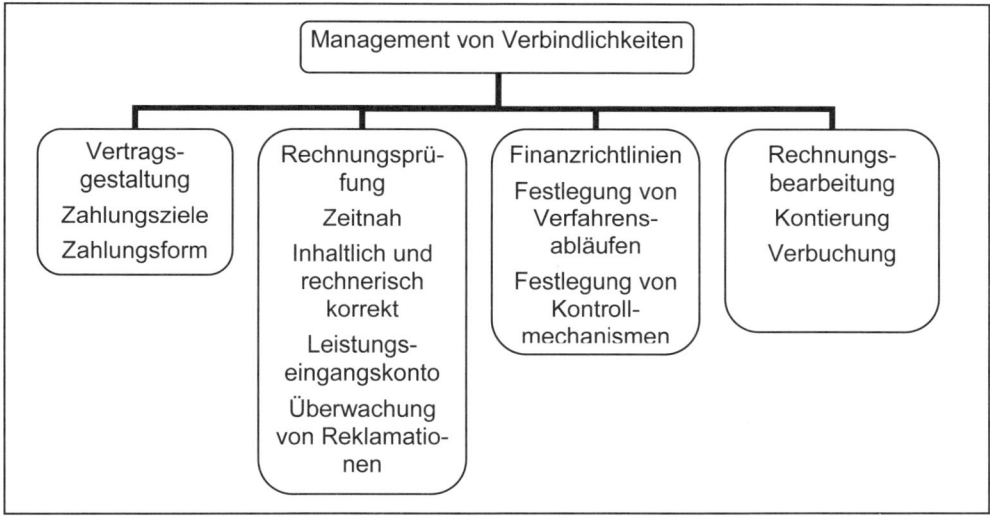

Abbildung 5-10: Möglichkeiten des Managements von Verbindlichkeiten2

3.4 Steuerung des Working Capital

Das Working Capital wird üblicherweise mithilfe von Kennzahlen gesteuert. Wichtige Kennzahlen sind in diesem Zusammenhang neben der Debitorenlaufzeit und der Kreditorenlaufzeit die Lagerumschlagshäufigkeit und -dauer, die Working-Capital-Intensität sowie Days of Working Capital.

---

[1] Vgl. Schneider (2002), S. 543.

[2] Vgl. Schneider (2002), S. 543.

$$\text{Days Sales Outstanding} = \frac{\text{Forderungen aus Lieferung und Leistung x 365}}{\text{Umsatzerlöse}}$$

$$\text{Days Payables Outstanding} = \frac{\text{Verbindlichkeiten aus Lieferung und Leistung x 365}}{\text{Umsatzerlöse}}$$

Während die Debitorenlaufzeit (Days Sales Outstanding) das von den Kunden im Durchschnitt in Anspruch genommene Zahlungsziel wiedergibt, zeigt die Kreditorenlaufzeit (Days Payables Outstanding) an, wie lange ein Unternehmen im Durchschnitt benötigt, um seine Lieferantenverbindlichkeiten zu begleichen.

$$\text{Umschlaghäufigkeit der Vorräte} = \frac{\text{Umsatzerlöse}}{\text{durchschnittl. Bestand an Vorräten ohne erhaltene Anzahlungen}}$$

$$\text{Umschlagdauer der Vorräte} = \frac{\text{durchschnittl. Bestand an Vorräten ohne erhaltene Anzahlungen}}{\text{Umsatzerlöse}} \text{ x 360 Tage}$$

Die Lagerumschlagshäufigkeit[1] zeigt an, wie oft das Material in der Periode umgeschlagen wurde. Sie wird ermittelt, indem der Abgang der Position der Periode durch den durchschnittlichen Bestand geteilt wird. Die Umschlagdauer[2] zeigt auf, in welcher Zeit der Bestand einmal umgeschlagen wurde. Sie lässt sich errechnen, indem die Anzahl der Tage der betrachteten Periode durch die Lagerumschlaghäufigkeit dividiert wird.

Die Working-Capital-Intensität erhält man als Quotient von Working Capital und Umsatz.

$$\text{Working Capital Intensität} = \frac{\text{Working Capital}}{\text{Umsatz}}$$

Sie sagt aus, wie viel Working Capital pro Einheit Umsatz im Durchschnitt gebunden ist.

$$\text{Days of Working Capital} = \frac{\text{Working Capital x 365}}{\text{Umsatz}}$$

Die Kennzahl berechnet die durchschnittliche Zahl in Tagen, in denen der Umsatz vorfinanziert werden muss. Hier ist ein niedriger Wert anzustreben.[3]

---

[1]   Vgl. Baetge, J., 1998, S. 675.

[2]   Vgl. Baetge, J., 1998, S. 675.

[3]   Vgl. Schneider 2002, S. 545.

3.5 Auswirkungen des Working Capital Managements

Die Verbesserung des Working Capital setzt liquide Mittel frei. Das kann zu einer:

- Verbesserung der Eigenkapitalquote,
- Verringerung der Bilanzsumme (Fremdkapital),
- Reduzierung des Zinsaufwands führen.[1]

Des Weiteren werden das Finanzergebnis, das Betriebsergebnis, der Jahresüberschuss und letztendlich die Rendite, z.B. durch Erhöhung des Kapitalumschlags, verbessert.[2] Die Wirkung eines aktiven Working Capital Management ist nicht zu unterschätzen. Da die Kennzahlen zur Steuerung des Working Capital i.d.R. auch im Rahmen von Unternehmensratings herangezogen werden, wirkt sich ein effektives Working Capital Management auch positiv auf die Bonität eines Unternehmens aus.[3] Gelingt es Unternehmen, ihre Eigenkapitalbasis zu verbessern, ergeben sich daraus, unter Berücksichtigung von Basel II, Vorteile für die Kosten (Zinsen) zukünftiger Kredite. Nach Basel II müssen Banken die auszugebenden Kredite mit entsprechendem Eigenkapital hinterlegen. Die Höhe des zu hinterlegenden Eigenkapitals ist abhängig vom Ausfallrisiko der Kredite. In Konsequenz werden risikoreichere Kredite durch die Banken mit einem höheren Zinssatz vergeben. Die Unternehmen können dem durch eine höhere Eigenkapitalquote entgegenwirken. Schließlich bewirkt ein aktives Management des Working Capital i.d.R. auch eine Erhöhung der freien Cashflows, was sich positiv im Zuge des Einsatzes wertorientierter Unternehmensführungskonzepte äußert. Dennoch ist stets das Spannungsfeld zwischen Working Capital auf der einen Seite und Kunden und Lieferanten auf der anderen Seite zu beachten. Dabei sollten nur Maßnahmen durchgeführt werden, die langfristig den größten Nutzen bringen.

3.6 Wechselwirkungen zwischen Working Capital und Cashflow

Der Cashflow aus dem operativen Bereich gemäß IAS 7 in Anlehnung an DRS 2 ermittelt sich wie folgt:

---

[1] Vgl. Wieselhuber 2005, S. 8 f.

[2] Vgl. Schneider 2002, S. 540.

[3] Vgl. Schmeisser, W./ Mauksch, C./ Schindler, F. : Ausgewählte Verfahren zur Analyse und Steuerung von Risiken im Kreditgeschäft. Unter Berücksichtigung der neuen Anforderungen Basel II und Mak am praktischen Beispiel aus der Kreditwirtschaft. 2005.

	Periodenergebnis vor außerordentlichen Posten und Ertragssteuern
+/-	Ab-/Zuschreibungen auf Gegenstände des Anlagevermögens
+/-	Zu-/Abnahme Rückstellungen
+/-	Sonstige zahlungsunwirksame Aufwendungen/Erträge
-/+	Gewinn/Verlust aus Abgang Anlagevermögen
-/+	*Zu-/Abnahme der Vorräte, der Forderungen aus LuL sowie anderer Aktiva, die nicht der Investitions- oder Finanzierungstätigkeit zuzuordnen sind*
+/-	*Zu-/Abnahme der Verbindlichkeiten aus Lieferungen und Leistungen sowie anderer Passiva, die nicht der Investitions- oder Finanzierungstätigkeit zuzuordnen sind*
-	Ertragssteuern
+/-	Ein- und Auszahlungen aus außerordentlichen Posten
=	Cashflow aus dem operativen Bereich

Abbildung 5-11: Indirekte Darstellung des Cashflows für den operativen Bereich[1]

Die Verbindung des Cashflow aus dem operativen Bereich und des Working Capital ergibt sich aus den gekennzeichneten Berechnungsbestandteilen. Es kommt zu einer Erhöhung des Working Capital sofern eine Zunahme der Vorräte, der Forderungen aus Lieferung und Leistung (LuL) und eine Abnahme der Verbindlichkeiten aus LuL sowie anderer Aktiva und Passiva erfolgt, die nicht der Investitions- oder Finanzierungstätigkeit zuzuordnen sind. Es wird deutlich, dass eine Zunahme des Working Capital eine Verringerung des Cashflows aus dem operativen Bereich nach sich zieht. Durch die Kapitalbindung werden dem Unternehmen finanzielle Mittel entzogen, die z.B. für Investitionen, zur Schuldentilgung und/oder Dividendenzahlungen eingesetzt werden könnten.

Das Working Capital verringert sich, sobald eine Abnahme der Vorräte, der Forderungen aus LuL und eine Zunahme der Verbindlichkeiten aus LuL erfolgt sowie anderer Aktiva und Passiva, die nicht der Investitions- oder Finanzierungstätigkeit zuzuordnen sind. Bei einer Abnahme des WC steigt der Cashflow und somit letztlich der Shareholder Value, da weniger Kapital im Umlaufvermögen gebunden ist.

Der Einfluss des Working Capital auf den Cashflow aus dem operativen Bereich und letztlich auf den Shareholder Value eines Unternehmens wird anhand folgender Abbildung 12 verdeutlicht.

---

[1]   Vgl. Pellens, B./ Fülbier, R. U./ Gassen, J. (2004), S. 174.

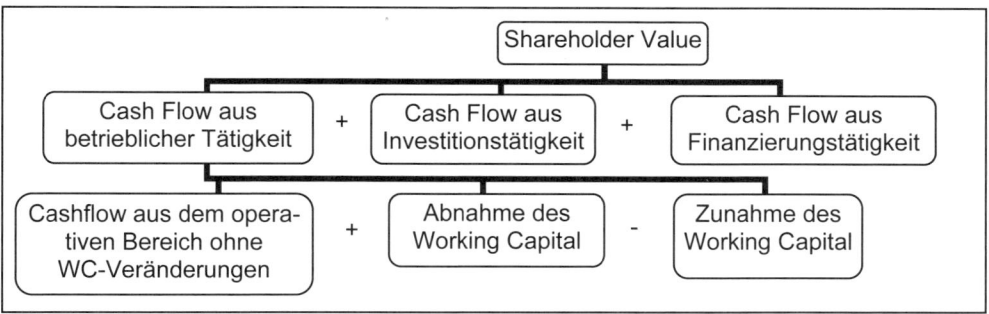

Abbildung 5-12: Wechselwirkungen von Cashflow aus betrieblicher Tätigkeit und Working Capital

Für Unternehmen stellt sich somit die Aufgabe, das Working Capital optimal zu gestalten, um die Rentabilität, Liquidität und den Shareholder Value nachhaltig zu sichern. In der amerikanischen Unternehmenspraxis hat sich eine 2:1 Regel, auch als Bankers Rule bezeichnet, (Umlaufvermögen zu kurzfristigen Fremdkapital) als erstrebenswert etabliert.[1]

3.7 Wechselwirkung zwischen Working Capital und ROI

Der Return on Investment (ROI) ist eine Kennzahl, die das Verhältnis zwischen Gewinn und investiertem Kapital angibt. Sie wird häufig als Maßstab für die Leistung und die Rentabilität eines Unternehmens oder Geschäftsbereichs verwendet. Da der ROI unabhängig von der Größe des analysierten Geschäftsbereiches ist, macht er einen Vergleich zwischen unterschiedlich großen Einheiten möglich.[2] Die Rentabilität drückt ein Verhältnis einer Gewinngröße zu anderen betrieblichen Größen aus, die diesen Gewinn miterwirtschaftet haben. So misst z.B. die Umsatzrentabilität den Anteil des Gewinns am Umsatz vor Abzug von Ertragsteuern und Zinsen (EBIT) und gibt an, wie viel an jeder umgesetzten Geldeinheit „verdient" wurde. Abhängig von der Art des eingesetzten Kapitals (Eigenkapital, Fremdkapital) lassen sich verschiedene Rentabilitätskennziffern unterscheiden. Bei der Eigenkapitalrendite wird der für die Eigentümer letztlich zur Verfügung stehende Gewinn in Relation zum Eigenkapital gesetzt. Zur Ermittlung der Gesamtkapitalrendite müssen zum Gewinn zunächst die Fremdkapitalzinsen im Sinne erwirtschafteter Erfolge für die Gläubiger addiert werden, bevor diese Summe in Relation zum Gesamtkapital gesetzt wird. Zur Berechnung der Umsatzrendite wird der Gewinn in Relation zum Umsatz gesetzt. Die Kennziffer des Return on Investment (ROI) kann ebenfalls als Rentabilitätsmaßstab dienen und definiert sich allgemein wie folgt:

---

[1]   Vgl. Blazek, Deyhle, Eiselmayer (2002), S. 128.

[2]   Vgl. Baetge, J. (1998), S. 424 und Perridon, L./Steiner, M. (2003), S. 569 ff.

$$\text{Return on Investment} = \frac{\text{Gewinn}}{\text{Gesamtkapital}}$$

Werden Zähler und Nenner mit dem Umsatz erweitert ergibt sich der ROI aus dem Produkt von Umsatzrentabilität und Kapitalumschlag.

$$\text{Return on Investment} = \frac{\text{Gewinn}}{\text{Umsatz}} \times \frac{\text{Umsatz}}{\text{Gesamtkapital}}$$

Return on Investment = Umsatzrentabilität x Kapitalumschlag

Somit stellt der ROI die Verbindung zwischen unternehmerischem Erfolg (Gewinn), Umsatz und Kapitaleinsatz dar.[1] Durch die Aufspaltung des ROI in die Umsatzrentabilität und den Kapitalumschlag ist eine detaillierte Ursachenforschung möglich. Eine geringere Umsatzrentabilität kann z.B. auf höhere Kosten oder auf eine Verminderung der Umsatzerlöse zurückzuführen sein, die wiederum durch verlorene Marktanteile entstanden sein können. Eine weitere mögliche Ursache kann eine fehlgeschlagene Strategieumsetzung sein.[2] Um Ursachen gezielt erkennen und bearbeiten zu können, sollten bei der Analyse sowohl die mit der Balanced Scorecard identifizierten und integrierten Leistungstreiber berücksichtigt werden als auch Veränderungen einzelner Ertrags-, Aufwands- und Vermögensposten. Aus den Analyseergebnissen sind dann wiederum Zwischen- und Unterziele bis auf die operative Ebene ableitbar und letztlich die strategische Zielhierarchie im Sinne der Berliner Balanced Scorecard darstellbar.[3]

---

[1]   Vgl. Baetge, J. (1998), S. 521 f. und Schmeisser, W./ Tiedt, A../ Schindler, F. (2004), S. 99, S. 102.

[2]   Vgl. Baetge, J. (1998), S. 526 f.

[3]   Vgl. Schmeisser, W. (2002), S. 31 und S. 48.

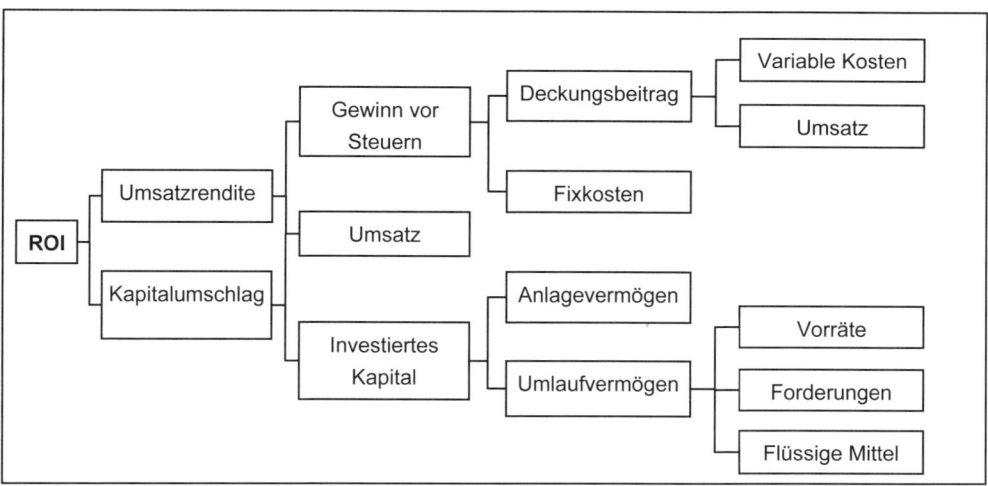

Abbildung 5-13: Wirkung des Working Capital auf den ROI

Wie oben dargestellt haben die Working-Capital-Bestandteile (Umlaufvermögen) direkten Einfluss auf das investierte Kapital sowie den Kapitalumschlag und somit auf den ROI. Folgendes Beispiel soll diesen Zusammenhang rechnerisch verdeutlichen:

		2005	**2004**
	Vorräte	*24.000*	*30.000*
+	*Forderungen*	*90.000*	*150.000*
+	*Flüssige Mittel*	*25.000*	*45.000*
=	Umlaufvermögen	139.000	225.000
+	Anlagevermögen	160.000	160.000
=	Investiertes Kapital	299.000	385.000
	Umsatz	400.000	400.000
÷	Investiertes Kapital	299.000	385.000
=	Kapitalumschlag	1,34	1,04
X	Umsatzrendite	5 %	5%
	ROI	**6,7 %**	**5,2 %**

Abbildung 5-14: Auswirkung des Working-Capital-Managements auf den ROI

Lediglich durch eine Verringerung des Umlaufvermögens in 2005 um 38,22% (alle anderen Werte blieben unverändert) wurde bereits eine Erhöhung des Kapitalumschlags um 0,3 sowie eine Steigerung des ROI um 1,5 % erreicht.

4 Die Verbindung von Shareholder Value, KFR, WC mit der Berliner Balanced Scorecard

Der Treiberbaum der Finanzperspektive stellt die Verbindung zwischen der Berliner Balanced Scorecard-Finanzperspektive und dem geschaffenen Shareholder Value dar. Betrachtet man die einzelnen Perspektiven der Balanced Scorecard als Geschäftsfelder eines Unternehmens wird deutlich, dass die Summe der prognostizierten Cashflows die Berechnungsbasis für den Shareholder Value darstellen, der sich nach Rappaport wie folgt zusammensetzt:

	Barwert prognostizierter betrieblicher Cashflows
+	Barwert des Restwertes
+	Marktwert börsengehandelter Wertpapiere
=	Unternehmenswert
-	Marktwert des Fremdkapitals
=	Shareholder Value

Abbildung 5-15: Berechnung des Shareholder Value nach Rappaport [1]

Die alleinige Berechnung des Shareholder Value bringt einem Unternehmen noch keine Wertsteigerung. Vielmehr gilt es mit Hilfe der Balanced Scorecard den Prozess der Strategiefindung, Strategieformulierung und Strategieumsetzung aktiv und systematisch zu gestalten, um so Strategien erfolgreich umzusetzen und auf diese Weise den Unternehmenswert zu steigern. Das setzt voraus, dass die Effekte strategischer Entscheidungen auf den Unternehmenswert quantitativ dargestellt werden. Durch die Ermittlung quantitativer Größen für jede Perspektive, hier anhand der Finanzperspektive dargestellt, lassen sich explizit die wertsteigernden bzw. wertvernichtenden Faktoren des Shareholder Value identifizieren. Sobald der Problembereich identifiziert ist, kann durch detaillierte Ursachenforschung innerhalb der entsprechenden Kennzahlenhierarchie, über die wertbeeinflussenden Faktoren Abhilfe geschaffen werden.

---

[1]   Vgl. Rappaport, A. (1999), S. 40.

4.1 Ermittlung des Kalkulationszinsfußes

Zur Berechnung des Kapitalwertes sind die prognostizierten Cashflows mit einem geeigneten Kalkulationszinsfuß zu diskontieren. Um die Anforderungen der Kapitalgeber zu erfüllen, kann als Mindestverzinsung der Gesamtkapitalkostensatz (WACC) verwendet werden.

Die gewichteten Kapitalkosten ermitteln sich rechnerisch wie folgt:[1]

$$WACC = r_{EK} * \frac{EK}{EK + FK} + r_{FK} * (1 - s) * \frac{FK}{EK + FK}$$

Der Eigenkapitalkostensatz lässt sich auf Basis des Kapitalmarktmodells (CAPM)[2] bestimmen, dessen Zielsetzung es ist, für jede Kapitalanlage eine risikoadjustierte Renditeforderung zu bestimmen.[3]

Die Eigenkapitalkosten setzen sich wie folgt zusammen:

Eigenkapitalkosten = Risikofreier Zinssatz + Risikoprämie des Eigenkapitals

Risikofreier Satz = „Realer" Zinssatz + erwartete Inflationsrate

Risikoprämie = Beta * (Erwartete Marktrendite – risikofreier Zinssatz)

Die Risikoprämie des Marktes repräsentiert die zusätzliche Vergütung, die Investoren fordern, um ins Unternehmen zu investieren anstatt in eine „sichere" Anlage.[4]

Zur Bestimmung des Fremdkapitalkostensatzes sollte auf den Durchschnitt aller Fremdkapitalkosten, die während des Planungszeitraumes verursacht sind, zurückgegriffen werden.

---

[1] Vgl. Schmeisser, W./ Tiedt, A./ Schindler, F. (2004), S. 78.

[2] Zur Vertiefung siehe: Perridon, L./ Steiner, M. (2003), S. 119 ff.

[3] Vgl. Perridon, L./ Steiner, M. (2003), S. 119 ff. und Fischer, T. M./ von der Decken, Tim (o. A.), S. 26.

[4] Vgl. Rappaport, A. (1999), S. 46 f.

4.2 Rechnerische Verknüpfung von SHV, KFR, WC und BSC

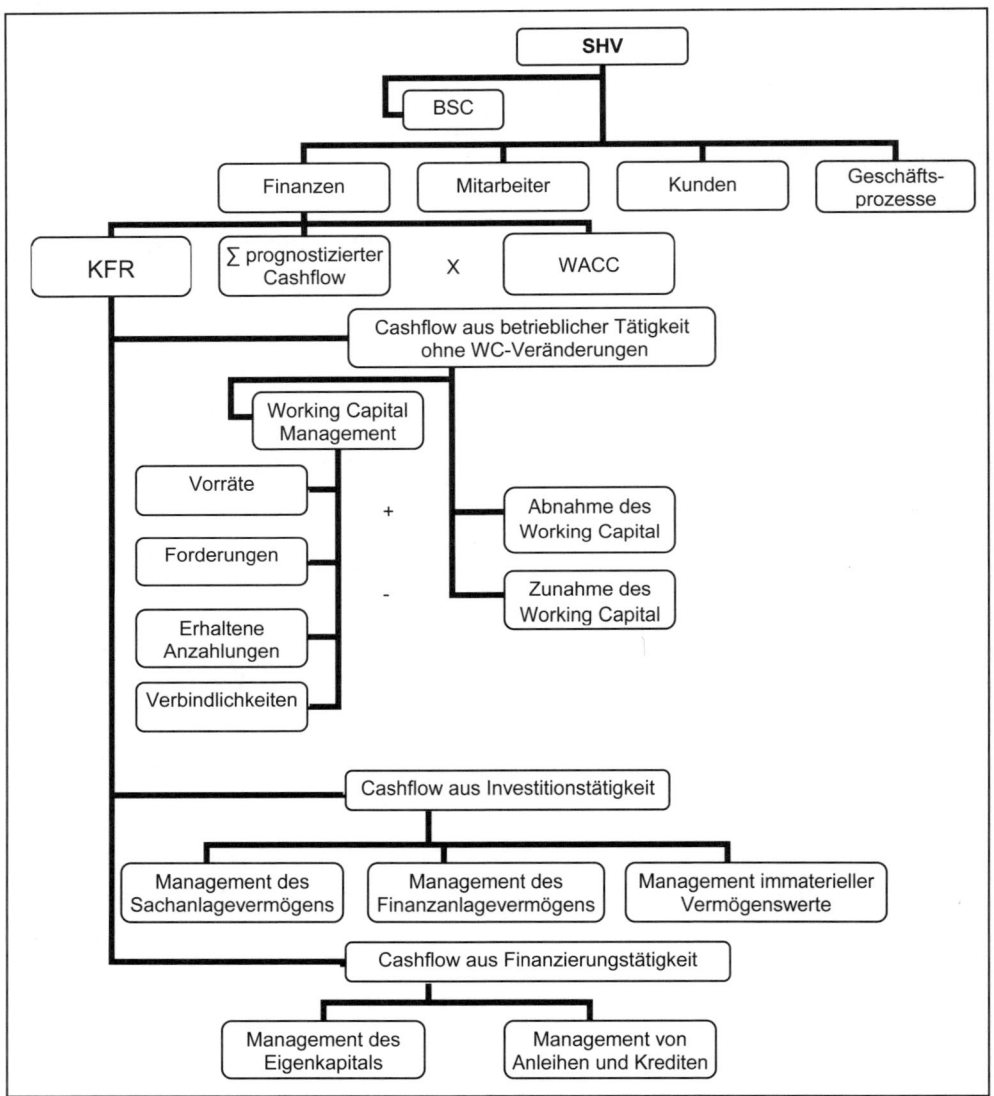

Abbildung 5-16: Verknüpfung von SHV, BBSC, Kapitalflussrechnung und Working Capital

Ein wichtiges Instrument zur Steuerung der Geschäftsprozesse ist die Berliner Balanced Scorecard (BBSC). Die BBSC ist das Bindeglied zwischen dem wertorientierten Ziel der Unternehmenswertsteigerung, der Unternehmensstrategie und der operativen Umsetzung.

Der hier dargestellte Treiberbaum der Finanzperspektive der Berliner Balanced Scorecard verdeutlicht den Zusammenhang zwischen Shareholder Value, Berliner Balanced Scorecard, Kapitalflussrechnung und Working Capital. Der Vorteil dieser Darstellung liegt in der finanzbezogenen, ganzheitlichen Darstellung der Wirkungszusammenhänge der cashfreisetzenden Komponenten und verhindert somit die isolierte Betrachtung und Optimierung einzelner Bestandteile.

4.2.1   Management der operativen Cashflows

Im operativen Bereich nimmt das Working Capital Management eine herausragende Stellung ein. Gegenstand des Working Capital Management ist die Optimierung der Vorräte, Forderungen, erhaltenen Anzahlungen und der Verbindlichkeiten. Neben der monetären Perspektive – der zeitlichen Struktur der Aus- und Einzahlungen – betrachtet das Working Capital Management ebenfalls die leistungswirtschaftliche Komponente, d.h. den effizienten Einsatz der Ressourcen.

4.2.2   Management der Cashflows aus Investitionstätigkeit

Die Steuerung, Planung und Kontrolle der Cashflows aus Investitionstätigkeit umfasst im Wesentlichen die Bereiche Management des Sachanlagevermögens, Management des Finanzanlagevermögens sowie das Management immaterieller Vermögenswerte.

Das Management des Sachanlagevermögens beinhaltet die Planung, Steuerung und Kontrolle der Investitionen/Desinvestitionen in Grundstücke, Gebäude, Maschinen sowie in die Betriebs- und Geschäftsausstattung zwecks Bestimmung des betriebsnotwendigen Sachanlagevermögens.

Das Management des Finanzanlagevermögens umfasst die Bereiche Beteiligungserwerb, -veräußerung, Wertpapiererwerb, -veräußerung, die Darlehenstilgung und Darlehensaufnahme sowie den Erwerb und Verkauf von Tochterunternehmen und sonstigen Geschäftseinheiten.

Das Management immaterieller Vermögenswerte sollte schwerpunktmäßig die Investitionen/Desinvestitionen in Lizenzen, Patente, Nutzungsrechte, Informationen, Know-how der Mitarbeiter sowie Forschung und Entwicklung planen, steuern und kontrollieren.

4.2.3   Management der Cashflows aus Finanzierungstätigkeit

Dieser Bereich gliedert sich in das Management von Anleihen und Krediten sowie das Eigenkapitalmanagement.

Das Management von Anleihen und Krediten sollte besonderes Augenmerk auf die Vertragsgestaltung bei der Begebung von Anleihen und der Aufnahme von Krediten haben, um so die Zahlungsströme, z.B. Zinslasten, optimal gestalten zu können.

Das Eigenkapitalmanagement befasst sich im Wesentlichen mit Eigenkapitalzuführungen, u.a. der Gewinnthesaurierung sowie den Auszahlungen an Eigenkapitalgeber, z.B. Dividenden.

5   Fazit

Die nachhaltige Sicherung von Liquidität und Unternehmenswert ist gerade in wirtschaftlich turbulenten Zeiten von großer Bedeutung. Das Management des betrieblichen Vermögens wird dabei zunehmend in den Vordergrund gestellt. Ziel ist es, Forderungen, Verbindlichkeiten und Bestände im Gleichgewicht zu halten und damit die billigste Cash-Quelle im Unternehmen zu nutzen. Unternehmenswert und Liquidität sind Themen, mit denen sich viele Unternehmen gerade jetzt intensiv beschäftigen. Zur Verbesserung der Liquidität gibt es zwei Möglichkeiten: Die erste ist die Erhöhung des Cashbestandes von außen, somit das Zuführen von Eigen- oder Fremdkapital. Die zweite Möglichkeit ist die Nutzung der internen Cashquellen.

Für Shareholder hat die Steigerung des Unternehmenswertes oberste Priorität. Das Management der betrieblichen Vermögenswerte, bietet relevante Möglichkeiten zur Steigerung des Geschäftswertes und des Betriebsergebnisses. Die Betriebswirtschaft hat bereits eine Vielzahl von Instrumenten entwickelt, um Forderungen, Verbindlichkeiten und Bestände zu beeinflussen. Allerdings fehlten bisher die Berücksichtigung der Wechselwirkungen innerhalb der Bestandteile des Umlaufvermögens sowie eine kombinierte Betrachtung von Finanzströmen und unternehmerischer Leistung. Ein effektives Liquiditätsmanagement ist wichtig, um hohe Kapitalbindungen zu vermeiden. Ein effizientes Liquiditätsmanagement, das einen nachhaltigen Beitrag zur Sicherung und Steigerung des Unternehmenserfolges und des Geschäftswertes leisten will, muss daher diese Defizite überwinden und ein differenziertes, an die jeweiligen betrieblichen Anforderungen angepasstes Instrumentarium bereitstellen.

Die Steigerung des Unternehmenswertes lässt sich durch eine Erhöhung des Gewinns, eine Optimierung des Finanzierungsmixes, durch eine Verbesserung des Zinssatzes und/oder durch eine Minimierung des Kapitalbedarfs je Gewinnanteil erzielen.

Die hier dargestellte Verbindung des Working Capital mit seinen Innenfinanzierungsmöglichkeiten, den Finanzmittelströmen (Kapitalflussrechnung) sowie deren Bezug zur Finanzperspektive des Berliner Balanced Scorecard Ansatzes und letztlich zum Shareholder Value, bietet ein umfassendes Kontroll- und Steuerungsmodell und somit Möglichkeiten die Cashquellen im Unternehmen gezielt zu erkennen und optimal zu nutzen.

6 Literaturverzeichnis

Baetge, Jörg: Bilanzanalyse, Düsseldorf: IDW-Verlag, 1998

Blazek, Alfred; Deyhle, Albrecht; Eiselmayer, Klaus (2002): Finanz-Controlling: Planung und Steuerung von Bilanzen und Finanzen, Offenburg (Verlag für ControllingWissen), 2002

Coenenberg, Adolf [2005]: Jahresabschluss- und Jahresabschlussanalyse, 20. Aufl., Stuttgart: Schäffer-Poeschel, 2005

Corsten, Hans (Hrsg.): Lexikon der Betriebswirtschaftslehre, 2., unwesentlich veränderte Auflage, München, Wien: R. Oldenbourg Verlag, 1993

Fischer, Thomas M. / Decken von der, Tim: Kundenprofitabilitätsrechnung in Dienstleis- tungsgeschäften – Konzeption und Umsetzung am Beispiel des Car Rental Business, Ingolstadt: o. A.

Hahn, Dietger / Hungenberg, Harald: PuK – Wertorientierte Controllingkonzepte, 6., voll- ständig überarbeitete und erweiterte Auflage, Wiesbaden: Gabler Verlag, 2001

Kaplan, Robert S. / Norton, David P.: Balanced Scorecard – Strategien erfolgreich umsetzen, [Übers. von Péter Horváth, Beatrix Kuhn-Würfel, Claudia Vogelhuber], Stuttgart: Schäffer-Poeschel Verlag, 1997

Kralicek, Peter (2003): Bilanzen lesen – eine Einführung: keine Angst vor Kennzahlen, Frankfurt/Wien (Redline Wirtschaft bei Ueberreuter), 2003

Pellens, Bernhard / Fülbier, Rolf Uwe / Gassen, Joachim: Internationale Rechnungslegung, 5., überarbeitete und erweiterte Auflage, Stuttgart: Schäffer- Poeschel Verlag, 2004

Perridon, Louis / Steiner, Manfred: Finanzwirtschaft der Unternehmung, 12., verbesserte Auflage, München: Verlag Vahlen, 2003

Pütz, Heinz C. (2002): Lexikon Forderungsmanagement, Heidelberg (Economica – Verlag) 2002

Schmeisser, Wilhelm: Balanced Scorecard – Quantifizierung der Personalarbeit, in: HR- Services, Heft 2 und 4-5 / 2002, S. 28-31 und S. 48-51

Schmeisser, Wilhelm / Tiedt, Anja / Schindler, Falko: Neuerer Ansatz zur Quantifizierung der Balanced Scorecard – unter besonderer Berücksichtigung der Dynamisierung des Ansatzes von Schmeisser, München, Mering: Rainer Hamp Verlag, 2004

Schneider, Christian (2002), Controlling von Working Capital bei Logistikdienstleistern, in: Controller Magazin, 27. Jg., 2002, S.540-545.

Wieselhuber (2005), Kennziffer "Working Capital": Optimierungsmöglichkeiten in der Rechnungswesenpraxis: Branchenvergleiche und Steuerungsinstrumente, Redaktion "Bilanzbuchhalter und Controller", http://www.bc-online.de [Stand 15.02.2005]

7   Schlusswort und Ausblick

Vermutlich werden Sie nach der Lektüre des Buches fragen, wie erhalten wir weitere Informationen zu den anderen Perspektiven sowie deren Verknüpfung und wie geht Ihr Forschungsansatz weiter.

Hier können wir Sie zunächst auf unsere Literatur verweisen, die Ihnen sicherlich hilft noch tiefer in den **Berliner Balanced Scorecard Ansatz** einzudringen:

Schmeisser, W./ Schindler, F./Clausen, L./ Lukowsky, M./ Görlitz, B.: Einführung in den Berliner Balanced Scorecard Ansatz. Ein Weg zur wertorientierten Performancemessung für Unternehmen. München und Mering 2006

Schmeisser, W.: Finanzorientierte Personalwirtschaft. Oldenbourg-Verlag. München 2008

Schmeisser, W./ Eckstein, Peter P./ Boche, M.: Die Finanzorientierte Personalwirtschaft auf dem empirischen Prüfstand: Eine webbasierte Befragung. Rainer Hampp Verlag. München und Mering 2009

Schmeisser, W./ Mohnkopf, H./ Hartmann, M./ Metze, G. (Hrsg.): Innovationserfolgsrechnung. Springer Verlag. Berlin Heidelberg 2008

Schmeisser, W./ Mohnkopf, H./ Hartmann, M./ Metze, G. (Ed.): Principles of Innovation Performance Accounting: Financing Decisions and Risk Assessment of Innovation Processes. Springer-Verlag, Berlin, New York 2009

Schmeisser, W./ Krimphove, D.: Internationale Personalwirtschaft und Internationales Arbeitsrecht. Oldenbourg-Verlag. München 2010

Bei der Lektüre wird Ihnen nicht verborgen bleiben, dass das Kompetenzzentrum „Internationale Innovations- und Mittelstandsforschung" (www.mittelstandsforschung.de) in Berlin mit Unternehmen zusammenarbeitet, um den Ansatz empirisch, theoretisch und besonders praktisch voranzubringen. Für Sie bedeutet dies, wir sind bereits weiter als hier berichtet wird. Gern arbeiten wir natürlich auch mit Ihnen zusammen, wenn Sie sich bei uns melden.

Die eigenen Möglichkeiten jetzt erkennen

Gerald Pilz

Vergütung von Führungskräften und Vermögensaufbau

2008 | 186 S. | gebunden | € 29,80
ISBN 978-3-486-58488-2

Führungs- oder Nachwuchskräfte sollten mit den Möglichkeiten der Vermögensplanung und -bildung besonders gut vertraut sein. Der finanzielle Erfolg hängt entscheidend davon ab, wie erfolgreich man sein Kapital anlegt und wie geschickt die Altersvorsorge geplant ist. Gerade Führungskräfte, die über ein überdurchschnittliches Einkommen verfügen, sollten selbst sachkundige Entscheidungen treffen können.

In diesem Sinne wird das vorliegende Werk einen umfassenden Einblick in die Komplexität moderner Entgeltsysteme vermitteln und zeigen, wie man die Vergütung optimieren und langfristig das Vermögen besser verwalten kann.

Dieses Buch richtet sich sowohl an Personalexperten, die ihre leistungsorientierten Entgeltmanagementsysteme weiterentwickeln möchten und sich mit der betrieblichen Altersversorgung befassen, als auch an Führungs- und Fachkräfte.

Dr. Dr. Gerald Pilz lehrt an der Berufsakademie Stuttgart und ist Autor zahlreicher Wirtschaftsfachbücher sowie Unternehmensberater.

Oldenbourg

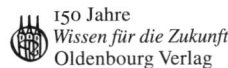

150 Jahre
Wissen für die Zukunft
Oldenbourg Verlag

Bestellen Sie in Ihrer Fachbuchhandlung oder direkt bei uns: Tel: 089/45051-248, Fax: 089/45051-333
verkauf@oldenbourg.de

Maßgeschneiderte Finanzierung als Wettbewerbsvorteil

Wolfgang Portisch
Finanzierung im Unternehmenslebenszyklus
2008 | 477 S. | gebunden
€ 39,80 | ISBN 978-3-486-58572-8

Die maßgeschneiderte Finanzierung eines Unternehmens wird immer mehr zu einem bedeutenden Wettbewerbsfaktor. Die aktuellen Entwicklungen auf den Finanzmärkten zeigen es: Die Kapitalisierung von Unternehmen wird zunehmend internationaler und komplexer. Das vorliegende Buch Finanzierung im Unternehmenslebenszyklus liefert eine strukturierte Darstellung aktueller Finanzierungstechniken in den Phasen des Lebenszyklus eines Unternehmens. Es zeigt, welche Finanzinstrumente geeignet sind, eine Gründung zu ermöglichen, den Unternehmenswert in der Wachstumsphase und im Reifestadium zu steigern und die Existenz in der Krise zu sichern. Jedes Kapitel enthält Definitionen, Beispiele und Zusammenfassungen.

Das Buch richtet sich in erster Linie an Mitarbeiter und Führungskräfte von Unternehmen und Banken. Zudem kann das Buch in der Lehre von Fachhochschulen und Universitäten eingesetzt werden.

Über den Autor:
Dr. Wolfgang Portisch ist seit 2003 Professor für Bank- und Finanzmanagement an der Fachhochschule Oldenburg / Ostfriesland / Wilhelmshaven am Standort in Emden.

Oldenbourg

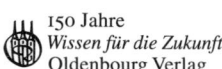
150 Jahre
Wissen für die Zukunft
Oldenbourg Verlag

Bestellen Sie in Ihrer Fachbuchhandlung oder direkt bei uns: Tel: 089/45051-248, Fax: 089/45051-333
verkauf@oldenbourg.de